全国高等职业教育“十二五”特色精品规划教材

钳工技术

王恩海　主编

北京理工大学出版社
BEIJING INSTITUTE OF TECHNOLOGY PRESS

内容提要

钳工技术教材根据《中华人民共和国职业技能鉴定规范——钳工》,结合高职高专机械类各专业的课程设置和教学要求,选定的主要内容为:钳工基本概念,钳工常用工具和量具,划线、锯削、錾削和锉削,钻孔、扩孔、锪孔和铰孔,攻螺纹与套螺纹,刮削与研磨,矫正、弯形、铆接和锡焊,典型机构的装配与调整,机床的装配与调整等。

按照"工学结合"的要求,本书在内容编写上,以初、中级钳工专业知识为主,尽量做到通俗易懂,每章都有学习要求和大量的习题,最后一章为供技能鉴定复习之用的配有答案的习题库。

本书主要适用于高职高专机械类各专业考核鉴定培训和自学教材,也是各级各类职业技术学校钳工专业师生必备的复习资料,还可供从事钳工工作的有关人员参考。

图书在版编目（CIP）数据

钳工技术/王恩海主编.—北京：北京理工大学出版社，2014.2
ISBN 978-7-5640-8761-6

Ⅰ.①钳…　Ⅱ.①王…　Ⅲ.①钳工-高等职业教育-教材　Ⅳ.①TG9

中国版本图书馆 CIP 数据核字（2014）第 004962 号

出版发行/北京理工大学出版社有限责任公司
社　　址/北京市海淀区中关村南大街 5 号
邮　　编/100081
电　　话/(010) 68914775（总编室）
　　　　　82562903（教材售后服务热线）
　　　　　68948351（其他图书服务热线）
网　　址/http://www.bitpress.com.cn
经　　销/全国各地新华书店
印　　刷/北京地质印刷厂
开　　本/787 毫米×1092 毫米　1/16
印　　张/18.75
字　　数/435 千字
版　　次/2014 年 2 月第 1 版　2014 年 2 月第 1 次印刷
定　　价/37.80 元

责任编辑/赵　岩
文案编辑/赵　岩
责任校对/周瑞红
责任印制/马振武

Qianyan

前 言 >>>>>>

本书是根据教育部等六部委《关于实施职业院校制造业和现代服务业技能型紧缺人才培养培训工程的通知》等文件对高职高专人才培养目标的要求，以及劳动部《中华人民共和国职业技能鉴定规范——钳工》对钳工技能的要求而编写的。

本书介绍了钳工常用设备、量具及常用电动工具，系统地讲解了钳工实用技术。按照“工学结合”的要求，为方便自学，本书编入了一些实际例题，每章都安排了大量的习题，最后一章还安排了供技能鉴定复习之用的配有答案的习题库。相信通过本书的学习和技能训练，读者会较好地掌握钳工理论和操作技能。

本书力求做到通俗易懂，内容丰富，实用性强；理论问题的论述条理清晰，便于掌握；实例分析典型全面，完全结合生产实际，有利于培养学生的应用能力。本书主要适用于高职高专机械类各专业考核鉴定培训和自学，也是各级各类职业技术学校钳工专业师生必备复习资料，还可供从事钳工工作的有关人员参考。

本书由山东工业职业学院王恩海任主编，陈国华、王鹏飞任副主编，参加本书编写的人员还有：付师星、周广、王卫海、刘庆等老师。具体编写分工如下：王恩海（第一章、第二章、第三章），王鹏飞（第四章）、付师星（第五章）、周广（第六章、第七章），王卫海（第八章），刘庆（第九章），陈国华（第十章、第十一章）。全书由王恩海负责统稿。山东工业职业学院兼职教师、校外实训基地山东冶金机械厂张光明总工程师审阅了全书，并提出了许多宝贵的意见和建议，在此深表感谢！

由于编者时间仓促，经验不足，书中缺点和错误在所难免，恳望读者提出宝贵意见，以便修正。

编者

2013 - 6 - 1

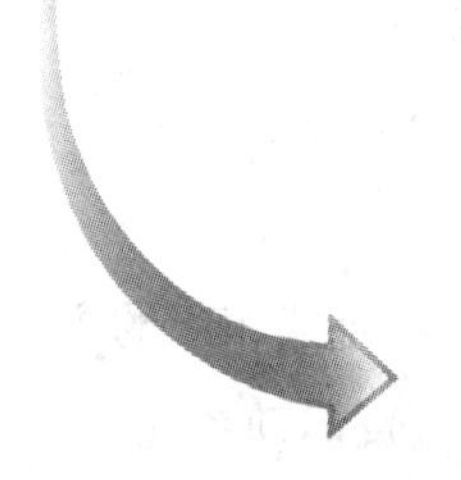

目 录

第 1 章 钳工基本概念 …… 1
1.1 钳工工作的主要内容 …… 1
1.2 钳工常用设备及工作场地要求 …… 2
1.3 钳工安全操作规程 …… 9
1.4 《钳工技术》课程的任务与学习方法 …… 10
习题 …… 11

第 2 章 钳工常用工具与量具 …… 12
2.1 钳工常用工具 …… 12
2.2 钳工常用量具 …… 19
习题 …… 27

第 3 章 划线 …… 30
3.1 概述 …… 30
3.2 常用划线工具种类及使用方法 …… 31
3.3 常用基本划线方法 …… 39
3.4 划线基准的选择 …… 45
3.5 找正和借料 …… 46
3.6 划线实例 …… 49
习题 …… 54

第 4 章 錾削、锯削与锉削 …… 57
4.1 錾削 …… 57
4.2 锯削 …… 66
4.3 锉削 …… 71
习题 …… 80

第 5 章 钻孔、扩孔、锪孔和铰孔 …… 83
5.1 钻孔与钻头 …… 83
5.2 扩孔与扩孔钻 …… 99
5.3 锪孔与锪钻 …… 101
5.4 铰孔和铰刀 …… 104
习题 …… 111

第 6 章 攻螺纹与套螺纹 …… 114
6.1 攻螺纹 …… 114
6.2 套螺纹 …… 124
习题 …… 127

第 7 章 刮削与研磨 …… 130
7.1 刮削 …… 130
7.2 研磨 …… 137
习题 …… 147

第 8 章 矫正、弯形、铆接、锡焊 …… 151
8.1 矫正 …… 151
8.2 弯形 …… 155
8.3 铆接 …… 158
8.4 锡焊 …… 165
习题 …… 167

第 9 章 典型机构的装配和调整 …… 169
9.1 固定联结机构的装配 …… 169
9.2 传动机构的装配 …… 183
9.3 轴承装配 …… 207
习题 …… 222

第 10 章 机床装配 ………………… 225
10. 1 机床传动基础知识………… 225
10. 2 机床装配基础知识………… 226
10. 3 CA6140 型卧式车床的主要技术参数及传动系统……… 229
10. 4 CA6140 型卧式车床主轴箱………………………… 230
10. 5 CA6140 型卧式车床进给箱………………………… 235
10. 6 CA6140 型卧式车床溜板箱………………………… 236
10. 7 CA6140 型卧式车床总装 … 237
10. 8 卧式车床的试车和验收…… 243
习题………………………………… 244

第 11 章 钳工实训试题库 …………… 246

附 录……………………………… 278
附录一 钳工实训试题库部分试题答案……………………… 278
附录二 中级钳工职业技能鉴定规范（考核大纲） …………… 289

参考文献……………………………… 293

第 1 章 钳工基本概念

本章学习要点

1. 掌握钳工工作的主要内容。
2. 掌握钳工对工作场地的要求。
3. 熟悉钳工工艺守则的基本内容。
4. 了解钳工常用设备及附件的使用特点、适用范围。
5. 掌握钳工技术的任务与本课程的学习方法。

1.1 钳工工作的主要内容

机械制造的全部生产过程，是按照一定的顺序进行的。从原料的准备开始，直至最后装配成完整的产品。它具体包括：生产的准备工作，设计出图纸，完成加工工艺和制定生产计划，毛坯制造（铸造、锻造、焊接），零件加工，热处理，产品装配，以及油漆、包装等各个方面。

机械制造厂为了完成整个生产过程，非机械制造厂为了保证机械的正常运行，根据工作性质和任务的不同，一般都设有车工、钳工、检修（机修）钳工、铣工、磨工、电焊工等许多工种。

钳工是使用手工工具和一些机动工具（如钻床、砂轮机等）对工件进行加工或对部件、整机进行装配的工种，是机械制造厂和非机械制造厂中不可缺少的一个工种，它的工作范围很广。因为任何机械设备的制造，总是要经过装配才能完成；任何机械设备发生故障或运行一定的周期后，需进行检修，而这些工作正是钳工的主要任务之一。钳工大多是用手工方法，并经常要在台虎钳上进行操作的工种。目前采用机械方法不太适宜或不能解决的某些工作，常由钳工来完成。随着生产的日益发展，钳工的工作范围越来越广泛，需要掌握的技术理论知识和操作技能也越来越复杂，因此，钳工的专业化分工也越来越细，产生了专业性的钳工，以适应不同工作的需要。有装配钳工、机修钳工、工具钳工、模具钳工、划线钳工、化工检修钳工等。装配钳工是把合格的零件按机械设备的装配技术要求进行组件，部件装配和总装配，并经过调整，检验和试车等，使之成为合格的机械设备的人员；机修钳工是从事设备机械部分维护和修理的人员；工具钳工是操作钳工工具、钻床等设备，进行刃具、量具、模具、夹具、索具、辅具等（统称工具，亦称工艺装备）的零件加工和修整，组合装配，调试与修理的人员；模具钳工是使用钳工工具及机床，从事模具（冷冲模、塑料模、压铸模等）制造、装配、调试和修理的人员。现代化的生产，也使钳工的工作性质发生了很大的变化。例如，装配生产线上的装配钳工，只负责一种或几种零件、部件的装配工作。

无论哪一种钳工，要完成本职任务，首先应掌握好钳工的各项基本操作技能，它包括划线、錾削（凿削）、锯割、锉削、钻孔、扩孔、铰孔、攻丝和套丝、矫正和弯曲、铆接、刮削、研磨及简单的热处理等操作技术，进而掌握零部件和产品的装配、机器设备的安装调试和修理等技能。

1.2 钳工常用设备及工作场地要求

钳工的工作场地是钳工进行工作的固定地点。它可以是一人工作的较小场地，也可以是供多个钳工工作的较大场地。

常用的钳工设备有钳台、台虎钳、砂轮机、钻床、剪板机等。

1.2.1 钳台

钳台也称钳桌，它是钳工操作的专用案子。图 1－1（a）所示为一人使用的工作台，上面装有台虎钳，钳台由木材或钢材制成，其高度为 800～900mm，台面厚约 60mm。另外，也有多人使用的工作台［图 1－1（b）］，长度和宽度可随工作需要而定。钳台下面一般设有工具柜，用来存放工具。

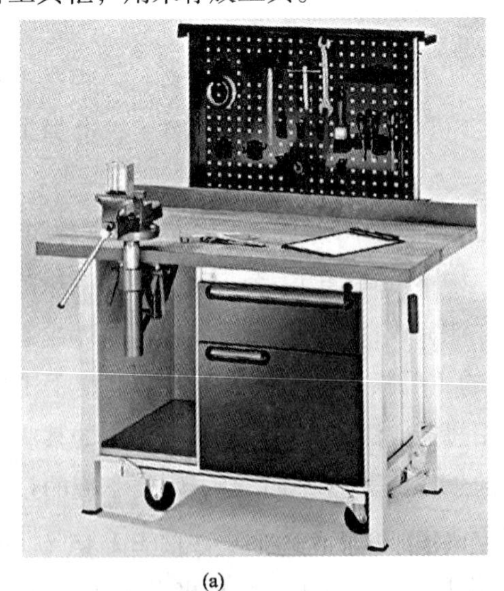

(a)

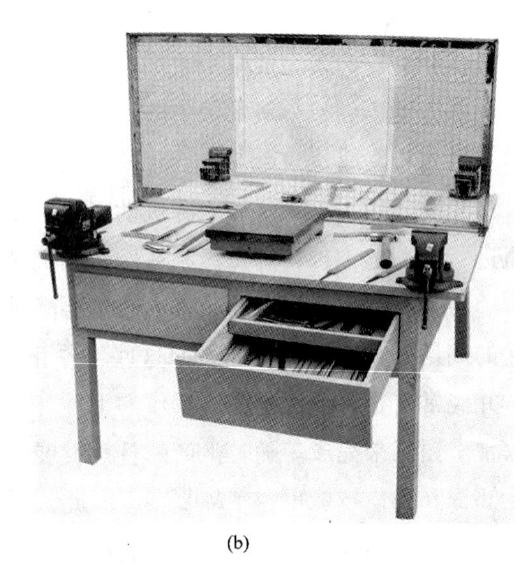

(b)

图 1－1 钳工

（a）单人工作台；（b）多人工作台

1.2.2 台虎钳

台虎钳装在钳台上，用来夹持工件，其规格以钳口的宽度来表示，常用的有100mm（4in），125mm（5in）和150mm（6in）等。

台虎钳有固定式和回转式两种，（固定式台虎钳结构简单，由于回转式台虎钳的整个钳身可以回转，能满足不同方位加工的需要，使用方便，故应用较广，如图1－2所示），回转式台虎钳构造如下：

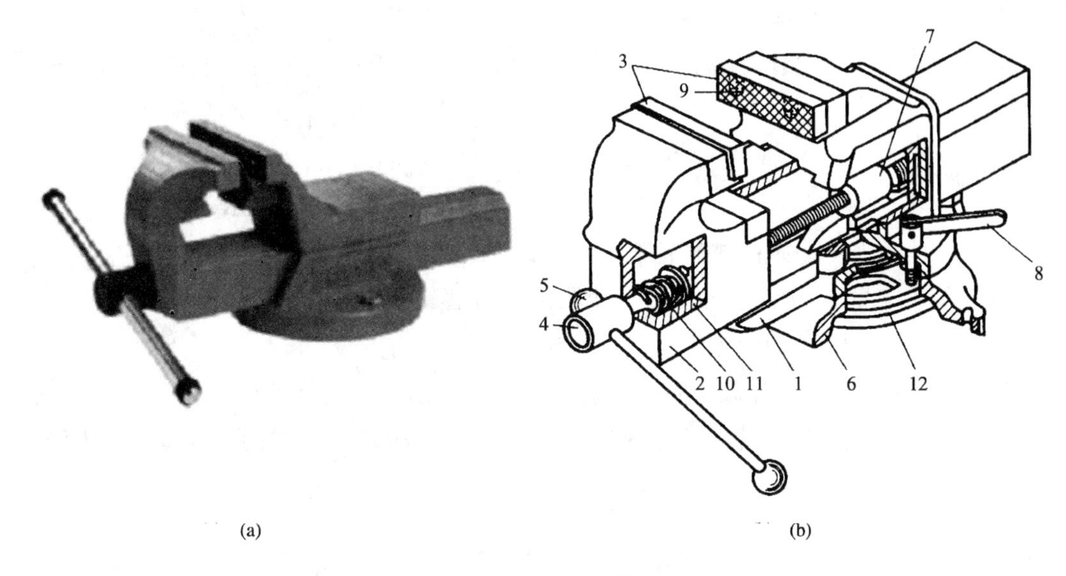

图1－2 台虎钳

（a）固定式；（b）回转式

1—固定钳身；2—活动钳身；3—钢质钳口；4—丝杠；5，8—手柄；6—转盘座；7—螺母；9—螺钉；10—弹簧；11—挡圈；12—夹紧盘

固定钳身1、活动钳身2、夹紧盘12和转盘座6都是由铸铁制成。转盘座上有三个螺栓孔，用来与钳台固定。固定钳身可在转盘座上绕轴心线转动，当转到要求的方向时，扳动手柄8使其夹紧螺钉旋紧，便可在夹紧盘的作用下把固定钳身紧固。螺母7与固定钳身固定，丝杠4穿入活动钳身与螺母配合。摇动手柄5使丝杠旋转，就可带动活动钳身移动，起夹紧或放松工件的作用。弹簧10靠挡圈11固定在丝杠上，其作用是当放松丝杠时，可使活动钳身能及时平稳地退出。固定钳身和活动钳身上各装有钢质钳口3，并用螺钉9固定。钳口经过淬硬，以延长使用寿命。在与工件相接触的工作表面上制有斜纹，使工件夹紧后不易产生松动。

台虎钳的正确使用与维护方法如下：

（1）台虎钳安装在钳台上时，必须使固定钳身的钳口工作面处于钳台边缘之外，以便在夹紧长条工件时工件的下端不受钳台边缘的阻碍。台虎钳安装在钳台上，其高度恰好齐人的手肘，如图1－3所示。

(2) 台虎钳必须牢固地固定在钳台上，夹紧螺钉要扳紧，使工作时钳身不致有松动现象，否则会影响工作。

(3) 夹紧工件时必须靠手的力量来扳动手柄，决不可用锤击或随意套上管子来扳手柄，以免对丝杠、螺母或钳身造成损坏。

(4) 强力作业时，应尽量使力量朝向固定钳身，否则将额外增加丝杠和螺母的受力。不要在活动钳身的光滑平面上进行敲击工作，以免降低其与固定钳身的配合性能。

(5) 台虎钳各滑动配合表面上要经常加油润滑并保持清洁，防止生锈。

图1－3 台虎钳高度的确定

1.2.3 砂轮机

砂轮机的种类很多，如台式砂轮机、落地式砂轮机、手提式砂轮机等。工厂常用的为前两种。砂轮机是刃磨钻头、錾子、刮刀及各种刀具的专用设备。

砂轮机的结构和传动系比较简单，主要由砂轮、电动机和机体组成，如图1－4所示。砂轮的质地较脆，而且转速较高，因此使用砂轮机时应遵守安全操作规程，严防产生砂轮碎裂和人身事故。工作时应注意以下几点：

图1－4 砂轮机

(1) 砂轮的旋转方向应正确，使磨屑向下方飞离砂轮。

(2) 启动后，待砂轮旋转正常后再进行磨削。

(3) 磨削时要防止刀具或工件对砂轮产生剧烈的撞击或施加过大的压力。砂轮表面跳动严重时，应及时用修整器修理。

(4) 砂轮机的搁架与砂轮间的距离，一般应保持在3mm以内，否则容易造成磨削件被轧入而导致砂轮破碎的事故。

（5）操作者尽量不要站在砂轮对面，而应站在砂轮侧面或斜侧位置，与砂轮平面形成一定的角度。

砂轮机用来刃磨刀具，如錾子、钻头和刮刀等刃具或其他工具，也可用来磨去工件或材料的毛边、锐边、余量等。

1.2.4　钻床及钻床附件

1. 钻床

钻床是一种常用的孔加工机床。在钻床上可装夹钻头、扩孔钻、锪钻、铰刀、镗刀、丝锥等刀具，用来进行钻孔、扩孔、锪孔、铰孔、镗孔以及攻螺纹等工作。因此，钻床是钳工所需要的主要设备。

根据钻床结构和适用范围不同，可将其分为台式钻床（简称台钻）、立式钻床（简称立钻）和摇臂钻床三种。

（1）台式钻床

台式钻床是一种可放在台子上或专用的架子上使用的小型钻床。其最大钻孔直径一般为 12mm 以下。台式钻床主轴转速很高，常用 V 带传动，由多级 V 带轮来变换转速。但有些台式钻床也采用机械式的无级变速机构，或采用装入式电动机，电动机转子直接装在主轴上。

台式钻床主轴的进给一般只有手动进给，而且一般都具有控制钻孔深度的装置，如刻度盘、刻度尺、定程装置等。钻孔后，主轴能在弹簧的作用下自动复位。

Z512 台式钻床是钳工常用的一种钻床，其结构与外形如图 1－5 所示。

（2）立式钻床

立式钻床安放在钳工工作场地的边缘，方便操作之处。立式钻床最大钻孔直径有 25mm、35mm、40mm 和 50mm 等几种，一般用来加工中型工件。立式钻床可以自动进给。由于它的功率及机构强度较高，因此加工时允许采用较大的切削用量。

图 1－6 所示为是钳工常用的 Z5140 立式钻床，最大钻孔直径为 ϕ40mm，它主要由底座、床身、电动机、主轴变速箱、进给变速箱、主轴和工作台等零部件组成。

（3）摇臂钻床

摇臂钻床需要安放在具有较大活动空间的地方，应考虑摇臂旋转半径满足钻大型工件的需要，并且还要考虑与工作场地的起重设备相结合，以满足工件的起吊运输和工件翻转的需要。摇臂钻床适用于单件、小批和中批生产的中等件和大件以及多孔件进行各种孔加工的工作，如钻孔、扩孔、铰孔、锪平面及攻螺纹等。由于它是靠移动主轴来对准工件上的中心的，所以使用时比立式钻床更方便。

摇臂钻床的主轴变速箱能在摇臂上做较大范围的移动，摇臂能绕立柱中心做 360°回转，并可沿立柱上下移动，所以摇臂钻床能在很大范围内工作。摇臂钻床的主轴转速范围和走刀量范围比较广，因此工作时可获得较高的生产效率和加工精度。

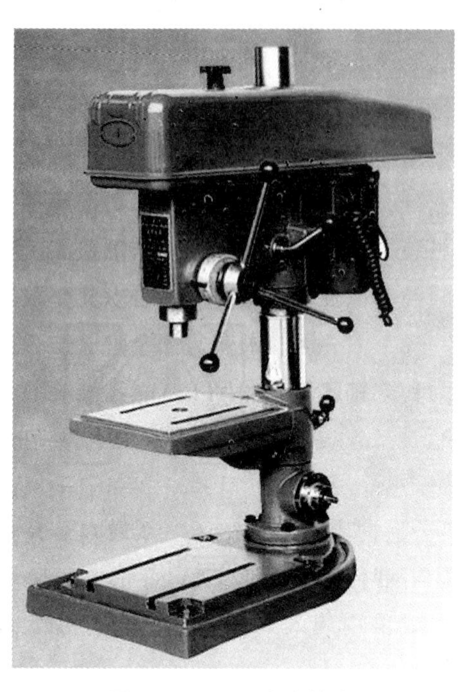

图 1-5　Z512 台式钻床

图 1-6　Z5140 立式钻床

目前，我国生产的摇臂钻床规格较多。其中，Z3040 摇臂钻床是在制造业中应用比较广泛的一种，最大钻孔直径为 ϕ40mm，其结构和外形如图 1-7 所示。

图 1-7　Z3040 摇臂钻床

2. 钻床附件

（1）钻夹头

钻夹头用来装夹直径不大于 13mm 的直柄钻头，其结构如图 1－8 所示。

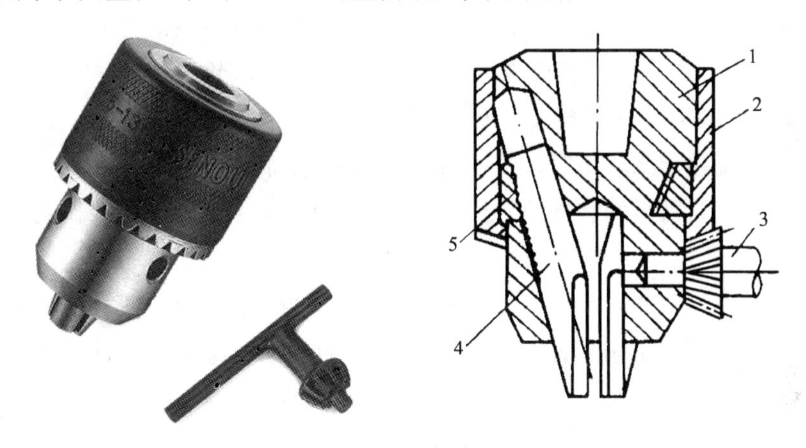

图 1－8　钻夹头

1—夹头体；2—夹头套；3—钥匙；4—夹爪；5—内螺纹圈

夹头体 1 的上端有一锥孔，用以与夹头柄紧配，夹头柄做成莫氏锥体，装入钻床的主轴锥孔内。钻夹头中的三个夹爪 4 用来夹紧钻头的直柄，当带有小锥齿轮的钥匙 3 带动夹头套 2 上的大锥齿轮转动时，与夹头套紧配的内螺纹圈 5 也同时旋转。此内螺纹圈与三个夹爪上的外螺纹相配，三个夹爪便可以同时伸出或缩进，钻头直柄被夹紧或放松。

（2）钻头套

钻头套［图 1－9（a）］用来装夹锥柄钻头，根据钻头锥柄莫氏锥度的号数选用相应的钻头套。

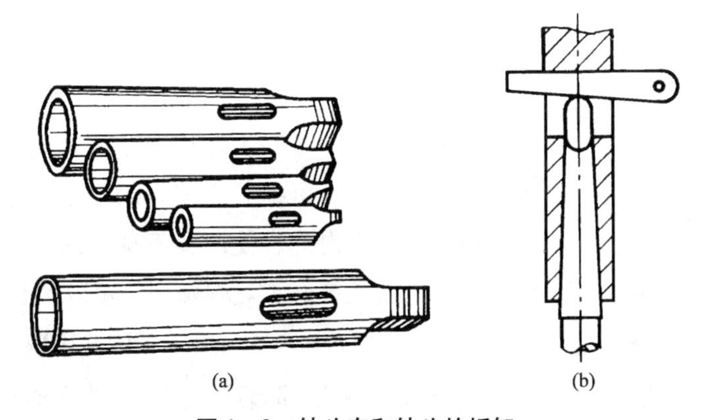

图 1－9　钻头套和钻头的拆卸

一般立式钻床主轴的锥孔为 3 号或 4 号莫氏锥度，摇臂钻床主轴的锥孔为 5 号或 6 号莫氏锥度。

当用较小直径的钻头钻孔时，用一个钻头套有时不能直接与钻床主轴锥孔相配，此时，就要把几个钻头套配接起来应用。

钻头套共有五种规格：

1 号钻头套：内锥孔为 1 号莫氏锥度，外圆锥为 2 号莫氏锥度。

2 号钻头套：内锥孔为 2 号莫氏锥度，外圆锥为 3 号莫氏锥度。

3 号钻头套：内锥孔为 3 号莫氏锥度，外圆锥为 4 号莫氏锥度。

4 号钻头套：内锥孔为 4 号莫氏锥度，外圆锥为 5 号莫氏锥度。

5 号钻头套：内锥孔为 5 号莫氏锥度，外圆锥为 6 号莫氏锥度。

把几个钻头套配接起来应用时，要增加装拆的麻烦，同时也要增加钻床主轴与钻头的同轴度误差。为此，有时可采用特制的钻头套，如锥孔为 1 号莫氏锥度而外圆为 3 号莫氏锥度或更大的号数。

图 1－9（b）表示用楔铁将钻头从钻床主轴锥孔中拆下的方法。拆卸时楔铁带圆弧的一边要放在上面，否则要把钻床主轴（或钻头套）上的长圆孔敲坏。同时，要用手握住钻头或在钻头与钻床工作台之间垫上木板，以防钻头跌落而损坏钻头或工作台。

3. 快换钻夹头

在钻床上加工同一工件时，往往需要调换直径不同的钻头或铰刀等刀具，这时如用普通的钻夹头或钻头套来装夹工具就显得很不方便，而且多次借助于敲打来装卸刀具，不仅容易损坏刀具和钻头套，甚至会影响钻床的精度。使用快换钻夹头能避免上述缺点，并可做到不停车换装刀具，大大提高了生产效率，快换钻夹头的结构如图 1－10 所示。

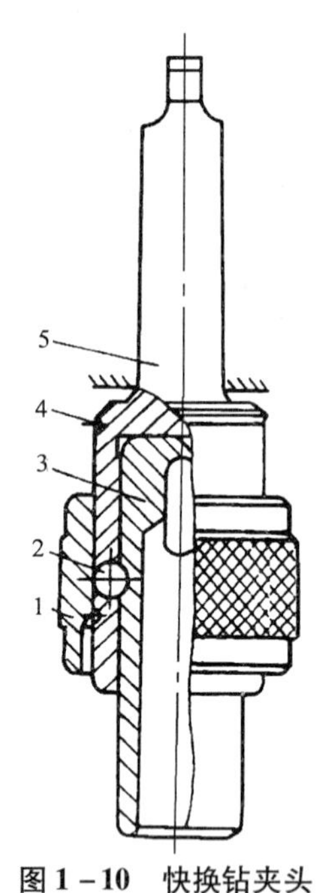

图 1－10 快换钻夹头

1—滑套；2—钢珠；3—可换套；4—弹簧环；5—夹头体

图 1－10 中夹头体 5 的莫氏锥柄装在钻床主轴锥孔内。根据孔加工的需要，可换套 3 可以准备多个，并预先装好所需要的刀具。可换套的外圆表面有两个凹坑，钢珠 1 嵌入时便可传递动力。滑套 1 的内孔与夹头体为间隙配合，当需要更换刀具时可不必停车，只要用手把滑套向上推，夹头体上对称的两粒钢球受离心力作用而使两粒钢球贴于滑套端部的大孔表面，此时就可把装有刀具的可换套取出，把另一个可换套插入并放下滑套，使两粒钢球重新嵌入可换套的两个凹坑内，可换套就装好了。弹簧环 4 可限制滑套上下时的位置。

快换钻夹头或普通钻夹头和钻头套，加工完毕后从钻床主轴锥孔中退卸这些工具时，一般都用斜铁敲打的方法，这对钻床主轴和钻头扁尾都会造成损坏。为了避免这种情况，可采用自动退卸装置。只要在钻床主轴上装上这个装置，就可方便地退卸钻头或钻头套等工具，其结构如图 1－11 所示。其外套 5 和挡圈 8 与钻床主轴 9 空套在一起，横销 6 穿过主轴的长圆孔并和外套固定在一起。两个螺钉销 7 卡在主轴长圆孔的下圆弧面上，将挡圈托住，在外套和挡圈之间装有两个弹簧 11，用来支承外套。退卸钻头等工具时，只要将钻床主轴向上提起，使外套上端面碰到装在钻床主轴箱 1 上的垫圈 4，横销 6 就会迫使钻头等工具退出。

垫圈 4 和导向套 2 之间应留有一定的间隙。垫圈与钻床主轴箱、导向套的接触部分要垫一个硬橡胶垫 3，以减少退卸时对钻床主轴箱和导向套的振动，保护钻床的精度。垫圈的结构可根据钻床的具体结构来确定。

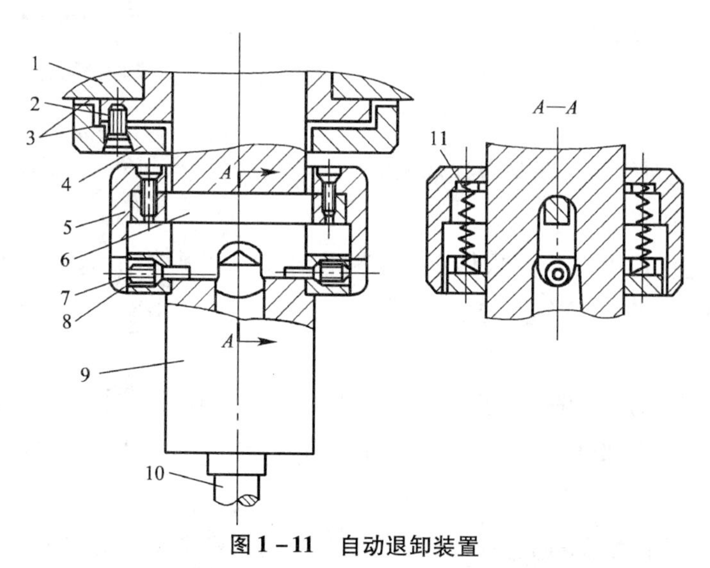

图 1-11　自动退卸装置

1—钻床主轴箱；2—导向套；3—橡胶垫；4—垫圈；5—外套；6—横销；7—螺钉销；8—挡圈；9—钻床主轴；10—钻头；11—弹簧

1.3　钳工安全操作规程

钳工安全操作规程如下：

（1）工作前，必须对工作现场和所需用的各种工具检查一遍，避免发生意外危险。

（2）操作前，应先熟悉图样、工艺文件及有关技术要求，严格按规定加工。

（3）用台虎钳夹紧工件前，应检查台虎钳的紧固性，若装卡面为已加工表面时，则钳口部位须加铜质或铝质等软质垫板（也称钳口），以保护工件及钳口。夹紧工件时，只允许转动丝杠的手柄，不允许在手柄上加套管或用锤头敲击夹紧。工作结束后，台虎钳必须擦拭干净，加润滑油，并把钳口松开 5～10mm。

（4）工作时，锤头与錾子头部不应有油。手上汗应擦净，防止因滑动失去控制而发生事故。抡锤前应注意周围是否有人，要选好方向，以免锤头或手锤脱出伤人。

（5）根据工件表面粗糙度要求，选择不同锉齿的锉刀进行锉削，细锉不可用做粗锉。使用新锉刀时常有飞翅，最好先锉削较软金属，然后再锉削较硬金属，以免锉齿碎裂。

（6）保持锉刀齿面清洁，经常用锉刀刷清理。如锉刀有油渍，可在煤油或清洗剂中清洗刷净。锉削过程中，锉屑不得用嘴吹。锉过的表面不得用手摸。

（7）正确地掌握量具、刃具的使用方法与维护方法。保证量具、刃具的精度与测量的准确性。

（8）锯割时，应根据工件的硬度、尺寸和外形选择锯齿的粗细。工件宽、硬，则选用粗齿锯条，反之则选用细齿锯条。

（9）钻削时，严禁戴手套接近旋转体。

（10）攻螺纹或套螺纹时，应根据不同材质的工件，合理地选用润滑油。

（11）绞孔时要用力平稳，压力不宜太大。应根据工件的材料和表面粗糙度要求，合理地选用铰削量和润滑剂。

（12）刃磨平面刮刀时，在刮刀顶端两侧应有少许圆角，（进行刮削工作时，）以避免刮研对工件表面造成划伤。

（13）对孔进行研磨时，应根据工艺文件要求，检查研磨前孔的尺寸精度、形状误差、表面粗糙度，根据检查结果选择合适的研磨棒。研磨棒的直径应比孔径小0.01～0.025mm。

（14）錾削工件时应戴上防护眼镜，并在钳台上用护具进行防护，以防伤人。不得錾削淬火后的材料。錾子尾部严禁淬火，禁止使用缺口錾子。一般情况下禁止使用高速钢材料做錾子。

（15）使用手工电动工具时，应遵守安全操作规程。戴上绝缘手套。

（16）拆卸无图样的机器设备时，必须按照拆卸的顺序，在拆下的零件上做出顺序标记，以便以后的组装。

1.4 《钳工技术》课程的任务与学习方法

1.4.1 《钳工技术》课程的任务

《钳工技术》是一门机械、机电类专业的理论实践一体化课程，是培养学生全面掌握初、中级钳工所必需的工艺理论知识和基本技能方法的专业课。其内容包括錾削、锉削、锯割、钻孔、锪孔、铰孔、攻丝、套丝、锉配、刮削、研磨、校正、弯曲、铆接、黏接等。它的任务是使学生全面掌握中级钳工所需要的工艺知识和操作技能，具备编制中等复杂程度零件的钳工加工工艺并独立完成其加工的能力。

通过本课程的学习，学生应达到以下教学目标：

（1）了解钳工在工业生产中的地位和作用；

（2）掌握钳工基本知识和钳工工艺理论；

（3）掌握常用钳工工具、量具、设备的使用方法；

（4）掌握中等复杂零件钳工加工工艺的编制；

（5）培养吃苦耐劳精神，养成安全操作、文明生产的职业习惯；

（6）工艺理论和操作技能达到中级水平。

1.4.2　《钳工技术》课程的学习方法

学习本课程应注意以下几个方面。

（1）由于本课程的实践性较强，学习时应坚持理论联系实际的原则，注意与实习教学相结合，实习过程中，认真观察并积极思考，积累感性认识，进而获得心知技能和操作技能的相互作用并协调统一。

（2）与其他工艺学课程一样，《钳工技术》也是一门综合性很强的工艺学课程，与其他相关课程相互渗透，联系密切。因此，要注意打好基础，利用已学知识，手脑并用地学好本门课程。

习　题

一、填空题

1. 机器设备都是由________组成的，而大多数零件是由________材料制成。

2. 钳工大多是用________并经常在________上进行手工操作的一个工种。

3. 当机械设备产生________、出现________或长期使用后精度________，影响使用时，就要通过________进行维护和修理。

4. 钳工必须掌握的基本操作有：划线、________、________、________、钻孔、扩孔、锪孔、铰孔、攻螺纹与________、刮削与________、矫正与________、铆接与________、装配与________、测量与简单的________等。

二、判断题（对的画√，错的画×）

1. 机器上所有零件都必须进行金属加工。（　　）

2. 台虎钳的安装高度应该恰好与人的手肘平齐。（　　）

3. 可由机械加工方法制作的零件，都可由钳工完成。（　　）

4. 普通钳工主要从事工具、模具、夹具、量具及样板的制作和修理工作。（　　）

三、简述题

1. 钳工在机器制造业中担负着哪些主要任务？

2. 机修钳工担负着哪些主要任务？

3. 模具钳工担负着哪些主要任务？

第2章　钳工常用工具与量具

本章学习要点

1. 掌握钳工常用工具及使用要领。
2. 掌握钳工常用量具及使用方法。
3. 熟悉量具的维护与保养方法。

2.1　钳工常用工具

2.1.1　钳工常用手工工具

钳工常用的手工工具包括划线、錾削（凿削）、锯割、锉削、钻孔、扩孔、铰孔、攻丝和套丝、矫正和弯曲、铆接、刮削、研磨及装配用工具等，将分别在以后的各章中详细讲解。

2.1.2　钳工常用电动工具

1. 手电钻

手电钻是用来对金属或其他材料制品进行钻孔的电动工具，具有体积小、重量轻、使用灵活，操作简单等特点。在大型夹具和模具的制作、装配及维修中，当受到工件形状或加工部位的限制而不能使用钻床钻孔时，手电钻就得到了广泛的应用。

手电钻的规格是指用电钻钻削钢材时，允许使用的最大钻头直径，有4mm、6mm、8mm、10mm、13mm、16mm、19mm、23mm、32mm、38mm、49mm等规格。详见表2－1。

表2－1　手电钻规格及基本参数

型号	规格/mm	额定电压/V	额定功率/W	额定转矩/（N·m）	额定转速/（$r\cdot mm^{-1}$）	质量/kg	钻头夹持方式
J1Z—4	4	220	≥80	≥0.35	≥2200	1.2	钻夹头
J1Z—6	6	220	≥120	≥0.85	≥1300	1.3	钻夹头

续表

型号	规格/mm	额定电压/V	额定功率/W	额定转矩/（N·m）	额定转速/（r·mm^{-1}）	质量/kg	钻头夹持方式
J1Z—8	8	220	≥160	≥1.60	≥950	—	钻夹头
J1Z—10	10	220	≥180	≥2.20	≥780	3.2	钻夹头
J1Z—13	13	220	≥230	≥4.00	≥550	3.5	钻夹头
J1Z—16	16	220	≥320	≥7.00	≥430	5.9	2#莫氏锥柄
J1Z—19	19	220	≥400	≥12.00	≥320	6	2#莫氏锥柄
J1Z—23	23	220	≥400	≥16.00	≥240	—	2#莫氏锥柄
J3Z—13	13	380	≥270	≥4.9	≥530	6.8	钻夹头
J3Z—19	19	380	≥400	≥12.7	≥290	8.2	2#莫氏锥柄
J3Z—23	23	380	≥500	≥19.6	≥235	9.8	2#莫氏锥柄
J3Z—32	32	380	≥900	≥45.00	≥190	19	2#莫氏锥柄
J3Z—38	38	380	≥1100	≥72.6	≥145	21	2#莫氏锥柄
J3Z—49	49	380	≥1100	≥110	≥120	24	2#莫氏锥柄

（1）4mm 规格的直筒式电钻如图 2－1 所示。

（2）6mm 规格的枪柄式电钻如图 2－2 所示。

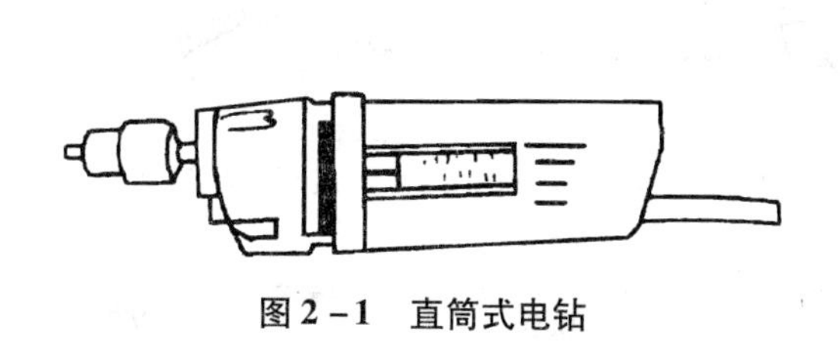

图 2－1 直筒式电钻

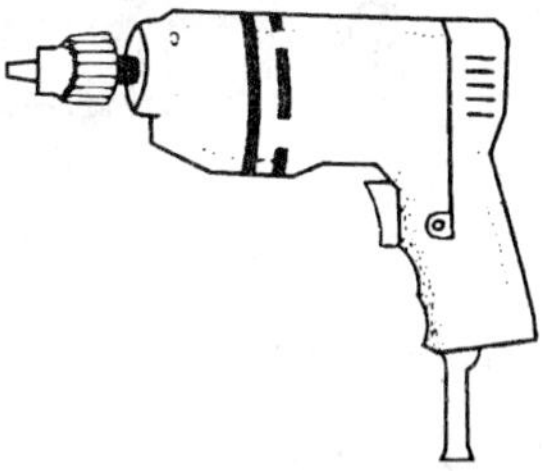

图 2－2 枪柄式电钻

（3）10～13mm 规格的环柄式电钻如图 2－3 所示。

（4）10～13mm 规格的双侧手柄式电钻如图 2－4 所示。

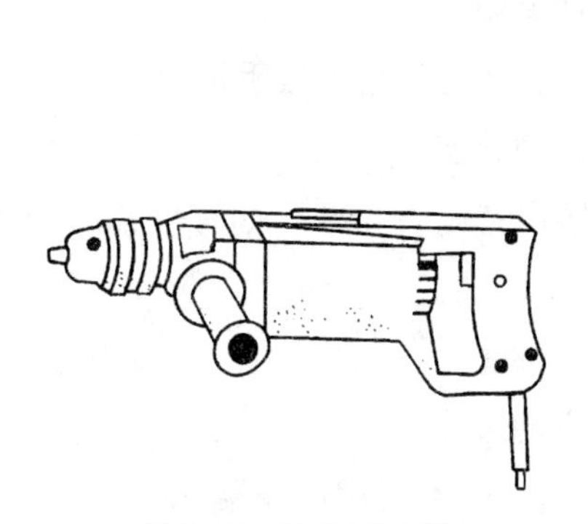

图 2－3 环柄式电钻

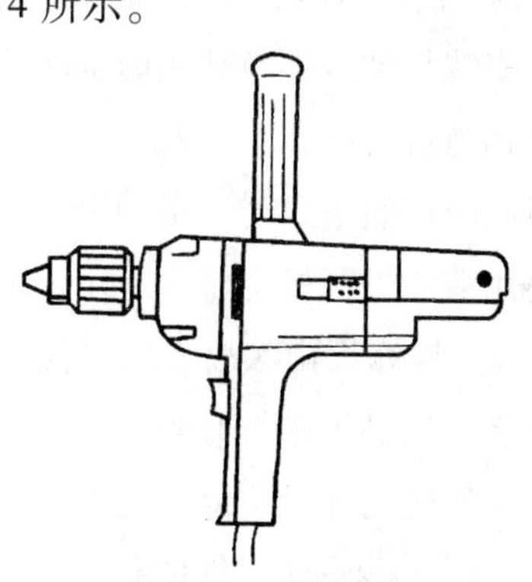

图 2－4 双侧手柄式电钻

（5）16mm、19mm、23mm 规格的具有后托架的双侧手柄式电钻如图 2－5 所示。

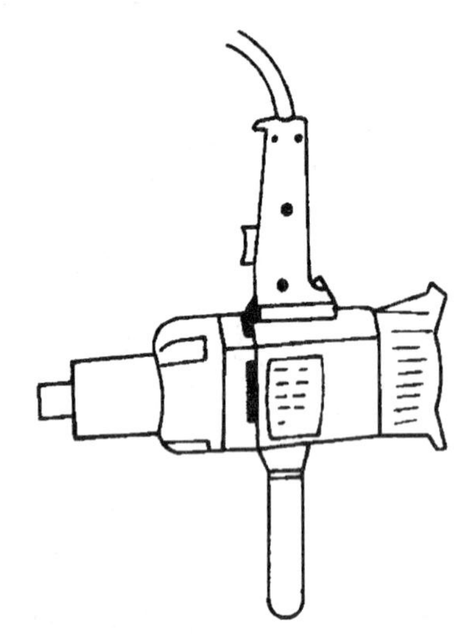

图 2－5　具有后托架的双侧手柄式电钻

在使用手电钻时应注意以下事项：

（1）电钻使用前，须先空转 1min 左右，检查传动部分运转是否正常。如有异常，应先排除故障，运转正常后再使用。

（2）钻头必须锋利，钻孔时用力不应过猛。当孔将要钻穿时，应相应减轻压力，以防发生事故。

2. 模具电磨（JB/T 8643—1999）

模具电磨属于磨削工具，配有各种形式的磨头以及各种成型铣刀，适用于在工具、夹具和模具的装配调整中，对各种形状复杂的工件进行修磨、抛光或铣削，其外形结构见表 2－2。

模具电磨的规格以磨头最大直径来表示，其形式及基本参数见表 2－2。

表 2－2　模具电磨型式及基本参数

磨头规格/（mm × mm）	额定输出功率 / W	额定转矩 /（N · m）	最高空载转速/（$r \cdot mm^{-1}$）
ϕ10 × 16	≥40	≥0. 022	≤47000
ϕ25 × 32	≥110	≥0. 08	≤26700

使用模具电磨时应注意以下事项：

（1）在安装软轴或更换磨头时，务必保证拔掉电源插头。

（2）软轴与机身的夹头以及软轴与磨头的夹头，务必要用小扳手锁紧。

（3）当电磨接通电源时，电源开关必须在断开的状态。

（4）使用前须先开机空转 2～3min，检查旋转声音是否正常，如有异常的振动或噪声，应立即进行调整检修，排除故障后再使用。

（5）新装砂轮必须进行修整后再使用。

（6）所用砂轮的外径不能超过磨头标牌上规定的尺寸。

（7）使用时，砂轮和工件的接触压力不宜过大，既不能用砂轮猛压工件，更不能用砂轮撞击工件，以防砂轮爆裂而造成事故。

（8）使用工具时，应戴防护镜。

（9）使用切割片加工时，务必保证人员偏离切割片的切线方向，以防止切割片飞片伤人。

3. 电剪刀

电剪刀的外形结构见表2－3。它使用灵活、携带方便，能用来剪切各种几何形状的金属板材。用电剪刀剪切成形的板材，具有板面平整、变形小、质量好等优点。因此，电剪刀也是对各种形状复杂的大型样板进行落料加工的主要工具之一。

电剪刀的规格是指其剪切抗拉强度 $\sigma_b = 390\text{MPa}$ 时热轧板的最大厚度。

表2－3　电剪刀的型式及基本参数

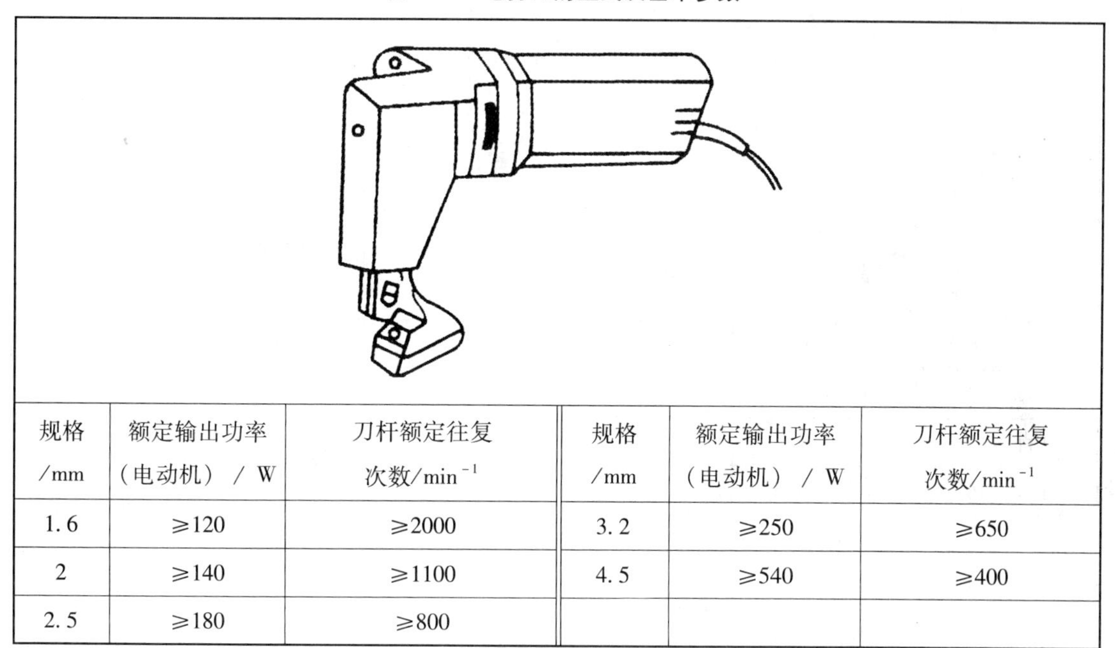

规格/mm	额定输出功率（电动机）/W	刀杆额定往复次数/min^{-1}	规格/mm	额定输出功率（电动机）/W	刀杆额定往复次数/min^{-1}
1.6	≥120	≥2000	3.2	≥250	≥650
2	≥140	≥1100	4.5	≥540	≥400
2.5	≥180	≥800			

使用电剪刀时应注意以下事项。

（1）电剪刀剪切的板料厚度不得超过标牌上规定的厚度。

（2）开机前应先检查各部位的紧定螺钉是否牢固可靠。然后开机空转，待运转正常后方可使用。

（3）剪切时，两刀刃的间距需根据板材厚度进行调整。当剪切厚材料时，两刃口的间距为0.2～0.3mm；剪切薄料时，两刃口间距可按下式计算。

$$S = 0.2\delta$$

式中　S——两刃口间距，mm；

δ——板材厚度，mm。

（4）进行小半径剪切时，需将两刃口间距调至0.3～0.4mm。

4. 电动扳手（JB/T5342 — 1999）

电动扳手主要用来装拆螺纹连接件，可分为单相冲击电动扳手和三相冲击电动扳手两种。单相冲击电动扳手的型式及基本参数见表 2 - 4。

表 2 - 4　单相冲击电动扳手的型式及基本参数

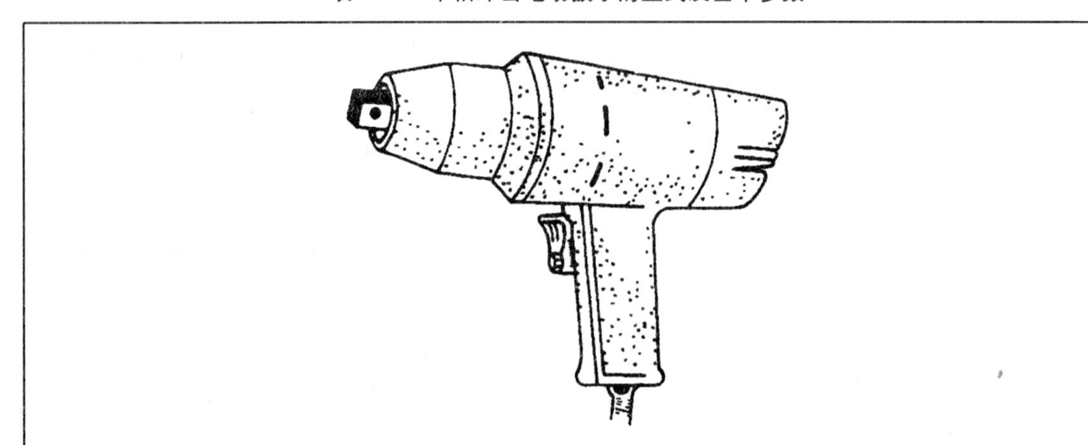

型号	适用范围	额定电压/V	额定电流/A	额定转矩 /（N·m）	方头尺寸 /（mm×mm）
P1B - 8	M6 ~ M8	220	1.1	15	
P1B - 10	M8 ~ M10	220	1.1	20	
P1B - 12	M10 ~ M12	220	0.791	60	13×13
P1B - 16	M14 ~ M16	220	2.37	150	13×13
P1B - 20	M18 ~ M20	220	2.88	220	19×19
P1B - 24	M20 ~ M24	220	4.9	400	19×19
P1B - 30	M20 ~ M30	220	4.1	800	19×19

使用电动扳手应注意以下事项：

（1）使用前空转 1min 以检查火花是否正常，整机各部位螺钉是否松动，若有松动应紧固好。必须要转动灵活无障碍，待运转正常后方可开始工作。

（2）按下开关空转，看转动方向是否是需要的方向，如不符，可通过转向开关改变方向。

（3）严禁瞬时换向，应停机后再改变旋转方向。

（4）扳手工作制为断续工作制，持续率为 50%，运行周期为 2min。若工作时间过长，因电动机发热而应间歇一段时间。

（5）使用时应扶正电动扳手，使其轴线与螺纹线对正，握稳按下开关即可工作。

（6）应定期检查各零、部件的紧固、运转、磨损情况，排除故障，清洗油垢，更换锂基润滑脂。

（7）若电动机启动不起来，或电动机转动而工作头不冲击，应先检查电刷磨损情况及冲击块与主动轴人字槽处或其他转动配合部位是否起毛刺、钢球脱落等现象，如有则应拆开清除掉毛刺，重装钢球即可。

（8）电动扳手若转向不定或转动时断时续，应及时检查开关是否损坏或线路各接头是否有接触不良现象。

（9）电刷磨损到长度不足 5mm 时，应及时更换（两只电刷同时更换），否则会因为电刷与换向器接触不良而引起故障，甚至烧坏电动机。

（10）电刷磨损到长度不足 5mm 时，应及时更换（两只电刷同时更换），否则会因为电刷与换向器接触不良引起故障，甚至烧坏电机。

5. 电动攻螺纹机

电动攻螺纹机主要用于加工钢件、铸铁件、黄铜件、铝件等金属零件的内螺纹。它具有正反转机构和过载时脱扣等优点。

电动攻螺纹机的型式及基本参数见表 2－5。

表 2－5　电动攻螺纹机的型式及基本参数

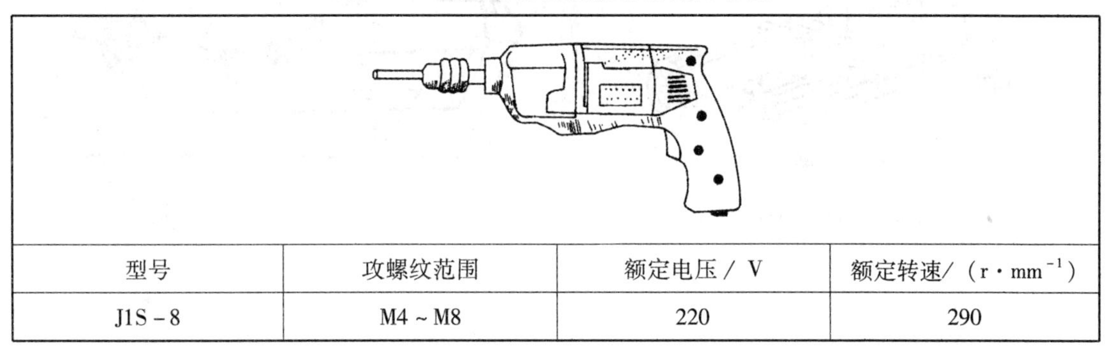

型号	攻螺纹范围	额定电压／V	额定转速/（r·mm^{-1}）
J1S－8	M4～M8	220	290

6. 电动拉铆枪

电动拉铆枪适用于各种结构件的铆接，尤其适用于对封闭结构及盲孔的铆接。

电动拉铆枪的型式及基本参数见表 2－6。

表 2－6　电动拉铆枪的型式及基本参数

型号	最大拉铆钉直径/mm	额定电压／V	输入功率/W	最大拉力/kN
P1M－5	$\phi 5$	220	280～350	7.5～8.0

7. 型材切割机（JB/T9608－1999）

型材切割机主要适用于切割圆形钢管、异型钢管、角钢、扁钢、槽钢等各种型材。

型材切割机的规格指所用砂轮直径尺寸。其型式有可移式型材切割机（图 2－6）、拎攀式型材切割机（图 2－7）、转盘式型材切割机（图 2－8）和箱座式型材切割机（图 2－9）等。型材切割机的规格及基本参数见表 2－7。

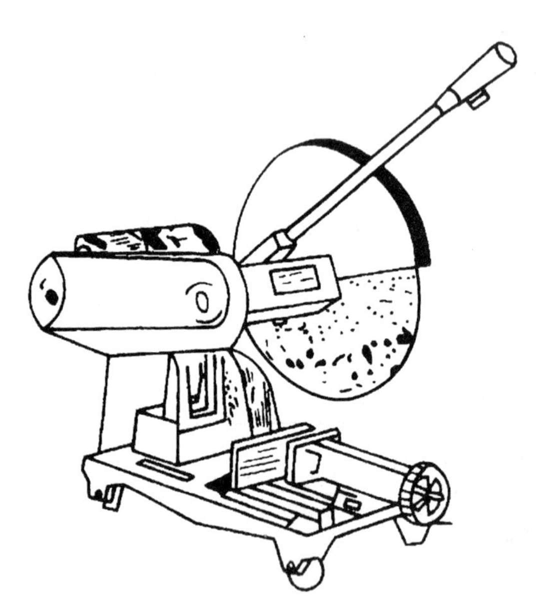

图 2－6 可移式型材切割机

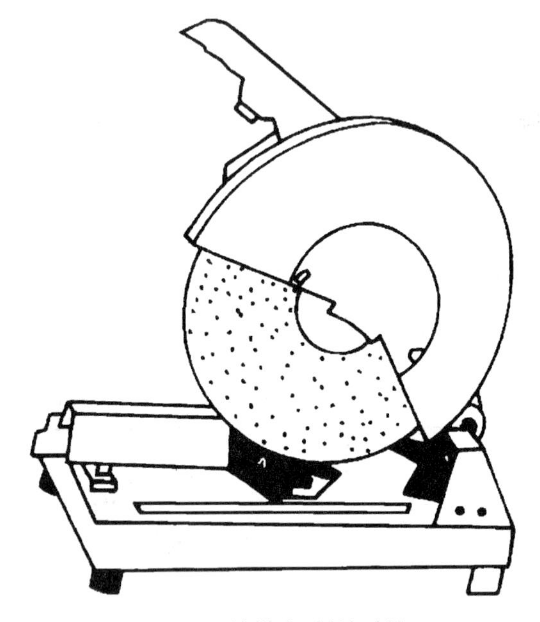

图 2－7 拎攀式型材切割机

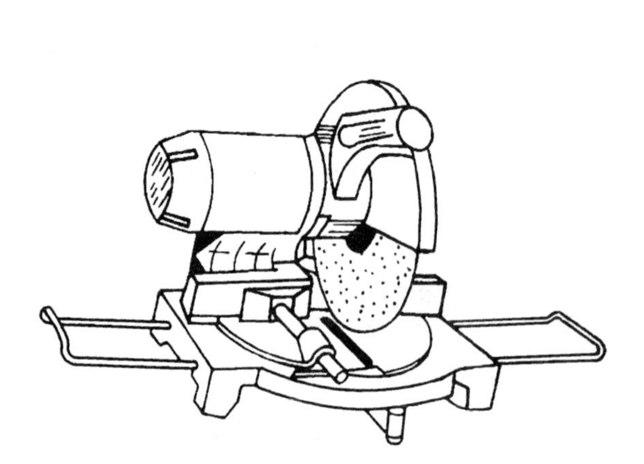

图 2－8 转盘式型材切割机

图 2－9 箱座式型材切割机

表2－7 型材切割机的规格及基本参数

型号	砂轮规格 /（mm×mm×mm）	电压/V	空载转速 /（$r \cdot mm^{-1}$）	可切割最大尺寸/mm			
				钢管	角钢	槽钢	圆钢
J1G－300	300×3×25.4	220	3760	90×6	80×10		30
J1G－400	400×3×25.4	220	2900	135×6	100×10	120×5.3	50
J3G－400	400×3×32	220	2880	135×6	100×10	120×5.3	50

2.2 钳工常用量具

将被测长度与已知长度比较，从而得出测量结果的工具称为测量工具。长度测量工具包括量规、量具和量仪。习惯上常把不能指示量值的测量工具称为量规；把能指示量值，拿在手中使用的测量工具称为量具；把能指示量值的座式和上置式等测量工具称为量仪。

钳工在制作零件、检修设备、安装和调整装配工作中，都需要用量具来检查加工的尺寸是否符合要求。没有量具就不可能制造出合乎要求的机器设备来，因此，熟悉量具的结构、性能及掌握正确的使用方法是技术工人保证产品质量、提高工作效率所必须掌握的一项非常重要的技能。

钳工常用的量具种类很多，其用途、结构和使用方法也各不相同。由于行业和工作环境不同，有的钳工接触和使用的量具较多，有的则较少。以下介绍的量具，每个钳工都应该熟悉和掌握其使用方法。

2.2.1 钳工常用的量具

1. 钢板尺（钢直尺）

钢板尺是最普通常用的量具，其刚性好、自重小。钢板尺的规格长度有100mm、300mm、500mm、1000mm、1500mm、2000mm。钢板尺除测量尺寸外，还可用于划线。用于测量长度尺寸最常用的规格为300mm，1000mm以上的规格在划线时用得较多。

2. 钢卷尺

钢卷尺也是钳工常用的量具，它具有体积小、自重小、测量范围广的优点。其规格长度有1m、2m、3m、5m、10m、15m、20m、30m、50m、100m。其主要用途为测量长度范围尺寸。常用的规格为2m与5m。

3. 游标卡尺

游标卡尺是一种比较精密的量具，它可以直接测量出工件的长度、宽度、深度以及圆形工件的内外径尺寸等。游标卡尺按测量范围可分为0～100mm、0～125mm、0～150mm、0～

200mm、0～300mm、0～400mrn、0～500mm、0～600mm、0～800mm、0～1000mm、0～1200mm 共 11 种规格，其测量精度有 0.10mm、0.05mm、0.02mm、0.01mm 四种。常用的为 0.02mm 精度的游标卡尺。

图 2－10 所示为精度为 0.02mm 游标卡尺的结构，它主要由制成刀口形的上、下量爪和深度尺组成。游标卡尺可以用来测量零件的外部尺寸、内部尺寸及深度尺寸。其测量原理如图 2－11 所示，主尺每小格为 1mm，当两量爪合并时，主尺上的 49mm 正好对准游标上的 50 格，则游标每格为 49/50＝0.98（mm），主尺与游标每格相差 1－0.98＝0.02（mm）。

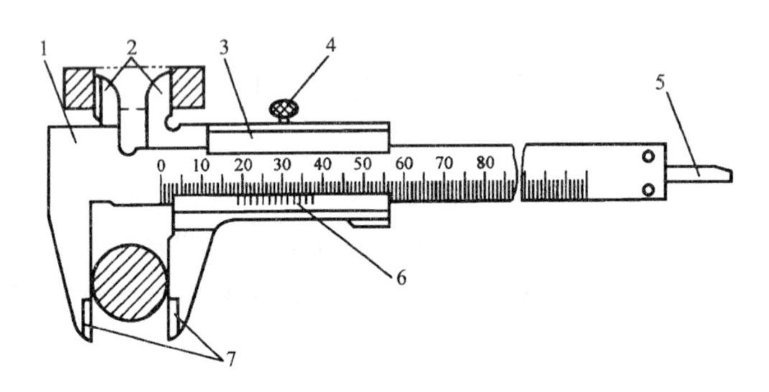

图 2－10　精度为 0.02mm 游标卡尺

1—尺身；2，7—量爪；3—尺框；4—紧定螺钉；5—深度尺；6—游标

游标卡尺的读数方法分为三步：

（1）查出游标零线前主尺上的整数。

（2）在游标上查出与主尺刻线对齐的那一条刻线。

（3）将主尺上的整数和游标上的小数相加：

工件尺寸＝主尺整数＋游标格数×卡尺精度

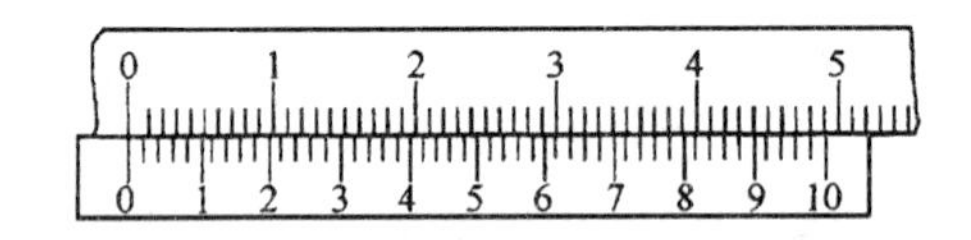

图 2－11　精度为 0.02mm 的游标卡尺的测量原理

使用游标卡尺前，首先应检查主尺与游标的零线是否对齐，并采用透光法检查内、外尺角量面是否贴合，如果透光不均，说明卡脚量面有磨损，这样的游标卡尺不能测量出精确的尺寸。

测量外径时，左手拿着一个卡脚，右手握住主尺，如图 2－12 所示，将卡角张开，比所测工件尺寸稍大一点，固定卡脚贴紧工作表面，右手推动游标，使活动卡脚也紧靠工件，便可读出测量的尺寸。测量内径时，应使卡脚开度小于工件内径，卡脚插入内径后，再轻轻地拉开卡脚，使两卡脚贴住工件，即可测出内径的实际值，如图 2－13 所示。

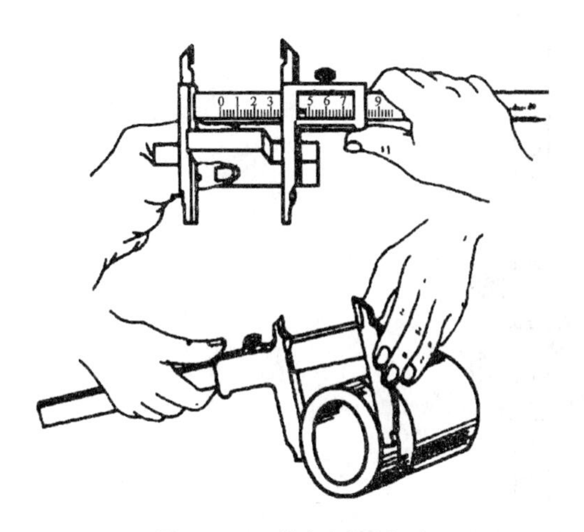

图2－12　外径测量方法

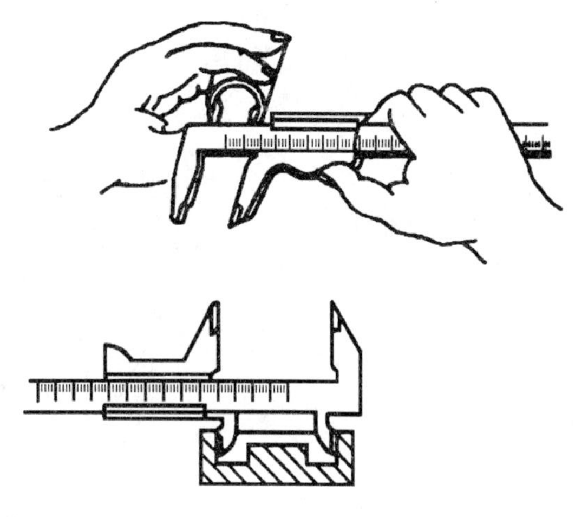

图2－13　内径测量方法

随着技术的发展，量具制造也不断地得到更新，出现了电子数显卡尺，它是一种测量简便、精确度高且使用方便的量具。它需要一块1.5V的电池，可在测量范围内任意调零，其读数值精度为0.01mm，测量范围为0～150mm，使用方法和普通卡尺一样，可直接读出测量值。

4. 深度游标卡尺

深度游标卡尺由主尺、游标与尺座（两者为一体）组成。它主要用来测量深度、台阶的高度等。其精度分别为0.05mm、0.02mm两种，测量范围为0～150mm、0～250mm、0～300mm等多种。（测量值的读法与游标卡尺相同。）使用时将底座贴住工件表面，再将主尺推下，使测量面接触到被测量深度的底面。旋紧固定螺钉，根据主尺、游标的刻线即可读出尺寸。其结构形状如图2－14所示。

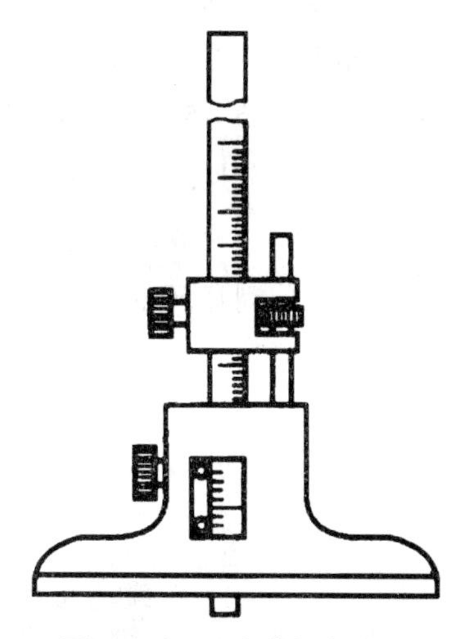

图2－14　深度游标卡尺

5. 高度游标卡尺

高度游标卡尺俗称高度尺，常用来测量工件的高度尺寸或精密划线。高度游标卡尺主要由主尺、游标、底座、划线爪、测量爪和固定螺钉等组成。它们都装在底座上（底座下面为工作平面），测量爪有两个测量面；下测量面为平面，用来测量高度；上测量面为弧形，用来测量曲面高度。当用高度游标卡尺划线时，必须装上专用的划线爪。其外形和结构如图2－15所示。

高度游标卡尺的读数原理和前述游标卡尺相同，测量精度一般为0.02mm，划线精度可达0.1mm。划线时，划线爪要垂直于划线表面，不得用测量爪的两侧尖来划线，以免两侧尖磨损，增大划线的误差。

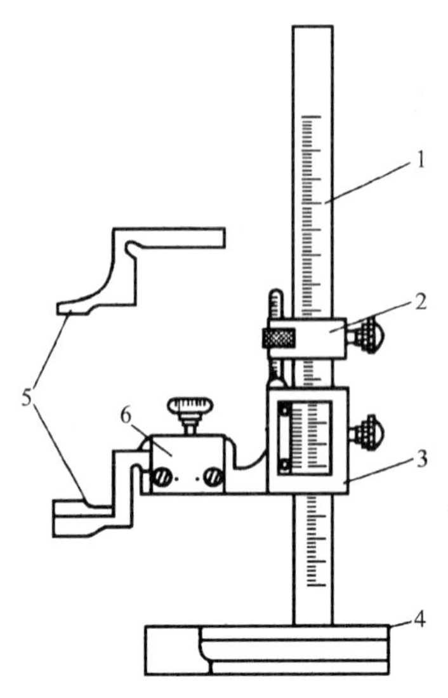

图 2－15　高度游标卡尺

1—主尺；2—微调部分；3—副尺；4—底座；5—划线爪与测量爪；6—固定架

6. 外径千分尺（千分尺）

外径千分尺是生产中常用的测量工具，主要用来测量工件的长、宽、厚及外径尺寸，它的测量精度为 0.01mm，其测量范围以每 25mm 为单位进行分挡。常用外径千分尺的规格有 0～25mm，25～50mm，50～75mm，75～100mm，100～125mm 等。

外径千分尺的外形及结构如图 2－16 所示。测微螺杆上的螺纹的螺距为 0.5mm，当微分筒转动一周时，测微螺杆就轴向移动 0.5mm，固定套筒上刻有间隙为 0.5mm 的刻度线，微分筒圆周上均匀刻有 50 格。因此，当微分筒每转一格时，测微螺杆就移动 0.5/50＝0.01（mm）。

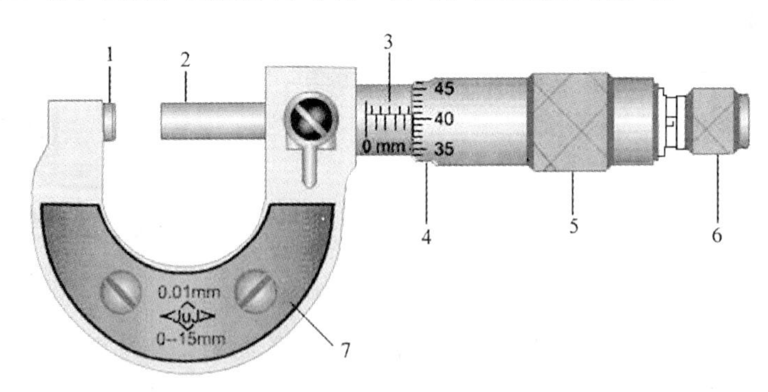

图 2－16　外径千分尺

1—测砧；2—测微螺杆；3—固定套筒；4—微分筒；5—旋钮；6—微调旋钮；7—框架

在使用外径千分尺之前，应先将检验棒置于测砧与活动测轴之间，检查固定套筒中线（基准线）和微分筒的零线是否重合，如不重合，则必须校验调整后再使用。

测量时，把被测件放入两测杆之间，先用固定测杆抵住被测件的一面，然后转动测微头螺母，直到被测件另一面与活动测杆接触，棘轮出现空转，测微头发出嗒嗒的声响时，即可读数。测微头的读数可按下述方法确定。

（1）从刻度套筒上露出的刻度线读出工件的毫米整数和半毫米数。

（2）从微分筒上由刻度套筒纵向刻度线所对准的刻度线读出工件的小数部分（百分之几毫米）。不足一格的数（千分之几毫米）可用估读法确定。

（3）将两次读数值相加就是工件的测量尺寸。

如图 2－17 所示为测微头的读数实例。

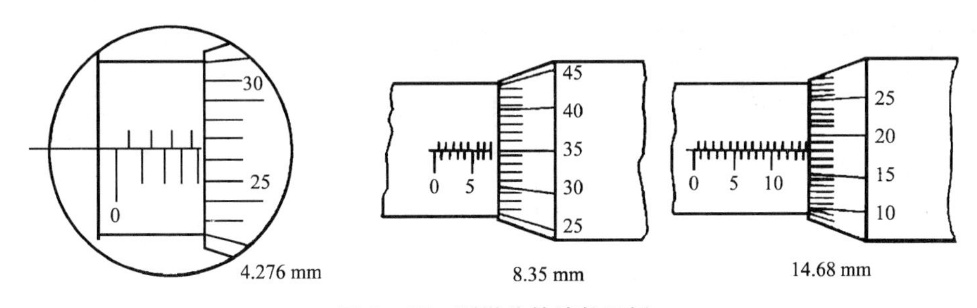

图 2－17　测微头的读数示例

7. 百分表

百分表的结构和传动原理如图 2－18 所示，其传动系统由齿轮、齿条等组成。测量时，当带有齿条的测量杆上升时，带动小齿轮 z_2 转动，与 z_2 同轴的大齿轮 z_3 及小指针也跟着转动，而 z_3 又带动小齿轮 z_1 及其轴上的大指针偏转。游丝的作用是迫使所有齿轮做单向啮合，以消除由于齿侧间隙而引起的测量误差。弹簧是用来控制测量力的。

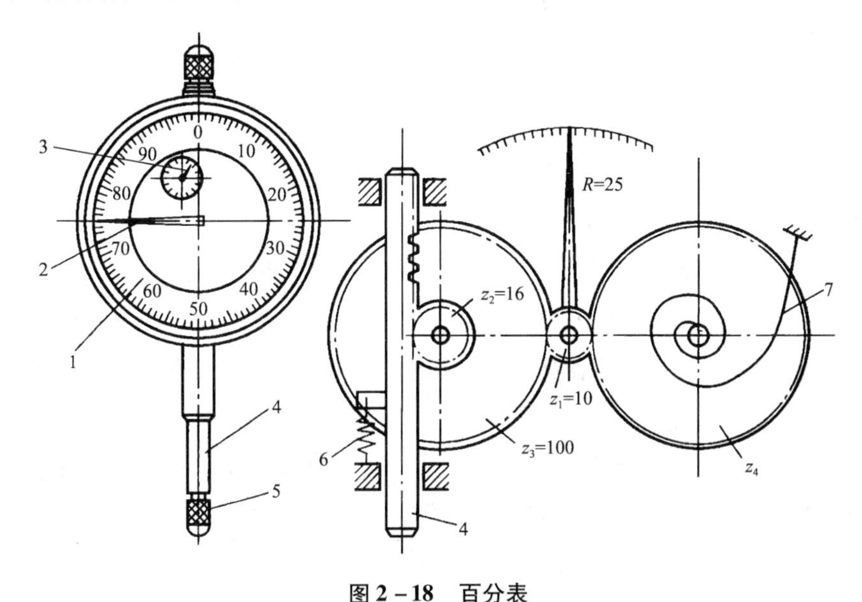

图 2－18　百分表

1—表盘；2—大指针；3—小指针；4—测量杆；5—测量头；6—弹簧；7—游丝

测量时，测量杆移动 1mm，大指针正好回转一圈，而在百分表的表盘上沿圆周刻有 100 等分格，其刻度值为 1/100＝0. 01mm。测量时，大指针转过 1 格刻度，表示零件尺寸变化 0. 01mm。应注意测量杆要有 0. 3～1mm 的预压缩量，保持一定的初始测力，以免负偏差测不出来。

8. 万能游标量角器

万能游标量角器可以测量零件和样板等的内外角度，测量范围为0°～320°，标准分度值有2′和5′两种。2′万能游标量角器的结构如图2－19所示。在扇形板2上刻有间隙为1°的刻度线，共120格。游标1固定在底板5上，它可以沿扇形板转动，上面刻有30格刻度线，对应扇形板上的刻度数为29°，则游标上每格度数＝29/30＝58′，扇形板与游标每格相差1°－58′＝2′。夹紧块8将角尺6和直尺7固定在底板5上。

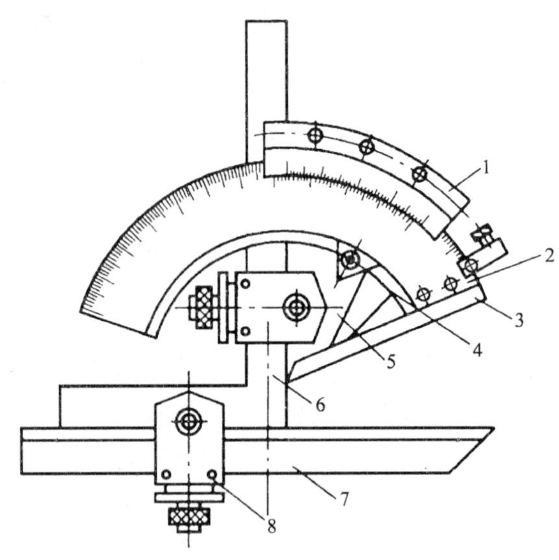

图2－19 2′万能游标量角器

9. 量块

量块（又称块规），是一种精密的标准量具，它主要用于调整、校正或检验量仪、量具及各种精密工件（的检查）。为了满足各种不同的应用场合，国家标准GB/T 6093—2001《量块》对量块的制造精度规定了六级，即00级、0级、1级、2级、3级和K级。“级”主要是根据量块长度极限偏差、量块长度变动量、量块测量面的平面度、量块测量面的粗糙度以及量块测量面的研合性等指标来划分的。其中00级最高，精度依次降低，3级最低，K级为校准级。

如图2－20所示，量块的外形一般为长方体，它具有两个经精密加工、表面粗糙度极小的平行平面的测量面，两测量面之间的距离为测量尺寸，也就是量块的尺寸。

图2－20 量块

在实际使用过程中，量块往往以成套的形式出现，（根据 GB/T6093－2001 规定，我国生产的成套量块有91块、83块、46块、38块等17种规格。表2－8列出了其中4套量块的尺寸系列。）为了工作方便和减少测量积累误差，应尽量选最少的块数。87块一套的量块，选用一般不超过五块。

表2－8　成套量块

顺序	量块基本尺寸/mm	间距	块数	总块数
1	0.5	—	1	91
	1	—	1	
	1.001；1.002；…；1.009	0.001	9	
	1.01；1.02；…；1.49	0.01	49	
	1.5；1.6；1.7；1.8；1.9	0.1	5	
	2.0；2.5；…；9.5	0.5	16	
	10；20；…；100	10	10	
2	0.5	—	1	83
	1	—	1	
	1.005	—	1	
	1.01；1.02；…；1.49	0.01	49	
	1.5；1.6；1.7；1.8；1.9	0.1	5	
	2.0；2.5；…；9.5	0.5	16	
	10；20；…；100	10	10	
3	1	—	1	46
	1.001；1.002；…；1.009	0.001	9	
	1.01；1.02；…；1.09	0.01	9	
	1.1；1.2；…；1.9	0.1	9	
	2；3；…；9	1	8	
	10；20；…；100	10	10	
4	1	—	1	38
	1.005	—	1	
	1.01；1.02；…；1.09	0.01	9	
	1.1；1.2；…；1.9	0.1	9	
	2；3；…；9	1	8	
	10；20；…；100	10	10	

计算时，第一块应根据组合尺寸的最后一位数字选取，以后各块以此类推。例如，所要测量的尺寸为48.245mm（组合尺寸），从83块一套的盒中选取如下：

48.245	组合尺寸
−1.005	第一块尺寸
47.24	
−1.24	第二块尺寸
46	
−6	第三块尺寸
40	第四块尺寸

共选用1.005mm、1.24mm、6mm、40mm四块。

利用量块附件和量块调整尺寸，测量外径、内径和高度的使用方法如图2－21所示。

为了保持量块的精度，延长其使用寿命，一般不允许用量块直接测量工件。

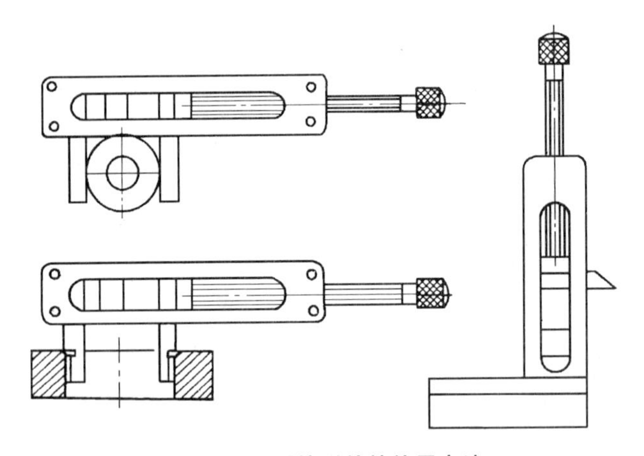

图2－21 量块附件的使用方法

10. 塞尺

塞尺也称厚薄规，是一种用于测量两表面间隙的薄片式量具，其结构如图2－22所示。它由一组厚度尺寸不同的弹性薄片组成，其测量范围有0.02～0.1mm和0.1～1mm两种。前者每隔0.01mm一片，后者每隔0.05mm一片。

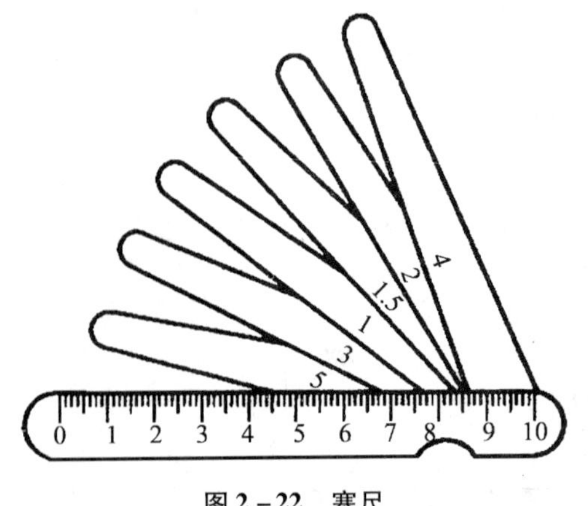

图2－22 塞尺

使用塞尺时，应根据被测两平面间隙的大小，先选用较薄的一片插入被测间隙内，若仍有间隙，则选择较厚的依次插入，直至恰好塞进而不松不紧，则该片塞尺的厚度即为被测间隙的大小。若没有所需厚度的塞尺，可选取若干片塞尺相叠代用，被测间隙即为各片塞尺厚度之和，但测量误差较大。

2.1.2　量具的使用与保养

量具是技术工人在工作中不可缺少的，在使用量具时，应根据被测零件的尺寸、形状和位置精度要求合理地选用量具，以保证量具的测量范围、精度能满足被测零件要求。使用前必须对量具本身精度进行检查，如发现零位不准，应交计量人员校正。使用过程中，应注意轻拿轻放，严格按照各量具的使用方法进行操作和测量，并按照计量规定按期进行量具的周检。当使用外径千分尺测量时，应辅以游标卡尺测量，保证“大数”不错，“小数”精确，避免出现“0.5mm”的误差，使工件报废或返工。

在生产实际检验过程中，还需根据生产性质来选定量具，在大批大量及成批生产中，应尽量选用专用量具，以提高检测速度，降低劳动强度和生产成本；在单件和小批生产时，则应选用合适的万能量具。

量具的使用和保养时应注意以下事项：

（1）不要用油石、砂纸等硬物去刮擦量具测量面和刻度部分，若使用过程中发生故障，应及时送交修理人员进行检修。操作者严禁随意拆卸、改装和修理量具。

（2）不要用手去抓摸量具的测量面和刻度线部分，以免生锈，影响测量精度。

（3）不可将量具放在磁场附近，以免量具产生磁化。

（4）严禁将量具当作其他工具使用。

（5）量具用完后立即仔细擦净上油，有工具盒的要放进原工具盒中。

（6）各种精密量具暂时不用应及时交回工具室保管。

（7）精密量具不可测量温度过高的工件。

（8）量具在使用过程中，不要和工具、刀具放在一起，以免碰坏。

（9）粗糙毛坯和生锈工件不可用精密量具进行测量，如非测量不可，可将被测部位清理干净，去除锈蚀后再进行测量。

（10）一切量具严防受潮、生锈，均应放在通风干燥的地方。

习　题

一、填空题

1. 量具按其用途和特点，可分为________量具、________量具和________量具三种类型。

2. 长度基准单位是________，等于________mm。

3. 1in = ________mm；1mm = ________in。

4. 游标卡尺按其测量精度，分为________mm 和________mm 两种。

5. 1/20mm 的游标卡尺，尺身每小格为________mm，游标每小格为________mm，二者之差为________mm。

6. 游标每小格为 49/50mm 的游标卡尺，尺身每小格为______mm，二者之差为________mm，测量精度为________mm。

7. 游标卡尺只适用于________精度尺寸的测量和检验。不能用标卡尺测量________的尺寸。

8. 高度游标卡尺用来测量零件的________尺寸和进行________。

9. 千分尺是一种______量具，测量尺寸________要比游标卡尺高，而且比较________，用来测量加工________要求较高的工件尺寸。

10. 千分尺测量螺杆上螺纹的螺距为________mm，当活动套管转一周时，螺杆即移动________mm，转 1/50 周（1 格），即移动________mm。

11. 内径千分尺、深度千分尺、螺纹千分尺和公法线千分尺分别用来测量________、________、________和________。

12. 万能游标量角器是有来测量工件________的量具，按其游标测量精度分为________和________两种。

13. 2′万能游标量角器，尺身刻线每格为________，游标刻线每格为________，二者之差为________。

14. 万能游标量角器的范围为________。

15. 用塞尺测量间隙时，如用 0.2mm 片可入，但 0.25mm 片不入，说明间隙大于______mm，小于________mm，即在________mm 之间。

二、判断题（对的画√，错的画×）

1. 机械工程图样上常用的长度单位是 mm。（ ）
2. 螺纹千分尺是用来测量螺纹大径的。（ ）
3. 齿厚游标卡尺是用来测量齿轮直径的。（ ）
4. 其他千分尺与外径千分尺刻线和读数原理相同，其用途也相同。（ ）

三、改错题

1. 用游标卡尺测量精度要求高的工件，必须把卡尺的公差考虑进去。

改正：

2. 齿轮游标卡尺用来测量齿轮和蜗杆的弦齿厚和弦齿间隙。

改正：

3. 对于 0~25mm 千分尺，测量前应将两测量面接触，活动套筒上的零刻线应与固定套筒上的零刻线对齐。

改正：

4. 内径百分表的示值误差很小，在测量前不要用百分表校对尺寸。

改正：

5. 用塞尺测量时，不能用力太小，且可以测量温度较高的工件。

改正：

四、选择题

1. 不是整数的毫米数，其值小于1时，应用（　　）表示。

A. 分数　　B. 小数　　C. 分数或小数

2. 1/50mm 游标卡尺，游标上50小格与尺身上（　　）mm 对齐。

A. 49　　B. 39　　C. 19

3. 千分尺的制造精度分为0级和1级两种，0级精度（　　）。

A. 稍差　　B. 一般　　C. 最高

4. 内径千分尺刻线方向与外径千分尺刻线方向（　　）。

A. 相同　　B. 相反　　C. 相同或相反

5. 用万能游标量角器测量工件，当测量角度大于90°小于180°时，应加上一个（　　）。

A. 90°　　B. 180°　　C. 360°

6. 发现精密量具有不正常现象时，应（　　）。

A. 报废　　B. 及时送交计量检修单位检修

C. 继续使用

五、名词解释题

1. 量具　　2. 测量　　3. 量块

六、简述题

1. 游标卡尺测量工件时怎样读数?

2. 千分尺测量工件时怎样读数?

3. 简述万能游标量角器的刻线原理及读数方法。

七、作图题

1. 根据下列尺寸，作出游标卡尺的读数示意图。

（1）54.45mm　　（2）41.14mm

2. 根据下列尺寸，作出外径千分尺的读数示意图。

（1）9.95mm　　（2）29.49mm

3. 根据下列角度值，作出万能游标量角器的读数示意图。

（1）32°22′　　（2）48°8′

第3章 划线

本章学习要点

1. 了解常用划线工具及正确的使用方法。
2. 了解划线的方法，掌握划线基准及找正、借料的方法。
3. 掌握常用的一些基本划线方法。
4. 熟悉平面和立体划线的步骤并掌握其方法。

3.1 概述

划线是指根据图样要求，在毛坯或工件上用划线工具划出待加工部位的轮廓线或作为基准的点、线的操作。划线分为平面划线和立体划线两种。

3.1.1 平面划线

只需在毛坯或工件的一个表面上划线后即能明确表示加工界线的，称为平面划线，如图3－1所示。在板料上、盘状工件的端面上划线等都属于平面划线。

3.1.2 立体划线

在毛坯或工件上几个互成不同角度（通常是相互垂直）的表面上划线，才能明确表示加工界线的，称为立体划线，如图3－2所示。如划出矩形块各加工表面的加工线及支架、箱体等表面的加工界线，都属于立体划线。

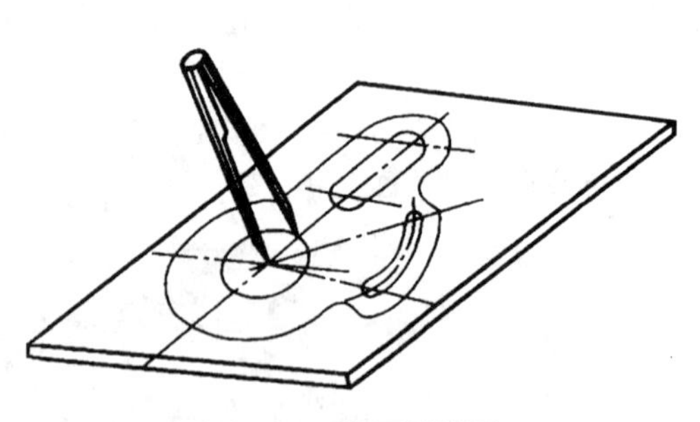

图3－1 平面划线图

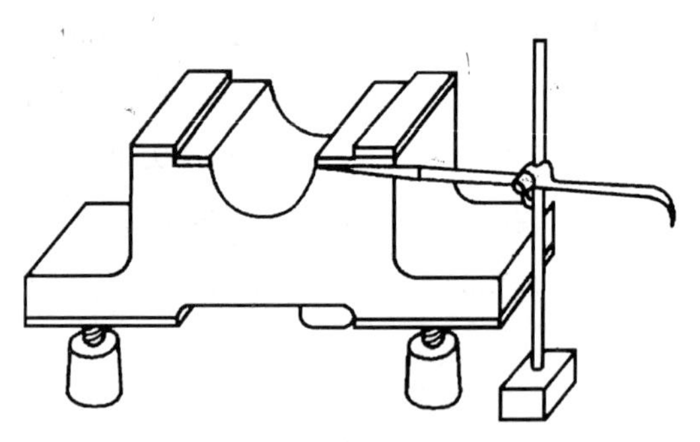

图3－2 立体划线

由此可见，平面划线与立体划线的区别，并不在于工件形状的复杂程度如何，有时平面划线比立体划线复杂。就划线操作的复杂程度而言，立体划线一般要比平面划线复杂。

3.1.3 划线的作用

划线工作不仅在毛坯表面上进行，也经常在已加工过的表面上进行，如在加工后的平面上划出钻孔及多孔之间相互关系的加工线。

划线的作用有以下几点：

（1）确定工件的加工余量，使机械加工有明确的尺寸界线。

（2）便于复杂工件按划线来找正在机床上的正确位置。

（3）能够及时发现和处理不合格的毛坯，避免再加工而造成更严重的经济损失。

（4）采用借料划线可以使误差不大的毛坯得到补救，使加工后的零件仍能符合图样要求。

划线是机械加工的重要工序之一，广泛应用于单件和小批量生产，是钳工应掌握的一项重要操作。

3.1.4 划线的要求

划线除要求划出的线条清晰均匀外，最重要的是保证尺寸准确。在立体划线中，还应注意使长、宽、高三个方向的线条互相垂直。当划线发生错误或准确度太低时，就有可能造成工件报废。由于划出的线条总有一定的宽度，而且在使用各种划线工具进行测量、调整尺寸时难免产生误差，所以不可能绝对准确。一般的划线精度能达到0.25～0.5mm。因此，通常不能依靠划线直接确定加工零件的最后尺寸，而必须在加工过程中，通过测量来确定工件的尺寸是否达到了图样的要求。

3.2 常用划线工具种类及使用方法

划线工具按用途分为四种：

（1）基准工具，包括划线平台、方箱、V形铁、三角铁、弯板（直角板）以及各种分度头等；

（2）量具，包括钢板尺、量高尺、游标卡尺、万能角度尺、直角尺以及测量长尺寸的钢卷尺等；

（3）绘划工具，包括划针、划线盘、高度游标尺、划规、划卡、平尺、曲线板以及手锤、样冲等；

（4）辅助工具，包括垫铁、千斤顶、C形夹头、夹钳以及找中心划圆时打入工件孔中的木条、铅条等。

1. 划线平板

划线平板如图3－3所示，一般用铸铁制成。工作表面经过精刨或刮削，也可采用精磨加工而成。较大的划线平板由多块组成，适用于大型工件划线。它的工作表面应保持水平并具有较好的平面度，是划线或检测的基准。

划线平板要经常保持清洁，不得用硬质的工件或工具敲击工作平面。较大工件划线时，要先用板在划线平板上将工件垫起，以防碰伤工作面而影响平面度及划线质量。

2. 方箱

方箱如图 3－4 所示，一般由铸铁制成，各表面均经刨削及精刮加工，六面成直角，工件夹到方箱的 V 形槽中，能迅速地划出三个方向的垂线。

图 3－3　划线平板

图 3－4　方箱

3. 划规

划规由工具钢或不锈钢制成，两脚尖端淬硬，或在两脚尖端焊上一段硬质合金，使之耐磨。常用的划规如图 3－5 所示。它们的用途很多，可以把钢板尺上量取的尺寸用划规移到工件上，定角度、划分线段、划圆、划圆弧线、测量两点间距离等。划规在钢尺上量取尺寸时必须量准，以减少误差。

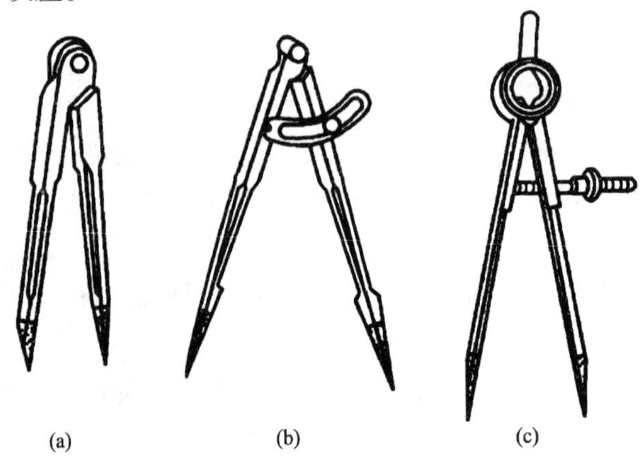

图 3－5　划规

(a) 普通划规；(b) 扇形划规；(c) 弹簧划规

划直径超过1000mm的圆、圆弧及量取大尺寸时，可采用大尺寸划规（也称地规），如图3－6所示。它由一根圆管和装有划针的两个套管组成，也有的由刨成截面为长方形的长杆和带长方孔的支脚组成。套筒或支脚可在长杆上移动，以调节划针间的距离。其中一个套管侧还可以装上微量调节装置，用起来更为方便。

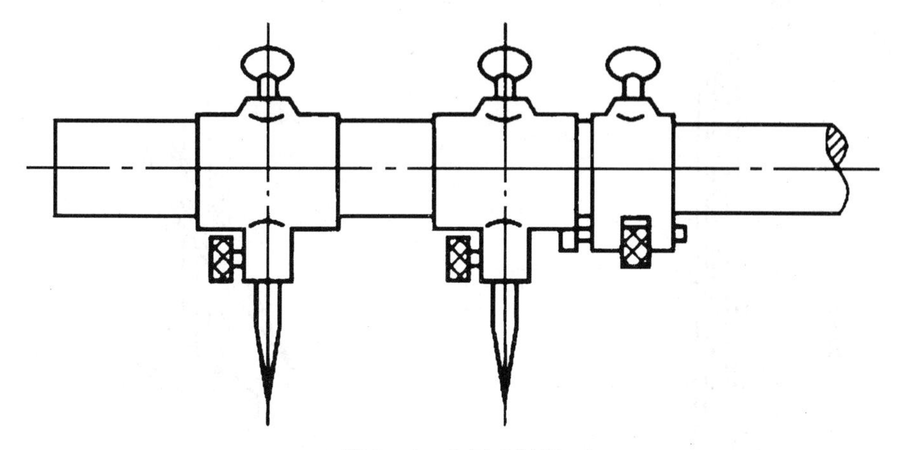

图3－6 大尺寸划规

4. 划针

划针如图3－7所示，一般用ϕ4～6mm弹簧钢丝或高速钢制成，尖端淬硬，或在尖端焊接上硬质合金，其尖端锋利程度可保持时间更长一些。划针是用来在被划线的工件表面沿着钢板尺、直尺、角尺或样板进行划线的工具，有直划针和弯头划针之分，弯头划针用在直划针划不到的地方。

5. 样冲

样冲如图3－8所示，用于在已划好的线上冲眼，以保证划线标记、尺寸界限及确定中心。样冲一般用工具钢制成，尖梢部位淬硬，也可以由较小直径的报废铰刀、多刃铣刀改制而成。

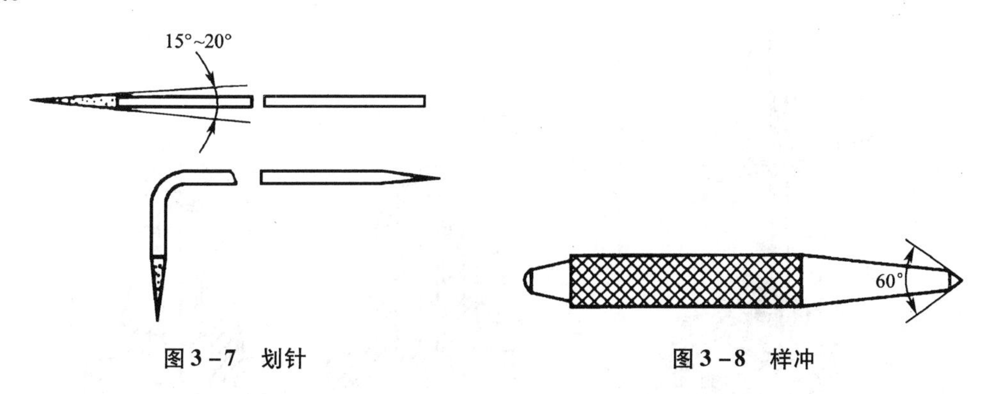

图3－7 划针　　图3－8 样冲

6. 量高尺

量高尺如图3－9所示，它由钢直尺和尺架组成，拧动调整螺钉，可改变钢直尺的上下位置，因而可方便地找到划线所需要的尺寸。

7. 普通划线盘

普通划线盘如图 3－10 所示，是在工件上划线和校正工件位置常用的工具。普通划线盘的划针一端（尖端）一般都焊上硬质合金作划线用，另一端制成弯头，是校正工件用的。普通划线盘刚性好、不易产生抖动，应用很广。

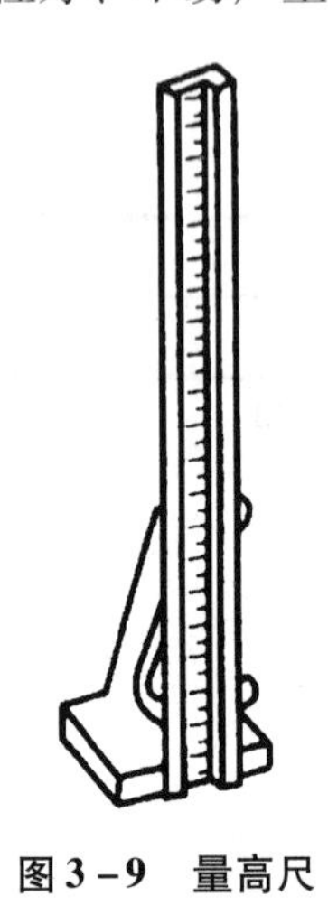

图 3－9 量高尺

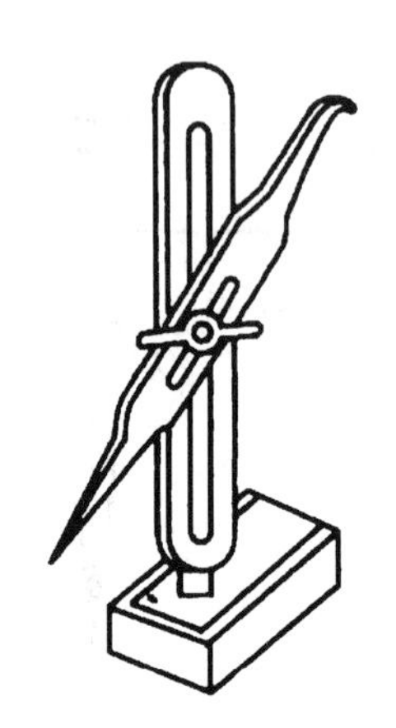

图 3－10 普通划线盘

8. 微调划线盘

微调划线盘如图 3－11 所示。其使用方法与普通划线盘相同，不同的是具有微调装置，拧动调整螺钉，可使划针尖端有微量的上下移动，使用时调整尺寸方便，但刚性较差。

9. 千斤顶

千斤顶如图 3－12 所示，它通常三个一组使用，螺杆的顶端淬硬，一般用来支承形状不规则、带有伸出部分的工件和毛坯件，以进行划线和找正工作。

图 3－11 微调划线盘

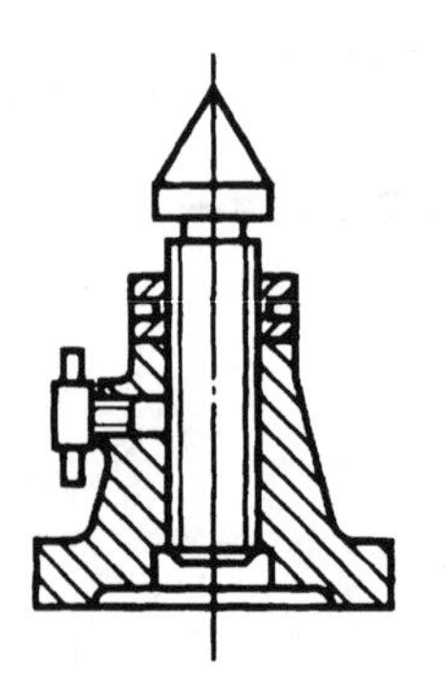

图 3－12 千斤顶

10. V 形铁

V 形铁如图 3－13 所示。它一般由铸铁或碳钢精制而成，相邻各面互相垂直，主要用来支承轴、套筒、圆盘等圆形工件，以便于找中心和划中心线，保证划线的准确性，同时保证了稳定性。

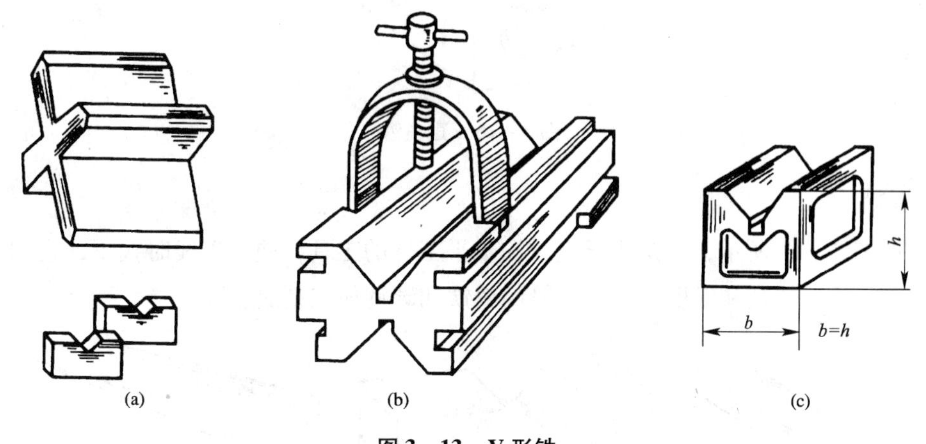

图 3－13　V 形铁

（a）普通 V 形铁；（b）带有夹持架的 V 形铁；（c）精密 V 形铁

11. C 形夹钳

C 形夹钳如图 3－14 所示，它在划线时用于固定。

12. 中心架

中心架如图 3－15 所示，在划线时，它是用来对空心的圆形工件定圆心。

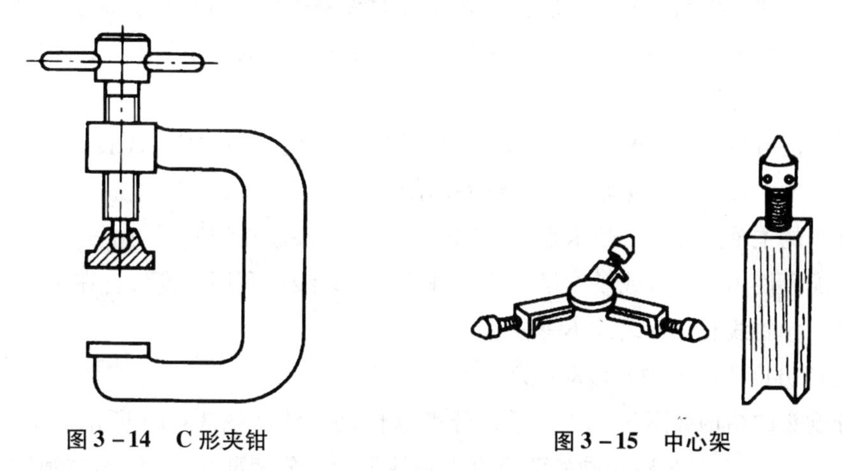

图 3－14　C 形夹钳　　图 3－15　中心架

13. 直角铁

直角铁如图 3－16 所示，它一般用铸铁制成，经过刨削和刮削，它的两个垂直平面垂直精度很高。直角铁上的孔或槽是搭压工件时穿螺栓用的。它常与 C 形夹钳配合使用。在工件上划底面垂直线时，可将工件底面用 C 形夹钳和压板压紧在直角铁的垂直面上，划线非常方便。

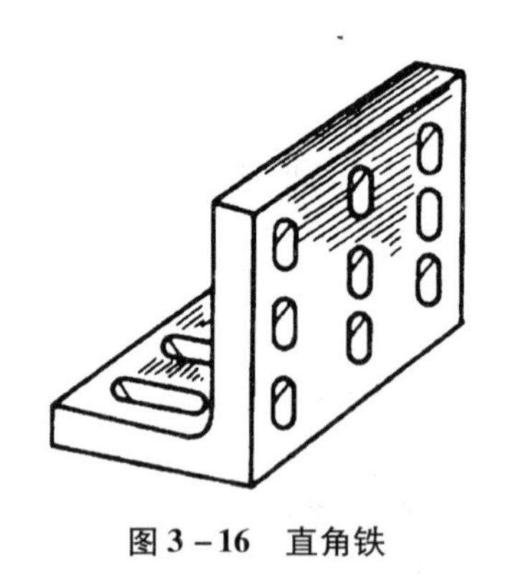

图 3－16　直角铁

14. 垫铁

垫铁如图 3－17 所示，它是用于支承和垫平工件的工具，便于划线时找正，常用的垫铁有平行垫铁、V 形垫铁和斜楔垫铁，一般用铸铁和碳钢加工制成。

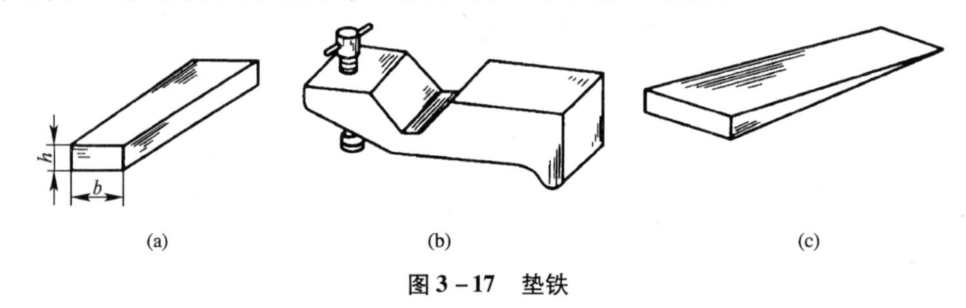

图 3－17　垫铁

（a）平行垫铁；（b）V 形垫铁；（c）斜楔垫铁

15. 万能分度头

分度头有直接分度头、万能分度头和光学分度头等类型，其中以万能分度头最为常用。万能分度头是一种较准确的等分角度的工具，是铣床上等分圆周用的附件，钳工在划线中也常用它对工件进行分度和划线。

常用的万能分度头有 FW125、FW200、FW250 型，代号中“F”代表分度头，“W”代表万能型，后面的数字代表主轴中心线到底面的高度，其单位为 mm。

在分度头的主轴上装有三爪卡盘，划线时，把分度头放在划线平板上，将工件用三爪卡盘夹持住，配合使用划线盘或量度尺，便可进行分度划线。利用分度头可在工件上划出水平线、垂直线、倾斜线和等分线或不等分线。

（1）万能分度头的结构与传动原理

万能分度头的结构如图 3－18 所示，分度盘传动系统如图 3－19 所示。蜗轮是 40 齿，蜗杆是单头，B1、B2 是齿数相同的两个直齿圆柱齿轮。分度盘 6、套筒 5 与圆锥齿轮 A2 连成一体，空套在分度头心轴 4 上。工件装夹在与蜗轮相连的主轴上，当拔出手柄插销 8，转动分度手柄 7 绕分度头心轴转一周时，通过直齿圆柱齿轮 B1、B2 带动蜗杆旋转一周，从而使蜗轮转动 1/40 周，即工件转 1/40 周。分度盘正反面有孔数不同的孔圈，根据算出工件等分数的要求，利用这些小孔选择合适的孔圈，将手柄依次转过一定的转数和孔数，使工件转过相应的角度，就可对工件进行分度与划线。

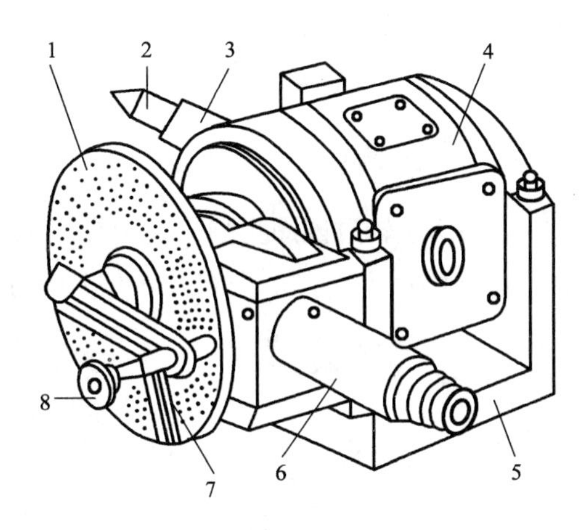

图3-18 万能分度头

1—分度盘；2—顶尖；3—主轴；4—转动体；5—底座；

6—挂轮轴；7—扇形叉；8—手柄

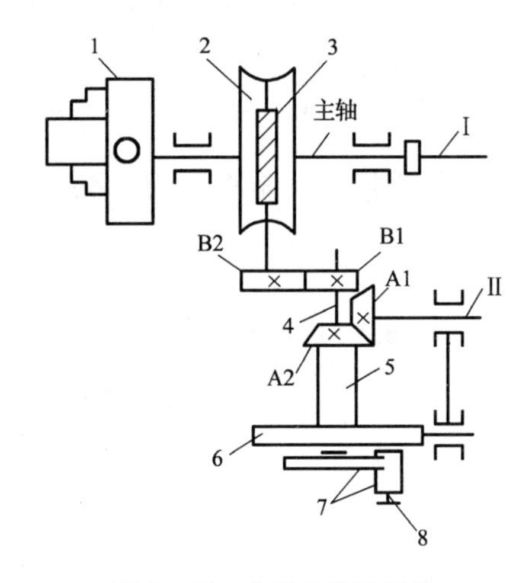

图3-19 分度盘传动系统

1—卡盘；2—蜗轮；3—蜗杆；4—分度头心轴；5—套筒；

6—分度盘；7—分度手柄；8—手柄插销

（2）分度方法

分度的方法有简单分度、差动分度、直接和间接分度等多种。简单分度方法是分度盘固定不动，通过转动分度头心轴上的手柄，经过蜗轮蜗杆传动进行。由于蜗轮蜗杆的传动比是1/40，若工件在圆周上的等分数目 Z 已知，则工件每转过一个等分，分度头主轴转过 $1/Z$ 圈。因此，工件转过每一个等分时，分度头手柄应转过的圈数用下式确定：

$$n=\frac{40}{Z}$$

式中 n——在工件转过每一等分时，分度头手柄应转过的圈数；

Z——工件等分数。

【例3－1】 要在工件的某圆周上划出均匀分布的10个孔，试求出每划完一个孔的位置后，手柄转过的圈数。

解 根据公式 $n=\frac{40}{Z}$，则 $n=\frac{40}{10}=4$ 圈。

即每划完一个孔的位置后，手柄应转过四圈再划另一个孔，依此类推。

【例3－2】 在一圆盘端面上划六边形，求先划一条线后，手柄应转几圈后再划第二条线。

解 已知 $Z=6$，则：

$$n=\frac{40}{Z}=\frac{40}{6}=6\frac{2}{3}$$

由工件等分数计算出来的手柄数不是整数，这时就要利用分度盘，根据分度盘上现有的各种孔眼的数目（表3－1），把$\frac{2}{3}$分子、分母同时扩大相同的倍数，使它的分母数为分度盘上某一个孔数，而扩大后的分子数就是摇柄应转过的孔数。若将$\frac{2}{3}$分子分母同时扩大10倍，即$\frac{2}{3}\times\frac{10}{10}=\frac{20}{30}$，即分度手柄在分度盘中有30个孔的孔圈上转过六圈后，再转过20个孔即可。对于由工件等分数计算出来的手柄数不是整数的情况，如果方便的话，也可直接查表3－2选择分度盘孔数。

表3－1 分度盘孔数

附带块数	定数	分度盘孔数
一块分度盘	40	正面：24、25、28、30、34、37、38、39、41、42、43 反面：46、47、49、51、53、54、57、58、59、62、66
两块分度盘	40	第一块 正面：24、25、28、30、34、37 反面：38、39、41、42、43 第二块 正面：46、47、49、51、53、54 反面：57、58、59、62、66

表3－2 单式分度表

工件等分数	分度盘孔数	手柄转数	转过的孔数	工件等分数	分度盘孔数	手柄转数	转过的孔数
5	任意	8	—	18	54	2	12
6	54	6	36	19	38	2	4
7	42	5	30	20	任意	2	—
8	任意	5	—	21	42	1	38
9	54	4	24	22	66	1	54

续表

工件等分数	分度盘孔数	手柄转数	转过的孔数	工件等分数	分度盘孔数	手柄转数	转过的孔数
10	任意	4	—	23	46	1	34
11	66	3	42	24	54	1	36
12	54	3	18	25	30	1	18
13	39	3	3	26	39	1	21
14	28	2	24	27	54	1	26
15	54	2	36	28	42	1	18
16	54	2	27	29	58	1	22
17	34	2	12	30	54	1	18

3.3 常用基本划线方法

1. 等分线段（图3－20）

（1）作直线AC与已知线段AB成20°～40°角度。

（2）由A点起在AC上任意截取五等分点a、b、c、d、e。

（3）连接Be，过d、c、b、a点分别作Be的平行线。在AB上的交点d'、c'、b'、a'即为线段AB的五等分点。

2. 作与线段定距离的平行线（图3－21）

（1）在已知线段AB上任意取两点a、b。

（2）分别以a、b为圆心，R为半径在线段AB的同侧划弧（R为给定距离）

（3）作两弧的切线，即为所求的平行线。

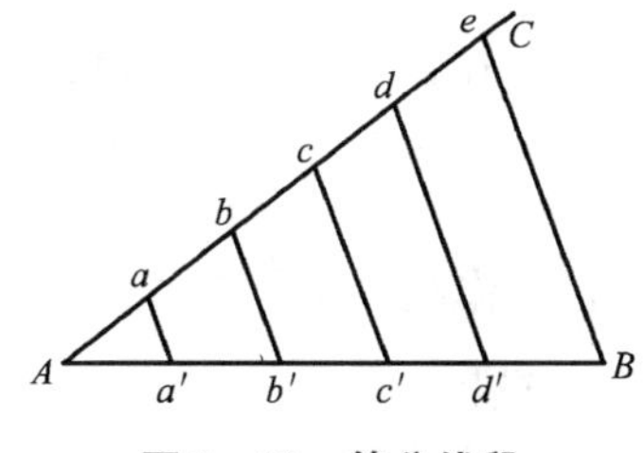

图3－20 等分线段

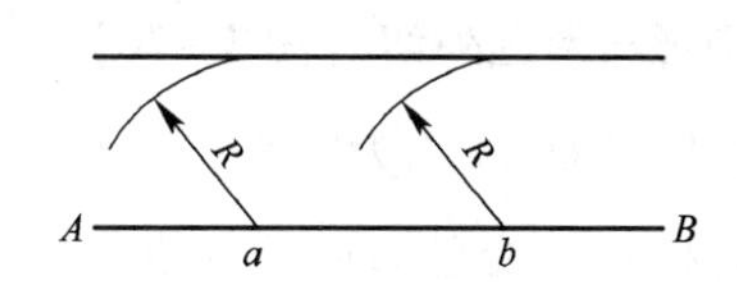

图3－21 作与线段定距离的平行线

3. 过线外一点P作该线的平行线（图3－22）

（1）在线段AB的中段任取一点O。

（2）以O为圆心、OP为半径作弧、交AB于点a、b。

（3）以b为圆心，AP为半径作弧，交ab弧于点c。

（4）连接Pc，即为所求平行线。

4. 在已知线段的端点作垂线（图 3-23）。

（1）以 B 为圆心，取 Ba 为半径作圆弧，交线段 AB 于 a 点。

（2）其长度为 aB，在圆弧上截取$\overset{\frown}{ab}$和$\overset{\frown}{bc}$。

（3）以 b、c 为圆心，Ba 为半径作圆弧，得交点 d，连接 dB，即为所求垂线。

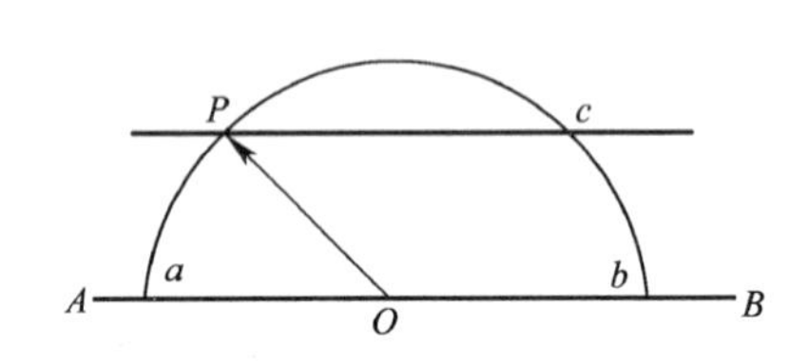

图 3-22　过线外一点作该线平行线

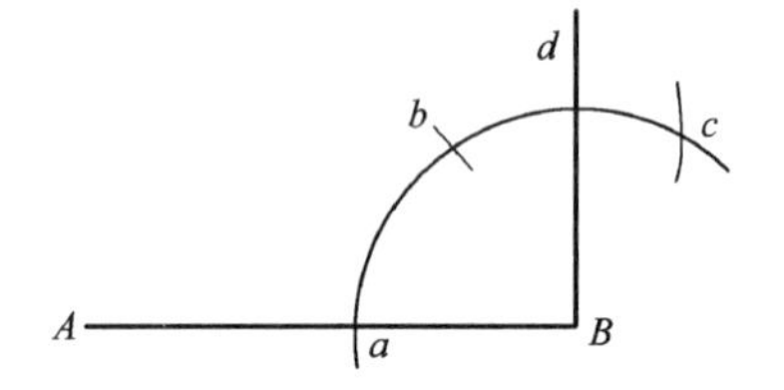

图 3-23　在已知线段的端点作垂线

5. 求已知弧的圆心（图 3-24）

（1）在已知圆弧 $\overset{\frown}{AB}$ 上截取 N_1N_2 和 M_1M_2，并分别作线段 N_1N_2 和 M_1M_2的垂直平分线。

（2）两垂直平分线的交点 O 即为圆弧 AB 的圆心。

6. 作圆弧与两条相交的直线相切（图 3-25）

（1）在两条相交直线的锐角 $\angle BAC$ 内侧，作与两直线相距为 R 的两条平行线，得交点 O。

（2）以 O 为圆心、R 为半径作圆弧，该圆弧即为所求。

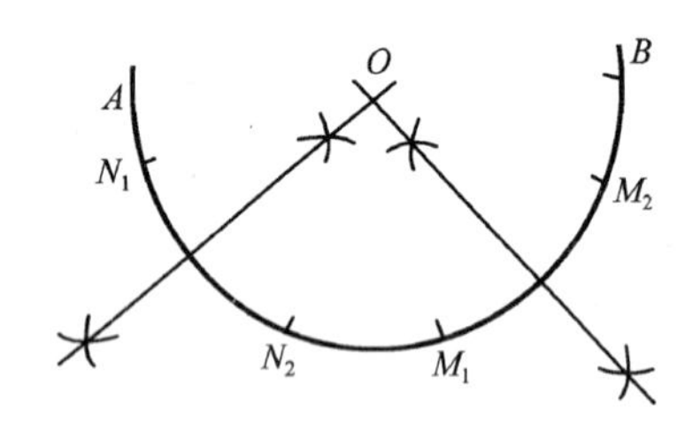

图 3-24　求已知弧的圆心

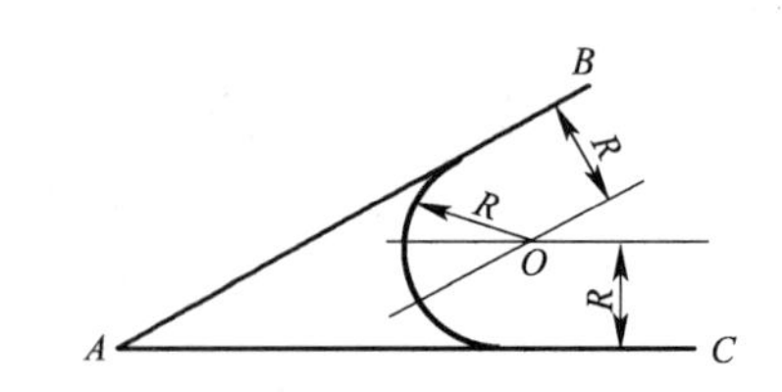

图3-25　作圆弧与两条相交直线相切

7. 作圆弧与两圆外切（图 3-26）

（1）分别以 O_1 和 O_2为圆心，以 R_1+R 及 R_2+R 为半径，作圆弧交于 O 点。

（2）连接 O_1O 交已知圆于 M 点，连接 O_2O 交已知圆于 N 点。

（3）以 O 为圆心、R 为半径作圆弧，该圆弧即为所求。

8. 作圆弧与两圆内切（图 3-27）

（1）分别以 O_1 和 O_2为圆心，$R—R_1$ 和 $R—R_2$为半径，作弧交于 O 点。

（2）以 O 为圆心、R 为半径作圆弧，该圆弧即为所求。

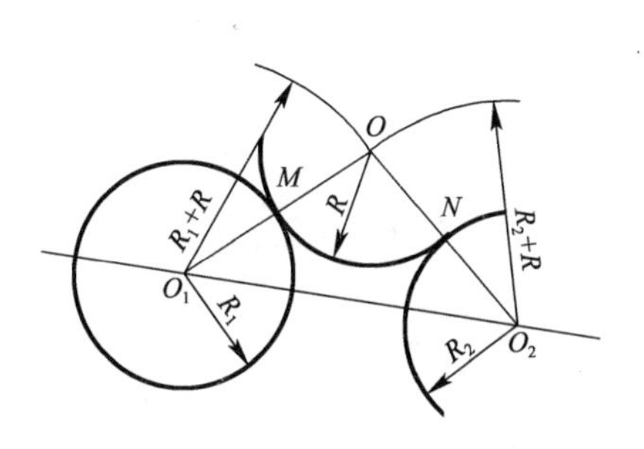

图3－26　作圆弧与两圆外切

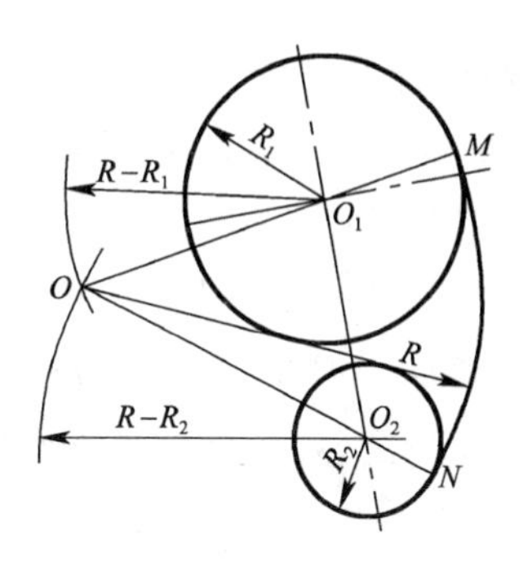

图3－27　作圆弧与两圆内切

9. 等分圆周（图3－28）

（1）过圆心 O 作直径 $CD \perp AB$。

（2）取 OA 的中点 E。

（3）以 E 为圆心、EC 为半径作圆弧交 AB 于 F 点，CF 即为圆五等分的边长。

10. 任意等分半圆（图3－29）

（1）将圆的直径 AB 分为任意等份（图中为五等份），等点为1、2、3、4。

（2）分别以 A、B 为圆心，AB 长为半径作圆弧交于 O 点。

（3）连接 $O1$、$O2$、$O3$、$O4$ 并分别延长交半圆于1′、2′、3′、4′，这四点即为半圆等分点。

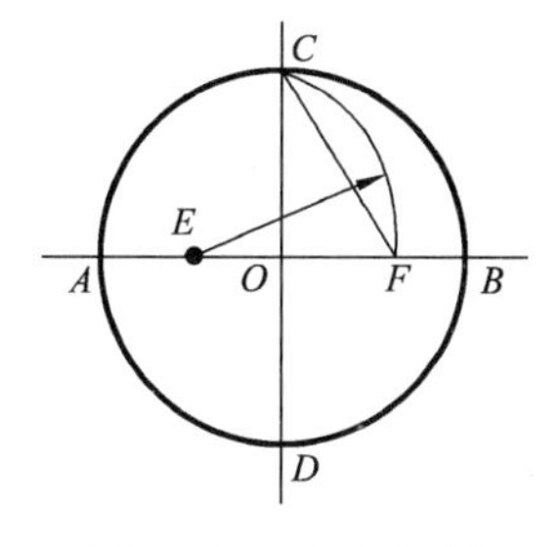

图3－28　等分圆周

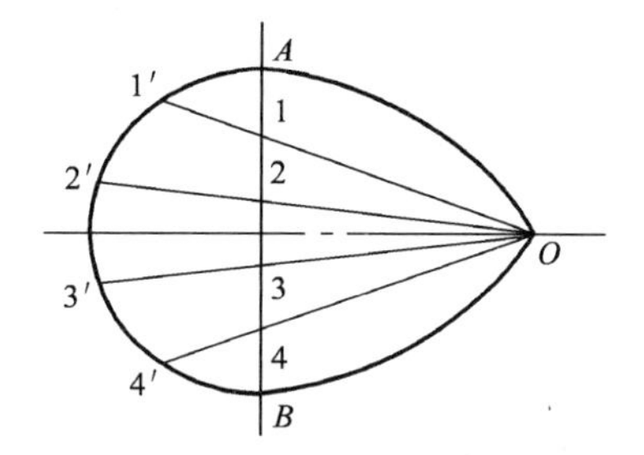

图3－29　任意等分半圆

11. 椭圆的画法

如图3－30所示，已知长轴 ab，短轴 cd，作椭圆。

（1）作 ab 垂直于 cd。

（2）用直线连接 a 点和 c 点，以 O 点为圆心、Oa 为半径作圆弧，交 Oc 的延长线于 e 点。

（3）以 c 点为圆心，ce 为半径作圆弧，交 ac 于 f 点。

（4）作 af 的垂直平分线，交 ab 于1点，交短轴于2点，再与这两点对称，定出3点和4点。

（5）分别以1、2、3、4点为圆心，$a1$、$c2$、$b3$、$d4$ 为半径作圆弧，在切点的地方相接，就可以画成椭圆。

12. 卵圆的画法（图 3-31）

(1) 作线段 CD 线垂直于 AB，相交于 O 点。

(2) 以 O 为圆心，OC 为半径作圆，交 AB 于 G 点。

(3) 分别以 D、C 为圆心，DC 为半径作弧，交于 e 点。

(4) 连接 DG、CG 并延长，分别交弧于 E、F 点。

(5) 以 G 为圆心，GE 为半径作弧，即得卵圆。

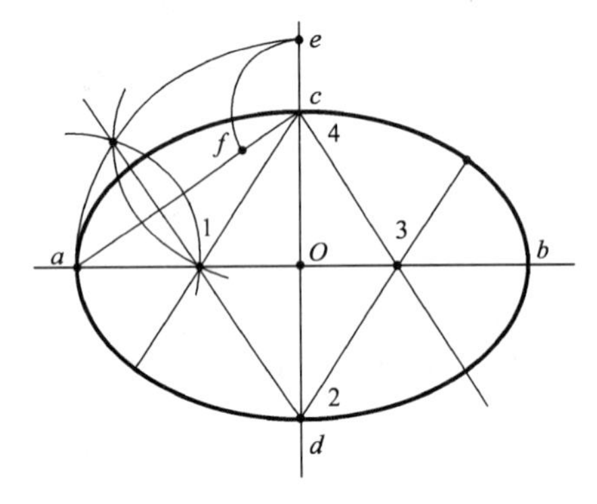

图 3-30　椭圆的画法

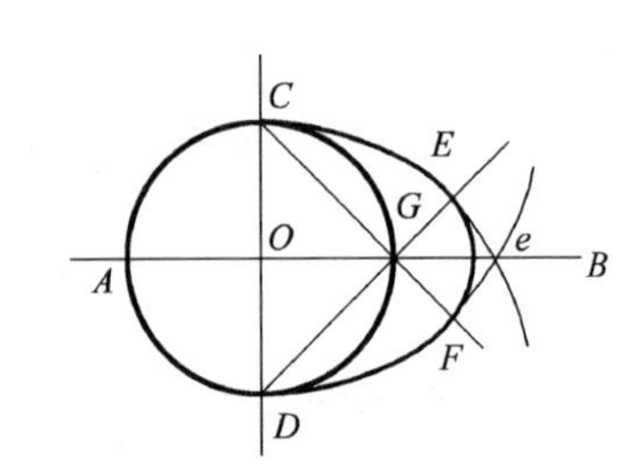

图 3-31　卵圆的画法

13. 按同一弦长等分圆周

按同一弦长等分圆周就是用圆规按每一等分圆周对应的弦长来等分圆，主要是如何确定各等分圆周对应的同一弦长如图 3-32 所示。

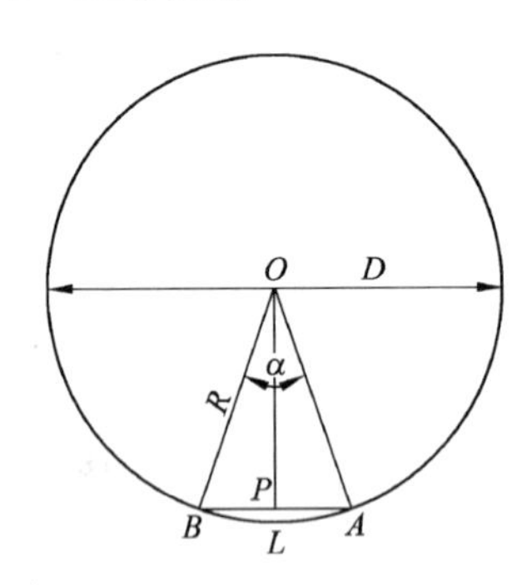

图 3-32　按同一弦长等分圆周

设圆的直径为 D，半径为 R，若圆周作 n 等分，则每等份弧长所对的圆心角 $\alpha=360/n$，由三角形关系可求得：

$$AP=R\sin\frac{\alpha}{2}$$

所以弦长为

$$L=2R\sin\frac{\alpha}{2}=D\sin\frac{\alpha}{2}$$

【例 3-3】　在直径为 80mm 的圆周上作十等分。

解 $\alpha=\frac{360^\circ}{n}=\frac{360^\circ}{10}=36^\circ$

$$L=D\sin\frac{\alpha}{2}=80\times\sin\frac{\alpha}{2}=80\times0.309=24.72\ (\text{mm})$$

用圆规量取尺寸24.72mm划线，就可以对圆周作十等分。

如果令上式的 $2\sin\frac{\alpha}{2}=K$（K 称作弦长系数），则弦长 $L=KR$，K 可按各种等分数预先算出，见表3-3，这样求弦长更方便。

表3-3 等分圆周弦长系数 *K*

等分数	系数 K	等分数	系数 K	等分数	系数 K
3	1.7321	13	0.4786	23	0.2723
4	1.4142	14	0.4450	24	0.2611
5	1.1756	15	0.4158	25	0.2507
6	1.000	16	0.3902	26	0.2411
7	0.8678	17	0.3675	27	0.2321
8	0.7654	18	0.3473	28	0.2240
9	0.6840	19	0.3292	29	0.2162
10	0.6180	20	0.3129	30	0.2091
11	0.5635	21	0.2980	31	0.2023
12	0.5176	22	0.2845	32	0.1960

在例3-3中，当 $n=10$ 时，查表得 $K=0.6180$，则 $L=0.6180\times40=24.72$mm。

按同一弦长作圆周等分的方法，由于量规在量取尺寸时难免有误差，再加上划等分圆弧时圆规脚位置可能会变动产生误差，结果往往不能一次就使等分准确。等分数越多，其积累误差越大。因此，一般需要重新调整圆规尺寸后再作等分，直到等分准确。用这种方法等分圆周，其效率和准确性都不高。

14. 按不等弦长等分圆周

如图3-33所示，用圆规按不等弦长对圆周作等分时，主要问题是如何确定各等分段的不等弦长 Aa_1、Aa_2、Aa_3、…。设圆周作 n 等分，则按不等弦长等分时，其相应的不等弦长所对的圆心角分别为 α、2α、3α、…其中，$\alpha=\frac{360^\circ}{n}$。

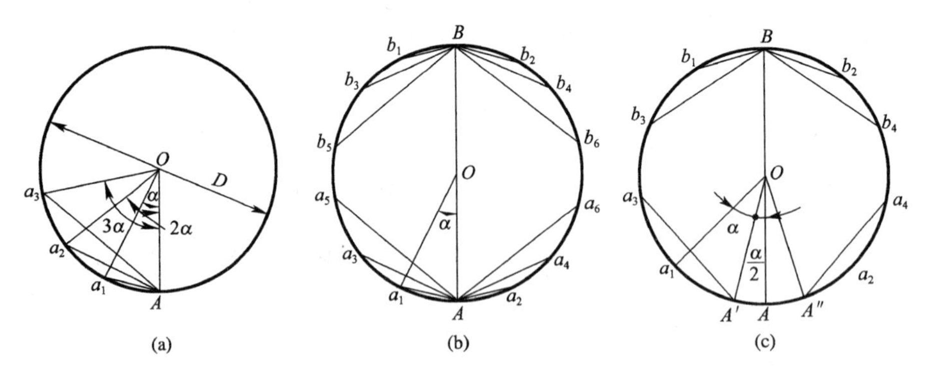

图 3－33　按不等弦长等分圆周

（a）等分原理；（b）偶数等分；（c）奇数等分

由三角关系可求得：

$$Aa_1 = D\sin\frac{\alpha}{2}$$

$$Aa_2 = D\sin\frac{2\alpha}{2} = D\sin\alpha$$

$$Aa_3 = D\sin\frac{3\alpha}{2}$$

如图 3－33（b）所示，当等分数为偶数时，为了等分方便，可先将圆周作两等分，然后按求得的各不等弦长，用圆规分别以 A、B 两点为圆心，依次在圆周上截取各等分点。如图 3－33（b）中等分数为 14，其中 $Aa_1 = Aa_2 = Bb_1 = Bb_2$，$Aa_3 = Aa_4 = Bb_3 = Bb_4$，$Aa_5 = Aa_6 = Bb_5 = Bb_6$。

【例 3－4】　在直径为 50mm 的圆周上作 14 等分。

解　圆心角 $\alpha = \dfrac{360°}{14} = 25.71°$

为了等分方便，先将圆周作两等分，再对二分之一圆周作七等分即可。如图 3－33（b）所示，只需求出三个不等弦长，即：

$$Aa_1 = D\sin\frac{\alpha}{2} = 50 \times \sin\frac{25.71°}{2} = 50 \times 0.2224 = 11.13\ \text{(mm)}$$

$$Aa_2 = D\sin\alpha = 50 \times \sin 25.71° = 50 \times 0.4338 = 21.69\ \text{(mm)}$$

$$Aa_3 = D\sin\frac{3\alpha}{2} = 50 \times \sin\frac{3 \times 25.71°}{2} = 50 \times 0.6234 = 31.17\ \text{(mm)}$$

用圆规分别量取三种弦长，并分别以圆周两等分点 A、B 为圆心，依次划出各等分点，校对无误，则圆周等分完成。

当等分数为奇数时，可设法在圆周上先划出一个等分段，如图 3－33（c）中的 $A'A''$，剩下的等分数便为偶数，这时就可按例 3－4 的偶数等分法进行。为了偶数等分方便，要把圆周先作两等分，所以在划取等分段 $A'A''$时，最好先求得 A 点，使 $AA' = AA''$，显然，$AA' = AA'' = D\sin\dfrac{\alpha}{4}$。再按求得的各不等弦长，用圆规分别以 A'、A''、B 三点为圆心，依次在圆周上截取各等分点。图3－33（c）所示为11等分，其中$A'a_1 = A''a_2 = Bb_1 = Bb_2$，$A'a_3 = A''a_4 = Bb_3 = Bb_4$。

【例3－5】 在直径为50mm的圆周上作11等分。

解 圆心角$\alpha = \frac{360°}{11} = 32.73°$。

$$AA' = AA'' = D\sin\frac{\alpha}{4} = 50 \times \sin\frac{32.73°}{4} = 50 \times 0.1423 = 7.12\text{（mm）}$$

$$A'a_1 = D\sin\frac{\alpha}{2} = 50 \times \sin\frac{32.73°}{2} = 50 \times 0.2817 = 14.09\text{（mm）}$$

$$A'a_3 = D\sin\alpha = 50 \times \sin 32.73° = 50 \times 0.5406 = 27.04\text{（mm）}$$

用圆规先按AA'弦长在圆周上截取AA'和AA''，则$A'A''$为一个等分段；然后用圆规按两种不等弦长，分别以圆周上的A'、A''、B三点为圆心，依次划出各等分点。校核无误，则等分圆周完成。

用不等弦长法对圆周作等分时，虽然计算工作量稍有增加，但可避免操作中产生的累积误差，还能较迅速和准确地进行等分。

3.4 划线基准的选择

3.4.1 划线基准的概念

合理地选择划线基准是做好划线工作的关键。只有划线基准选择得好，才能提高划线的质量、效率及相应地提高工件的合格率。

虽然工件的结构和几何形状各不相同，但是任何工件的几何形状都是由点、线、面构成的。不同工件的划线基准虽有差异，但都离不开点、线、面的范围。

基准是用来确定生产对象几何要素间的几何关系所依据的点、线、面。在零件图上用来确定其他点、线、面位置的基准，称为设计基准。

划线基准是指在划线时选择工件上的某个点、线、面作为依据，用它来确定工件的各部分尺寸、几何形状及工件上各要素的相对位置。

3.4.2 划线基准的选择

在选择划线基准时，应先分析图样，找出设计基准，使划线基准与设计基准尽量一致，这样能够直接量取划线尺寸，简化换算过程。划线时，应从划线基准开始。

划线基准一般可根据以下三种原则来选择：

（1）以两个互相垂直的平面（或线）为划线基准，如图3－34所示。从零件上相互垂直的两个方向尺寸可以看出，每一方向上的许多尺寸都是依据它们的外平面（图样上是一条线）来确定的，这两个平面分别是每一方向的划线基准。

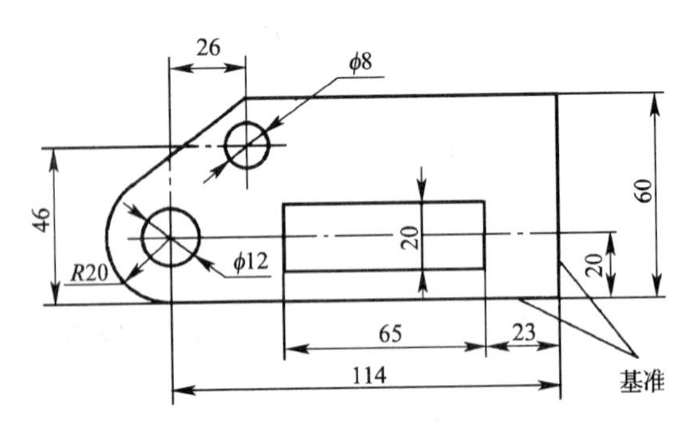

图 3－34　以两个互相垂直的平面为划线基准

（2）以两条中心线为划线基准，如图 3－35 所示。该工件上两个方向的许多尺寸与其中心线具有对称性，并且其他尺寸也从中心线起始标注。这两条中心线就分别是这两个方向的划线基准。

（3）以一个平面和一条中心线为划线基准，如图 3－36 所示。该工件上高度方向的尺寸是以底面为依据的，此底面就是高度方向的划线基准。而宽度方向的尺寸对称于中心线，该线就是宽度方向的划线基准。

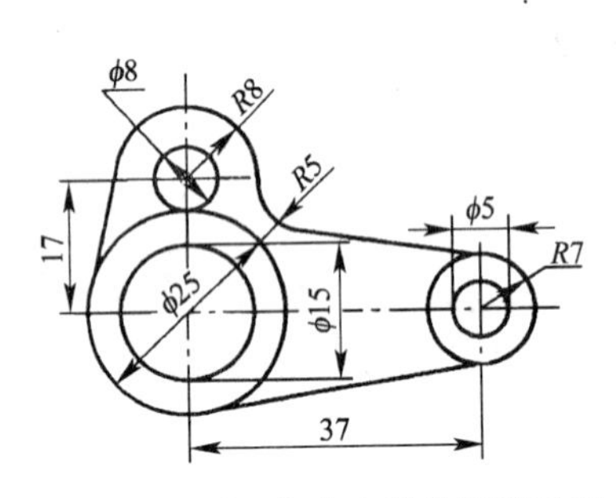

图 3－35　以两条中心线为划线基准

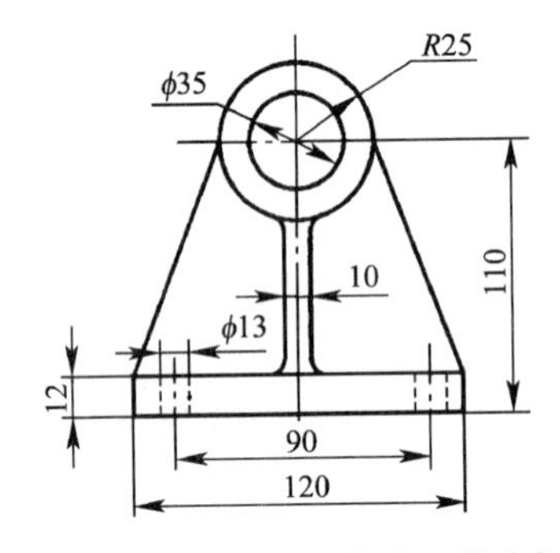

图 3－36　以一个平面和一条中心线为划线基准

工件有很多线条要划，但究竟从哪一条线划起，通常要遵守从划线基准开始的原则，否则将会使划线误差增大，尺寸换算麻烦，有时甚至使划线产生困难而降低工作效率。当工件有已加工平面（平面或孔）时，应选择已加工平面为划线基准；若是毛坯，则首次划线应选择最主要的（或大的）平面为划线基准，但该划线基准只能使用一次，下次划线时必须采用已加工平面作为划线基准。

划线时在零件的每一个方向都需要选择一个划线基准，因此平面划线时一般要选择两个划线基准，而立体划线时一般要选择三个划线基准。

3.5　找正和借料

立体划线通常是对铸、锻毛坯件进行划线。由于种种原因，各种铸、锻毛坯件会产生形状歪斜、偏心、各部分壁厚不均匀等缺陷。当毛坯的形位公差不大时，可以通过划线找正和借料的方法补救。

3.5.1 找正

对于毛坯工件，划线前一定要先做好找正工作。找正就是利用划线工具（如划线盘、角尺、单脚规等）使工件上有关的毛坯表面处于合适的位置。找正的目的有以下几点。

（1）毛坯上有不加工表面时，通过找正后再划线，可使加工表面与不加工表面之间保证尺寸均匀。如图3－37所示的轴承架毛坯，内孔和外圆不同心，底面和上平面A不平行，划线前应找正。在划内孔加工线之前，应先以外圆为找正依据。用单脚规找出其外圆中心，然后按求出的中心划出内孔的加工线。这样，内孔与外圆就可达到同心要求。在划轴承座底面之前，同样应以上平面A（不加工表面）为依据，用划线盘找正成水平位置，然后划出底面加工线，这样底座各处的厚度比较均匀。

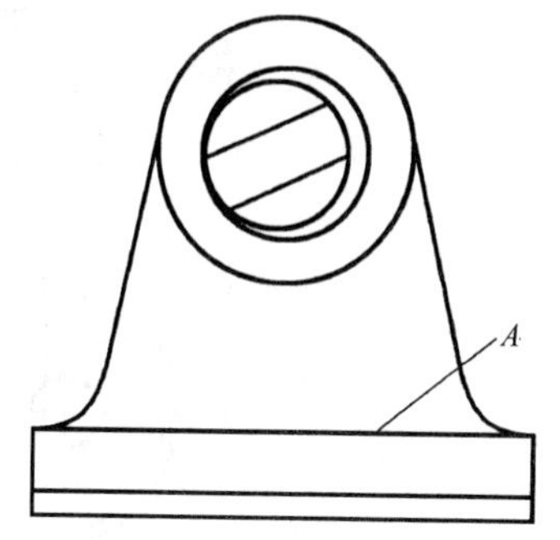

图3－37 毛坯工件的找正

（2）当毛坯工件上有两个以上的不加工表面时，应选择其中面积较大、较重要的或外观质量要求较高的表面为主要找正依据，并兼顾其他较次要的不加工表面，使划线后的加工表面与不加工表面之间的尺寸（如壁厚、凸台的高低）都尽量均匀和符合要求，而把无法弥补的误差反映到较次要的或不太醒目的部位上去。

（3）当毛坯上没有不需要加工的表面时，通过对各加工表面自身位置的找正后再划线，可使各加工表面的加工余量得到合理和均匀的分布，而不至于出现过于悬殊的情况。

由于毛坯各表面的误差和工件结构形状不同，划线时的找正应根据按工件的实际情况进行。

3.5.2 借料

大多数毛坯工件都存在一定的误差和缺陷。在形状、尺寸和位置上的误差用找正的划线方法不能补救时，就要用借料的方法来解决。

借料就是通过试划和调整，使各个待加工面的加工余量合理分配，互相借用，从而保证各加工表面都有足够的加工余量，而误差和缺陷可在加工后排除。要做好借料划线，首先要知道待划毛坯误差的程度，从而才能确定需要借料的方向和大小，这样才能提高划线效率。如果毛坯误差超出许可范围，就不能利用借料来补救了。

借料的具体过程以下面两例来说明。

（1）如图3－38（a）所示的圆环是一个锻造毛坯，其内、外圆都要加工。如果毛坯形状比较准确，就可以按图样尺寸进行划线，这时划线工作较简单［图3－38（b）］。但如果锻造圆环的内、外圆偏心较大，划线就不那样简单了。若按外圆找正划内孔加工线，则内孔有个别部分的加工余量不够［图3－39（a）］；若按内圆找正划外圆加工线，则外圆个别部分的加工余量不够［图3－39（b）］。只有在内孔和外圆都兼顾的情况下，将圆心选在锻件内孔和外圆圆心之间的一个适当的位置上划线，才能使内孔和外圆都有足够的加工余量

[图3－39（c）]。这说明通过划线借料，使有误差的毛坯仍能很好地利用，但误差太大时是无法补救的。

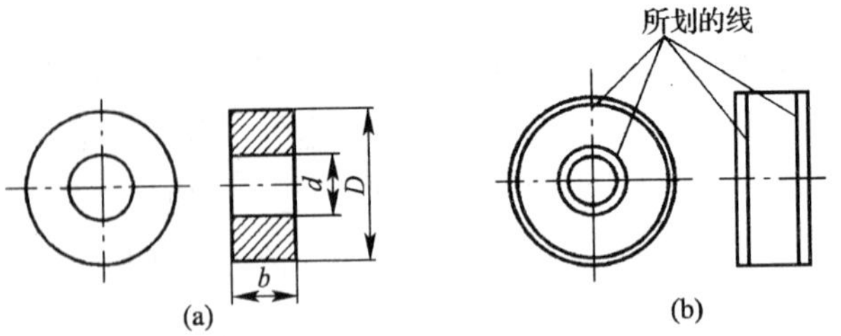

图3－38 圆环零件图及划线

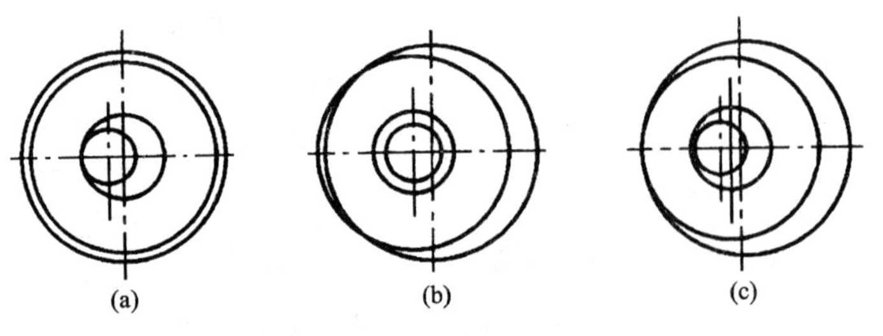

图3－39 圆环划线借料

（2）如图3－40所示的齿轮箱体是一个铸造毛坯。由于铸造误差，使A、B两孔的中心距由图样要求的150mm缩小为144mm，A孔偏移6mm。按照一般的划法，因为凸台的外圆是不加工的，为了保证两孔加工后与各自的外圆同心，首先应该以两孔的凸台外圆为找正依据，分别找出它们的中心，并保证两孔中心距为150mm，然后划出两孔的圆周尺寸线。但是由于A孔偏心过多，如果按上述一般方法划出的A孔，它的右边局部地方就没有足够的加工余量了［图3－40（a）］。如果用借料的方法将A孔中心向左借3mm，B孔中心向右借3mm，这时再划两孔的中心线和内孔圆周加工线，就可使得两孔都能分配到加工余量，从而

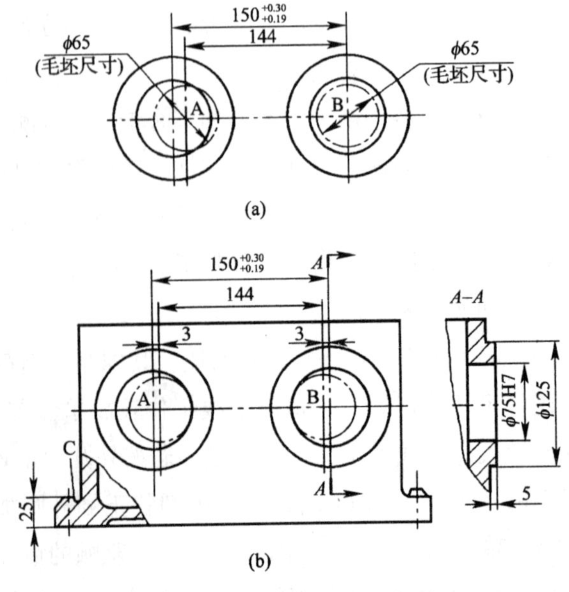

图3－40 齿轮箱体的划线与找正

使毛坯得以利用 [图3－40（b）]。当然，由于把A，B两孔的误差平均反映到A，B两孔的凸台外圆上，所以划线结果会使凸台外圆与内孔产生偏心，但偏心程度并不显著，对外观质量的影响也不大，一般不会对零件的使用产生影响。

应该指出，划线时的找正和借料是密切结合进行的。例如图3－40所示的齿轮箱体，除了要划A、B两孔的加工线外，其他部位还有许多线需要划。如划底面加工线时，因C面不是加工表面，为了保证该表面与底面之间的厚度25mm在各处均匀，划线时先以C面为依据找正。而在对C面找正时，必然会影响A，B两孔的中心位置，可能还要进行高低方面的借料。因此，找正和借料必须相互兼顾，使各方面都满足要求，如果只考虑一方面而忽略其他方面，是不能做好划线工作的。

3.6 划线实例

3.6.1 划线前的准备工作

1. 工具的准备

划线前，必须根据工件划线的图样及各项技术要求，合理地选择所需要的各种工具。每件工具都要进行检查，如有缺陷，应及时修整或更换，否则会影响划线质量。

2. 工件的准备

（1）工件的清理。毛坯件上的氧化铁皮、型砂、毛边、残留的泥沙污垢或加工件的飞边、毛刺、铁屑等，必须先清除干净。否则会影响划线的清晰度和准确程度并能损伤较精密的划线工具。

（2）工件的涂色。为了使工件上划出的线条清晰，划线前要在需划线部位涂上一层均匀的涂料。常用划线涂料见表3－4。

（3）在工件孔中装中心塞块，以便找孔的中心，用划规划圆。一般小孔常用的有木塞块、铅条塞块，大孔用中心架等。

表3－4 常用划线涂料

工件状态	涂料	成分与配制方法	特点
铸件、锻件毛坯	石灰水	①石灰、牛皮胶加水混合 ②石灰、食盐加水混合	具有良好的附着力
光滑坯面或加工件	蓝油 绿油 红油	龙胆紫加虫胶和酒精 孔雀绿加虫胶和酒精 品红加虫胶和酒精	干得快
	硫酸铜溶液	水中加少量的硫酸铜及微量的硫酸溶液	能很快形成一层铜膜，使划出的线条清晰
	紫色	青莲或普鲁士蓝加漆片、酒精	附着力强、干得快、线条清晰，并能用酒精擦掉

3.6.2 划线的步骤

划线的步骤如下：

（1）看清图样，详细了解工件上需要划线的部位；明确工件及其划线有关部分在产品中的作用和要求；了解有关后续加工工艺。

（2）确定划线基准。

（3）初步检查毛坯的误差情况，确定借料的方案。

（4）正确安放工件和选用工具。

（5）划线。先划基准线和位置线，再划加工线，即先划水平线，再划垂直线、斜线，最后划圆、圆弧和曲线。

（6）仔细检查划线的准确性及是否有线条漏划，对错划或漏划应及时改正，保证划线的准确性。

（7）在线条上冲眼。冲眼必须打正，毛坯面要适当深些，已加工面或薄板件要浅些、稀些。精加工面和软材料上可不打样冲眼。

3.6.3 平面划线

如图 3－41 所示为一种划线样板，要求在板料平面上把全部线条划出来。通过该图来说明平面划线的方法。

（1）确定以底边和右侧面底边这两条相互垂直的线为划线基准。

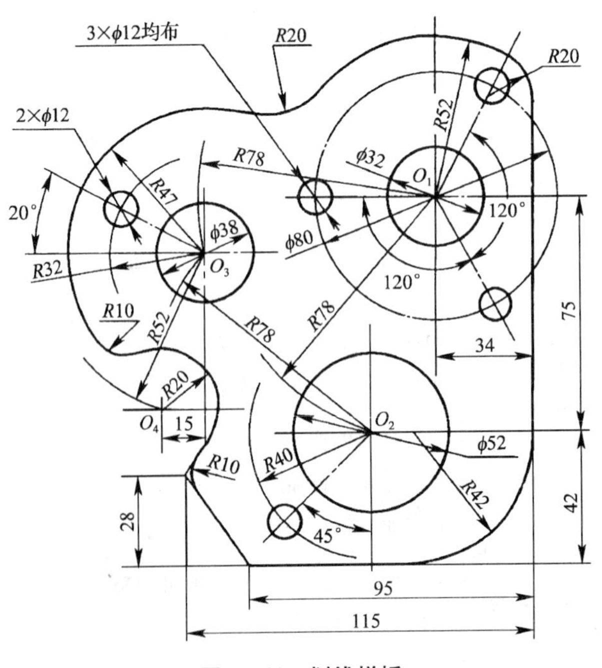

图 3－41 划线样板

（2）沿板料边缘划两条垂直基准线。

（3）划尺寸为42mm和75mm的两条水平线。

（4）划尺寸为34mm的垂直线。

（5）以O_1为圆心、R78mm为半径作圆弧并截42mm水平线得O_2点，通过O_2点作垂直线。

（6）分别以O_1、O_2点为圆心、R78mm为半径作圆弧，相交得O_3点，通过O_3点作水平线和垂直线。

（7）通过O_3点作45°线，并以R40mrn为半径截得小孔ϕ12mm的圆心。

（8）通过O_3点作与水平线成20°的线，并以R32mm为半径截得另一小孔ϕ12mm的圆心。

（9）划垂直线使与O_3垂直线的距离为15mm，并以O_3为圆心、R52mm为半径作圆弧截得O_4点。

（10）划尺寸为28mm的水平线。

（11）按尺寸95mm和115mm划出左下方的斜线。

（12）划出ϕ32mm、ϕ80mm、ϕ52mm和ϕ38mm的圆周线。

（13）把ϕ80mm圆周按图3－41中所示作三等分。

（14）划出五个ϕ12mm圆周线。

（15）以O_1为圆心、R52mm为半径划圆弧，并以R20mm为半径作相切圆弧。

（16）以O_3为圆心、R47mm为半径划圆弧，并以R20mm为半径作相切圆弧。

（17）以O_4为圆心、R20mm为半径划圆弧，并以R10mm为半径作两处的相切圆弧。

（18）以R42mm为半径作右下方的相切圆弧。

这时，全部线条划完。

应注意，划线过程中，圆心找出后要打样冲眼，以备划规划圆弧用。在划线交点以及划线上按一定间隔打样冲眼，以保证加工界线清楚和便于检验。但对于精密加工（如磨削加工）后的工件，划线后可不打样冲眼。

3.6.4 立体划线、仿划线及配划线

1. 立体划线

现以图3－42所示的轴承座为例来说明立体划线的方法。

该轴承座需要加工的部位有底面、轴承座内孔、两个螺钉孔及其上平面和两个大端面。需要划线的尺寸共有三个方向，工件要安放三次才能划完所有线条。

如图3－43～图3－45，划线的基准确定为轴承座内孔的两个中心平面Ⅰ－Ⅰ和Ⅱ－Ⅱ，以及两个螺钉孔的中心面Ⅲ－Ⅲ。值得注意的是，这里所确定的划线基准都是对称中心假想平面，而不像平面划线时的基准都是一些直线或中心线。这是因为立体划线时每划一个尺寸的线，一般要在工件的四周都划到，才能明确表示工件的加工界线，而不是只划在一个面

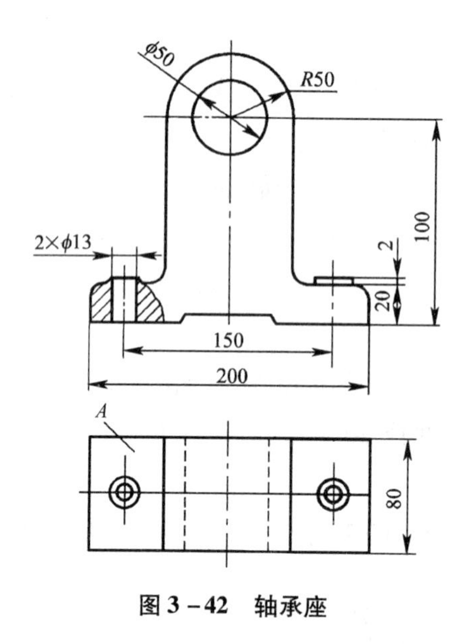

图 3－42 轴承座

上，因此就需要选择能反映工件四周位置的平面来作为划线基准。

（1）划底面加工线（图 3－43）

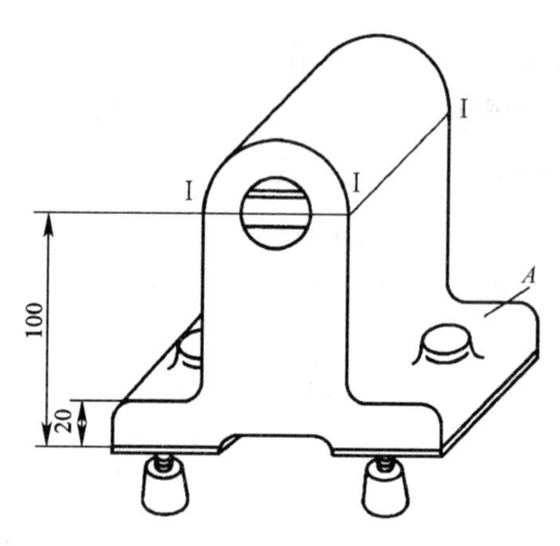

图 3－43 划底面加工线

因为这一方向的划线工作将牵涉到主要部位的找正和借料。先划这一方向的尺寸线可以正确地找正好工件的位置并尽快了解毛坯的误差情况，以便进行必要的借料，防止产生返工现象。

先确定 ϕ50mm 轴承座内孔和 *R*50mm 外轮廓的中心。由于外轮廓是不加工的，并直接影响外观质量，所以应以 *R*50mm 外轮廓为找正依据来求出中心，即先在装好中心塞块的孔的两端，用单脚划规或划规分别求出中心，然后用划规试划 ϕ50mm 圆周线，看内孔四周是否有足够的加工余量。如果内孔与外轮廓偏心过多，就要适当地借料，即移动所求的中心位置。此时，如果内孔与外轮廓的壁厚稍微不均匀，但只要在允许的范围内就可以了。

用三只千斤顶支撑轴承座底面，调整千斤顶高度并用划线盘找正，使两端孔的中心初步调整到同一高度。与此同时，由于平面 A 也是不加工面，为了保证在底面加工后厚度尺寸

20mm在各处都比较均匀，还要用划线盘的弯脚找正A面，使A面尽量处于水平位置，但这与上述两端孔的中心要保持同一高度往往会有矛盾，而两者又都比较重要，这时要两者兼顾，使外观质量符合要求。必要时，要对已找出的轴承座内孔的中心重新调整（即借料），直至这两个方面都达到满意的结果。这时，工件的第一安放位置就正确了。接着，用划线盘试划底面加工线，如果四周加工余量不够，还要把孔的中心抬高（即重新借料）。直到最后确定不需再变动时，才开始在孔的中心点上冲眼，并划出基准线I－I和底面加工线。两个螺钉孔上平面的加工线可以不划，因加工时尺寸不难控制，只要使凸台有一定的加工余量就行。

在划Ⅰ－Ⅰ基准线和底面加工线时，工件的四周都要划到，这样除了明确加工界线外，还为下一步划其他方向的线条以及在机床上加工时找正位置提供方便。

（2）划两螺钉孔中心线（图3－44）

因为这个方向的位置已由轴承座内孔的两端中心和已划过的底面加工线确定，只需按下述方法调准就可。将工件翻转到图3－44所示位置，用千斤顶支承，通过千斤顶的调整和划线盘的找正，使轴承座内孔两端中心处于同一高度，即Ⅱ—Ⅱ基准面与平板平行，并用90°角尺按已划出的底面加工线找正到垂直位置。

接着就可划Ⅱ—Ⅱ基准线。然后再按尺寸划出两个螺钉孔的中心线。两个螺钉孔的中心线不必在工件四周都划出，因为加工此螺钉孔时只需确定中心位置（可用单脚划规按两凸台外圆初定两螺钉孔的中心）。

（3）划出两个大端面的加工线（图3－45）

将工件再翻转到图3－45所示位置，用千斤顶支承并通过调整及90°角尺的找正，分别使底面加工线和Ⅱ—Ⅱ基准平面处于垂直位置。

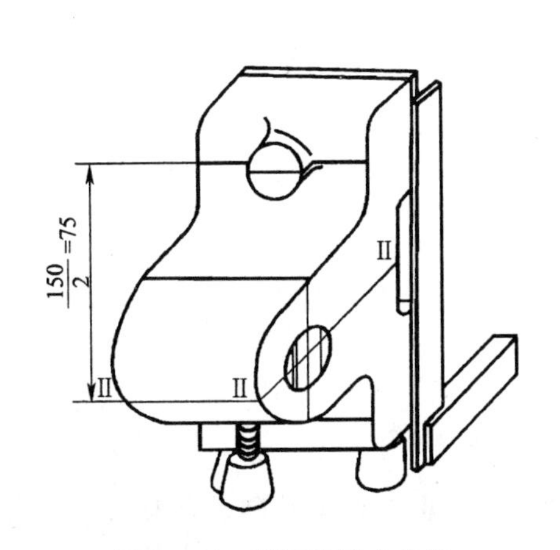

图3－44 划螺钉孔中心线

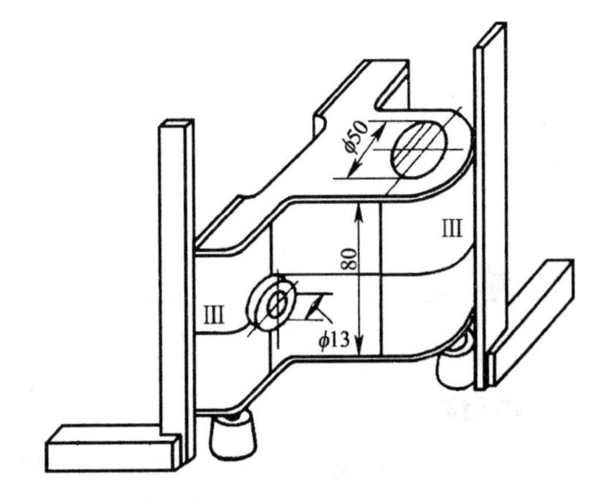

图3－45 划两个大端面的加工线

接着以两个螺钉孔的初定中心为依据，试划两个大端面的加工线。如加工余量一面不够，可适当调整螺钉孔中心（借料），当中心确定下来，即可划出Ⅲ－Ⅲ基准线和两个大端面加工线。

(4) 用划规划出轴承座内孔和两个螺钉孔的圆周尺寸线。

划线后应检查，确认无错误和无遗漏后，在所划线条上冲眼，这时该轴承座的划线工作完成。

2. 仿划线

在机修工作中，经常遇到严重磨损或损坏而又急需更换的零件。为了使零件加工快捷，可直接按照原零件用仿划线的方法绘制出该零件图，作为加工时的依据。如图 3－46 所示为轴承座的仿划线。

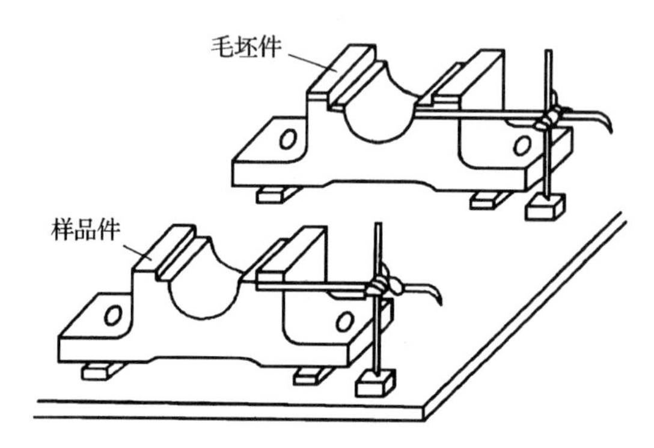

图 3－46 轴承座的仿划线

把已损坏的轴承座与待划线的毛坯放置在同一划线平板上，用楔铁或千斤顶支撑。先找正轴承座的各加工面与平板平面平行，然后，同样找正毛坯的各平面。用划针直接在轴承座上量取尺寸，再将这个尺寸在毛坯的相应面上划出加工线。注意，对某些磨损较多的部位采用仿划线时，应考虑磨损的补偿量。

3. 配划线

在单件、小批生产和修理中，用法兰盘等零件上的螺钉孔来配作与其连接件上的螺纹孔。这时，多以配作件上的孔为样板，用划针在连接件的表面划出待加工孔的位置，这种划线方法称为配划线，也称为“号眼”。

习 题

一、填空题

1. 只需要在工件的________表面上划线后，即能明确表示加工界限的，称为________划线。

2. 在工件上几个互成不同________的表面上划线，才能明确表示加工界限的，称为________划线。

3. 划线除要求划出的线条________均匀外，最重要的是要保证________。

4. 立体划线一般要在________、________、________三个方向上进行。

5. 任何工件的几何________都是由________、________、________构成的。

6. 平面划线要选择________个划线基准，立体划线要选择________个划线基准。

7. 圆周等分法分为按________弦长和________弦长等分圆周两种。前者等分数愈多，其________误差愈大。

8. 利用分度头可在工件上划出________线、________线、________线和圆的________线或不等分线。

9. 分度头的规格是以主轴________到________的高度（mm）表示的。

二、判断题（对的画√，错的画×）

1. 划线是机械加工的重要工序，广泛地用于成批生产和大量生产。 （　）

2. 合理选择划线基准，是提高划线质量和效率的关键。 （　）

3. 划线时，都应从划线基准开始。 （　）

4. 按不等弦长等分圆周，会产生更多的积累误差。 （　）

5. 当工件上有两个以上的不加工表面时，应选择其中面积较小、较次要的或外观质量要求较低的表面为主要找正依据。 （　）

6. 找正和借料这两项工作是各自分开进行的。 （　）

7. 在机修中，直接按照图样进行仿划线，作为加工时的依据。 （　）

三、选择题

1. 一般划线精度能达到（　）。

A. 0.025～0.05mm　B. 0.25～0.5mm　C. 0.25mm 左右

2. 经过划线确定加工时的最后尺寸，在加工过程中，应通过（　）来保证尺寸精度。

A. 测量　B. 划线　C. 加工

3. 一次安装在方箱上的工件，通过方箱翻转，可划出（　）方向的尺寸线。

A. 两个　B. 三个　C. 四个

4. 毛坯工件通过找正后划线，可使加工表面与不加工表面之间保持（　）均匀。

A. 尺寸　B. 形状　C. 尺寸和形状

5. 分度头的手柄转1周时，装夹在主轴上的工件转（　）。

A. 1 周　B. 40 周　C. 1/40 周

四、名词解释题

1. 设计基准　2. 划线基准　3. 找正　4. 借料

五、简述题

1. 划线的作用有哪些？

2. 划线基准一般有哪三种类型？

3. 借料划线一般按怎样的过程进行？

4. 分度头的主要作用如何？常用的有哪些？

六、计算题

1. 在直径为 ϕ100mm 的圆周上作 12 等分，求等分弦长是多少？

2. 在直径为 ϕ200mm 的圆周上作 18 等分，求等分弦长是多少？

3. 利用分度头在一工件的圆周上划出均匀分布的 15 个孔的中心，试求每划完一个孔的中心，手柄应转过的圈数。

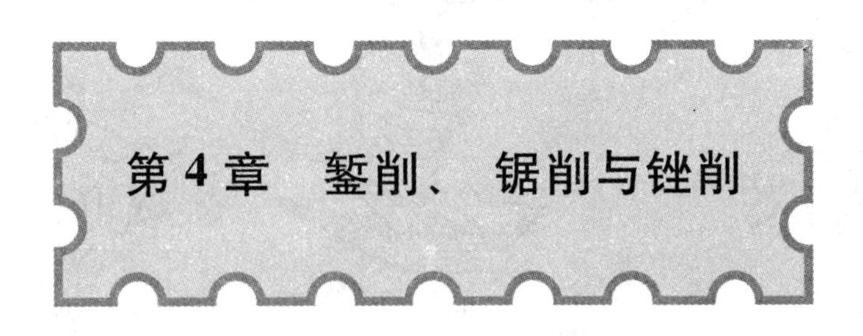

本章学习要点

1. 了解錾子的种类及錾削原理，掌握錾削方法。
2. 熟悉手锯锯条齿部结构及功用，掌握锯削方法。
3. 了解锉刀的种类及使用场合，掌握锉削方法。

錾削、锯削与锉削是钳工用来加工平面的主要方法，本章将对这三种方法的切削原理、所用刀具及应用作详细介绍。

4.1 錾 削

用手锤打击錾子对金属工件进行切削加工的方法称为錾削（又称凿削）。

目前，錾削工作主要用于难以进行机械加工的场合，如去除毛坯上的凸缘、毛刺，分割材料，錾削平面及沟槽等。錾削虽然是手工操作，但在现代生产中也是一项不可缺少的较为重要的基本操作，需要操作者具有高超的技艺。

錾削时所用的工具主要是錾子和手锤。通过錾削工作的锻炼，可以提高锤击的准确性，为装拆机械设备打下扎实的基础。

4.1.1 錾子

錾子由头部、切削部分及錾身三部分组成。头部有一定的锥度，顶端略带球形，以便锤击时作用力通过錾子的中心线，使錾子易保持平稳。錾身多呈八棱形，以防止錾削时錾子的转动。

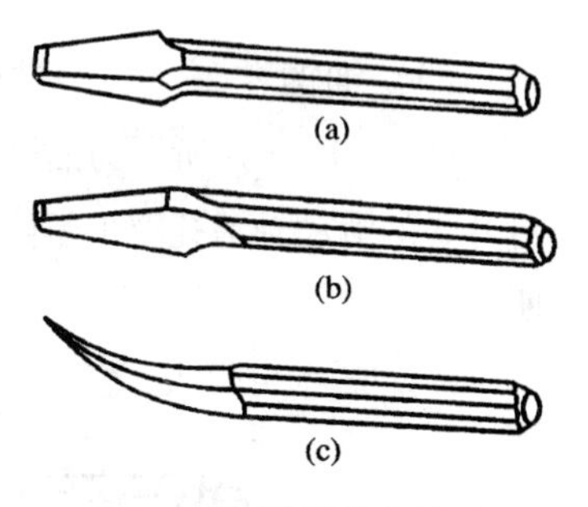

图4-1 錾子的种类

（a）扁錾；（b）尖錾；（c）油槽錾

1. 錾子的种类及应用

常用的錾子有如图4-1所示的三种：

（1）扁錾（阔錾）

图4-1（a）所示为扁錾，其切削部分扁平，刃口略带弧形。扁錾主要用来錾削平面、去除毛刺和分割板料等。扁錾的应用实例如图4-2所示。

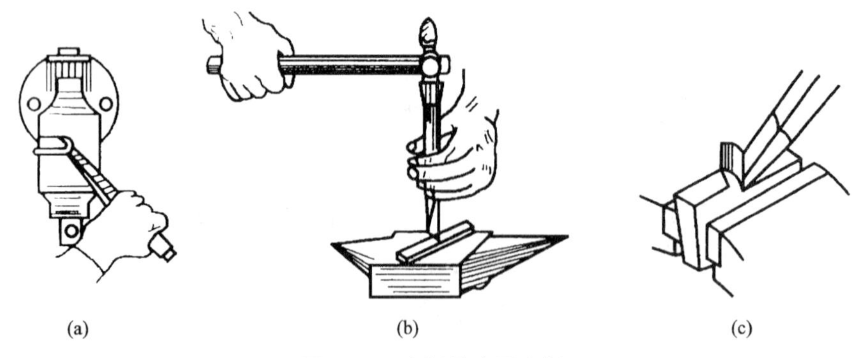
(a) (b) (c)

图 4 - 2 扁錾的应用实例

（a）板料錾切；（b）錾断条料；（c）錾削窄平面

（2）尖錾（狭錾）

图 4 - 1（b）所示为尖錾，其切削刃比较短，尖錾切削部分的两个侧面从切削刃起向柄部逐渐变小。其作用是避免在錾沟槽时錾子的两侧面被卡住，以致增加錾削阻力和加剧錾子侧面的磨损。狭錾的斜面有较大的角度，是为了保证切削部分具有足够的强度。尖錾主要用来錾槽和分割曲线形板料，其应用实例如图 4 - 3 所示。

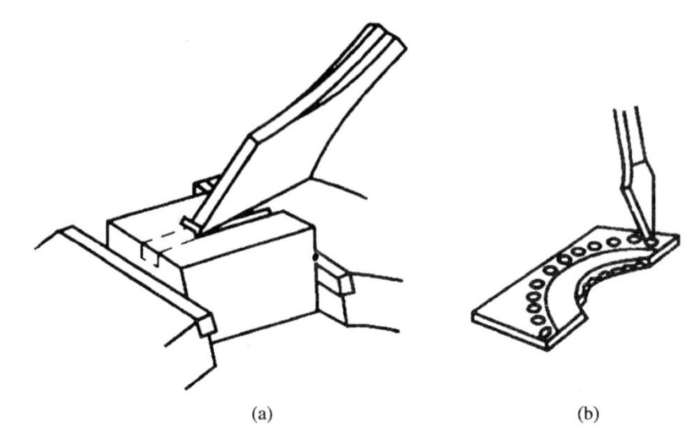
(a) (b)

图 4 - 3 尖錾的应用实例

（a）錾槽；（b）分割曲线形板料

（3）油槽錾

图 4 - 1（c）所示为油槽錾，其切削刃很短，并呈圆弧形，主要用来錾削油槽。为了能在对开式的滑动轴承孔壁上錾削油槽，油槽錾的切削部分做成弯曲形状。其应用实例如图 4 - 4 所示。

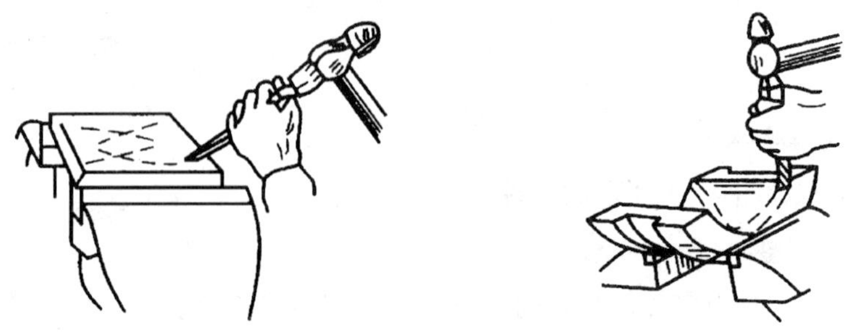

图 4 - 4 油槽錾的应用实例

2. 錾子的切削原理

錾子一般用碳素工具钢（T7A 或 T8A）锻造而成，切削部分被刃磨成楔形，离切削部分约 20mm 长的一端，经热处理后使其硬度达到 56 ~ 62HRC。

图 4 - 5 所示为錾削平面时的情况。錾子切削部分由前刀面、后刀面以及它们的交线形成的切削刃组成。

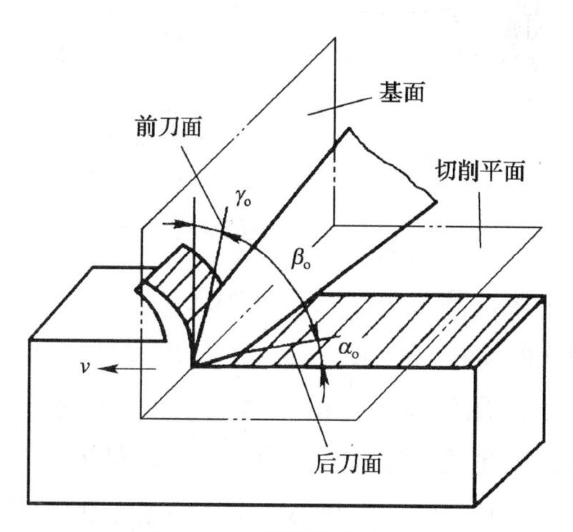

图 4 - 5　錾削切削角度

錾削时形成的切削角度有：

（1）楔角 β_o

錾子前刀面与后刀面之间的夹角称为楔角。楔角的大小对錾削有直接影响，一般楔角越小，錾削越省力。但楔角过小，会造成刃口薄弱，容易崩损；而楔角过大时，錾削费力，錾削表面也不易平整。通常根据工件材料软硬不同而选取不同的楔角数值：錾削硬钢或铸铁等硬材料时，楔角取 60° ~ 70°，錾削一般钢料和中等硬度材料时，楔角取 50° ~ 60°；錾削铜或铝等软材料时，楔角取 30° ~ 50°。

（2）后角 α_o

錾削时，錾子后刀面与切削平面之间的夹角称为后角。它的大小是由錾子被手握的位置决定的。后角的作用是减少后刀面与切削表面之间的摩擦，并使錾子容易切入材料。后角一般取 5° ~ 8°，太大会使錾削时切入过深，甚至会损坏錾子的切削部分，但也不能太小，否则容易滑出工件表面而不能顺利切入。

（3）前角 γ_o

錾子前刀面与基面之间的夹角称为前角。其作用是减少錾切时的变形，使切削省力，前角越大，切削越省力。由于基面垂直于切削平面，存在 $\alpha_o + \beta_o + \gamma_o = 90°$ 的关系，当后角 α_o 一定时，前角 γ_o 的数值由楔角 β_o 的大小决定。

4.1.2　手锤

手锤也称榔头，是钳工常用的敲击工具，它由锤头、木柄和楔子组成，如图 4 - 6 所示。

手锤一般分为硬头手锤和软头手锤两种。软头手锤的锤头一般由铅、铜、硬木、牛皮或橡胶制成，多用于装配工作中。

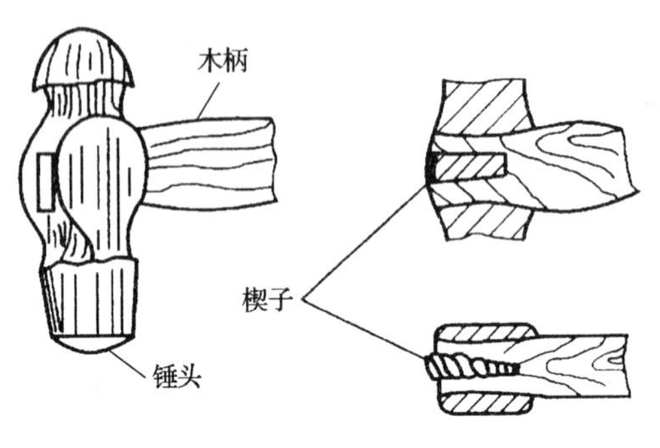

图4-6　手锤

錾削用的手锤是硬头手锤，锤头用碳素工具钢或合金工具钢锻成。锤头两端经淬硬处理。硬头手锤的规格用锤头的质量大小来表示，有0.25kg、0.5kg和1kg等多种。锤子的形状有圆头和方头两种。木柄选用硬而不脆的木材制成，如檀木等。常用的柄长为350mm。手握处的断面应为椭圆形，以便锤头定向，准确敲击。木柄安装在锤头中，必须稳固可靠，装木柄的孔应做成椭圆形，且两端大、中间小。木柄敲紧在孔中后，端部再打入带倒刺的铁楔子，就不易松动了，可防止锤头脱落而造成事故。

4.1.3　錾削方法

1. 握錾子的方法

（1）立握法

如图4-7所示，虎口向上，大拇指和食指自然接触，其余三指自然地握住錾子柄部，头部伸出10~15mm。这种方法主要用来錾切板料和剔毛刺等。

（2）正握法

如图4-8所示，大拇指和食指夹住錾子，其余三指向手心弯曲握住錾子，不能太用力，应自然放松，錾子头部伸出10~15mm。这种方法主要用来錾削平面及錾切夹在虎钳上的工件，是钳工最常用的握錾子的方法。

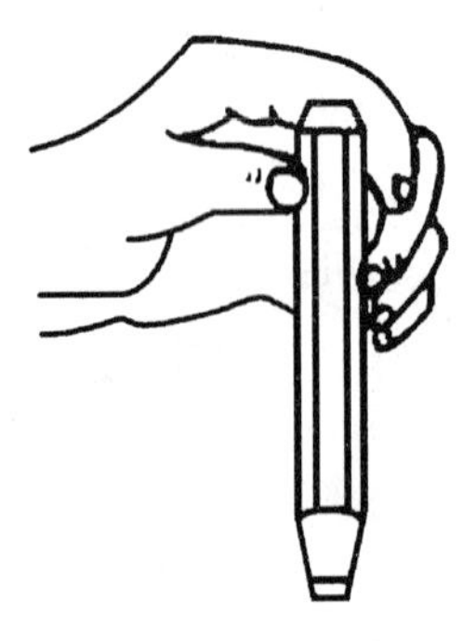

图4-7　立握法

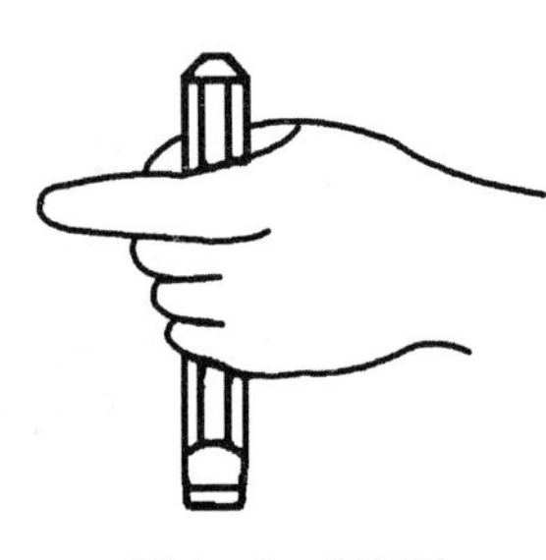

图4-8　正握法

（3）反握法

如图4-9所示，手心向上，手指自然握住錾身，手心悬空，头部伸出10～15mm。这种方法主要用来进行少量的錾削和侧面錾削。

（4）斜握法

如图4-10所示，錾子斜握，錾刃向身体一方，手掌松握，大拇指在上，其余手指握住錾子下方，同时下压錾身，头部伸出约10mm。这种方法主要用来精錾小工件、刻钢字及雕刻图形等。

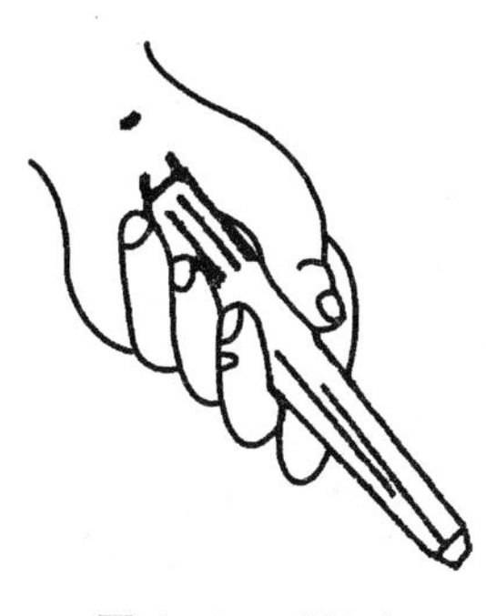

图4-9 反握法

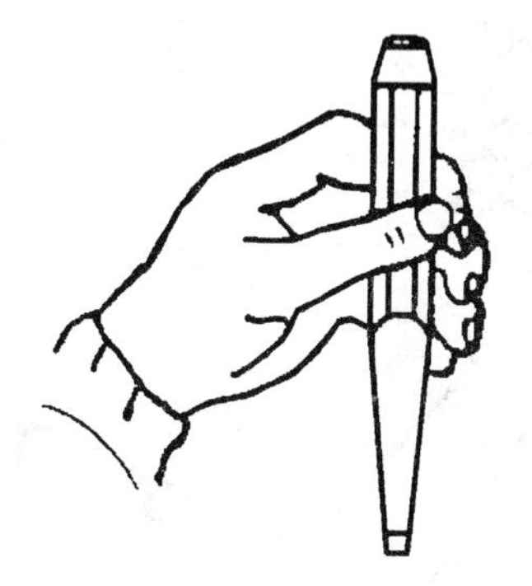

图4-10 斜握法

2. 挥锤方法

（1）腕击

如图4-11所示，运动部位在腕部，锤击过程中手握锤柄，拇指放在食指上，食指和其他手指握紧手柄。腕击用于錾切开始和结束时及錾油槽和小工件，錾切力较小。一般錾削量，钢件为0.05～0.75mm，铸铁件为1～1.5mm。

（2）肘击

如图4-12所示，肘击的握锤方法与腕击相同，手腕和肘部一起运动发力。这种方法锤击力大，应用非常广泛。一般錾削量，钢件为1～2mm，铸铁件为2～3mm。

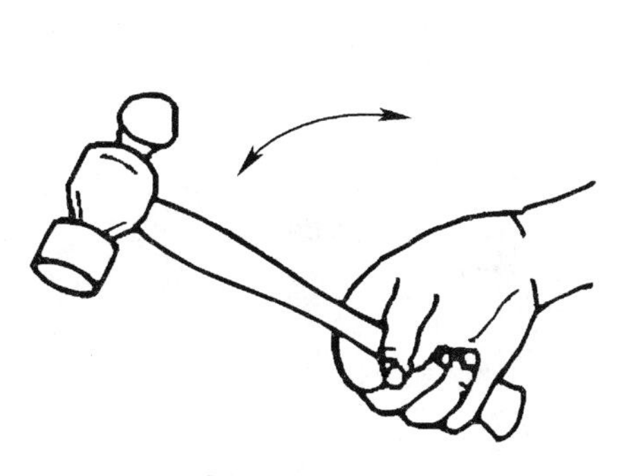

图4-11 腕击

图4-12 肘击

（3）臂击

如图4－13所示，臂击的握锤方法与腕击相同，挥锤时，手腕、肘部和臂部一起挥动，锤与錾子头部距离大，挥动力大，易于疲劳。这种方法要求技术熟练、准确。锤击力大，应用较少。一般錾削量，钢件为2～3mm，铸铁件为3～5mm。

（4）拢击

如图4－14所示，握锤时，手掌向里面翻，五指握木柄，手心斜向自身方向锤击。这种方法锤击力较小，用于錾切或敲击较精细的工件，如铜字、金属雕刻、模具中的修整工作。其錾削量也较少。一般钢件小于0.5mm，铸铁件小于0.1mm。

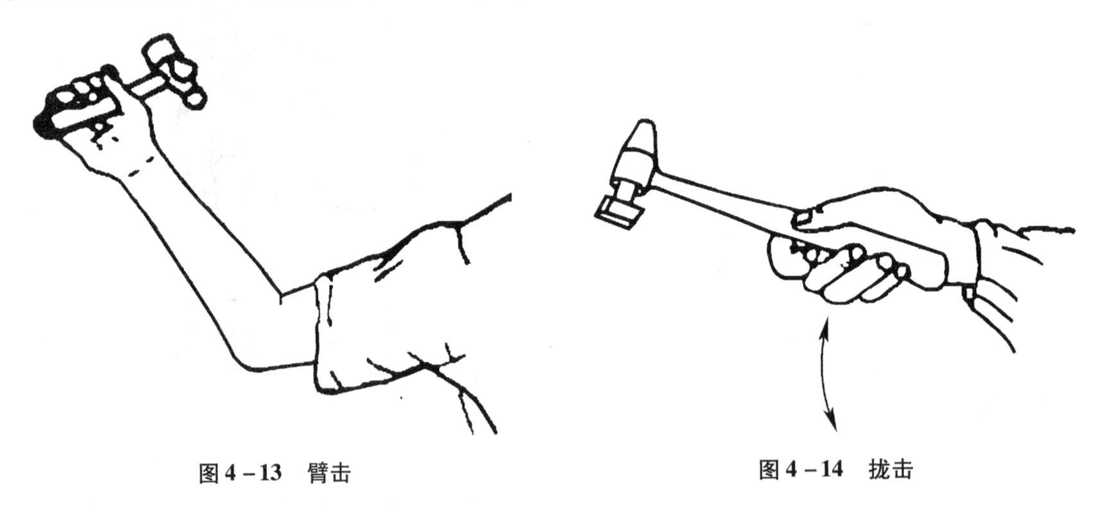

图4－13　臂击　　图4－14　拢击

3. 錾削平面

使用扁錾錾削平面时，每次錾削量为0.5～2mm，太少则容易打滑。太多则錾削费力又不易錾平，因此錾削时必须掌握好起錾和终錾方法。

（1）起錾方法

在錾削平面时，应采用斜角起錾的方法，即先在工件的边缘尖角处将錾子向下倾斜，如图4－15（a）所示。这时由于切削刃与工件的接触面小，阻力不大，只需轻敲錾子就能很容易錾出斜面，然后按正常錾削角度逐步向錾削方向錾削。錾削槽时，必须采用正面起錾的方法，即起錾时切削刃要紧贴工件錾削部位的端面，如图4－15（b）所示。此时錾子头部

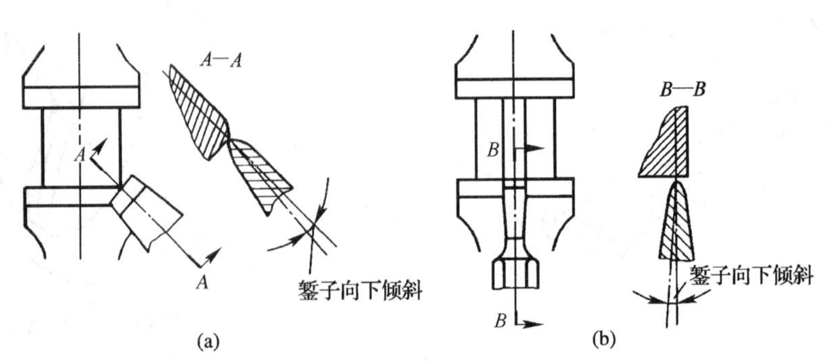

图4－15　起錾方法

仍向下倾斜，轻敲錾子錾出一条深痕，待錾子与工件起錾端面基本垂直时，再按正常角度进行錾削。这样的起錾方法可避免錾子弹跳和打滑，也能较准确地控制錾削余量。

在錾削过程中，一般每錾削两三次后，可将錾子退回一些，这样可随时观察錾削表面的平整情况并可使手臂肌肉得到放松。

（2）终錾方法

当錾削快到尽头时，要防止工件边缘材料的崩裂，尤其錾铸铁、青铜等脆性材料时特别要注意，当錾削至距尽头 10～15mm 时，必须调头再錾去余下的部分。

（3）錾削大平面的方法

在錾削较宽的平面时，工件被切削面的宽度超过錾子切削刃的宽度，一般要先用尖錾以适当的间隔开出工艺直槽（图 4－16），再用扁錾将槽间的凸起部分錾平，这样既便于控制尺寸精度，又可使錾削省力。

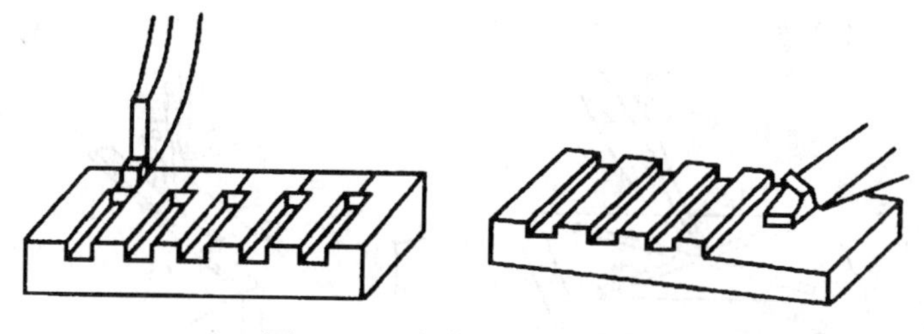

图 4－16　錾削大平面的方法

錾削工艺直槽时，应根据图样要求划出加工线条，起錾时采用正面起錾的方法，錾到尽头时必须掉头，再錾去余下的部分。錾削第一遍时，要根据线条将槽的方向錾直，錾削量一般不超过 0.5mm，以后各次的錾削量应根据槽深而定，最后一遍的修正量应在 0.5mm 以内。錾削槽间凸起部分时，錾子的切削刃最好与錾削前进方向倾斜 45°角度（图 4－17），这样切削刃与工件接触面较多，容易使錾子掌握平稳。

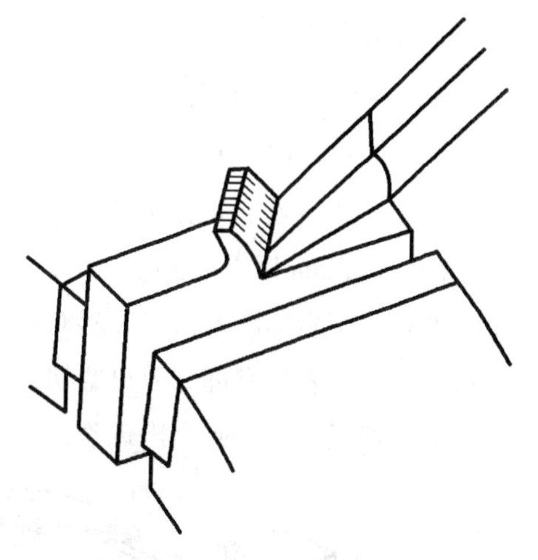

图 4－17　窄平面錾削方法

4. 錾削键槽

在轴上錾削通槽时的划线、起錾、终錾方法与錾削工艺槽方法相同。开槽时，可以先用扁錾把轴上的圆弧面錾平，便于尖錾錾槽。尖錾切削刃宽度不能超过所划的键槽宽度线，合适的切削刃宽度应小于槽宽 0.5mm，使键槽的两侧面有一定的修整量。起錾的位置、尺寸要正确，第一遍的錾削量要少，便于掌握方向，使錾切线与所划线平行，然后按槽的深度适当增加錾削量，到接近规定尺寸时再完成底面的修整。錾子应放正、握稳，手锤的落点要准，作用力方向对着槽向，锤击力要均匀，键槽才能錾平直。

5. 錾削油槽

（1）油槽錾的刃磨

油槽錾切削的形状应与图样上要求的油槽断面形状一致，其楔角大小应根据被錾材料的性质而定。錾子切削部分的两侧面应逐步向后缩小。在曲面上錾削油槽时，錾子的切削部分应磨成弧形，此时錾子圆弧刃刃口的中心点仍应保证在錾体中心线的延长线上，使錾削时的锤击作用力能朝向刃口的錾切方向。

（2）油槽的錾削方法

根据油槽的位置尺寸划两条宽度尺寸线，也可只划一条中心线，再在平面上錾（图 4－18）。起錾时，錾子要慢慢地加深到尺寸要求，按尖錾錾削时的方法錾削，錾到尽头时，刀口必须慢慢翘起，保证槽底圆滑过渡。如果是在曲面上錾油槽，錾子倾斜情况应随着曲面而变动，使錾削时的后角保持不变，否则会产生后角太小致使錾子滑掉或后角太大而切入过深的情况。錾完后用刮刀去除毛刺。

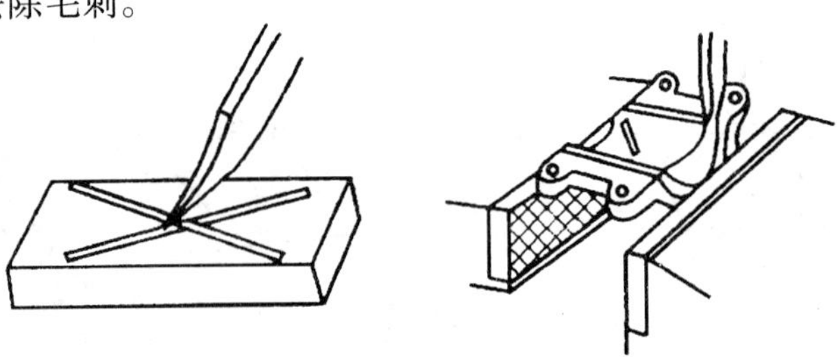

图 4－18　錾削油槽

6. 切断板料

在缺乏机械设备的场合下，有时要依靠錾子来切断板料或分割出形状较复杂的薄板工件。

切断板料常用的方法如下：

（1）工件夹在台虎钳上錾切

在錾切 2mm 以下的薄板料时，工件要夹持牢固，以防松动。錾切时，板料要按划线与钳口平齐，用扁錾沿着钳口并斜对着板料自右向左錾切，如图 4－19 所示。由于錾子斜对着板料，这样扁錾只有部分刃口錾切，因此阻力小，容易分割，切面也比较平整。錾切时錾子不能正对着板料，否则会出现裂缝，如图 4－20 所示。

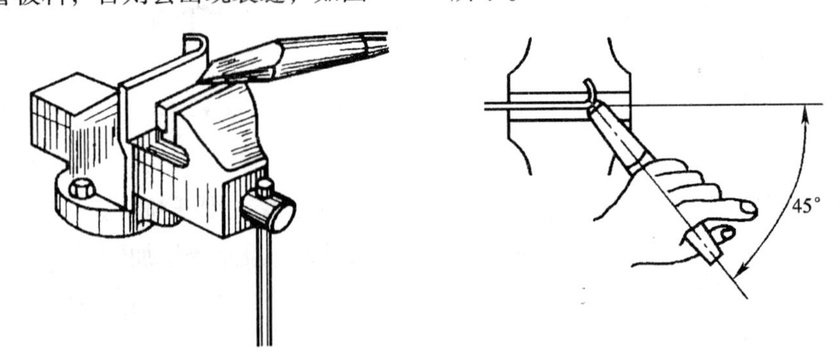

图 4－19　在台虎钳上錾切板料

（2）在铁砧上或平板上进行錾切

尺寸较大的板料，在台虎钳上不能夹持时，应放在铁砧上錾切，如图4－21所示。切断用的錾子，其切削刃应磨有适当的弧形，錾子切削刃的宽度应视需要而定。当錾切直线段时，扁錾切削刃宽度可宽些；当錾切曲线段时，刃宽应根据其曲率半径大小决定，使錾痕能与曲线基本一致。錾切时应由前向后排錾，錾子要放斜些，似剪切状，然后逐步放垂直，依次錾切，如图4－22所示。

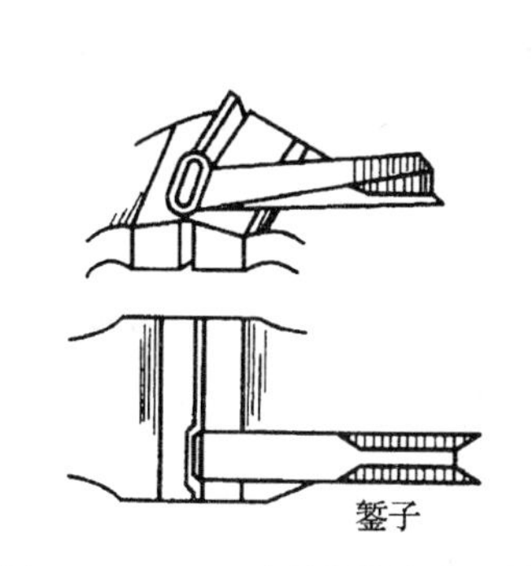

图4－20　不正确的板料錾切裂缝

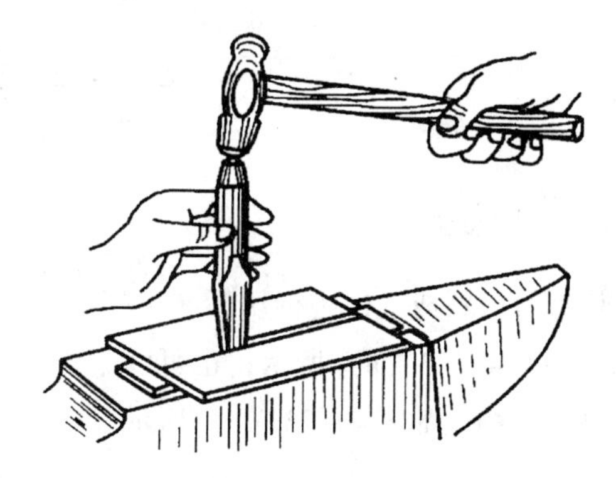

图4－21　在铁砧上錾切板料

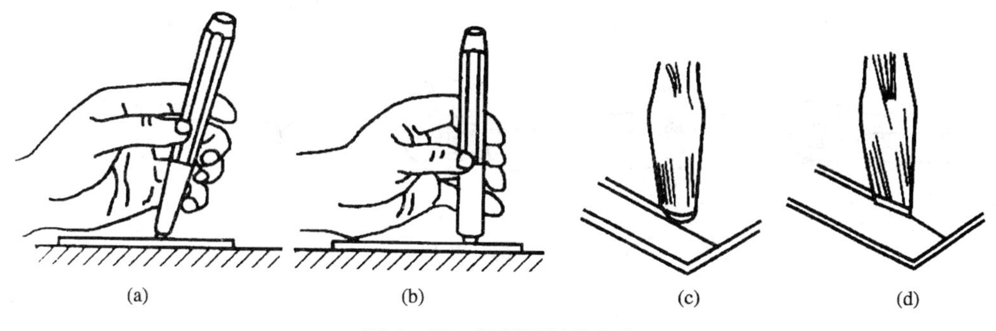

图4－22　錾断板料的方法

錾切4mm以上厚度的板料，当形体简单时，可以在板料的正反两面先錾出凹痕，然后再敲断。

（3）用密集钻孔配合錾子錾切

在薄板上錾切较复杂零件的毛坯时，可先在零件轮廓外用ϕ3～5mm的钻头，分别以3.2～5.2mm的间距钻出密集的小孔，再用錾子逐步切成，如图4－3（b）所示。

4.1.4　錾削的安全技术

为了保证錾削工作的顺利进行，操作时要注意以下安全事项。

（1）錾子要经常刃磨以保持锋利，过钝的錾子不但錾削费力、錾出的表面不平整，而且易产生打滑现象而划伤手部。

（2）錾子头部有明显的毛刺时要及时磨掉，避免其伤到手。

（3）发现手锤木柄有松动或损坏时，要立即装牢或更换，以免锤头脱落飞出伤人。

(4) 錾子头部、手锤头部和手锤木柄都不应沾油，以防滑出。

(5) 錾削碎屑要防止伤人，操作者必要时可戴上防护眼镜。

(6) 握锤的手不准戴手套，以免手锤飞脱伤人。

(7) 工作前，检查工作场所有无不安全因素，如有要及时排除。

(8) 錾削将近终止时，锤击要轻，以免用力过猛而碰伤手。

(9) 錾削疲劳时要适当休息，手臂过度疲劳时容易击偏伤人。

4.2 锯 削

4.2.1 锯削概述

用锯对材料或工件进行切断或切槽等的加工方法称为锯削。它可以锯断各种原材料或半成品，如图4－23（a）所示；也可以锯掉工件上的多余部分如图4－23（b）所示；还可以在工件上锯槽，如图4－23（c）所示。

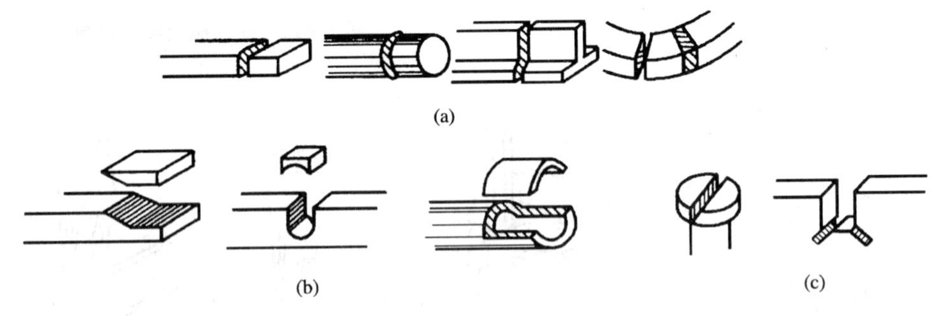

图4－23 锯削

4.2.2 手锯

手锯是钳工手工锯削所使用的工具，由锯弓和锯条两部分组成。

1. 锯弓

锯弓是用来张紧锯条的，有固定式和可调节式两种，如图4－24所示。固定式锯弓只能安装一种长度的锯条，可调节式锯弓通过调整可以安装几种长度的锯条。锯弓两端都装有夹头，一端是固定的，另一端是活动的。锯条孔被夹头上的销子插入后，旋紧活动夹头上的翼形螺母就可以把锯条拉紧。

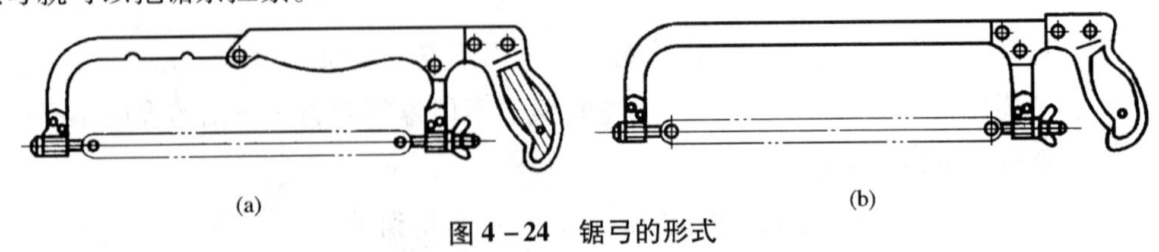

图4－24 锯弓的形式

(a) 可调节式；(b) 固定式

2. 锯条

锯条一般用渗碳软钢冷轧而成，也有用碳素工具钢或合金钢制成的，并经热处理淬硬。锯条的长度以两端安装孔的中心距来表示，常用的中心距为 300mm。

(1) 锯齿的切削角度

锯条的切削部分是由许多锯齿组成的，相当于一排同样形状的錾子，每个齿都有切削作用。由于锯削时要求有较高的工作效率，必须使切削部分有足够的容屑空间，故锯齿的后角较大。同时，为了保证锯齿具有一定的强度，楔角也不宜太小。锯齿的切削角度如图 4-25 所示。其前角 $\gamma_o=0°$，后角 $\alpha_o=40°$，$\beta_o=50°$。

为了减少锯条的内应力，充分利用锯条材料，目前已出现双面有齿的锯条。这种锯条的两边锯齿均经淬硬，中间保持有较好韧性，不易折断，故可延长锯条的使用寿命。

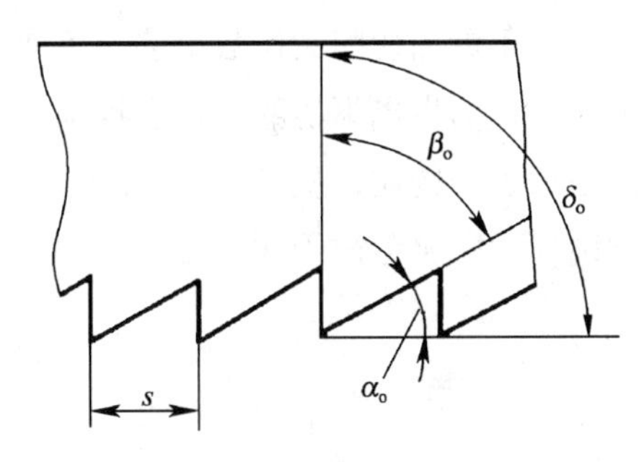

图 4-25 锯齿的切削角度

(2) 锯路

为了减少锯缝两侧面对锯条的摩擦阻力，避免锯条被夹住或折断，锯条在制造时，全部锯齿按一定的规律左右错开，排列成一定形状，称为锯路。锯路有交叉形和波浪形（图 4-26）等。锯条有了锯路以后，使工件上的锯缝宽度大于锯条背部的厚度，这样锯削时锯条不会被夹住，也不致过热而加快磨损。

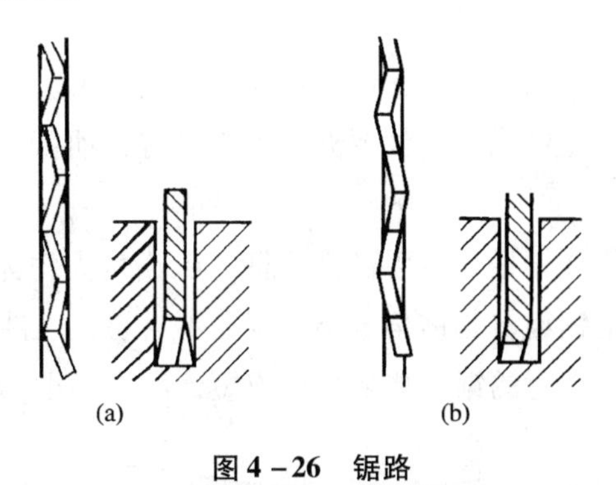

图 4-26 锯路

(a) 交叉形；(b) 波浪形

(3) 锯齿的粗细

锯齿的粗细是以锯条每 25mm 长度内的齿数来表示的，有 14、18、24 和 32 等几种，一般分为粗、中、细等几种，齿数越多则表示锯齿越细。见表 4-1。

表4－1　锯齿的粗细规格及应用

锯齿粗细	每25mm长度内的齿数	应　用
粗	14～18	锯割软钢、黄铜、铝、铸铁、紫铜、人造胶质材料
中	22～24	锯割中等硬度钢及厚壁的铜管、钢管
细	32	锯割薄片金属、薄壁管子、硬材料
细变中	32～20	一般工厂中用，易于起锯

一般说来，粗齿锯条的容屑槽较大，适用于锯削软材料或较大的切面，因为这种工况每锯一次的切屑较多，容屑槽大可防止产生堵塞而影响锯削效率。

锯削硬材料或切面较小的工件应该用细齿锯条，因硬材料不易锯入，每锯一次切屑较少，不易堵塞容屑槽，同时细齿锯条参加切削的齿数增多，可使每齿担负的锯削量小，锯削阻力小，材料易于切除，推锯省力，锯齿也不易磨损。在锯削管子和薄板时，必须用细齿锯条，否则会因齿距大于板厚而使锯齿被钩住，从而导致折断。薄壁材料的锯割截面上至少要有两个以上的锯齿同时参加锯削，才能避免被钩住的现象。

4.2.3　锯割方法

1. 锯削的步骤

（1）选择锯条

根据工件材料的硬度和厚度选择适当齿数的锯条。

（2）装夹锯条

将锯齿朝前装夹在锯弓上，注意锯齿方向，保证前推时进行切削，锯条的松紧要合适，一般用两个手指的力能旋紧为止。另外，锯条不能歪斜和扭曲，否则锯削时易折断。

（3）装夹工件

工件应尽可能装夹在台虎钳的左边，以免操作时碰伤左手。工件伸出钳口要短，锯切线离钳口要近，否则锯割时产生颤动。工件要夹牢，不可有抖动。

（4）起锯

起锯时应以左手拇指靠住锯条，右手稳推手柄，起锯角大约为15°。起锯角过大，锯齿被工件的棱边卡住，会碰落锯齿；起锯角过小，锯齿不易切入工件，可能打滑而损坏工件的表面，如图4－27所示。起锯时的锯弓往复行程应短，压力要小，锯条要与工件表面垂直。

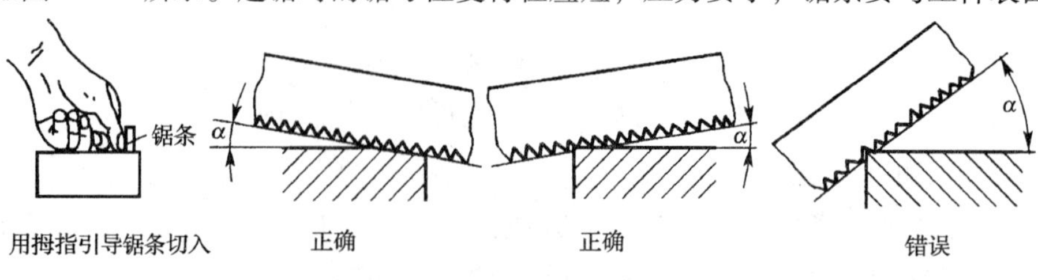

图4－27　起锯

（5）锯割动作

锯割时右手握锯柄，左手轻扶弓架前端，如图4－28所示。锯弓应做前后直线往复运动，不可做左右摆动，以免锯缝歪斜和折断锯条。前推时要加压，用力要均匀；返回时微微抬起手锯，减少锯齿中部的磨损；锯切时速度以每分钟往返30～60次为宜。锯切时要用锯条全长（至少占全长的2/3）工作，以免局部磨损。锯钢件材料时加机油润滑，快锯断时用力要轻，以免碰伤手臂。前推时加压要均匀，返回时锯条从工件上轻轻滑过。快锯断时用力要轻，以免碰伤手臂和折断锯条。

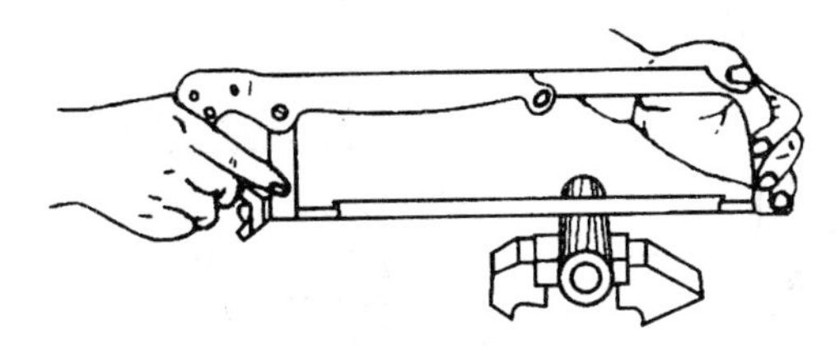

图4－28　手锯的握法

锯割硬材料时应慢些，锯割软材料时应快些，同时锯割行程应保持均匀。回程的速度应相对快些，以提高生产效率。

2. 棒料的锯割

锯割棒料零件时，如果被锯割棒料的断面比较平整，则应从一开始连续锯到结束。如果锯出的断面要求不高，锯割时可改变几次锯割方向，使棒料转过一定的角度再锯，这样锯割面积变小，容易切入，使工作效率得到提高（图4－29）。

锯割毛坯材料时，如果锯出的断面要求不高，则分几次锯割都不能锯到中心，每个方向都应锯到近中心的接缝处，然后再将毛坯材料折断。

3. 管子的锯割

（1）管子锯割线的划法

管子锯割前，要划出垂直于轴线的锯割线。锯割划线的要求不高，可用最简单的方法，即用矩形纸条（用于划线的一边必须直）按锯割尺寸绕工件外圆（图4－30），然后用滑石粉划出。

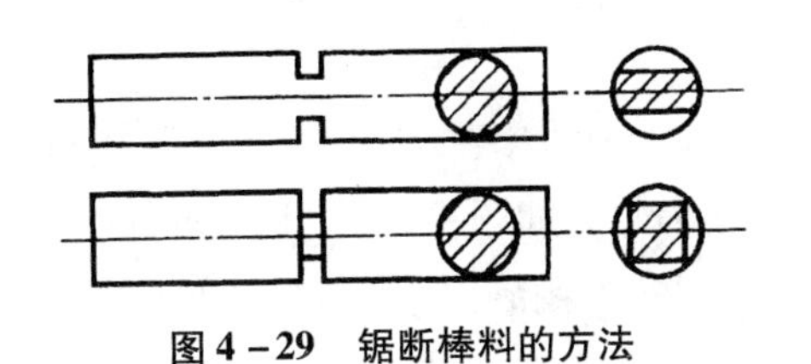

图4－29　锯断棒料的方法

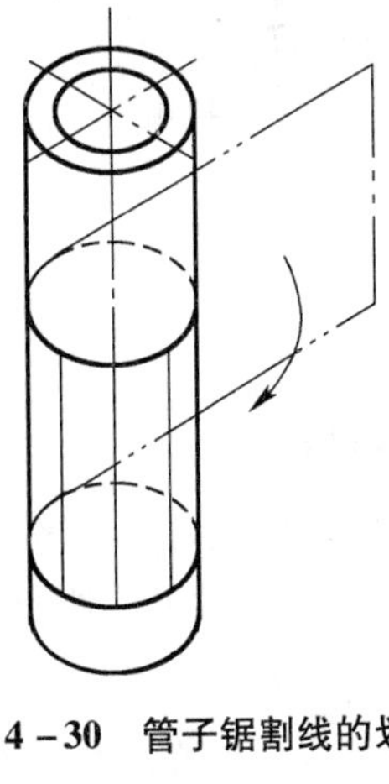

图4－30　管子锯割线的划法

（2）管子的夹持

锯割时管子必须夹正。对于薄壁管子和精加工过的管子，应夹在有 V 形槽的两个木衬垫之间（图 4－31（a）），以防将管子夹扁或夹坏表面。

（3）管子的锯割

锯割薄壁管子时，不可以在一个方向从一开始连续锯割到结束，如图 4－31（c）所示，否则，锯齿会被管壁勾住而崩裂。正确的方法应是先在一个方向锯到管子内壁处，然后把管子向推锯的方向转过一个角度，并连接原锯缝再锯到管子的内壁处，如此进行下去，直到锯断为止，如图 4－31（b）所示。

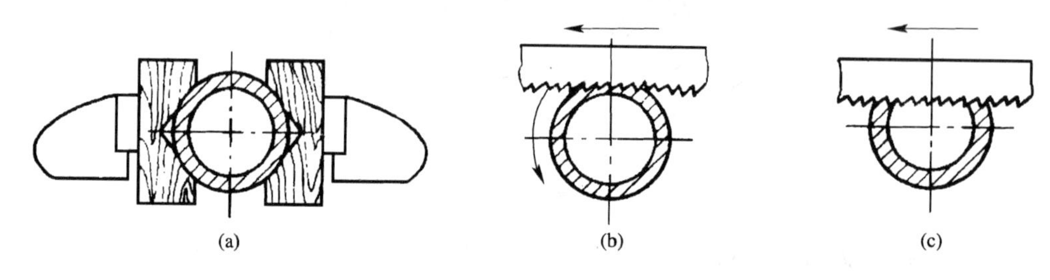

图 4－31　管子的夹持和锯割

（a）管子的夹持；（b）转位锯割；（c）不正确锯割

4. 薄板料的锯割

锯割薄板料时，可将板料夹在两木板间连同板料一起锯割或横向倾斜锯割。锯割时尽可能从宽面上锯下去。当只能在板料的狭面上锯下去时，可用两块木板夹持，如图 4－32（a）所示，连木块一起锯下，避免锯齿钩住，同时也增加了板料的刚度，使锯割时不会颤动。也可以把薄板料直接夹在台虎钳上，如图 4－32（b）所示，用手锯做横向斜推锯，使锯齿与薄板接触的齿数增加，避免锯齿崩裂。

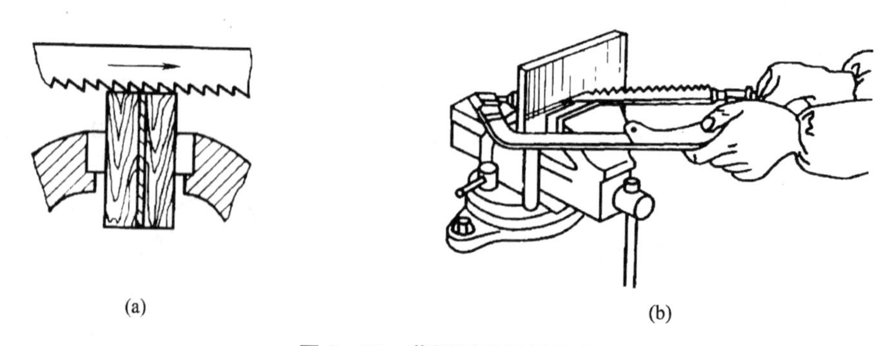

图 4－32　薄板料的锯割方法

5. 深缝的锯割

当锯缝的深度到达锯弓的高度时，如图 4－33（a）所示，为防止锯弓与工件相碰，应将锯条转过 90°重新安装，使锯弓转到工件的旁边再接着锯，如图 4－33（b）和图 4－33（c）所示。由于钳口的高度有限，工件应逐渐改装夹的位置，保持锯割部位始终处于钳口附近，而不能在离钳口过高或过低的部位锯割，否则工件会发生弹性变形而影响锯割质量，也容易损坏锯条。

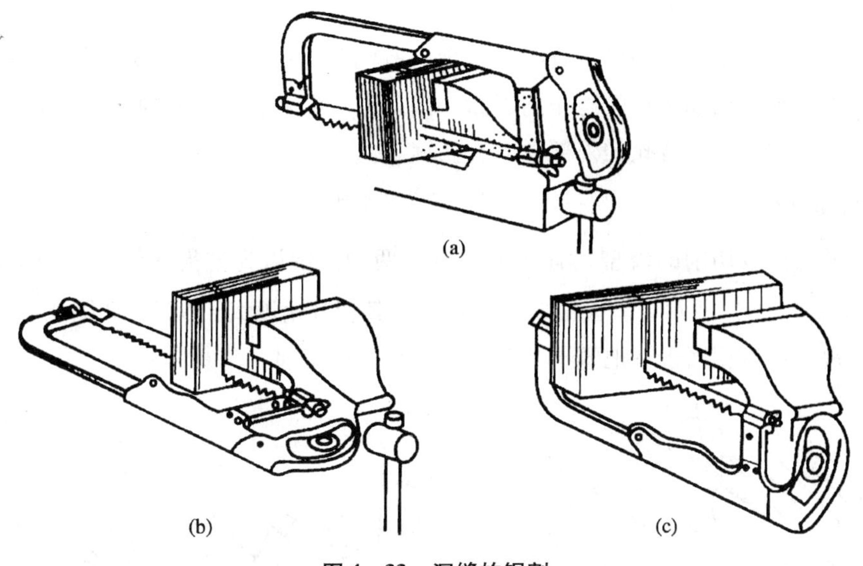

图 4-33　深缝的锯割

4.3　锉　削

4.3.1　锉削概述

锉削是指用锉刀对工件表面进行切削加工。锉削一般是在錾、锯之后对工件进行的精度较高的加工，其精度可达 0.01mm，表面粗糙度可达 $Ra0.8\mu m$。

锉削的工作范围很广，可以锉削平面、曲面、外表面、内孔、沟槽和各种复杂表面，还可以配键、做样板及在装配中修整工件（如手工去毛刺、倒钝等）。锉削是钳工常用的重要操作之一。

4.3.2　锉刀

锉刀是锉削的刀具，用高碳工具钢 T13A 或 T12 制成，并经热处理，其切削部分的硬度在 62～72HRC，目前已经标准化（GB/T 5083～5815—1986）。

1. 锉刀构造

锉刀由锉身和锉柄两部分组成，各部分名称如图 4-34 所示。

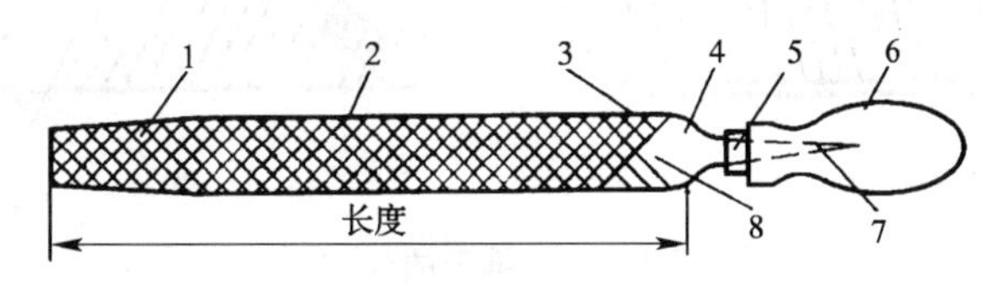

图 4-34　锉刀各部分名称

锉刀面是锉削的主要工作面。锉刀面在前端做成凸弧形，上下两面都制有锉齿，便于对零件进行正常的锉削工作。

锉刀边是指锉刀的两个侧面，有的没有齿，有的其中一边有齿。没有齿的一边称光边，它可防止锉刀在加工相邻垂直面时碰伤邻面。锉刀舌是用来装锉刀柄的，锉刀柄一般用硬木或塑料制成。在锉刀柄安装孔的外部常套有铁箍。

2. 锉齿和锉纹

锉齿是锉刀用以切削的齿型，有铣齿和剁齿两种。铣齿为铣齿法铣成，切削角 δ_o小于90°，如图 4－35（a）所示；剁齿由剁齿机剁成，其切削角度大于90°，如图 4－35（b）所示。锉削时每个锉齿相当于一把錾子，对金属材料进行切削。

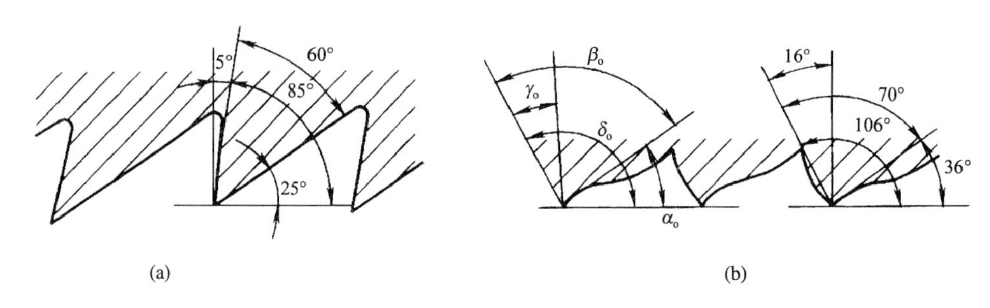

图 4－35　锉齿的切削角度

（a）铣齿锉齿；（b）剁齿锉齿

切削角 δ_o是指前刀面与切削平面之间的夹角，其大小反映切屑流动的难易程度和刀具切入时是否省力。

锉纹是锉齿排列的图案，锉刀的齿纹有单齿纹和双齿纹两种

单齿纹是指锉刀上只有一个方向的齿纹，如图 4－36（a）所示。单齿纹多为铣制齿，正前角切削，由于全齿宽都同时参加切削，需要较大的切削力，因此适用于锉削软材料。双齿纹是指锉刀上有两个方向排列的内纹，如图 4－36（b）所示。双齿纹大多为剁齿，先剁上去的为底齿纹（齿纹浅），后剁上去的为面齿纹（齿纹深），面齿纹和底齿纹的方向和深度不一样，所有的锉齿都沿锉刀中心线方向倾斜，并按规律排列。锉削时，每个齿的锉痕交错而不重叠，锉削时的切屑是碎断的，比较省力，锉齿强度高，锉面比较光滑，适于挫硬材料。

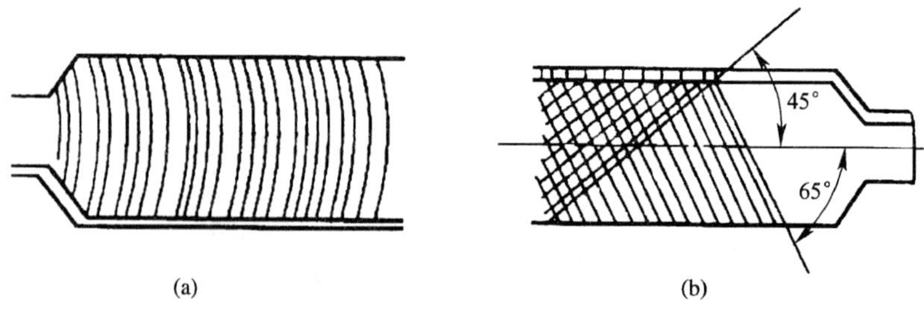

图 4－36　锉刀的齿纹

（a）单齿纹；（b）双齿纹

3. 锉刀的种类

钳工常用的锉刀按其用途不同，可分为普通钳工锉、异形锉和整形锉三类。

普通钳工锉按其断面形状不同，分为平锉（板锉）、方锉、三角锉、半圆锉和圆挫五种，如图4－37所示。

图4－37 普通钳工锉的断面形状

异形锉用于锉削工件特殊表面，有刀口锉、菱形锉、扁三角锉、椭圆锉、圆肚锉等，如图4－38所示。

图4－38 异形锉的断面形状

整形锉又称什锦锉或组锉，因分组配备各种断面形状的小锉而得名，主要用于修整工件上的细小部分，如图4－39所示。通常以5把、6把、8把、10把或12把为一组。

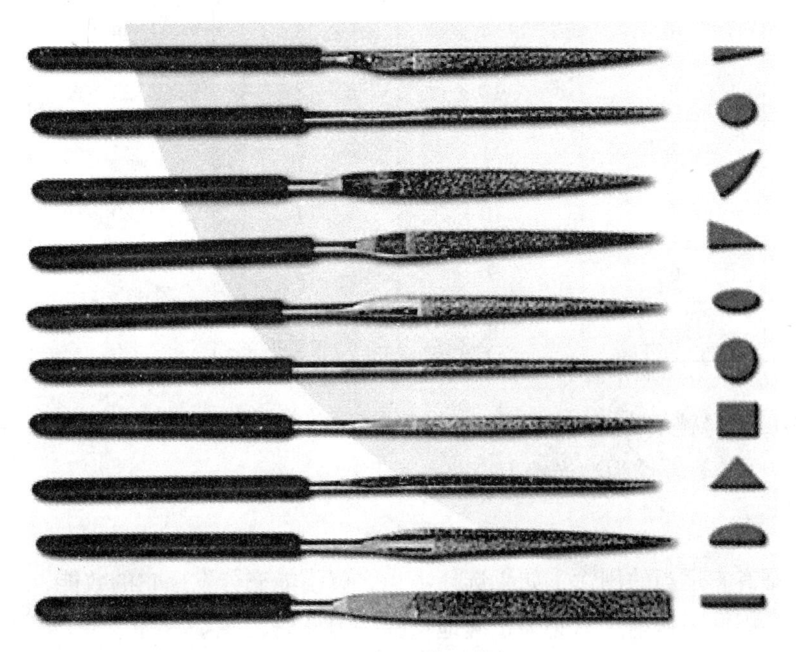

图4－39 整形锉

4. 锉刀的规格

锉刀的规格分为尺寸规格和齿纹的粗细规格。

（1）锉刀的尺寸规格

不同锉刀的尺寸规格用不同的参数表示。圆锉刀的尺寸规格以直径来表示，方锉刀的尺寸规格以方形尺寸表示，异型锉和整形锉的规格是指锉刀的全长，其他锉刀则以锉身长度表示其尺寸规格。钳工常用的锉刀有 100mm、125mm、150mm、200mm、250mm、300mm、350mm，400mm 等几种尺寸规格。

（2）锉齿的粗细规格

按国标 GB/T 5806—2003 规定，以锉刀每 10mm 轴向长度内的主锉纹条数来表示锉刀齿纹的粗细规格，见表 4－2。主锉纹是指锉刀上两个方向排列的深浅不同的齿纹中，起主要锉削作用的齿纹。起分屑作用的另一个方向的齿纹称为辅锉纹。

表 4－2　锉刀齿纹的粗细规定

规格/mm	主锉纹条数/10mm				
	锉纹号				
	1	2	3	4	5
100	14	20	28	40	56
125	12	18	25	36	50
150	11	16	22	32	45
200	10	14	20	28	40
250	9	12	18	25	36
300	8	11	16	22	32
350	7	10	14	20	—
400	6	9	12	—	—
450	5.5	8	11	—	—

表 4－2 中，1 号锉纹为粗齿锉刀，2 号锉纹为中齿锉刀，3 号锉纹为细齿锉刀，4 号锉纹为双细齿锉刀，5 号锉纹为油光锉刀。

5. 锉刀的选择

每种锉刀都有它适当的用途，如果选择不当，就不能充分发挥它的效能，甚至会过早地丧失切削能力。因此，锉削之前必须正确地选择锉刀。

（1）锉刀粗细的选择决定于工件加工余量的大小、尺寸精度的高低和表面粗糙度值的大小。表 4－3 列出了各种粗细锉刀的适用场合。

表4-3　锉刀齿纹的粗细规格选用

锉刀粗细	适用场合		
	锉削余量/mm	尺寸精度/mm	表面粗糙度 Ra/μm
1号	0.5~1	0.2~0.5	25~100
2号	0.2~0.5	0.05~0.2	6.3~25
3号	0.1~0.3	0.02~0.05	12.5~3.2
4号	0.1~0.2	0.01~0.02	6.3~1.6
5号	0.1以下	0.01	1.6~0.8

（2）按表面形状选择锉刀断面形状和大小。锉刀断面形状应适应工件加工表面形状，因此锉刀的断面形状和长度应根据被锉削工件的表面形状和大小选用，如图4-40所示。

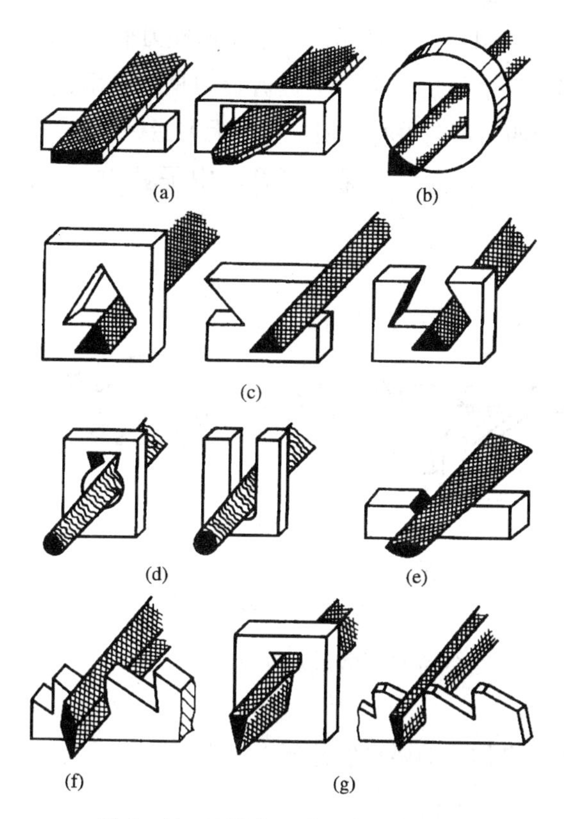

图4-40　不同加工表面使用的锉刀

(a) 板锉；(b) 方锉；(c) 三角锉；(d) 圆锉；(e) 半圆锉；(f) 菱形锉；(g) 刀口锉

（3）按工件材质选用锉刀。锉削有色金属等软材料工件时，应选用单齿纹锉刀，否则只能选用粗锉刀，因为用细锉刀去锉软材料易被切屑堵塞。锉削钢铁等硬材料工件时，应选用双齿纹锉刀。

（4）按工件加工面的大小和加工余量来选择锉刀规格。加工面尺寸和加工余量较大时，宜选用较长的锉刀；反之则选用较短的锉刀。

4.3.3 锉削方法

1. 锉削要领

(1) 工件装夹

工件必须牢固地装夹在台虎钳钳口的中间，并略高于钳口。夹持已加工表面时，应在钳口与工件间垫以铜片或锌片。易于变形和不便于直接装夹的工件，可以用其他辅助材料设法装夹。

(2) 选择锉刀

锉削前，应根据金属材料的硬度、加工余量的大小、工件的表面粗糙度要求来选择锉刀。加工余量小于0.2mm时宜用细锉。

(3) 锉刀的握法

大平锉刀的握法如图4－41 (a) 所示。右手紧握锉刀柄，柄端抵在拇指根部的手掌上，大拇指放在锉刀柄上部，其余手指由下而上握着锉刀柄，左手拇指的根部肌肉压在锉刀头上，拇指自然伸直，其余四指弯向手心，用中指、无名指握住锉刀前端。右手推动锉刀，并决定推动方向，左手协同右手使锉刀保持平衡。中平锉刀、小锉刀及细锉刀的握法如图4－41 (b)所示。

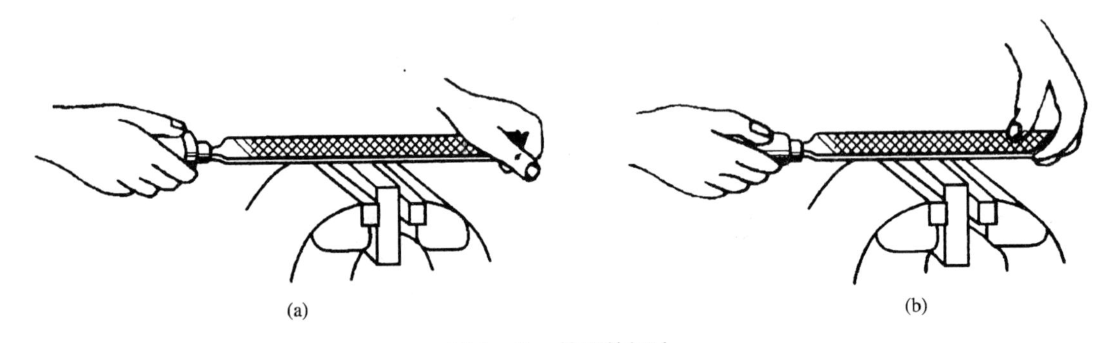

图4－41 锉刀的握法

使用不同大小的锉刀，有不同的姿势及施力方法。

(4) 锉削姿势

锉削时的站立位置及身体运动要自然并便于用力，以能适应不同的加工要求为准。

(5) 施力变化

锉削平面时保持锉刀的平直运动是锉削的关键。锉削力量有水平推力和垂直压力两种。推力主要由右手控制，其大小必须大于切削阻力才能锉去切屑。压力是由两手控制的，其作用是使锉齿深入金属表面。

由于锉刀两端伸出工件的长度随时都在变化，因此，两手压力大小必须随着变化。使两手压力对工件中心的力矩相等，这是保证锉刀平直运动的关键。锉平面时的施力情况如图4－42 所示。

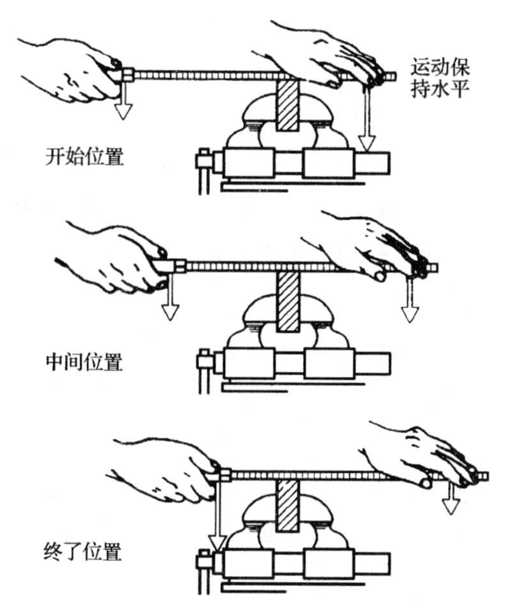

图4-42　锉削平面时的施力变化情况

2. 锉削方法

（1）平面的锉法

① 顺向锉

锉刀的运动方向与工件的夹持方向始终一致（顺着同一方向）的锉削方法称为顺向锉，如图4-43（a）所示。顺向锉是最普通的锉削方法，其特点是锉痕正直、整齐美观。顺向锉适用于锉削较小的平面和最后的锉光。

② 交叉锉

锉削时锉刀从两个交叉的方向对工件表面进行锉削的方法称为交叉锉，如图4-43（b）所示。交叉锉的特点是锉刀与工件的接触面大，锉刀容易掌握平稳，同时从锉痕上可以判断出锉削面的高低情况，因此容易将平面锉平。交叉锉只适用于粗锉，精加工时要改用顺向锉法，才能得到正直的锉痕。

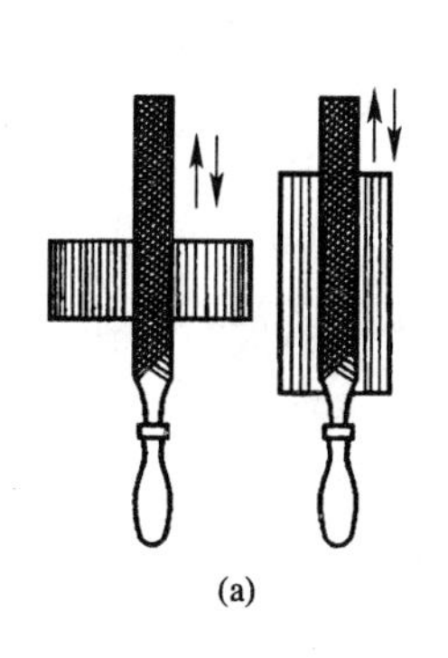

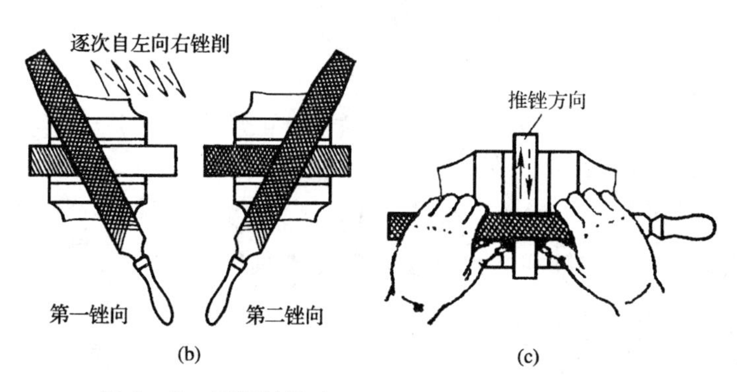

图4-43　平面的锉法

（a）顺向锉；（b）交叉锉；（c）推锉

锉削平面时，不管是顺向锉还是交叉锉，为使整个平面都能均匀地锉削到，一般每次退回锉刀时都要向旁边略为移动。

③ 推锉

两手对称地握住锉刀，两大拇指均衡地用力推着锉刀进行锉削的方法称为推锉，如图4－43（c）所示。推锉一般在锉削狭长的平面或在锉刀推进受阻时采用。推锉不能充分发挥手的推力，锉削效率不高，所以常在加工余量较小和修正尺寸时使用。

（2）曲面的锉法

曲面是由各种不同的曲线形面所组成的，但最基本的曲面还是单一的内、外圆弧面。只要掌握好内、外圆弧面的锉削方法和技能，就能掌握好各种曲面的锉削方法。

① 外圆弧面

选用板锉刀锉削外圆弧面，锉削时锉刀要同时完成两个运动，即锉刀在做前进运动的同时，还应绕工件圆弧的中心转动，如图4－44所示。其锉削方法常见的有两种。

1）顺着圆弧面锉（图4－44（a））

锉削时，右手把锉刀柄部往下压，左手把锉刀前端（尖端）向上抬，这样锉出的圆弧面不会出现棱边现象，使圆弧面光洁圆滑。它的缺点是不易发挥锉削力量，而且锉削效率不高，只适合在加工余量较小或精锉圆弧面时采用。

2）对着圆弧面锉（图4－44（b））

锉削时，锉刀向着图示方向做直线推进；容易发挥锉削力量，能较快地把圆弧外的部分锉成接近圆弧的多边形，适用于加工余量较大时的粗加工。当按圆弧要求锉成多棱形后，应再用顺着圆弧面锉的方法精锉成形。

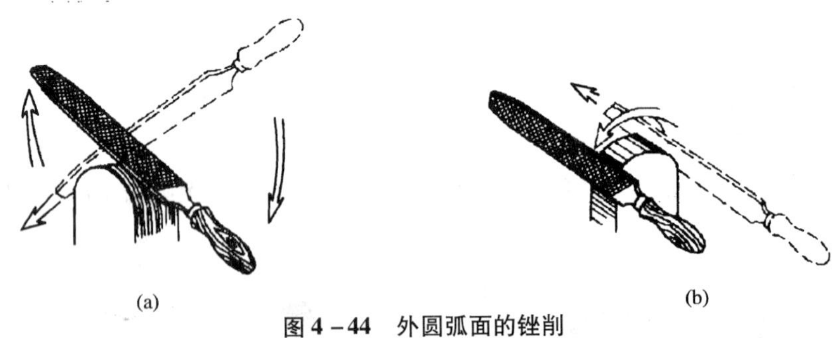

图4－44　外圆弧面的锉削

（a）顺着圆弧面锉；（b）对着圆弧面锉

② 内圆弧面

锉削内圆弧面所使用的锉刀有圆锉（适用于圆弧半径较小时）和半圆锉（适用于圆弧半径较大时）。锉削时，锉刀要同时完成如下三个运动。

- 前进运动。
- 随圆弧面向左或向右移动（约半个到一个锉刀直径）。

3）绕锉刀中心线转动（向顺、逆时针方向转动约90°）

如果锉刀只做前进运动，即圆锉刀的工作面不做沿工件圆弧曲线的运动，而只做垂直于工件圆弧方向的运动，那么就将圆弧面锉成凹形（深坑），如图4-45（a）所示。

如果锉刀只做前进和向左(或向右)的移动，锉刀的工作面仍不做沿工件圆弧曲线的运动，而做沿工件圆弧切线方向的运动，则锉出的圆弧面将成菱形，如图4-45（b）所示。

要得到圆滑的内圆弧面，锉削时只有将三种运动同时完成，才能使锉刀工作面沿工件的圆弧做锉削运动，把内圆弧面锉好。

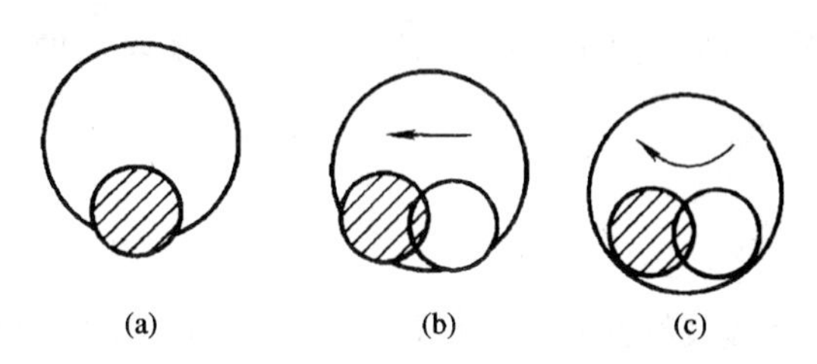

图4-45　内圆弧面锉削的三个运动分析

（3）平面与曲面的连接锉法

一般情况下，锉削时应先加工平面，然后再加工曲面，这样能使曲面与平面的连接比较圆滑，如果先加工曲面而后加工平面，则容易使已加工的曲面损伤，而且很难保证对称的中心面，此外，连接处也不易锉得圆滑，或圆弧面不能与平面很好地相切。

（4）直角面的锉法

锉削直角面类似锉削矩形，在工作中也常遇到，现以图4-46为例，说明内、外直角面的锉法。

为了说明直角面的锉削方法，假定图4-46已全部粗加工，现在只需锉削 A、B、C、D 面，其锉削方法如下。

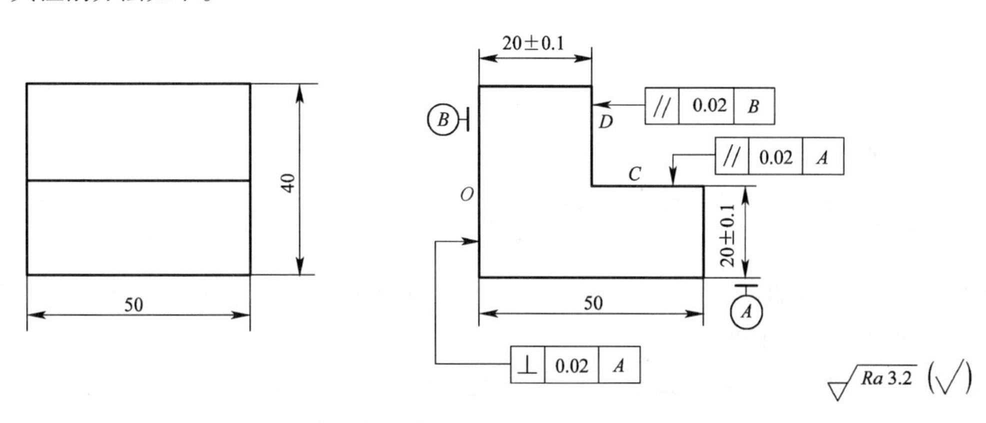

图4-46　直角形工件

① 首先检查工件尺寸，确定各加工面的加工余量。

② 锉削基准平面 A（有几个平面同时要锉削时，应先选大的平面或长的平面作为基准），这时应考虑到平行度与垂直度的公差值都为0.02mm，所以基准面的平面度必然小于0.02mm才能符合基准的要求，绝不允许未达到上述要求时就急于去锉削其他平面。

③ 锉削平面 B（外表面和内表面都要锉削时，尽量先锉好外表面，这样内表面的检查

测量也就容易了)，并保证该面必须位于距离为公差值0.02mm，且垂直于基准平面A的两平行平面之间。

④ 锉削平面C，保证20±0.1mm的尺寸要求，该面必须位于距离为公差值0.02mm且平行于基准平面A的两平行平面之间。

⑤ 锉削平面D，保持20±0.1mm的尺寸要求，保证D面必须位于距离为公差值0.02mm且平行于基准平面B的两平行平面之间。锉削该表面时，要特别小心以防锉坏C面。

4.3.4 锉刀的保养

合理使用和保养锉刀可以延长锉刀的使用寿命，因此必须注意锉刀的使用和保养规则。

(1) 不可用锉刀来锉毛坯的硬皮及工件上经过淬硬的表面。

(2) 锉刀应先用一面，用钝后再用另一面。因为用过的锉齿比较容易锈蚀，两面同时都用会造成锉刀总的使用期缩短。

(3) 锉刀放置时不能与其他金属硬物相碰，锉刀与锉刀不能互相重叠堆放，以免锉齿损坏。

(4) 防止锉刀沾水、沾油。

(5) 锉刀每次使用完毕后，应用锉刷刷去锉纹中的残留切屑，以免加快锉刀锈蚀。

(6) 不能把锉刀当做装拆、敲击或撬动的工具。

(7) 使用整形锉时用力不可过猛，以免折断锉刀。

习 题

一、填空题

1. 錾削工作范围主要是去除毛坯的凸缘、________，________，錾削平面及________等。

2. 錾子切削部分由________刀面、________刀面和两面交线________组成。经热处理后，硬度达到________HRC。

3. 选择錾子楔角时，在保证足够________的前提下，尽量取________数值。

4. 根据工件材料________不同，选取________的楔角数值。

5. 锯条锯齿的切削角度有前角________，后角________和楔角________。锯齿的粗细是以锯条每________长度内的齿数表示的。

6. 粗齿锯条适用于锯削________材料或________的切面，细齿锯条适用于锯削________材料或切面________的工件，锯削管子和薄板必须用________锯条。

7. 锉削的应用很广，可以锉削平面、________、________、________、沟槽和各种形状复杂的表面。

8. 锉刀用________钢制成，经热处理后切削部分硬度达______HRC。齿纹有________齿纹和________齿纹两种。锉齿的粗细规格是以每 10mm 轴向长度内的________来表示的。

9. 锉刀分________锉、________锉和________锉三类。按其规格分为锉刀的________规格和齿纹的________规格。

10. 选择锉刀时，锉刀断面形状要和________相适应；锉齿粗细取决于工件的________大小、加工________和________要求的高低及工件材料的硬度等。

二、判断题（对的画√，错的画×）

1. 錾削时形成的切削角度有前角、后角和楔角，三角之和为 90°。（　　）

2. 锯条的长度是指两端安装的孔中心距，钳工常用的是 300mm 的锯条。（　　）

3. 圆锉刀和方锉刀的尺寸规格都是以锉身长度表示的。（　　）

4. 双齿纹锉刀的面齿纹和底齿纹的方向和角度一样，锉削时锉痕交错，锉面光滑。（　　）

5. 选择锉刀尺寸规格的大小仅仅取决于加工余量的大小。（　　）

三、改错题

1. 錾削铜和铝等软材料，錾子楔角一般取 50°～60°。

改正：

2. 油槽錾的切削刃较长，是直线形。

改正：

3. 锯削管子和薄板时，必须用粗齿锯条，否则会因齿距小于板厚或管壁厚而使锯齿被钩住从而导致崩断。

改正：

4. 目前使用的锯条锯齿角度是：前角 γ_o 是 0°，后角 α_o 是 50°，楔角 β_o 是 40°。

改正：

5. 单齿纹锉刀适用于锉硬材料，双齿纹锉刀适用于锉软材料。

改正：

6. 使用新锉刀时，应先用一面，紧接着再用另一面。

改正：

四、选择题

1. 錾削钢等硬材料时，楔角取（　　）。

A. 30°～50°　　B. 50°～60°　　C. 60°～70°

2. 硬头手锤是用碳素工具钢制成，并经淬硬处理，其规格用（　　）表示。

A. 长度　　B. 重量　　C. 体积

3. 锉刀主要工作面指的是（　　）。

A. 锉齿的上、下两面　B. 两个侧面　　C. 全部表面

五、简述题

1. 锯条的锯路是怎样形成的？作用如何？
2. 根据哪些原则选用锉刀？

六、作图题

1. 作出錾前时形成的刀具角度示意图，并用文字或符号表示角度的名称。
2. 作出手锯锯割时所形成的刀具角度示意图，并用文字或符号表示角度的名称。

第5章 钻孔、扩孔、锪孔与铰孔

本章学习要点

1. 了解钻头的构造特点和角度，掌握钻头的刃磨方法。
2. 了解扩孔钻和锪孔钻的结构，掌握扩孔和锪孔的操作方法。
3. 了解铰刀工作部分的组成及功用，掌握铰孔的操作方法。

5.1 钻孔与钻头

5.1.1 钻孔

钻孔是指用钻头在实体材料上加工出孔的方法。

1. 钻削运动

钻孔时，钻头与工件之间的相对运动称为钻削运动。钻削运动由如下两种运动所构成：

（1）主运动

钻孔时，钻头装在钻床主轴（或其他机械）上所做的旋转运动称为主运动，如图5-1所示。

（2）进给运动

钻头沿轴线方向的移动称为进给运动，如图5-1所示。

图5-1 钻削运动分析

v—主运动；S—进给运动

2. 钻削特点

钻削时，钻头是在半封闭的状态下进行切削的，转速高，切削用量大，排屑又很困难。因此钻削具有如下特点。

（1）摩擦较严重，需要较大的钻削力。

（2）产生的热量多，而传热、散热困难，因此切削温度较高。

（3）钻头高速旋转以及由此而产生的较高切削温度，易造成钻头严重磨损。

（4）钻削时的挤压和摩擦容易产生孔壁的冷作硬化现象，给下道工序加工增加困难。

（5）钻头细而长，刚性差，钻削时容易产生振动及引偏。

（6）加工精度低，尺寸精度只能达到IT10～IT11，表面粗糙度值只能达到 Ra25～100μm。

5.1.2 麻花钻

1. 组成

麻花钻直径大于 6～8mm 时，常制成焊接式。其工作部分的材料一般用高速钢（W18Cr4V 或 W6Mo5Cr4V2）制成，淬火后的硬度可达 62～68HRC。柄部的材料一般采用 45 钢。

麻花钻由柄部、颈部和工作部分组成，如图 5－2 所示。

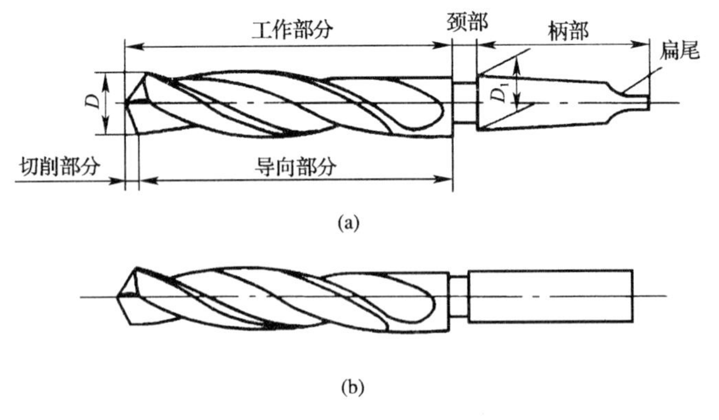

图 5－2 麻花钻的构成

（a）锥柄式；（b）柱柄式

柄部是钻头的夹持部分，用来定心和传递动力，有锥柄和直柄两种。一般直径小于 13mm 的钻头做成直柄；直径大于 13mm 的钻头做成锥柄，因为锥柄可传递较大扭矩，具体规格见表 5－1。

表 5－1 莫氏锥柄的大端直径及钻头直径 mm

莫氏锥柄号	1	2	3	4	5	6
大端直径 D_1	12.240	17.980	24.051	31.542	44.731	63.760
钻头直径 D	6～15.5	15.6～23.5	23.6～32.5	32.6～49.5	49.6～65	65～80

颈部是为磨制钻头时供砂轮退刀用的，钻头的规格、材料和商标一般也刻印在颈部。

麻花钻的工作部分又分为切削部分和导向部分。导向部分用来保持麻花钻工作时的正确方向，在钻头重磨时，导向部分逐渐变为切削部分而投入切削工作。导向部分有两条螺旋槽，其作用是形成切削刃（副切削刃）以及容纳和排除切屑，并且便于切削液沿螺旋槽输入。导向部分的外缘有两条棱带，它的直径略有倒锥（每 100mm 长度内柄部减少 0.05～0.1mm）。这样既可以引导钻头切削时的方向，又能减少钻头与孔壁的摩擦。

麻花钻的切削部分如图 5－3 所示。标准麻花钻的切削部分由五刃（两条主切削刃、两条副切削刃和一条横刃）和六面（两个前刀面、两个后刀面和两个副后刀面）组成。

图5－3中的麻花钻有两个刀瓣，每个刀瓣可看做一把外圆车刀。两螺旋槽表面是前刀面，切屑沿其排出。切削部分顶端的两个曲面称为后刀面，它与工件的过渡表面相对。钻头的棱带是与已加工表面相对的表面，称为副后刀面。前刀面和后刀面的交线称为主切削刃，两个后刀面的交线称为横刃，前刀面与副后刀面的交线称为副切削刃。

2. 标准麻花钻的切削角度

要想弄清麻花钻的切削角度，必须先确定表示切削角度的辅助平面——基面、切削平面、立截面和柱截面的位置。

（1）辅助平面

图5－4所示为麻花钻主切削刃上任意一点的基面、切削平面和主截面的相互位置，三者互相垂直。

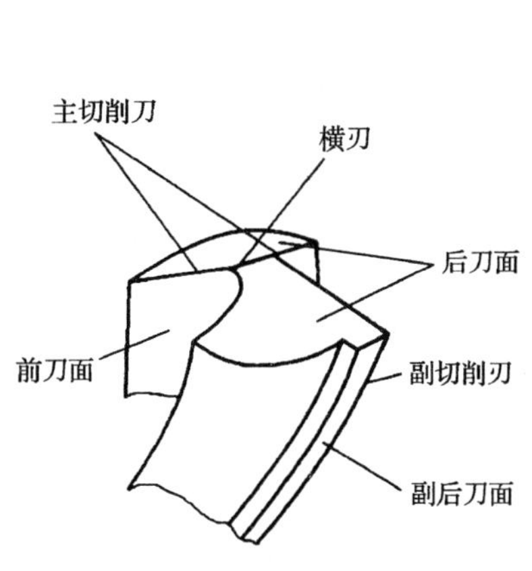

图5－3 麻花钻切削部分的构成

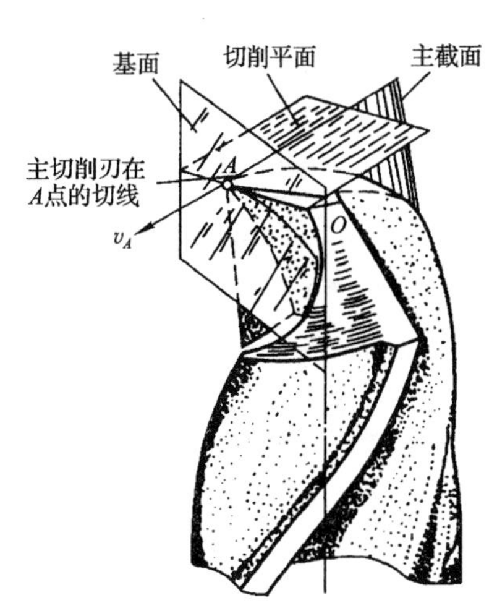

图5－4 麻花钻的辅助平面

① 基面

切削刃上任一点的基面是通过该点并与该点切削速度方向垂直的平面，实际上是过该点与钻心连线的径向平面。由于麻花钻两主切削刃不通过钻心，而是平行并错开一个钻心厚度的距离，因此钻头主切削刃上各点的基面是不同的。

② 切削平面

麻花钻主切削刃上任一点的切削平面，是由该点的切削速度方向与该点切削刃的切线所构成的平面。此时的加工表面可看成是一圆锥面，钻头主切削刃上任一点的速度方向是以该点到钻心的距离为半径、钻心为圆心所作圆的切线方向，也就是该点与钻心连线的垂线方向。标准麻花钻主切削刃为直线，其切线就是钻刃本身。切削平面即为该点切削速度与主切削刃构成的平面（图5－4）。

③ 主截面

通过主切削刃上任一点并垂直于切削平面和基面的平面为主截面。

④ 柱截面

通过主切削刃上任一点作与钻头轴线平行的直线，该直线绕钻头轴线旋转所形成的圆柱面的切面即为柱截面。

（2）切削角度

图 5－5 所示为标准麻花钻的切削角度。

① 前角 γ。

在主截面 $N_1 — N_1$ 或 $N_2 - N_2$ 内，前刀面与基面之间的夹角称为前角，如图 5－5 中的 γ_{o1}、γ_{o2}。前刀面是一个螺旋面，沿主切削刃各点倾斜方向不同，所以主切削刃各点前角的大小是不相等的。近外缘处的前角最大，一般为 30°左右；自外缘向中心前角逐渐减小（图 5－5中 $\gamma_{o1} > \gamma_{o2}$）。在钻心 $D/3$ 范围内为负值；接近横刃处前角为 $\gamma_o = -30°$。前角大小与螺旋角有关（横刃处除外），螺旋角越大，前角越大。

前角大小决定了切除材料的难易程度和切屑在前刀面上的摩擦阻力大小。前角越大，切削越省力。

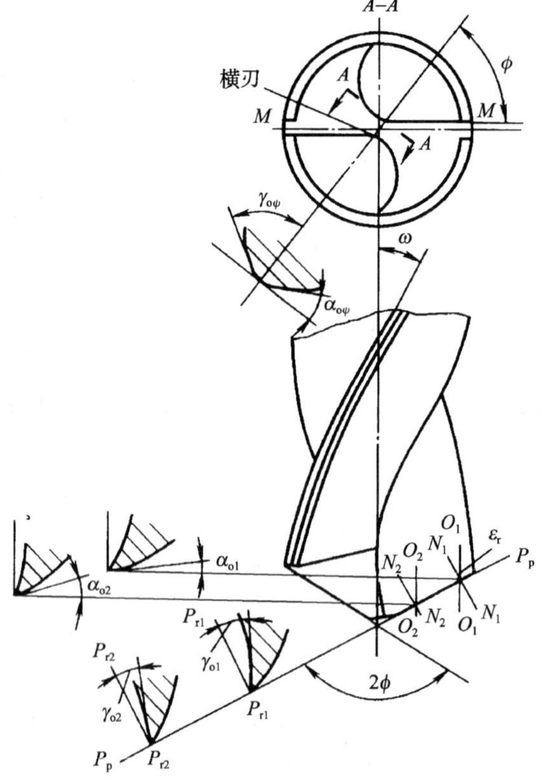

图 5－5　标准麻花钻的切削角度

② 后角 α。

在柱截面 $O_1 - O_1$ 或 $Q_2 - O_2$ 内，后刀面与切削平面之间的夹角称为后角，如图 5－5 中的 α_{o1}、α_{o2}。主切削刃上各点的后角是不相等的，外缘处后角较小，越接近钻心后角越大。一般麻花钻外缘处的后角按钻头直径大小分为：$D < 15$mm，$\alpha_o = 10° \sim 14°$；$D = 15 \sim 30$mm，$\alpha_o = 9° \sim 12°$；$D > 30$mm，$\alpha_o = 8° \sim 11°$。钻心处的后角 $\alpha_o = 20° \sim 26°$，横刃处的后角 $\alpha_o =$

30°～36°。钻硬材料时为了保证刀刃强度，后角应适当小些；钻软材料后角可适当大些，但钻有色金属材料时后角不能太大，否则会产生扎刀现象。“扎刀”就是钻头旋转时自动切入工件的现象，轻者使孔口损坏，钻头崩刃，重者将使钻头扭断，甚至会把工件从夹具中拉出造成事故。扎刀现象产生的原因见本节“钻黄铜或青铜的群钻”。

③ 顶角 2ϕ

麻花钻的顶角又称锋角或钻尖角，它是两主切削刃在其平行平面 $M-M$ 上的投影之间的夹角。顶角的大小可根据加工条件在钻头刃磨时决定。标准麻花钻的顶角 $2\phi=118°\pm2°$，这时两主切削刃呈直线形。若 $2\phi>118°$时，则主切削刃呈内凹形；$2\phi<118°$时，则主切削刃呈外凸形。顶角的大小影响主切削刃上轴向力的大小。顶角越小，则轴向力越小，外缘处刀尖角 ε_r增大，有利于散热和提高钻头寿命。但顶角减小后，在相同条件下，钻头所受的切削扭矩增大，切削变形加剧，排屑困难，会妨碍冷却液的进入。

④ 横刃斜角 ψ

横刃与主切削刃在钻头端面内的投影之间的夹角称为横刃斜角，它是在刃磨钻头时自然形成的，其大小与后角、顶角大小有关。标准麻花钻 $\psi=50°\sim55°$。当后角磨得偏大时，横刃斜角就会减小，而横刃的长度会增大。标准麻花钻横刃的长度 $b=0.18D$。

3. 标准麻花钻头的缺点

通过实践证明，标准麻花钻的切削部分存在以下缺点。

（1）横刃较长，横刃处前角为负值，在切削中横刃处于挤刮状态，产生很大的轴向力，容易发生抖动，定心不良。根据试验，钻削时50%的轴向力和15%的扭矩是由横刃产生的，这是钻削中产生切削热的重要原因。

（2）主切削刃上各点的前角大小不一样，致使各点切削性能不同。由于靠近钻心处的前角是一个很大的负值，切削为挤刮状态，切削性能差，产生热量大，磨损严重。

（3）钻头的棱边较宽，副后角为零，靠近切削部分的棱边与孔壁的摩擦比较严重，容易发热和磨损。

（4）主切削刃外缘处的刀尖角（图5－5中主切削刃与副切削刃在中截面 $M-M$ 的投影间的夹角）较小，前角很大，刀齿薄弱，而此处的切削速度却最高，故产生的切削热最多，磨损极为严重。

（5）主切削刃长，而且全宽参加切削，各点切屑流出速度的大小和方向都相差很大，会增加切屑变形，所以切屑卷曲成很宽的螺旋卷，容易堵塞容屑槽，致使排屑困难。

4. 标准麻花钻头的修磨

为适应钻削不同的材料而达到不同的钻削要求以及改进标准麻花钻存在的以上缺点，通常要对其切削部分进行修磨，以改善其切削性能。应在以下几个方面有选择地对钻头进行修磨。

（1）磨短横刃

修磨横刃的部位如图5－6（a）所示。修磨后横刃的长度为原来的1/5～1/3，以减小轴向力和挤刮现象，提高钻头的定心作用和切削性能。同时，在靠近钻心处形成内刃，内刃斜

角 $\tau=20°\sim30°$，内刃处前角 $\gamma_{0\tau}=0°\sim15°$，切削性能得以改善。一般直径在5mm以上的钻头均需修磨横刃，这是最基本的修磨方式。

（2）修磨主切削刃

修磨主切削刃如图5－6（b）所示，主要是磨出二重顶角 $2\phi_o$（$2\phi_o=70°\sim75°$）。在钻头外缘处磨出过渡刃（$f_o=0.2d$），以增大外缘处的刀尖角，改善散热条件，增强刀齿强度，提高切削刃与棱边交角处的耐磨性，延长钻头寿命，减少孔壁的残留面积，降低孔的表面粗糙度值。

（3）修磨棱边

如图5－6（c）所示，在靠近主切削刃的一段棱边上磨出副后角 $\alpha_o=6°\sim8°$，保留棱边宽度为原来的1/3～1/2，以减少对孔壁的摩擦，提高钻头的寿命。

（4）修磨前刀面

修磨主切削刃和副切削刃交角处的前刀面，磨去一块如图5－6（d）中阴影部位所示，这样可提高钻头强度。钻削黄铜时，还可避免切削刃过分锋利而引起扎刀现象。

（5）修磨分屑槽

如图5－6（e）所示，在两个后刀面上磨出几条相互错开的分屑槽，使切屑变窄，以利于排屑。直径大于15mm的钻头都要磨出。如有的钻头在制造时后刀面上已有分屑槽，那就不必再开槽。

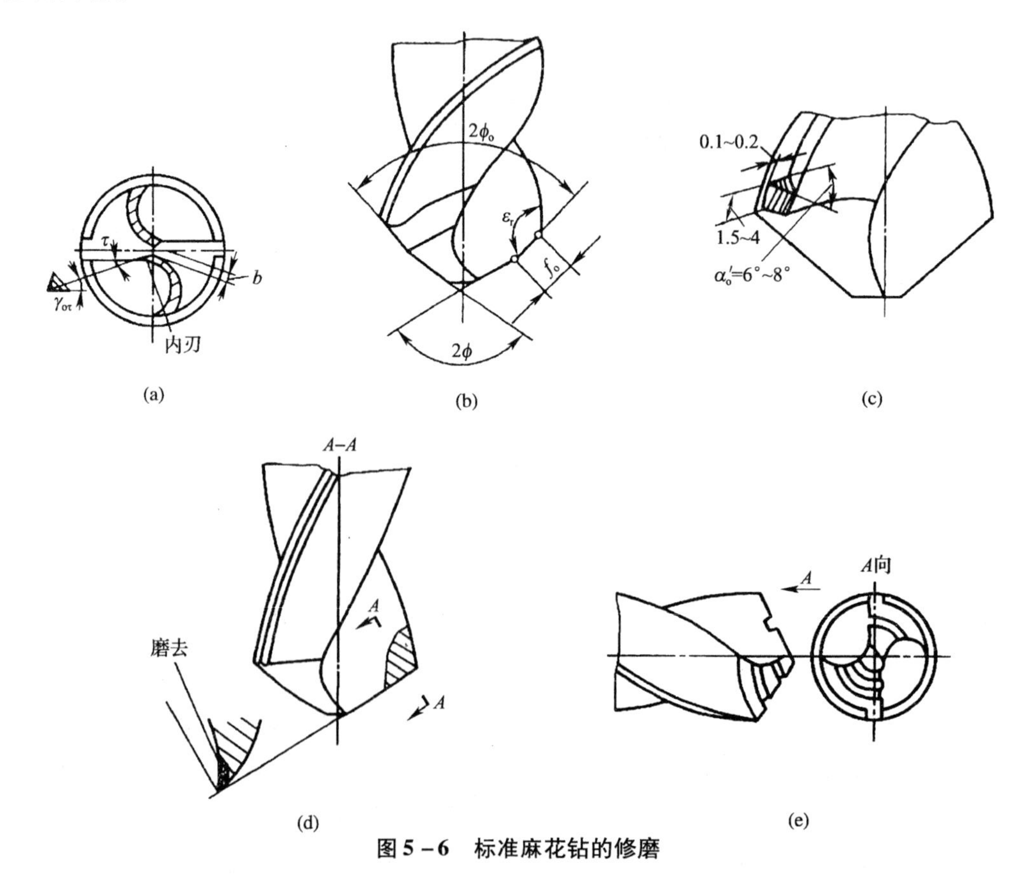

图5－6　标准麻花钻的修磨

（a）修磨横刃；（b）修磨主切削刃；（c）修磨棱边；（d）修磨前刀面；（e）修磨分屑槽

5.1.3 硬质合金钻头

硬质合金钻头有整体式和镶嵌式。直径较小的常做成整体式，直径较大的常做成镶嵌式，它是在钻头切削部分嵌焊硬质合金刀片，如图 5－7 所示，它适用于高速钻削铸铁及钻高锰钢、淬硬钢等坚硬材料。硬质合金刀片的材料是 YG8 或 TY2。

硬质合金钻头切削部分的几何参数一般是 $\gamma_o = 0° \sim 5°$，$\alpha_o = 10° \sim 15°$，$2\phi = 110° \sim 120°$，$\psi = 77°$，主切削刃磨成 $R2\text{mm} \times 0.3\text{mm}$ 的小圆弧，以增加强度。

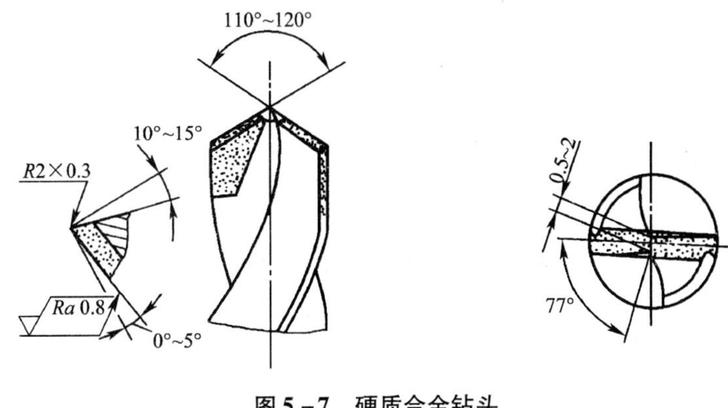

图 5－7 硬质合金钻头

5.1.4 群钻

群钻是利用标准麻花钻头合理刃磨而成的生产率和加工精度较高、适应性强、寿命长的新型钻头。

群钻主要用来钻削碳钢和各种合金钢，其切削部分形状和几何参数见表 5－2。群钻是在标准麻花钻上采取了如下修磨措施而制成的。

1. 标准群钻

（1）磨出月牙槽

在钻头的后刀面上对称地磨出月牙槽，形成凹形圆弧刃，把主切削刃分成三段，即外刃、圆弧刃和内刃。由于磨出圆弧刃，增大了靠近钻心处的前角，减少了挤刮现象，使切削省力，同时使主切削刃分成几段，有利于分屑、断屑和排屑。钻孔时圆弧刃在孔底上切削出一道圆环筋，能稳定钻头的方向，限制钻头摆动，加强定心作用。磨出月牙槽还降低了钻尖的高度，这样可以把横刃处磨得较锋利，且不至于影响钻尖强度。

（2）修磨横刃

使横刃为原来的 1/7～1/5，同时使新形成的内刃上的前角也大大增加，以减少轴向力，改善定心作用，提高切削能力。钻头和工件产生的热变形少，可提高孔的质量和钻头寿命。

（3）磨出单边分屑槽

在一条外刃上磨出凹形分屑槽，有利于排屑和减少切削力，而且容易加注切削液，降低切削热，减少工件的变形，提高孔的质量和钻头寿命。

表 5－2 标准群钻切削部分形状和几何参数

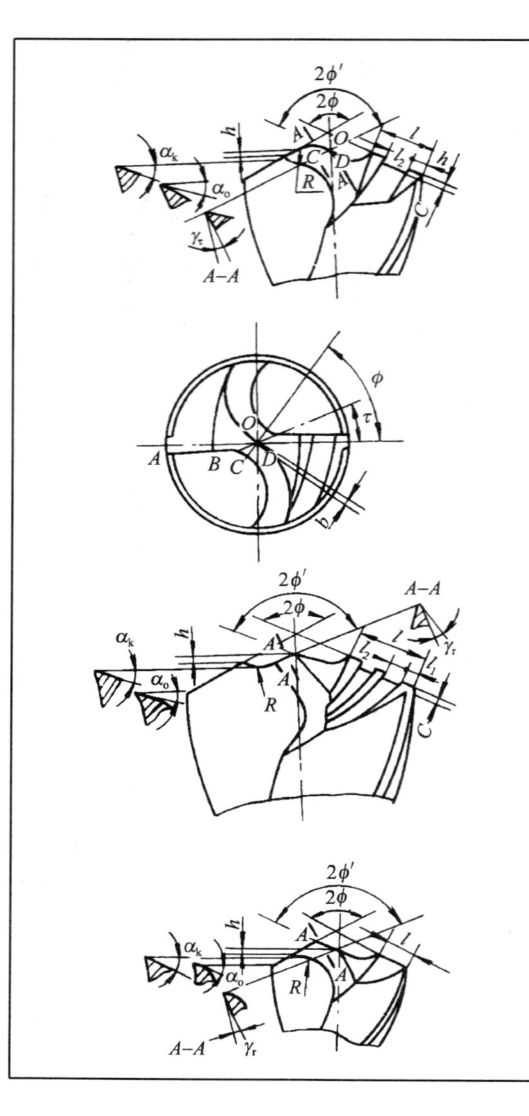

钻头直径 D	尖高 h	圆弧半径 R	外刃长 1	槽距 1_1	槽宽 1_2	横刃长 b	槽深 e	槽数 Z	外刃顶角 2φ	内刃顶角 2φ	横刃斜角 φ	内刃前角 γ_r	内刃斜角 τ	外刃后角 α_o	圆弧后角 α_k
(mm)								条	(度)						
>15～20	0.55	1.5	5.5	1	2.7	0.45	1	1	125	135	65	－15	25	12	15
>20～25	0.7	2	7	2	3.4	0.6									
>25～30	0.85	2.5	8.5	2	4.2	0.75									
>30～35	1	3	10	3	5	0.9									
>35～40	1.15	3.5	12	3	5.8	1.05									
>40～45	1.3	4	13	2	3.25	1.15	1.5	2	125	135	65	30	10	12	
>45～50	1.45	4.5	15	3	3.6	1.5									
>50～60	1.65	5	17	3	4.25	1.45									
5～7	0.2	0.8	1.3	—	—	0.2	—	—				－15	20	15	18
>7～10	0.28	1	1.9	—	—	0.3									
>10～15	0.36	1.5	2.7	—	—	0.4									

综上所述，标准群钻的形状特点是有三尖七刃、两种槽。三尖是由于磨出月牙槽，主切削刃形成三个尖，七刃是两条外刃、两条圆弧刃、两条内刃和一条横刃；两种槽是月牙槽和单面分屑槽。

2. 其他群钻

（1）钻铸铁的群钻

由于铸铁较脆，钻削时切屑呈碎块并夹着粉末，挤压在钻头的后刀面、棱边与工件之间，会产生剧烈的摩擦，使钻头磨损。磨损几乎完全发生在后刀面上，最严重的是在切削刃与棱边转角处的后刀面。修磨时，主要是磨出二重顶角，较大的钻头甚至可以磨成三重顶角，以减少轴向力，提高耐磨性。另外还要加大后角，把横刃磨得更短些。

（2）钻黄铜或青铜的群钻

黄铜和青铜硬度较低，组织疏松，切削阻力较小，若采用较锋利的切削刃，会产生扎刀现象。扎刀时的受力分析如图5-8所示，P为工件作用于钻头前刀面的正压力，F为切屑与钻头前刀面的摩擦力，R为P与F的合力。当钻削黄铜和青铜材料时，摩擦力F较小，当γ_o越大，R向下的作用分力Q则越大，而Q就是将钻头自动切入工件的拉力。

所以，为避免扎刀，钻黄铜或青铜的群钻，要设法把钻头外缘前角磨小，这样切削刃的锋利程度虽稍下降，但向下分力Q减小。此外，为提高生产率，可将横刃磨得更短。主、副切削刃处可磨成$r=0.5\sim1$mm的过渡圆弧，以改善钻孔表面粗糙度。

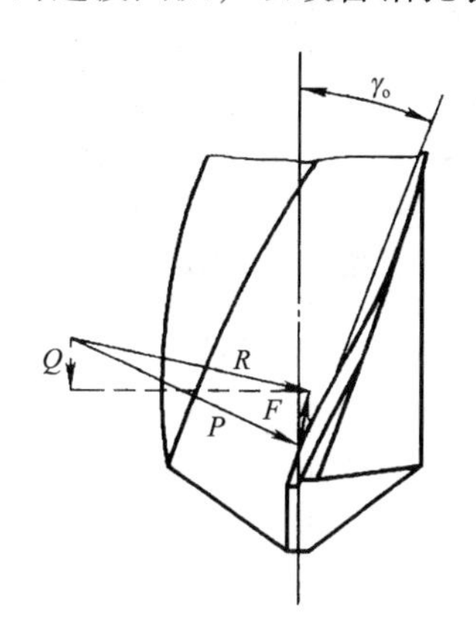

图5-8 钻头“扎刀”时的受力分析

（3）钻薄板的群钻

在薄板上钻孔不能用普通麻花钻，这是因为普通麻花钻的钻尖较高，当钻孔时，钻头立即失去定心作用，同时轴向力又突然减小，加上工件弹动，使孔不圆或孔口毛边很大，甚至扎刀或折断钻头。

薄板群钻是把麻花钻两主切削刃磨成圆弧形，这时钻尖较低，切削刃外缘磨出锋利的两个刀尖，与钻心刀尖相差仅仅0.5~1.5mm，形成三尖。因此，钻穿时两切削刃已在工件上切削出圆环槽，可加强定心作用，轴向力不会突然减小。在两外尖和圆弧刃的转动切削下，把薄板孔中间的圆片切离，孔圆整、光洁。

表 5-3　钻铸铁的群钻切削部分形状和几何参数

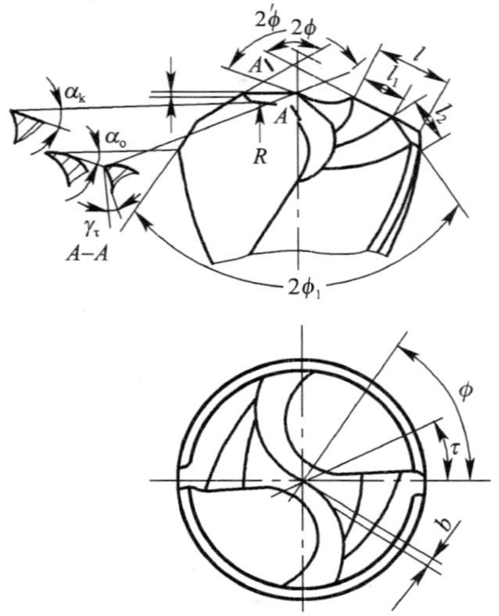

钻头直径 D	尖高 h	圆弧半径 R	横刃长 b	总外刃长 l	分外刃长 l_1，l_2	外刃顶角 2ϕ	二重顶角 $2\phi_1$	内刃顶有 $2\phi'$	横刃斜角 ϕ	内刃前角 γ_τ	内刃斜角 τ	外刃后角 α_0	圆弧后角 α_k
（mm）						（度）							
5~7	0.11	0.75	0.2	1.9									
7~10	0.15	1.25	0.2	2.6							20	18	20
10~15	0.2	1.75	0.3	4									
15~20	0.3	2.25	0.4	5.5									
20~25	0.4	2.75	0.5	7									
25~30	0.5	3.5	0.6	8.5							25	15	18
30~35	0.6	4	0.7	10	$l_1=l_2$	120	70	135	65	-10			
35~40	0.7	4.5	0.8	11.5									
40~45	0.8	5	0.9	13									
45~50	0.9	6	1	14.5							30	13	15
50~60	1	7	1.1	17									

注：几何参数按钻头直径范围的中间值来定，允许偏差为正值或负值。

5.1.5 钻削用量及其选择

1. 钻削用量

钻削用量包括切削速度 v_c、进给量 f 和切削深度 a_p 三要素如图 5－9 所示。

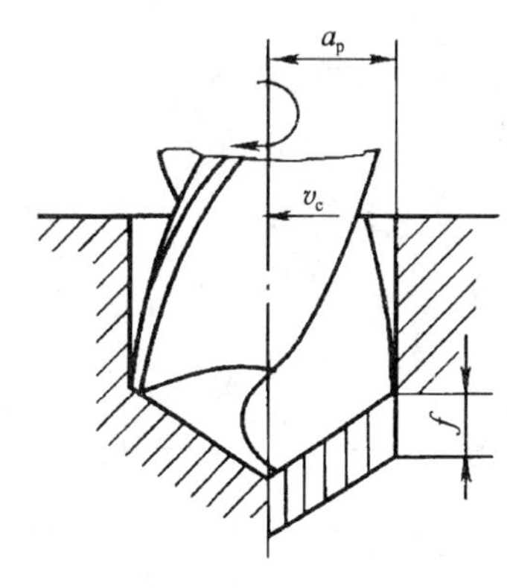

图 5－9 钻削用量

（1）切削速度（v_c） 指钻削时钻头切削刃上最大直径处的线速度，可由下式计算。

$$v_c = \frac{\pi D n}{1000} \text{ (m/min)}$$

式中 D——钻头直径，mm；

n——钻头的转速，r/min；

（2）进给量 f 指主轴每转一转钻头对工件沿主轴轴线相对移动的距离，单位为 mm/r。

（3）切削深度（a_p） 指已加工表面与待加工表面之间的垂直距离，即一次走刀所能切下的金属层厚度，$a_p = \frac{D}{2}$，单位为 mm。

2. 钻削用量的选择

（1）选择原则

钻削用量选择的目的，首先是在保证钻头加工精度和表面粗糙度的要求以及保证钻头有合理的使用寿命前提下，使生产率最高；同时，不允许超过机床的功率和机床、刀具、夹具等的强度和刚度的承受范围。

钻削时，由于背吃刀量已由钻头直径所定，所以只需选择切削速度和进给量。对钻孔生产率的影响，切削速度和进给量是相同的；对钻头寿命的影响，切削速度比进给量大；对孔的表面粗糙度的影响，进给量比切削速度大。因此，钻孔时选择钻削用量的基本原则是在允许范围内，尽量先选较大的进给量 f，当 f 的选择受到表面粗糙度和钻头刚性的限制时，再考虑选择较大的切削速度 v_c。

（2）选择方法

① 切削深度

直径小于 30mm 的孔一次钻出；直径为 30 ~ 80mm 的孔可分两次钻削，先用（0.5 ~ 0.7）D（D 为要求加工的孔径）的钻头钻底孔，然后用直径为 D 的钻头将孔扩大。这样，可减小切削深度及轴向力，保护机床，同时提高钻孔质量。

② 进给量

高速钢标准麻花钻的进给量可参考表 5－4 选取。

表 5-4 高速钢标准麻花钻的进给量

钻头直径 D/mm	<3	3~6	6~12	12~25	>25
进给量 f/（$mm \cdot r^{-1}$）	0.025~0.05	0.05~0.10	0.10~0.18	0.18~0.38	0.38~0.62

孔的精度要求较高且表面粗糙度值较小时，应选择较小的进给量；钻较深孔、钻头较长以及钻头刚性、强度较差时，也应选择较小的进给量。

③ 钻削速度

当钻头直径和进给量确定后，钻削速度应按钻头的寿命选取合理的数值，一般根据经验选取，可参考表 5-5。孔较深时，取较小的切削速度。

表 5-5 高速钢标准麻花钻的切削速度

加工材料	硬度 HBS	切削速度 v/（$m \cdot min^{-1}$）	加工材料	硬度（HBS）	切削速度 v_c/（$m \cdot min^{-1}$）
低碳钢	100~125 125~175 175~225	27 24 21	合金钢	175~225 225~275 275~325 325~375	18 15 12 10
中、高碳钢	125~175 175~225 225~275 275~325	22 20 15 12	灰铸铁	100~140 140~190 190~220 220~260 260~320	33 27 21 15 9
可锻铸铁	110~160 160~200 200~240 240~280	42 25 20 12	球墨铸铁	140~190 190~225 225~260 26~300	30 21 17 12
铝合金		75~90	铜合金		20~48
镁合金			高速钢	200~250	13

5.1.6 钻孔方法

钳工钻孔方法与生产规模有关。当需要大批生产时，要借助于夹具来保证加工位置的正确；当需要小批生产和单件生产时，则要借助于划线来保证其加工位置的正确。

1. 一般工件的加工

钻孔前应把孔中心的样冲眼用样冲再冲大一些，使钻头的横刃预先落入样冲眼的锥坑中，这样钻孔时钻头不易偏离孔的中心。

（1）起钻

钻孔时，应把钻头对准钻孔的中心，然后启动主轴，待转速正常后，手摇进给手柄，慢慢地起钻，钻出一个浅坑，这时观察钻孔位置是否正确，如钻出的锥坑与所划的钻孔圆周线不同心，应及时借正。

（2）借正

如钻出的锥坑与所划的钻孔圆周线偏位较少，可移动工件（在起钻的同时用力将工件向偏位的反方向推移）或移动钻床主轴（摇臂钻床钻孔时）来借正；如偏位较多，可在借正方向打上几个样冲眼或用油槽錾錾出几条槽（图5-10），来减少此处的钻削阻力，达到借正的目的。无论用哪种方法借正，都必须在锥坑外圆小于钻头直径之前完成，这是保证达到钻孔位置精度的重要环节。如果起钻锥坑外圆已经达到钻孔孔径，而孔位仍然偏移，那么纠正就困难了，这时只有用镗孔刀具才能把孔的位置借正过来。

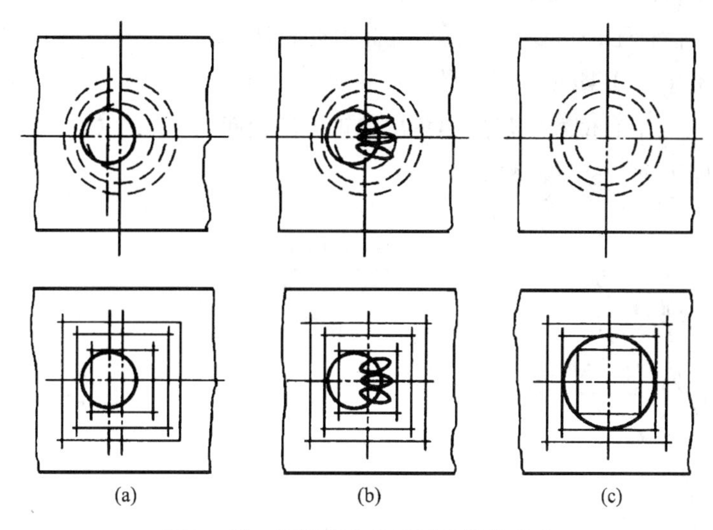

图5-10　用錾槽来借正试钻偏位的孔

（3）限位

钻不通孔时，可按所需钻孔深度调整钻床挡块限位，当所需孔深度要求不高时，也可用表尺限位

（4）排屑

钻深孔时，若钻头钻进深度达到直径的3倍，钻头就要退出排屑一次，以后每钻进一定深度，钻头就要退出排屑一次。要防止连续钻进，使切屑堵塞在钻头的螺旋槽内而折断钻头。

（5）手动进给

通孔将要钻穿时，必须减小进给量，如果采用自动进给，则应改为手动进给。这是因为当钻心刚钻穿工件材料时，轴向阻力会突然减小，钻床进给机构的间隙和弹性变形会突然恢复，这将使钻头以很大的进给量自动切入，易造成钻头折断或钻孔质量降低等现象。此时改用手动进给操作，减小进给量，轴向阻力自然减小，钻头自动切入现象就不会发生。起钻后采用手动进给，进给量也不能太大，否则会因进给用力不当而导致钻头产生弯曲现象，使钻孔轴线歪斜，如图 5－11 所示。

2. 在圆柱形工件上钻孔

在轴类或套类等圆柱形工件上钻与轴心线垂直并通过圆心的孔，当孔的中心与工件中心线对称度要求较高时，钻孔前在钻床主轴下要安放一 V 形铁，以备搁置圆形工件。V 形铁的对称线与工件的钻孔中心线必须校正到与钻床主轴的中心线在同一条铅垂线上。然后在钻夹头上夹上一个定心工具（圆锥体）［图 5－12（a）］，并用百分表找正在 0.01～0.02mm 之间。接着调整 V 形铁，使之与圆锥体的角度彼此贴合，即得 V 形铁的正确位置。校正后把 V 形铁压紧固定，此时把工件放在 V 形铁槽上，用角尺找正工件端面的钻孔中心线（此中心线应先划好）并使其保持垂直，即得工件的正确位置。

使用压板压紧工件后，就可对准钻孔的中心试钻浅坑，试钻时看浅坑是否与钻孔中心线对称，如不对称可借正工件再试钻，直至对称为此，然后正式钻孔。使用这样的加工方法，可使孔的对称度不超过 0.1mm。当孔的对称精度要求不高时，可不用定心工具，而用钻头顶尖来找正 V 形铁的中心位置。然后用角尺找正工件端面的中心线［图 5－12（b）］，此时钻尖对准孔中心即可进行试钻，然后再钻孔。

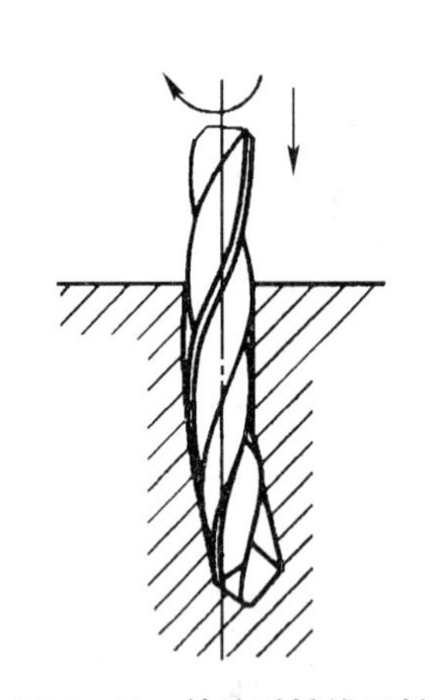

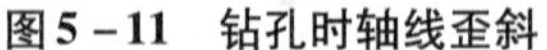

图 5－11　钻孔时轴线歪斜

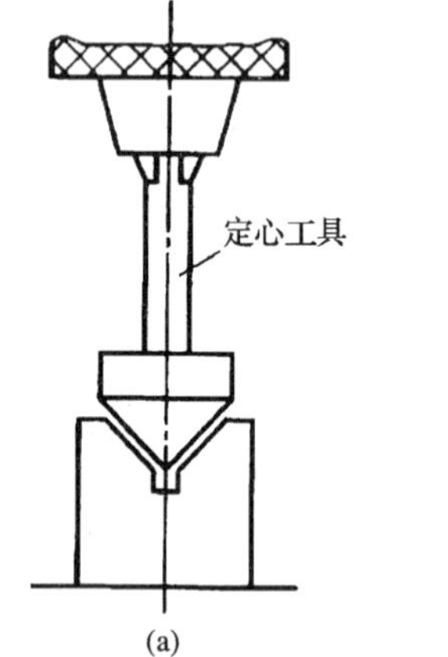

图 5－12　在圆柱形工件上钻孔

3. 在斜面上钻孔

在斜面上钻孔时，容易产生偏斜和滑移，如操作不当就会使钻头折断。防止钻头折断的方法如下：

（1）在斜面的钻孔处先用立铣刀铣出或用錾子錾出一个平面（图 5－13），然后再划线钻孔。

在斜面上铣出平面或錾出平面后，应先划线、用样冲定出中心，然后再用中心钻钻出锥坑或用小钻头钻出浅孔，当位置准确后才可用钻头钻孔。

（2）用圆弧刃多功能钻直接钻出。圆弧刃多功能钻是用普通麻花钻通过手工刃磨而成（图5-14）。因为它的形状是圆弧形，所以刀刃的各点半径上都有相同的后角（一般为6°~10°）横刃经过修磨形成了很小的钻尖，加强了定心作用，这时钻头与一把铣刀相似。

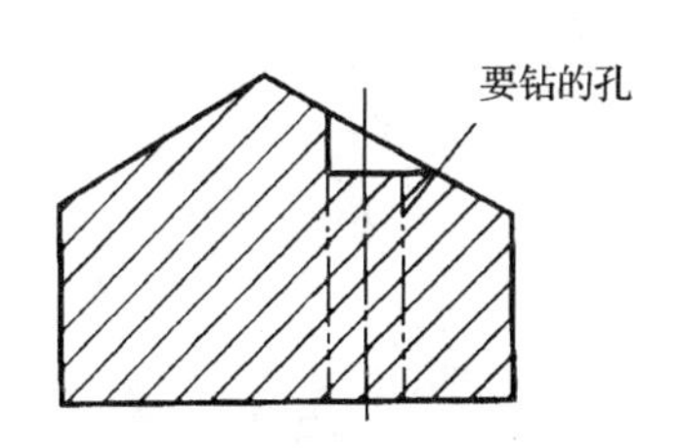

图5-13 用立铣刀先铣出平面

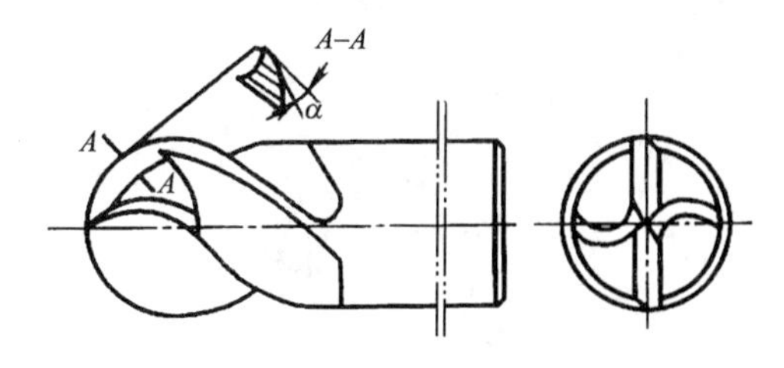

图5-14 圆弧刃多功能钻

圆弧刃多功能钻头在斜面上钻孔时应低速手动进给。该钻头钻孔时虽单面受力，但由于刀刃是圆弧形，改变了偏切削的受力情况，钻头所受的径向分力要小些，加上修磨后的横刃加强了定心作用，因此能保证钻孔的正确方向。

4. 钻半圆孔

钻半圆孔时容易产生严重的偏切削现象，可根据不同的加工材料和所使用的刀具分别采用以下几种方法。

（1）相同材料合起来钻

当所钻的半圆孔在工件的边缘而材料形状为矩形时，可把两件合起来夹在虎钳上一起钻孔；如果只加工一件，可用一块相同材料与工件合起来夹在虎钳上一起钻孔。

（2）不同材料“借料”钻

在装配过程中，有时需在壳体（铸件）及其相配的衬套（黄铜）之间钻出骑缝螺钉孔（图5-15）。由于材料不同，钻孔时钻头要往软材料一边偏移，克服偏移的方法是在用样冲冲眼时使中心稍偏向硬材料，即钻孔开始阶段使钻头往硬材料一边“借料”，以抵消两种材料的切削阻力而引起的径向偏移，这样可使钻孔中心处于两工件的中间。使用钻夹头时，钻头伸出尽可能短，以增强钻头的刚性；横刃要尽量磨窄，以加强钻孔的定心，防止钻偏。钻骑缝螺钉孔也可以用圆弧刃多功能钻。

（3）使用圆弧刃多功能钻头

钻半圆孔如果采用如图5-16所示的半孔钻加工，则效果较好。半孔钻是把标准麻花钻的切削部分的钻心修磨成凹凸形，以凹为主，突出两个外刀尖，使钻孔的切削表面形成凸筋，限制了钻头的偏移，因而可进行单边切削。钻孔时，宜采用低速手动进给。

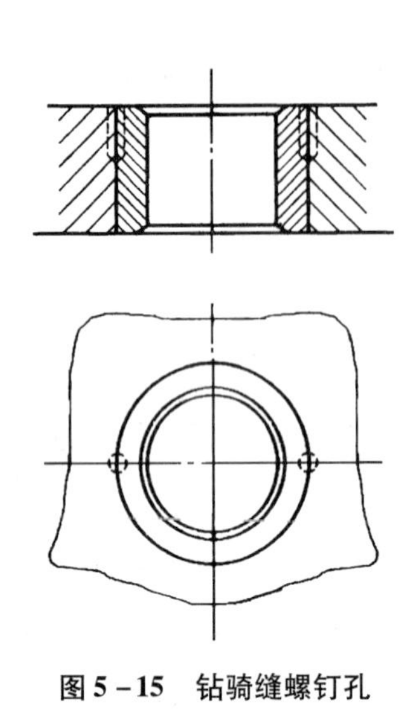

图 5－15　钻骑缝螺钉孔

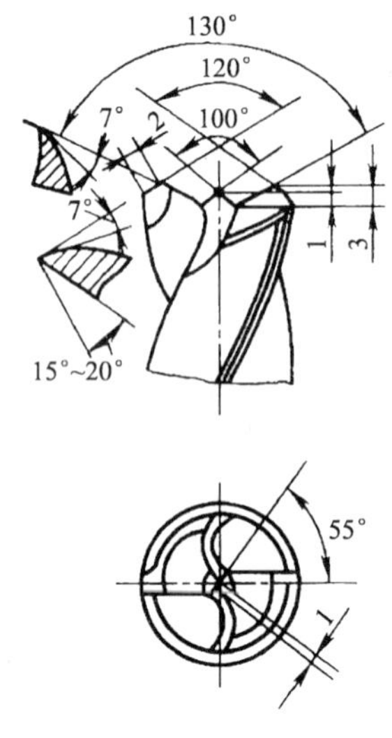

图 5－16　半孔钻

5.1.7　钻孔时的冷却和润滑

钻孔时，由于加工零件的材料和加工要求不同，所用切削液的种类和作用就不同。

钻孔一般属于粗加工，又是半封闭状态加工，摩擦严重，散热困难，加切削液的目的应以冷却为主。

在高强度材料上钻孔时，因钻头前刀面承受较大的压力，要求润滑膜有足够的强度，以减少摩擦和钻削阻力。因此，可在切削液中增加硫、二硫化钼等成分，如硫化切削油。

在塑性、韧性较大的材料上钻孔，要求加强润滑作用，在切削液中可加入适当的动物油和矿物油。

孔的尺寸精度和表面精度要求很高时，应选用主要起润滑作用的切削液，如菜油、猪油等。钻各种材料零件所用的切削液可参考表 5－6 选用。

表 5－6　钻各种材料零件所用的切削液

工件材料	切削液（体积分数）
各类结构钢	3% ~5% 乳化液，7% 硫化乳化液
不锈钢、耐热钢	3% 肥皂加 2% 亚麻油水溶液，硫化切削油
纯铜、青铜、黄铜	不用，或用 5% ~8% 乳化液
铸铁	5% ~8% 乳化液，煤油
铝合金	不用，或用 5% ~8% 乳化液，煤油与菜油的混合油
有机玻璃	5% ~8% 乳化液，煤油

5.1.8 钻头损坏的原因

钻孔产生废品的原因是钻头刃磨不正确、钻头或工件安装不当、切削用量选择不合适以及操作不当等。钻头损坏的原因是钻头太钝、切削用量太大、排屑不畅、工件装夹不妥以及操作不正确等。

5.2 扩孔与扩孔钻

5.2.1 扩孔

扩孔是用扩孔钻对工件上已有孔进行扩大的加工方法，如图5－17所示。

扩孔时，切削深度 a_p 按下式计算：

$$a_p = \frac{D-d}{2}\text{mm}$$

式中 D——扩孔后直径，mm；

d——预加工孔直径，mm。

由此可见，扩孔加工具有以下特点：

（1）切削刃不必自外缘延续到中心，避免了横刃产生的不良影响。

（2）a_p 钻孔时大大减小，切削阻力小，切削条件大大改善。

（3）a_p 较小，产生切屑体积小，排屑容易。

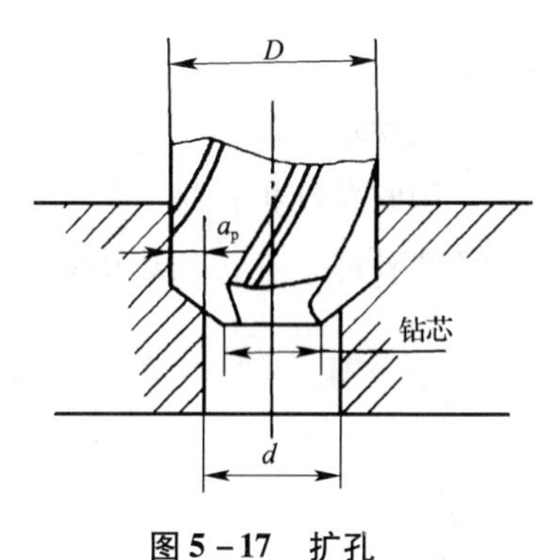

图5－17 扩孔

5.2.2 扩孔钻

由于扩孔切削条件大大改善，所以扩孔钻的结构与麻花钻相比有较大不同。如图5－18所示为扩孔钻工作部分的结构简图，其结构特点如下：

（1）由于中心不切削，没有横刃，切削刃只做成靠边缘的一段。

（2）由于扩孔产生的切屑体积小，不需大容屑槽，扩孔钻可以加粗钻芯，提高刚度，工作平稳。

（3）由于容屑槽较小，扩孔钻可做出较多刀齿，增强导向作用。一般整体式扩孔钻为3～4齿。

（4）由于切削深度较小，切削角度可取较大值，使切削省力。扩孔钻的切削角度如图5－18所示。

由于上述原因，扩孔的加工质量比钻孔高。一般尺寸精度可达IT9～IT10级，表面粗糙度值可达 $Ra6.3 \sim 25\mu m$，可作为孔的半精加工及铰孔前的预加工。扩孔的切削速度为钻孔的1/2，进给量为钻孔的1.5～2倍。生产中，一般用麻花钻代替扩孔钻使用。扩孔钻多用

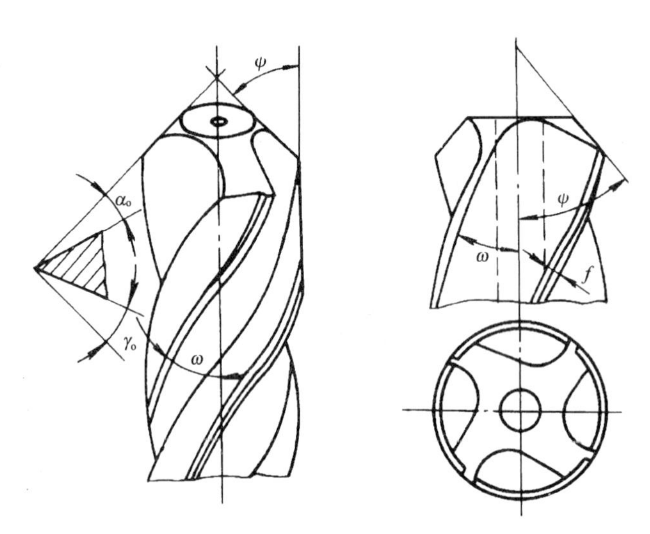

图 5－18 扩孔钻工作部分的结构

于成批大量生产。

用麻花钻扩孔时，扩孔前的钻孔直径为孔径的 0.5 ~0.7 倍；用扩孔钻扩孔时，扩孔前的钻孔直径为孔径的 0.9 倍。

5.2.3 用扩孔钻扩孔时常见问题产生的原因及解决方法（表 5－7）

表 5－7 用扩孔钻扩孔时常见问题产生的原因及解决方法

常见问题	产生原因	解决方法
孔径增大	（1）扩孔时切削刃摆差大 （2）扩孔钻刃口崩刃 （3）扩孔钻刃带上有切屑瘤 （4）安装扩孔钻时，锥柄表面油污未擦干净或锥面有磕、碰伤	（1）刃磨时，保证摆差在允许范围内 （2）及时发现崩刃情况，更换刀具 （3）将刃带上的切屑瘤用油石修整到合格 （4）安装扩孔钻前，必须将扩孔钻锥柄及机床主轴锥孔内部油污擦干净，锥面有磕、碰伤处用油石修光
孔表面粗糙	（1）切削用量过大 （2）切削液供给不足 （3）扩孔钻过度磨损	（1）适当降低切削用量 （2）切削液喷嘴对准加工孔口；加大切削液流量 （3）定期更换扩孔钻；刃磨时把磨损区全部磨去
孔位置精度超差	（1）导向套配合间隙大 （2）主轴与导向套同轴度误差大 （3）主轴轴承松动	（1）位置公差要求较高时，导向套与刀具配合要精密些 （2）校正机床与导向套位置 （3）调整主轴轴承间隙

5.3　锪孔与锪钻

锪孔是用锪钻刮平孔的端面或切出沉孔的加工方法。常见锪孔钻的应用情况如图5-19所示。

锪孔的目的是保证孔端面与孔中心线的垂直度，使与孔连接的零件位置正确，连接可靠。

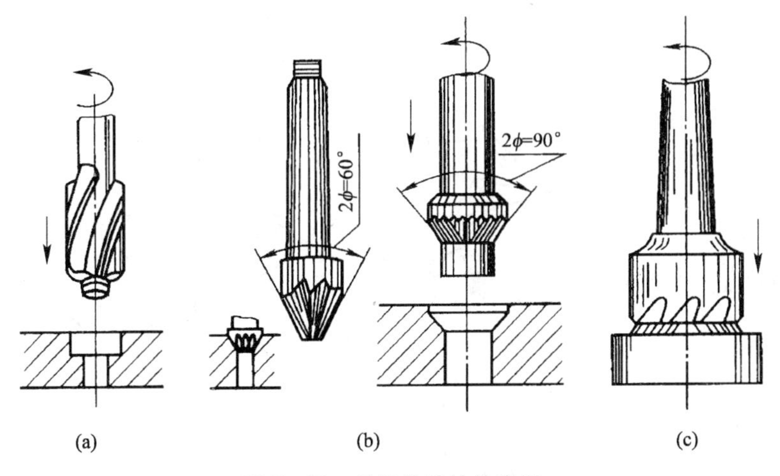

图5-19　常见锪孔钻的应用

5.3.1　锪钻的种类和特点

锪钻分为柱形锪钻、锥形锪钻和端面锪钻三种。

1. 柱形锪钻

锪圆柱形埋头孔的锪钻称为柱形锪钻，其结构如图5-20所示。

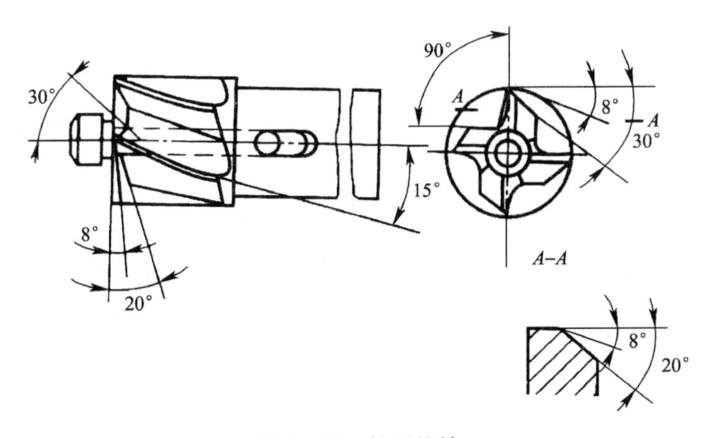

图5-20　柱形锪钻

柱形锪钻起主要切削作用的是端面刀刃，螺旋槽的斜角就是它的前角（$\gamma_o=\beta_o=15°$），后角 $\alpha_o=8°$。柱形锪钻前端有导柱，导柱直径与工件上的孔为紧密的间隙配合，以保证有良好的定心和导向。一般导柱是可拆的，也可把导柱和锪钻做成一体，如图 5－19（a）中的锪钻。

2. 锥形锪孔

锪锥形沉孔的锪钻称为锥形锪钻，如图 5－21 所示。锥形锪钻的锥角（2ϕ）按工件上沉孔锥角的不同，有 60°、75°、90°、120°四种，其中 90°用得最多。锥形锪钻的直径在 12～60mm 之间，齿数为 4～12 个，前角 $\gamma_o=0°$，后角 $\alpha_o=4°\sim6°$。为了改善钻尖处的容屑条件，每隔一齿将刀刃切去一块（图 5－21）。

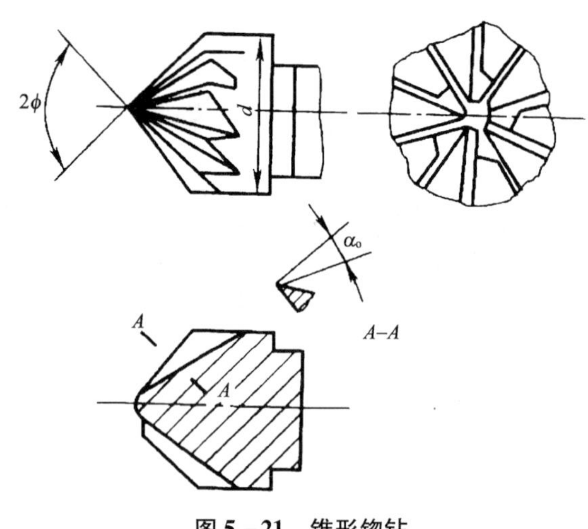

图 5－21　锥形锪钻

3. 端面锪钻

用来锪平孔口端面的锪钻称为端面锪钻，如图 5－19（c）所示。其端面刀齿为切削刃，前端导柱用来导向定心，以保证孔端面与孔中心线的垂直度。

5.3.2　用麻花钻改磨锪钻

标准锪钻有多种规格，但一般适用于成批大量生产，不少场合使用由麻花钻改磨的锪钻。

1. 用麻花钻改磨柱形锪钻

如图 5－22 所示为用麻花钻改磨的柱形锪钻。图 5－22（a）所示为带导柱的锪钻，前端导向部分与已加工孔为间隙配合，钻头直径为圆柱沉孔直径。导柱刃口要倒钝，以免刮伤孔壁。端面刀刃用锯片砂轮磨出后角 $\alpha_o=6°\sim8°$。图 5－22（b）所示为不带导柱的锪钻，刃磨角度如图中所示。

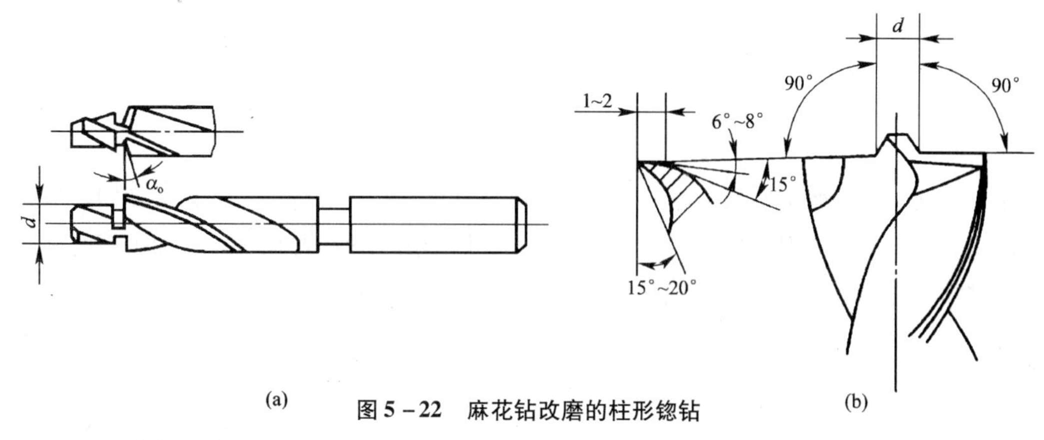

图 5－22　麻花钻改磨的柱形锪钻

2. 用麻花钻改磨锥形锪钻

图 5－23 所示为用麻花钻改磨的锥形锪钻，主要是保证其顶角 2ϕ 与要求的锥角一致，两切削刃要磨得对称。为减少振动，一般磨成双重后角 $\alpha_o = 6° \sim 10°$，对应的后刀面宽度为 1～2mm，$\alpha_1 = 15°$。外缘处的前角适当修整，$\gamma_o = 15° \sim 20°$，以防扎刀。

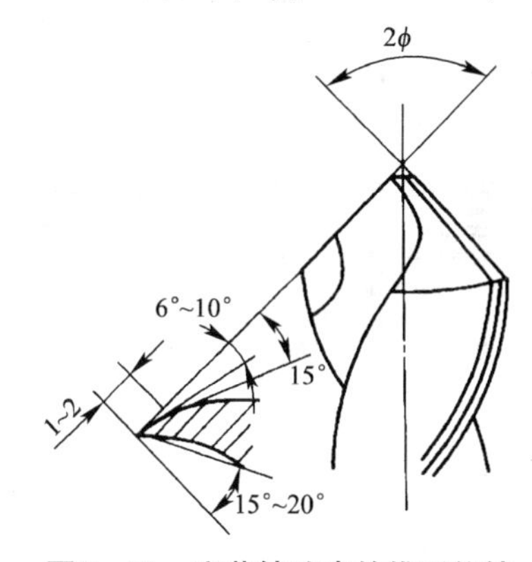

图5－23　麻花钻改磨的锥形锪钻

锪孔中常见问题产生的原因及解决办法见表 5－8。

表 5－8　锪孔中常见问题产生的原因及解决办法

常见问题	产生原因	解决办法
锥面、平面呈多角形	（1）前角太大，有扎刀现象	（1）减小前角
	（2）锪削速度太大	（2）降低锪削速度
	（3）切削液选择不当	（3）合理选择切削液
	（4）工件或刀具装夹不牢固	（4）重新装夹工件或刀具
	（5）锪钻切削刃不对称	（5）正确刃磨
平面成凹凸形	锪钻切削刃与刀杆旋转轴线不垂直	正确刃磨、安装锪钻
表面粗糙	（1）锪钻几何参数不合理	（1）正确刃磨
	（2）切削液选择不当	（2）合理选择切削液
	（3）刀具磨损	（3）重新刃磨

5.4 铰孔和铰刀

用铰刀从工件孔壁上切除微量金属层，以提高其尺寸精度和降低表面粗糙度的加工方法称为铰孔。由于铰刀的刀齿数量多，切削余量小，切削阻力小，导向性好，加工精度高，一般粗度尺寸可达 IT7 ~ IT9 级，表面粗糙度值可达 $Ra3.2 \sim 0.8\mu m$。

5.4.1 铰刀的种类和特点

铰刀的使用范围较广，种类也很多。按使用方式可分为手用铰刀和机用铰刀；按铰刀结构可分为整体式铰刀、套式铰刀和可调节式铰刀；按铰刀切削部分材料可分为高速钢铰刀和硬质合金铰刀；按铰刀用途可分为圆柱铰刀和锥度铰刀。

钳工常用的铰刀有以下几种：

1. 整体圆柱铰刀

整体圆柱铰刀分手用和机用两种，其结构如图 5－24 所示。

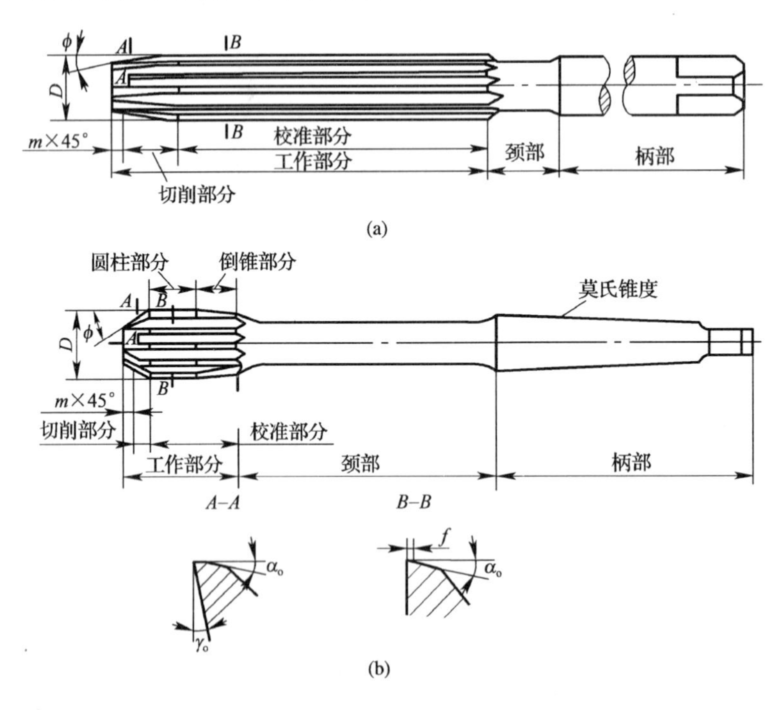

图 5－24 整体圆柱铰刀

(a) 手用；(b) 机用

铰刀由工作部分、颈部和柄部组成。其中，工作部分又分为切削部分与校准部分。铰刀的主要结构参数有直径（D），切削锥角（2ϕ），切削部分和校准部分的前角（γ_o）、后角（α_o），校准部分刃带宽度（f），齿数（z）等。

（1）切削锥角

切削锥角决定铰刀切削部分的长度，对切削力的大小和铰削质量有较大影响。适当减小切削锥角是获得较小表面粗糙度值的重要条件，一般手用铰刀的 $\phi=30'\sim1°30'$，这样定心作用好，轴向力也较小，切削部分较长。机用铰刀铰削钢及其他韧性材料的通孔时，$\phi=15°$；铰削铸铁及其他脆性材料的通孔时，$\phi=3°\sim5°$。机用铰刀铰不通孔时，为了使铰出孔的圆柱部分尽量长，要用 $\phi=45°$ 的铰刀。

（2）切削角度

铰孔的切削余量很小，切削变形也小，一般铰刀切削部分的前角 $\gamma_o=0°\sim3°$，校准部分的前角 $\gamma_o=0°$，使铰削接近于刮削，可减小孔壁粗糙度。铰刀切削部分和校准部分的后角都磨成 $6°\sim8°$。

（3）校准部分刃带宽度

校准部分的刀刃上留有无后角的棱边，其作用是引导铰刀铰削方向和修整孔的尺寸，同时也便于测量铰刀的直径。为了减小棱边与孔壁的摩擦，棱边一般很窄，一般 $f=0.1\sim0.3$mm。

（4）倒锥量

为了避免铰刀校准部分的后面摩擦孔壁，在校准部分应磨出倒锥。用机用铰刀铰孔时，因切削速度高，导向主要由机床保证。为减小摩擦和防止孔口扩大，其校准部分较短，倒锥量较大（0.04～0.08mm），校准部分有圆柱形校准部分和倒锥校准部分两段。手用铰刀切削速度低，全靠校准部分导向，所以校准部分较长，整个校准部分都做成倒锥，而不做成圆柱，倒锥量较小（0.005～0.008mm）。

（5）标准铰刀的齿数

当直径 $D<20$mm 时，$z=6\sim8$；当 $D=20\sim50$mm 时，$z>8\sim12$。为便于测量铰刀的直径，铰刀齿数多取偶数。

一般手用铰刀的齿距在圆周上是不均匀分布的，如图5－25（b）所示。机用铰刀工作时靠机床带动，为制造方便，刀齿都做成等距分布，如图5－25（a）所示。

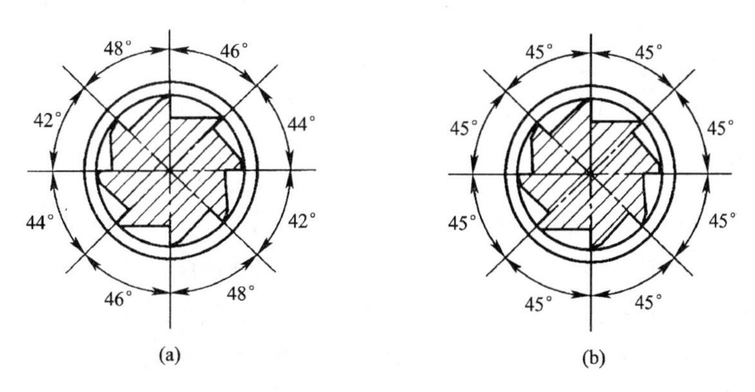

图5－25　铰刀刀齿分布

（a）不均匀分布；（b）均匀分布

(6) 铰刀直径

铰刀直径是铰刀最基本的结构参数，其制造精度直接影响铰孔的精度。标准铰刀按直径公差分一、二、三号，直径尺寸一般留有 0.005 ~ 0.02mm 的研磨量，以便使用者按需要的尺寸进行研磨。未经研磨的铰刀，其公差大小和适用的铰孔精度以及研磨后的铰孔精度见表 5 - 9。

表 5 - 9　工具厂出品的未经研磨铰刀的公差及其适用范围　μm

铰刀公称尺寸/mm	一号铰刀			二号铰刀			三号铰刀		
	上偏差	下偏差	公差	上偏差	下偏差	公差	上偏差	下偏差	公差
3 ~ 6	17	9	8	30	22	8	38	26	12
6 ~ 10	20	11	9	35	26	9	46	31	15
10 ~ 18	23	12	11	40	29	11	53	35	18
18 ~ 30	30	17	13	45	32	13	59	38	21
30 ~ 35	33	17	16	50	34	16	68	43	25
50 ~ 80	40	20	20	55	35	20	75	45	30
80 ~ 120	46	24	22	58	36	22	85	50	35
未经研磨适用的场合	H9			H10			H11		
经研磨后适用的场合	N_7，M_7，K_7，J_7			H7			H9		

铰孔后孔径有时可能收缩。当使用硬质合金铰刀、无刃铰刀或铰削硬材料时，挤压较严重，铰孔后由于弹性恢复而使孔径缩小。铰铸铁孔时加煤油润滑，由于煤油的渗透性强，铰刀与工件之间的油膜产生挤压，铰孔后孔径也会缩小。目前，孔径收缩量大小尚无统一规定，一般要根据具体加工情况来决定铰刀的直径。

铰孔孔径有时也可能扩张。影响扩张量的因素很多，情况也较复杂。如果确定铰刀直径无把握，可按实际情况修正铰刀直径。

一般手用铰刀用高速钢或高碳钢制造，机用铰刀用高速钢制造。

2. 可调节的手用铰刀

整体圆柱铰刀主要用来铰削标准直径系列的孔。在单件生产和修配工作中，需要铰削少量的非标准孔，则应使用可调节的手用铰刀，如图 5 - 26 所示。

可调节的手用铰刀的刀体上开有斜底槽，具有同样斜度的刀片可放置在槽内，用调整螺母和压圈压紧刀片的两端。调节调整螺母，可使刀片沿斜底槽移动，即能改变铰刀的直径，以适应加工不同孔径的需要。加工孔径的范围为 6.25 ~ 44mm，直径的调节范围为 0.75 ~ 10mm。刀片切削部分前角 $\gamma_o = 0°$，后角 $\alpha_o = 8° \sim 10°$。校准部分的后角为 $\alpha_o = 6° \sim 8°$，倒棱宽度 $f = 0.25 \sim 0.4$mm。

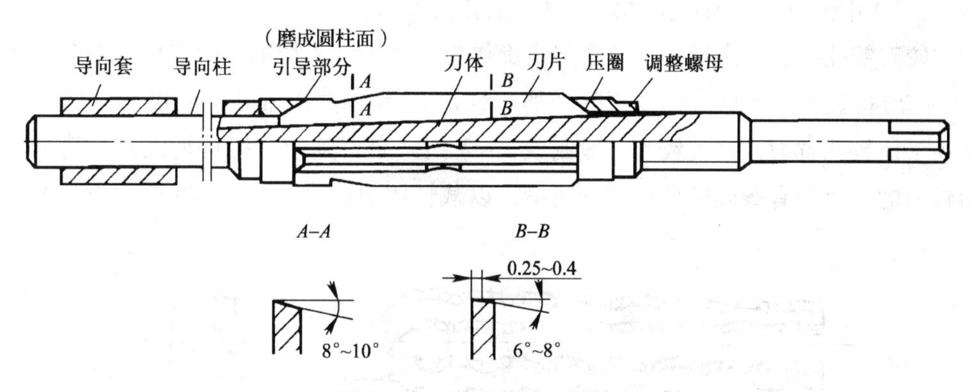

图 5-26 可调节的手用铰刀

可调节的手用铰刀的刀体用45钢制造，直径小于或等于12.75mm的刀片用合金工具钢制造，直径大于12.75mm的刀片用高速钢制造。

3. 螺旋槽手用铰刀

用普通直槽铰刀铰削带有键槽的孔时，因为刀刃会被键槽边钩住而使铰削无法继续，因此须采用螺旋槽铰刀，其结构如图5-27所示。用这种铰刀铰孔时，铰削阻力沿圆周均匀分布，铰削平稳，铰出的孔光滑。一般螺旋槽的方向是左旋，以避免铰削时因铰刀的正向转动而产生自动旋进的现象，左旋刀刃容易使切屑向下。

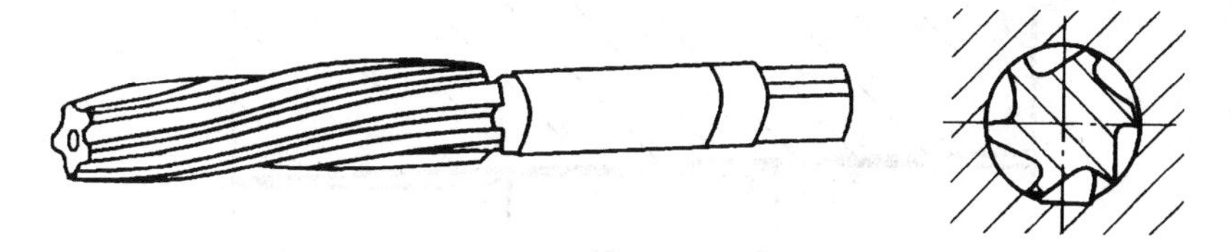

图 5-27 螺旋槽手用铰刀

4. 锥铰刀

锥铰刀用于铰削圆锥孔，常用的有以下几种。

（1）1:50锥铰刀：用来铰削圆锥定位销孔的铰刀，其结构如图5-28所示。

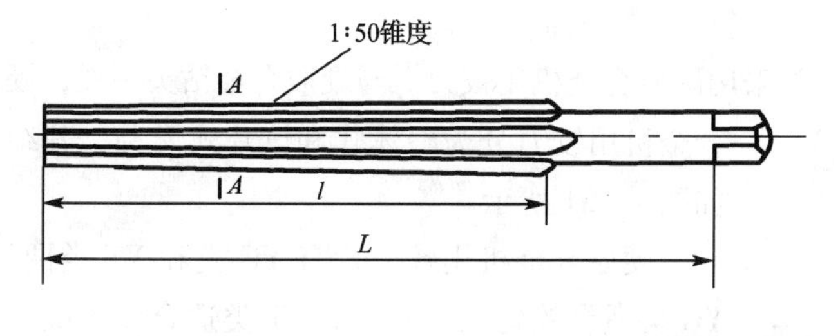

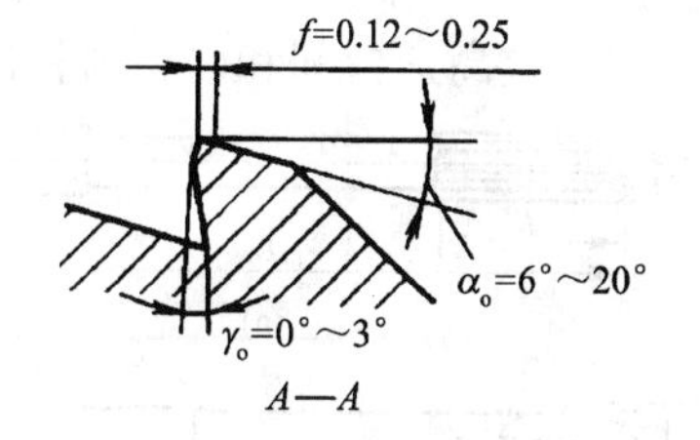

图 5-28 1:50锥铰刀

（2）1:10锥铰刀：用来铰削联轴器上锥孔的铰刀。

（3）莫氏锥铰刀：用来铰削0~6号莫氏锥孔的铰刀。

（4）1∶30 锥铰刀：用来铰削套式刀具上锥孔的铰刀。

用锥铰刀铰孔的加工余量大，整个刀齿都作为切削刃进入切削，切削负荷重，因此每进刀 2～3mm 应将铰刀退出一次，以清除切屑。1∶10 锥孔和莫氏锥孔的锥度大，加工余量就更大，为了使铰孔省力，这类铰刀一般制成 2～3 把一套，其中一把是精铰刀，其余是粗铰刀。粗铰刀的刃上开有螺旋形分布的分屑槽，以减轻切削负荷。图 5－29 所示为两把一套的锥铰刀。

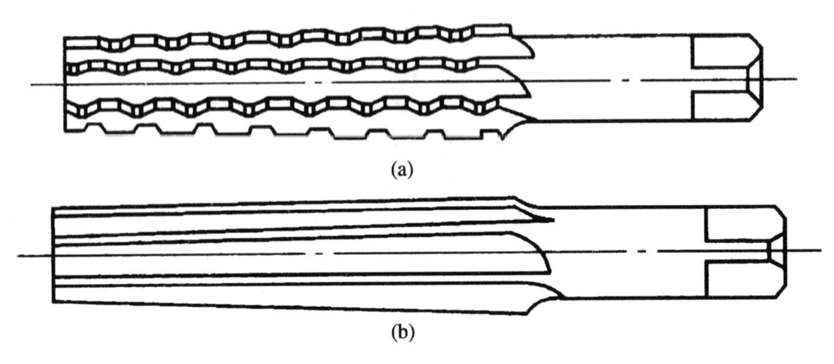

图 5－29　成套锥铰刀

（a）粗铰刀；（b）精铰刀

锥度较大的锥孔，铰孔前的底孔应加工成阶梯孔，如图 5－30 所示。阶梯孔的最小直径按铰刀小端直径确定，并留有铰削余量，其余各段直径可根据锥度推算。

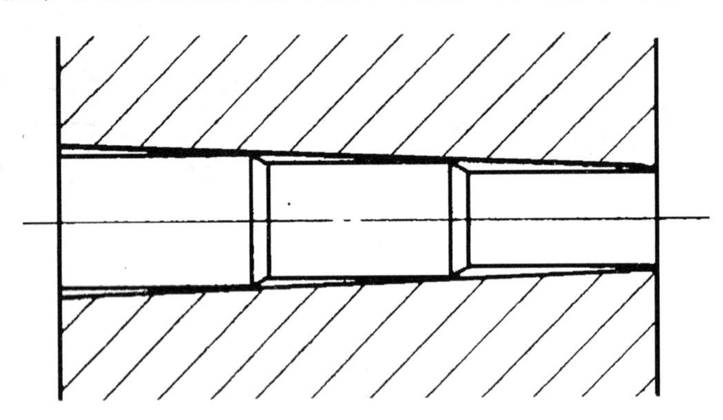

图 5－30　铰前钻成阶梯孔

5. 硬质合金机用铰刀

为适应高速铰削和硬材料铰削，常采用硬质合金机用铰刀。与硬质合金钻头一样，硬质合金机用铰刀分为整体式和镶片式两种，其结构如图 5－31 所示。

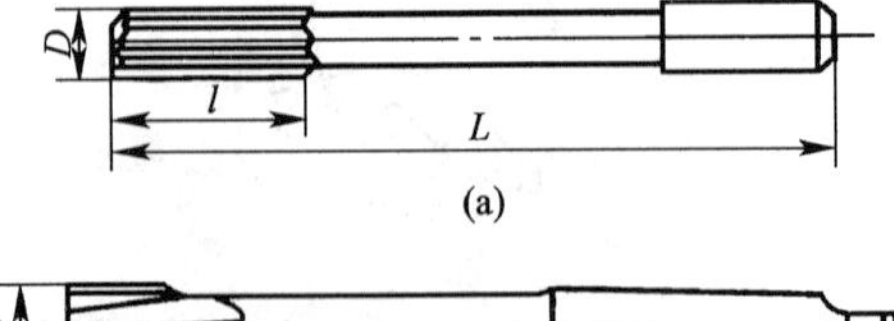

(a)

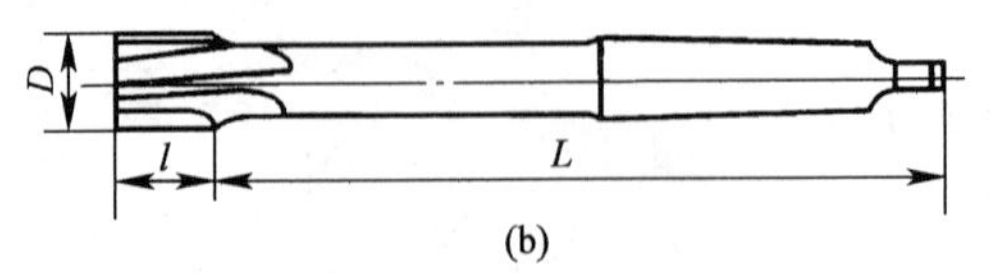

(b)

图 5－31　硬质合金机用铰刀

硬质合金机用铰刀片有 YG 类和 YT 类两种。YG 类适合铰铸铁类材料，YT 类适合铰钢类。直柄硬质合金机用铰刀直径有 ϕ6mm、ϕ7mm、ϕ8mm、ϕ9mm 四种规格。按公差分二、三、四号，不经研磨可分别铰出 H7、H8、H9、H10 级的孔。锥柄硬质合金机用铰刀直径范围为 $\phi 10 \sim 28$mm，分一、二、三号，不经研磨可铰出 H9、H10、H11 级的孔。如需铰出更高精度的孔，可按要求研磨铰刀。

5.4.2　铰削用量

铰削用量包括铰削余量、切削速度和进给量。

1. 铰削余量

铰削余量是指上道工序（钻孔或扩孔）完成后留下的直径方向的加工余量。铰削余量不宜过大，因为会使刀齿切削负荷和变形增大，切削热增加，使铰刀的直径胀大，加工孔径扩大，被加工表面呈撕裂状态，致使尺寸精度降低，表面粗糙度值增大，同时加剧铰刀磨损。

铰削余量也不宜太小，否则上道工序的残留变形难以纠正，原有刀痕不能去除，铰削质量达不到要求。

选择铰削余量时，应考虑到加工孔径的大小、材料软硬、尺寸精度、表面粗糙度要求及铰刀类型等综合因素的影响。用普通标准高速钢铰刀铰孔时，铰削余量可参考表 5－10 选取。

表 5－10　铰削余量

mm

铰孔直径	<5	5～20	21～32	33～50	51～70
铰削余量	0. 1～0. 2	0. 2～0. 3	0. 3	0. 5	0. 8

此外，铰削余量的确定与上道工序的加工质量有直接关系，对铰削前道加工孔出现的弯曲、椭圆和不光洁等缺陷应有一定限制。铰削精度较高的孔，必须经过扩孔或粗铰，才能保证最后的铰孔质量。所以在确定铰削余量时，还要考虑铰孔的工艺过程。如用标准铰刀铰削 $D<40$m、IT8 级精度、表面粗糙度值 $Ra1.25\mu m$ 的孔，其工艺过程为：钻孔、扩孔、粗铰、精铰。精铰时的铰削余量一般为 0. 1～0. 2mm。再如，用标准铰刀铰削 IT9 级精度（H9）、表面粗糙度 $Ra2.5\mu m$ 的孔，其工艺过程为：钻孔、扩孔、铰孔。

2. 切削速度（v）

为了得到较小的表面粗糙度值，必须避免铰削时产生积屑瘤，减少切削热及变形，减少铰刀的磨损，因此选用较小的切削速度。用高速钢铰刀铰削钢件时，$v \leqslant 8$m/min；铰削铸铁件时，$v \leqslant 10$m/min；铰削铜件时，$8 \leqslant v \leqslant 12$m/min。

3. 进给量（f）

进给量大小要适当，过大则铰刀容易磨损，也影响工件的加工质量；过小则很难切下金属材料，形成挤压，使工件产生塑性变形和表面硬化，这种被推挤而形成的凸峰，当以后的刀刃切入时就会撕去大片切屑，使表面粗糙度值增加，同时加快铰刀磨损。

机铰钢件及铸铁件时，$f=0.5 \sim 1$mm/r；机铰铜和铝件时，$f=1 \sim 1.2$mm/r。

使用硬质合金铰刀时，进给量要小一些，以免刀片碎裂，且两切削刃要磨得对称。遇到工件表面不平整或铸件有砂眼时，要用手动进给，以免铰刀损坏。

5.4.3 铰孔工作要点

铰孔的工作要点如下：

（1）工件要夹正、夹紧，但对薄壁零件的加紧力不要过大，以防将孔夹扁。

（2）手铰过程中，两手用力要平衡，旋转铰杠时不得摇摆，以保证铰削的稳定性，避免在孔的进口处出现喇叭口或孔径扩大；铰削进给时，不要猛力压铰杠，只能随着铰刀的旋转轻轻加压于铰杠，使铰刀缓慢地引进孔内并均匀地进给以保证较小的表面粗糙度值。

（3）铰刀不能反转，退出时也要顺转。反转会使切屑扎在孔壁和铰刀的刀齿后刀面之间，将已加工的孔壁刮毛；同时也使铰刀容易磨损，甚至崩刃。

（4）在手铰过程中，如果铰刀被卡住，不能猛力扳转铰杠。而应该取出铰刀，清除切屑并检查铰刀。当继续铰削时要缓慢进给，以防在原来卡住的地方再次卡住。

（5）机铰时要在铰刀退出后才能停车，否则孔壁会有刀痕或拉毛。铰通孔时，铰刀的校准部分不能全部出头，否则孔的下端要刮坏

（6）机铰时要注意调整铰刀与所铰孔的中心位置，要注意机床主轴、铰刀和工件孔三者之间的同轴度是否满足要求。当铰孔精度要求较高时，铰刀的装夹要采用浮动铰刀夹头，而不能采用普通的固定装夹方式。

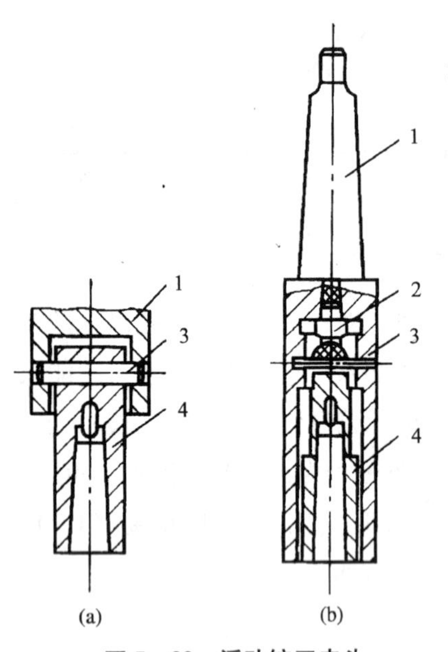

图 5－32 浮动铰刀夹头

1—夹头体；2—垫块；3—销轴；4—套筒

浮动铰刀夹头的形式较多，如图 5－32（a）所示为一种较简单的形式，它制造容易，但由于销轴与套轴压紧在一起，铰刀只能绕销轴转动，所以铰削中心偏差的调整受到一定限制，只适用于铰削中心偏差不大的场合。

图 5－32（b）所示为万向式浮动铰刀夹头，在夹头体与套筒之间有一定的间隙。工作时，扭矩和轴向力通过销轴和垫块传给套筒和铰刀。由于有垫块的控制，使销轴与套筒之间在工作时仍保持一定间隙，因此当需要调整铰削中心偏差时，铰刀就可以做任意方向的偏移和倾斜。

5.4.4 铰孔时的冷却和润滑

铰削的切屑细碎，易黏附在刀刃上，甚至挤在孔壁与铰刀之间，从而刮伤加工表面，使孔径扩大。铰削时必须用适当的切削液冲掉切屑，减少摩擦，降低工件和铰刀的温度，防止产生积屑瘤。切屑液的选用可参考表 5－11。

表 5－11　铰孔时切削液的选用

加工材料	切削液的选用
钢	(1) 10% ~20% 乳化液 (2) 铰孔要求高时，30% 菜油加 70% 肥皂水 (3) 铰孔要求更高时，可采用茶油、柴油、猪油等
铸铁	(1) 不用 (2) 煤油，但要引起孔径缩小，最大收缩量 0.02 ~0.04mm (3) 低浓度乳化液
铝	煤油
铜	乳化液

习　题

一、填空题

1. 钻孔时，主运动是________；进给运动是________。

2. 麻花钻一般用________制成，淬硬至________HRC。由________部、________及________构成。柄部有________柄和________柄两种。

3. 麻花钻外缘处，前角________，后角________；愈靠近钻心处，前角逐渐________，后角________。

4. 麻花钻顶角大小可根据________由刃磨钻头决定，标准麻花钻顶角 $2\phi=$________，且两主切削刃呈________形。

5. 磨短横刃可减小________和________现象，提高钻头的________和切削的________，使切削性能得以________。

6. 钻削时，钻头直径和进给量确定后，钻削速度应按钻头的________选择，钻深孔应取________的切削速度。

7. 钻削用量包括：________、________、________。

8. 钻削中，切削速度和进给量对________影响是相同的；对钻头________，切削速度比进给量影响大。

二、判断题（对的画√，错的画×）

1. 麻花钻切削时的辅助平面为基面、切削平面和主截面，它们是一组空间平面。（　）

2. 麻花钻主切削刃上，各点的前角大小是相等的。（　）

3. 一般直径在 5mm 以上的钻头均需修磨横刃。（　）

4. 钻孔时，冷却和润滑的目的应以润滑为主。 （ ）

三、改错题

1. 在车床上钻孔时，主运动是工件的旋转运动；在钻床上钻孔，主运动也是工件的旋转运动。

改正：

2. 钻头外缘处螺旋角最小，愈靠近中心处螺旋角就愈大。

改正：

四、选择题

1. 钻头直径大于13mm时，夹持部分一般做成（ ）。

A. 柱柄　　B. 莫氏锥柄　　C. 柱柄或锥柄

2. 麻花钻顶角愈小，则轴向力愈小，刀尖角增大，有利于（ ）。

A. 切削液的进入　　B. 散热和提高钻头的使用寿命

C. 排屑

3. 当麻花钻后角磨得偏大时，（ ）。

A. 横刃斜角减小，横刃长度增大

B. 横刃斜角增大，横刃长度减小

C. 横刃斜角和长度不变

4. 当孔的精度要求较高且表面粗糙度值要求较小时，加工中应选用主要起（ ）作用的切削液。

A. 润滑　　B. 冷却　　C. 冷却和润滑

5. 当孔的精度要求较高且表面粗糙度值要求较小时，加工中应取（ ）。

A. 较大的进给量和较小的切削速度

B. 较小的进给量和较大的切削速度

C. 较大的切削深度

五、名词解释

1. 切削平面

2. 主截面

3. 顶角

4. 横刃斜角

5. 螺旋角

6. 钻削进给量

六、简述题

1. 麻花钻前角的大小对切削有什么影响？

2. 麻花钻后角的大小对切削的什么影响？

3. 标准麻花钻切削部分存在哪些主要缺点？钻削中产生什么影响？

4. 标准麻花钻通常需修磨哪些部位？其目的如何？

5. 怎样选择粗加工和精加工时的切削液？

七、计算题

1. 在一钻床上钻 ϕ10mm 的孔，选择转速 n 为 500r/min，求钻削时的切削速度。

2. 在一钻床钻 ϕ20mm 的孔，根据切削条件确定切削速度 v_c 为 20m/min，求钻削时应选择的转速。

3. 在厚度为 50mm 的 45 钢板工件上钻 ϕ20mm 通孔，每件六孔，共 25 件，选用切削速度 $v_c=20\text{m/min}$，进给量 $f=0.5\text{mm/r}$，钻头顶角 $2\phi=120°$，求钻完这批工件的钻削时间。

八、作图题

1. 作出标准麻花钻横刃上的前角、后角和横刃斜角示意图，并用代号表示。

2. 作出麻花钻前角的修磨示意图。

第6章 攻螺纹与套螺纹

本章学习要点

1. 掌握螺纹底孔的加工及攻螺纹的操作，掌握丝锥的刃磨方法。
2. 掌握套螺纹前圆杆直径的确定及套螺纹的操作方法。

螺纹的加工方法较多，可以在通用机床上用切削的方法加工（如车削螺纹、铣螺纹等），也可在专用机床上用冷镦、搓螺纹的方法加工，还可通过钳工的攻螺纹和套螺纹对工件进行加工，攻螺纹和套螺纹在装配工程中应用较多。

6.1 攻螺纹

攻螺纹指用丝锥在工件孔中切削出内螺纹的加工方法。

6.1.1 攻螺纹工具

攻螺纹要用丝锥、铰杠和保险夹头等工具。

1. 丝锥

丝锥是加工内螺纹的工具，有机用丝锥和手用丝锥，它们有左旋和右旋及粗牙和细牙之分。机用丝锥通常是指高速钢磨牙丝锥。螺纹公差带分为 H1、H2、H3 三种。手用丝锥是用滚动轴承钢 GCr9 或合金工具钢 9SiCr 制成的滚牙（或切牙）丝锥，螺纹公差带为 H4。

（1）构造

丝锥的结构如图 6－1 所示，由工作部分和柄部组成。工作部分包括切削部分和校准部分。丝锥沿轴向开有几条容屑槽，以形成切削部分锋利的切削刃，起主切削作用。切削部分前角 $\gamma_o=8°\sim10°$，切削部分的锥面上一般铲磨成后角，机用丝锥 $\alpha_o=10°\sim12°$，手用丝锥 $\alpha_o=6°\sim8°$。前端磨出切削锥角，切削负荷分布在几个刀齿上，使切削省力，便于切入。

丝锥校准部分有完整的牙型，用来修光和校准已切出的螺纹，并引导丝锥沿轴向前进，其后角 $\alpha_o=0°$。丝锥校准部分的大径、中径、小径均有（0.05～0.12）/100 的倒锥，以减少与螺孔的摩擦，减少所攻螺孔的扩张量。

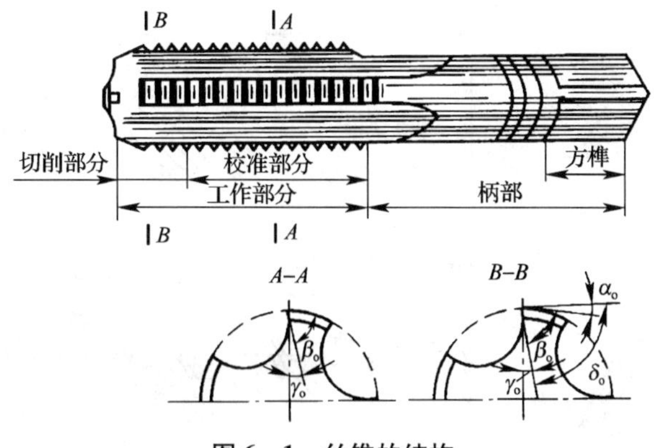

图6－1　丝锥的结构

为了适用于加工不同材料的工件，丝锥切削部分前角可按表6－1适当增减。

表6－1　丝锥切削部分前角的选择

被加工材料	铸青铜	铸铁	硬钢	黄铜	中碳钢	低碳钢	不锈钢	铝合金
前角/度	0°	5°	5°	10°	10°	15°	15°～20°	20°～30°

为了制造和刃磨方便，丝锥上的容屑槽一般做成直槽。有些专用丝锥为了控制排屑方向，常做成螺旋槽，如图6－2所示。

加工不通孔的螺纹，为使切屑向上排出，容屑槽做成右旋槽，图6－2（b）所示；加工通孔螺纹，为使切屑向下排出，容屑槽做成左旋槽，图6－2（b）所示。一般丝锥的容屑槽为3～4个。

丝锥柄部有方榫，可用来夹持丝锥。

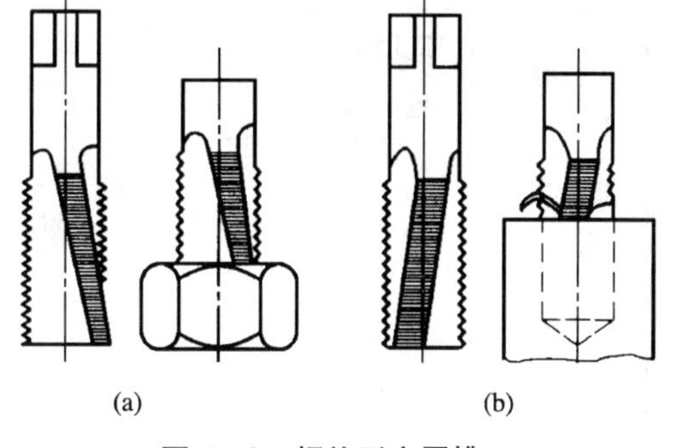

图6－2　螺旋形容屑槽

（a）左旋槽；（b）右旋槽

（2）成组丝锥

为了减少切削力和延长使用寿命，一般将整个切削工作量分配给几支丝锥来承担。通常M6～M24的丝锥每组有两支；M6以下及M24以上的丝锥每组有三支；细牙螺纹丝锥为两支一组。成组丝锥中，对每支丝锥切削量的分配有以下两种方式：

① 锥形分配　如图6－3（a）所示，一组丝锥中，每支丝锥的大径、中径、小径都相等，只是切削部分的切削锥角及长度不等。锥形分配切削用量的丝锥也称等径丝锥。当攻制通孔螺纹时，用头攻（初锥）一次切削即可加工完毕，二攻（中锥）、三攻（底锥）则用得较少。一般M12以下丝锥采用锥形分配。一组丝锥中，每支丝锥磨损不均匀。由于头攻能一次攻削成形，切削厚度大，切屑变形严重，加工表面粗糙。

② 柱形分配　柱形分配切削量的丝锥也称不等径丝锥，即头攻（第一粗锥）、二攻（第二粗锥）的大径、中径、小径都比三攻（精锥）小。头攻、二攻的中径一样，大径不一样，即头攻大径小，二攻大径大，如图6－3（b）所示。这种丝锥的切削量分配比较合理，三支一套的丝锥按6∶3∶1分担切削量，两支一套的丝锥按7.5∶2.5分担切削量，切削省力，

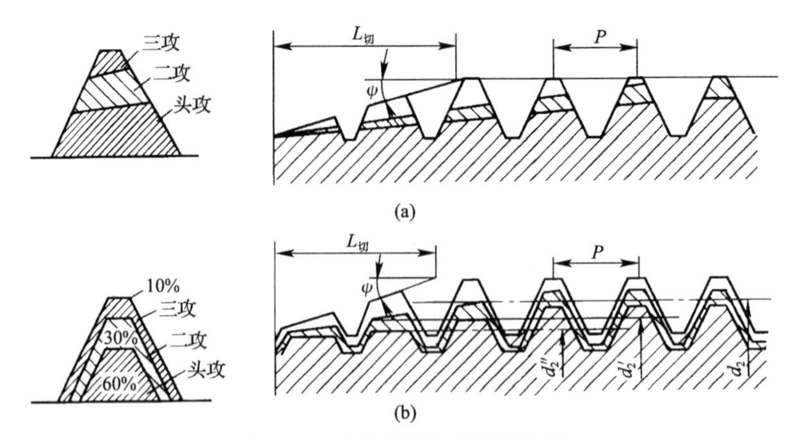

图 6－3　成套丝锥切削用量分配

各锥磨损量差别小，使用寿命较长。同时，最末丝锥（精锥）的两侧也参加少量的切削，所以加工表面粗糙度值较小。一般 M12 以上的丝锥多采用柱形分配。攻 M12 或 M12 以下的通孔螺纹时，一定要最末一支丝锥攻过，才能得到正确的螺纹直径。表 6－2 列出了两种丝锥的主要参数。

表 6－2　单支和成组丝锥主要参数比较

分类	适用螺距范围/mm	名称	主偏角 k_r	切削锥长度 $L_{切}$	图示
单支和成组（等径）丝锥	$P \leqslant 2.5$	初锥	4°30′	8 牙	κ_r
		中锥	8°30′	4 牙	κ_r
		底锥	17°	2 牙	κ_r
成组（不等径）丝锥	$P > 2.5$	第一粗锥	6°	6 牙	κ_r
		第二粗锥	8°30′	4 牙	κ_r
		精锥	17°	2 牙	κ_r

注：1. 螺距小于等于 2.5mm 丝锥，优先选用单支生产供应商，需要时也可选用成组不等径丝锥生产供应商。

2. 成组丝锥每组支数按使用需要由制造厂家自行规定。

3. 成组不等径丝锥，在第一、第二粗锥柄部应分别切制 1 条、2 条圆环或以顺序号标志，以便识别。

（3）丝锥螺纹公差带

丝锥螺纹公差带有四种，它与原来丝锥螺纹中径公差带的关系及各种公差带的丝锥所能加工的螺纹公差带见表6-3。

表6-3　新旧丝锥螺纹公差带关系及加工内螺纹的公差带等级

GBT 968 — 2007 丝锥螺纹公差带代号	近似对应 GB/T 968—1994 的 丝锥螺纹公差带代号	适用于内螺纹的公差带等级
H1	2 级	4H、5H
H 2	2a 级	5G、6H
H 3	—	6G、7H、7G
H 4	3 级	6H、7H

（4）种类

丝锥的种类很多，钳工常用的有机用、手用普通螺纹丝锥，有圆柱管螺纹丝锥和圆锥管螺纹丝锥等。

GB/T 3464—2007 规定，机用和手用普通螺纹丝锥有粗牙、细牙之分，粗柄、细柄之分，单支、成组之分，等径、不等径之分。此外还有长柄机用丝锥（GB/T 3464.2—2003），短柄螺母丝锥（GB/T 967—2008）、长柄螺母丝锥（JB/T 8786—1998）等，如图6-4所示。

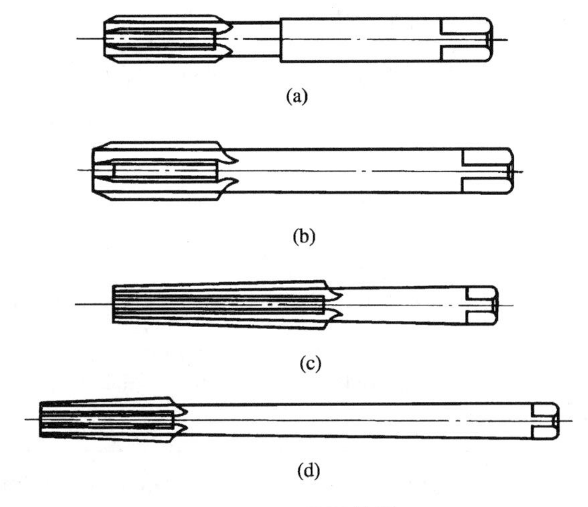

图6-4　常用丝锥

(a) 粗柄机用和手用丝锥；(b) 细柄机用和手用丝锥；(c) 短柄螺母丝锥；(d) 长柄螺母丝锥

圆柱管螺纹丝锥与一般手用丝锥相近，只是其工作部分较短，一般为两支一组。圆锥管螺纹丝锥的直径从头到尾逐渐增大，牙型与丝锥轴线相互垂直，以保证内外螺纹结合时有良好的接触。

(5) 标志

每一种丝锥都有相应的标志，弄清其所代表的内容，对正确使用和选择丝锥是很重要的。丝锥上应有下列标志。

① 制造厂商标。

② 螺纹代号。

③ 丝锥公差带代号（H4 允许不标）。

④ 材料代号（用高速钢制造的丝锥标志为 HSS，用碳素工具钢或合金工具钢制造的丝锥可不标志）。

⑤ 成组不等径丝锥的粗锥代号（第一粗锥 1 条圆环，第二粗锥 2 条圆环，或标有顺序号Ⅰ、Ⅱ）。

丝锥上的螺纹代号标志见表 6－4。

表 6－4　丝锥螺纹代号标志示例

标　志	说　明
机用丝锥 中锥 M10－H1GB/T3464—2007	粗牙普通螺纹、直径 10mm，螺距 1.5mm，Hl 公差带，单支、中锥机用丝锥
机用丝锥 2－M12－H2GB/T3464—2007	粗牙普通螺纹、直径 12mm，螺距 1.75mm，H2 公差带，两支一组等径机用丝锥
机用丝锥（不等径） 2－M27－H1GB/T3464—2007	粗牙普通螺纹、直径 27mm，螺距 3mm，Hl 公差带，两支一组不等径机用丝锥
手用丝锥 M10 GB/T3464—2003	粗牙普通螺纹，直径 10mm，螺距 1.5mm，H4 公差带，单支中锥手用丝锥
长柄机用丝锥 M6－H2GB/T3464.2—2003	粗牙普通螺纹，直径 6mm，螺距 1mm，H2 公差带，长柄机用丝锥
短柄螺母丝锥中锥 M6－H2GB/T967—2008	粗牙普通螺纹，直径 6mm，螺距 1mm，H2 公差带，短柄螺母丝锥
长柄螺母丝锥 I－M6－H2JB/T8786—1998	粗牙普通螺纹，直径 6mm，螺距 1mm，H2 公差带，I 形长柄螺母丝锥

注：1. 标志中细牙螺纹的规格应以直径×螺距表示，如 M10×1.25，其他标志方法与粗牙螺纹相同。

2. 直径 3～10mm 的丝锥有粗柄和细柄两种结构，需要明确指定柄部结构的适用场合，丝锥名称之前应加“粗柄”或“细柄”字样。

2. 铰杠

铰杠是手工攻螺纹时用来夹持丝锥的工具，分普通铰杠（图 6－5）和丁字铰杠（图 6－6）两类。这各类铰杠又可分为固定式和活络式两种，其中，丁字铰杠适用于在高凸台旁边或箱体内部攻螺纹，活络式丁字铰杠用于 M6 以下丝锥，固定式普通铰杠用于 M5 以下丝锥。

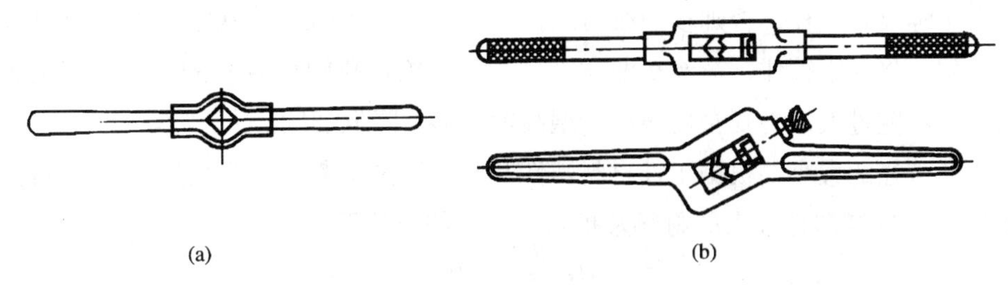

图6－5　普通铰杠

（a）固定式；（b）活络式

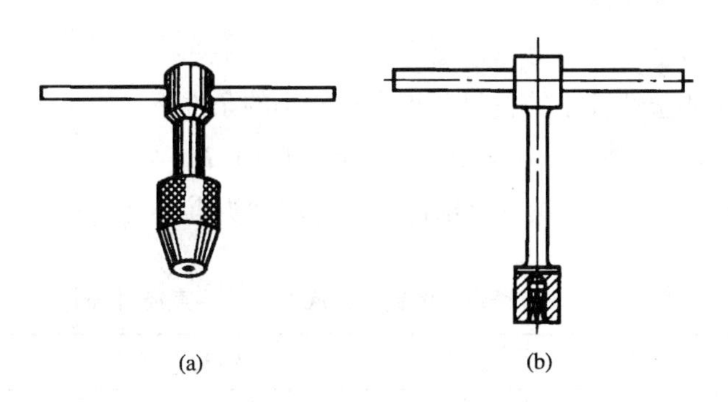

图6－6　丁字铰杠

（a）固定式；（b）活络式

活络式铰杠的方孔尺寸和柄长都有一定规格，使用时应按丝锥尺寸大小从表6－5中合理选用。

表6－5　活络式铰杠的适用范围

活络式铰杠规格	150	225	275	375	475	600
适用的丝锥范围	M5～M8	M8～M12	M12～M14	M14～M16	M16～M22	M24以上

3. 保险夹头

为了提高攻螺纹的生产效率，减轻工人的劳动强度，当螺纹数量很大时，可以在钻床上攻螺纹。在钻床上攻螺纹时，要用丝锥夹头来夹持丝锥，避免丝锥负荷过大或攻不通孔到达孔底时造成丝锥折断或损坏工件等现象。

6.1.2　攻螺纹前底孔直径和深度的确定

1. 底孔直径的确定

攻螺纹时，丝锥每个切削刃除起切削作用外，还伴随较强的挤压作用。因此，金属产生塑性变形形成凸起并挤向牙尖，如图6－7所示，从而使攻出的螺纹小径小于螺纹底孔直径。因此，攻螺纹前的螺纹底孔

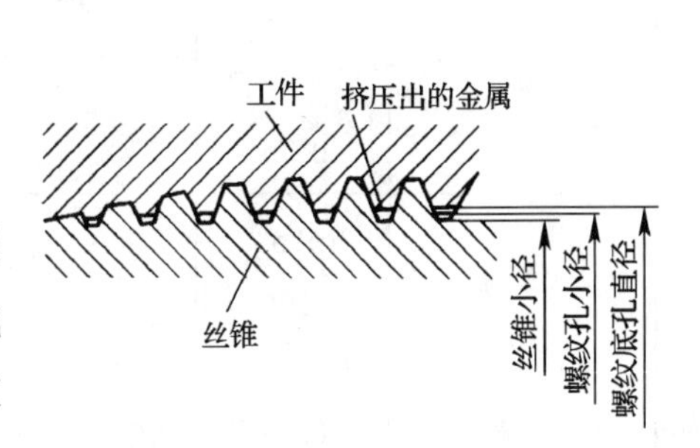

图6－7　攻螺纹时的挤压现象

直径应稍大于螺纹孔小径，否则攻螺纹时因挤压作用，会使螺纹牙顶与丝锥牙底之间没有足够的容屑空间，将丝锥箍住，甚至折断丝锥。这种现象在攻塑性较大的材料时将更为严重。但是螺纹底孔不宜过大，否则会使螺纹牙型高度不够，降低强度。

螺纹底孔直径的大小要根据工件材料塑性及钻孔扩张量考虑，按经验公式计算得出。

（1）在加工钢和塑性较大的材料及扩张量中等的条件下

$$D_{钻} = D - P$$

式中 $D_{钻}$——攻螺纹时钻螺纹底孔所用钻头直径，mm；

D——螺纹大径，mm；

P——螺距，mm。

（2）在加工铸铁和塑性较小的材料及扩张量较小的条件下

$$D_{钻} = D - (1.05 - 1.1)P$$

常用粗牙、细牙普通螺纹攻螺纹时钻螺纹底孔用钻头直径可以从表 6－6 中查得。

表 6－6 攻普通螺纹的钻螺纹底孔用钻头直径（mm）

螺纹直径 D	螺距 P	钻头直径	
		铸铁、青铜、黄铜	钢、可锻铸铁、紫铜、层压板
2	0.4	1.6	1.6
	0.25	1.75	1.75
2.5	0.45	2.05	2.05
	0.35	2.15	2.15
3	0.5	2.5	2.5
	0.35	2.65	2.65
4	0.7	3.3	3.3
	0.5	3.5	3.5
5	0.8	4.1	4.2
	0.5	4.5	4.5
6	1	4.9	5
	0.75	5.2	5.2
8	1.25	6.6	6.7
	1	6.9	7
	0.75	7.1	7.2
10	1.5	8.4	8.5
	1.25	8.6	8.7
	1	8.9	9
	0.75	9.1	9.2

续表

螺纹直径 D	螺距 P	钻头直径	
		铸铁、青铜、黄铜	钢、可锻铸铁、紫铜、层压板
12	1.75 1.5 1.25 1	10.1 10.4 10.6 10.9	10.2 10.5 10.7 11
14	2 1.5 1	11.8 12.4 12.9	12 12.5 13
16	2 1.5 1	13.8 14.4 14.9	14 14.5 15
18	2.5 2 1.5 1	15.3 15.8 16.4 16.9	15.5 16 16.5 17
20	2.5 2 1.5 1	17.3 17.8 18.4 18.9	17.5 18 18.5 19
22	2.5 2 1.5 1	19.3 19.8 20.4 20.9	19.5 20 20.5 21
24	3 2 1.5 1	20.7 21.8 22.4 22.9	21 22 22.5 23

（3）钻英制螺纹底孔所用钻头直径一般按表6-7中的公式进行计算。常用英制螺纹攻螺纹前，钻底孔的钻头直径也可从有关手册中查出。

表 6-7 钻英制螺纹底孔所用钻头直径计算公式

螺纹公称直径	铸铁、青铜	铜、黄铜
3/16″～5/8″	$D_{钻}=25\left(D-\frac{1}{n}\right)$	$D_{钻}=25\left(D-\frac{1}{n}\right)+0.1$
3/4″～1/16″	$D_{钻}=25\left(D-\frac{1}{n}\right)$	$D_{钻}=25\left(D-\frac{1}{n}\right)+0.3$

注：1. D 钻为钻钻英制底孔所用钻头直径螺纹，mm；n 为每英寸牙数；D 为螺纹公称直径，mm。

2. 1″＝1in＝25.4mm。

2. 底孔深度的确定

攻不通螺纹，由于丝锥切削部分有锥角，端部不能切出完整的牙型，所以钻孔深度要大于螺纹的有效深度，一般取

$$H_{钻}=h_{有效}+0.7D$$

式中 $H_{钻}$——底孔深度，mm；

$h_{有效}$——螺纹有效深度，mm；

D——螺纹大径，mm。

【例 6-1】 分别计算在钢件和铸铁上攻 M10 螺纹时的钻底孔钻头直径各为多少？攻不通螺纹，其螺纹有效深度为 60mm，求底孔深度为多少？如果钻孔时，$n=400$r/min，$f=0.5$mm/r，求钻一个孔最少机动时间为多少？（$2\phi=120°$，只计算钢件）

解 查表 6-1，M10 螺纹的 $P=1.5$mm。

在钢件上攻螺纹时的钻底孔所用钻头直径为

$$D_{钻}=D-P=10-1.5=8.5\text{mm}$$

在铸铁件上攻螺纹时的钻底孔所用钻头直径为

$$\begin{aligned}D_{钻}&=D-(1.05\sim1.1)P\\&=10-(1.05\sim1.1)\times1.5\\&=10-(1.575\sim1.65)\\&=8.35\sim8.425\text{mm}\end{aligned}$$

取 $D_{钻}=8.4$mm（按钻头直径标准系列取一位小数）。

底孔深度为

$$\begin{aligned}H_{钻}&=h_{有效}+0.7D\\&=60+0.7\times10=67\text{mm}\end{aligned}$$

钻孔机动时间为

$$t=\frac{H}{nf}$$

其中

$$H=H_{钻}+h_{钻尖}$$

$$h_{钻尖}=\frac{\sqrt{3}D_{钻}}{6}=\frac{1.73\times8.4}{6}=2.42\text{mm}$$

$$t=\frac{67+2.42}{400\times0.5}=0.35\text{min}$$

6.1.3　丝锥的刃磨

当丝锥的切削部分磨损时，可刃磨其后刀面，如图6－8所示。刃磨时要注意保持各刀瓣的主偏角κ_r及切削部分长度的准确性和一致性。转动丝锥要注意，不能使另一刀齿碰到砂轮而磨坏。当丝锥的校准部分磨损时，可刃磨其前刀面。磨损较少时，可用油石研磨前刀面。研磨时，在油石上涂一些机油。磨损较显著时，要用棱角修圆的片状砂轮来刃磨。

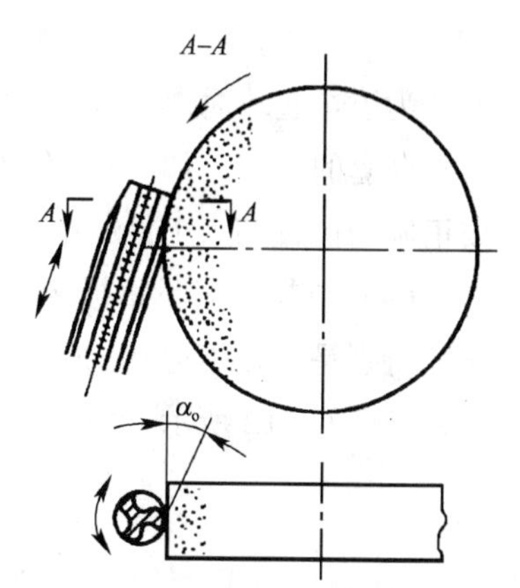

图6－8　刃磨丝锥后刀面

6.1.4　攻螺纹方法

（1）按图样尺寸要求划线。

（2）根据螺纹公称直径，按有关公式计算出底孔直径后钻孔，并在螺纹底孔的孔口或通孔螺纹的两端都倒角，倒角直径可略大于螺孔大径，这样可使丝锥在开始切削时容易切入，并可防止孔口的螺纹挤压出凸边。

（3）用头锥起攻。起攻时用各手掌按住铰杠中部，沿丝锥中心线用力加压，此时左手配合作顺向旋进；或两手握住铰杠两端平衡施加压力，并将丝锥顺向旋进，保持丝锥中心线与孔中心线重合，不能歪斜，如图6－9所示。在丝锥攻入1～2圈后，应在前、后、左、右方向上用角尺进行检查，避免产生歪斜，如图6－10所示。当丝锥切入3～4圈螺纹时，丝锥的位置应正确无误，不宜再有明显偏斜；且只需转动铰杠，而不应再对丝锥加压力，否则螺纹牙形将被损坏。

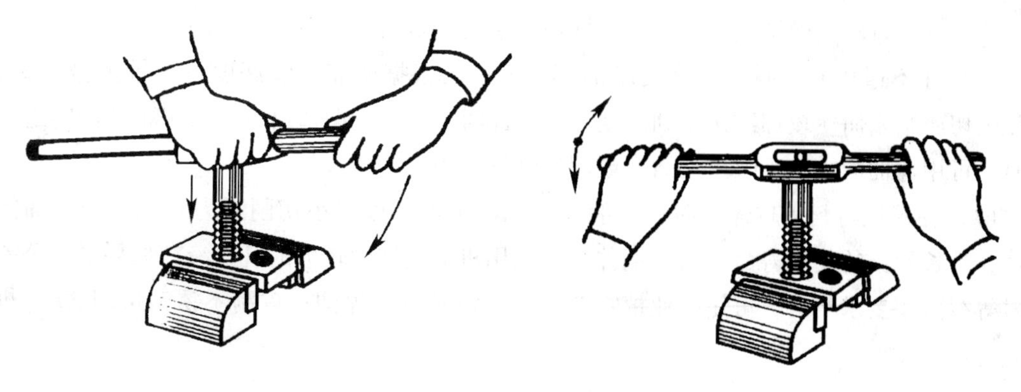
图6－9　起攻方法

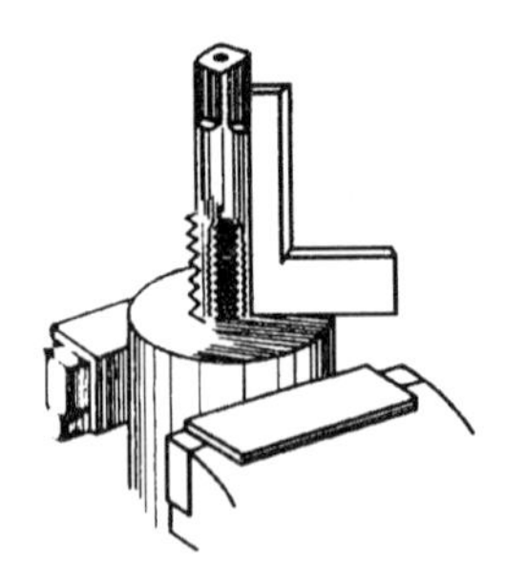

图 6－10　检查攻螺纹垂直度

为了在起攻时使丝锥保持正确位置，也可在丝锥上旋上同样直径的光制螺母或将丝锥插入导向套的孔中，如图 6－11 所示。只要把螺母或导向套压紧在工件表面上，就容易使丝锥按正确的位置切入工件孔中。

（4）攻螺纹时，每扳转铰杠 1/2～1 圈，就应倒转 1/4～1/2 圈，使切屑碎断后容易排除。特别是在攻不通孔的螺纹时，要经常退出丝锥，排除孔中的切屑，以免丝锥攻入时被卡住，如图 6－12 所示。

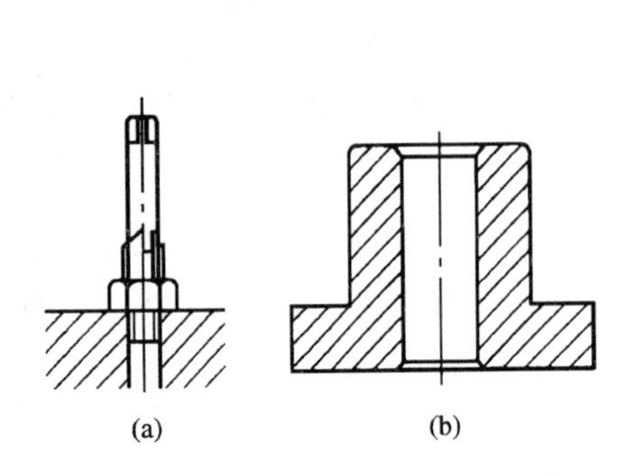

图 6－11　保证丝锥正确位置的工具

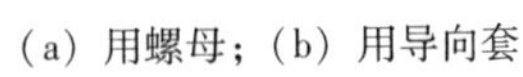

（a）用螺母；（b）用导向套

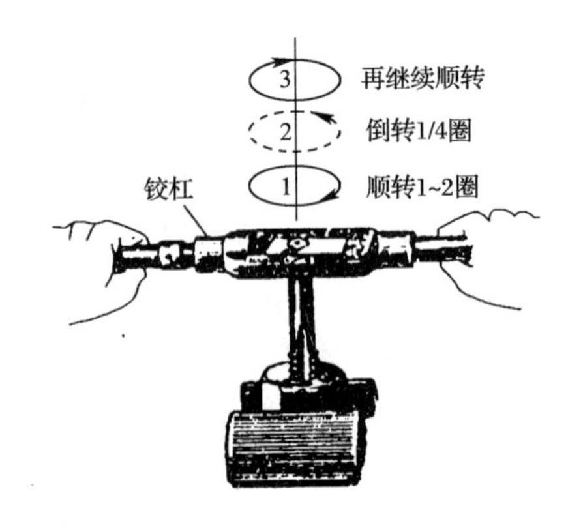

图 6－12　攻螺纹

（5）攻螺纹时，必须按头攻、二攻、三攻的顺序攻削到标准尺寸。如果是在较硬的材料上攻螺纹，可轮换丝锥交替攻下，这样可减小切削负荷，避免丝锥折断。

（6）在不通孔上攻制有深度要求的螺纹时，可根据所需螺纹深度在丝锥上做好标记，避免因切屑堵塞而使攻螺纹达不到深度要求。此时要注意倒向清屑，当人工不便倒向进行清屑时，可用弯曲的小管子吹出切屑，或用磁性针棒吸出切屑。

（7）在塑性材料上攻螺纹时，一般都应加润滑油，以减小切削阻力和螺孔的表面粗糙度值，延长丝锥的使用寿命。对于钢件，一般用机油或浓度较大的乳化液；如果螺纹公差带代号等级数字要求小时，可用工业植物油；攻制铸件可用煤油；攻制不锈钢可用 30 号机油或硫化油。

6.2　套螺纹

套螺纹是指用板牙在圆杆上切出外螺纹的加工方法。

6.2.1 套螺纹工具

1. 板牙

板牙是加工外螺纹的工具，它用合金工具钢 9SiCr 或高速钢制作并经淬火回火处理。

板牙由切削部分、校准部分和排屑孔组成（图6－13）。它就像一个圆螺母，在上面钻有几个排屑孔而形成刀刃。

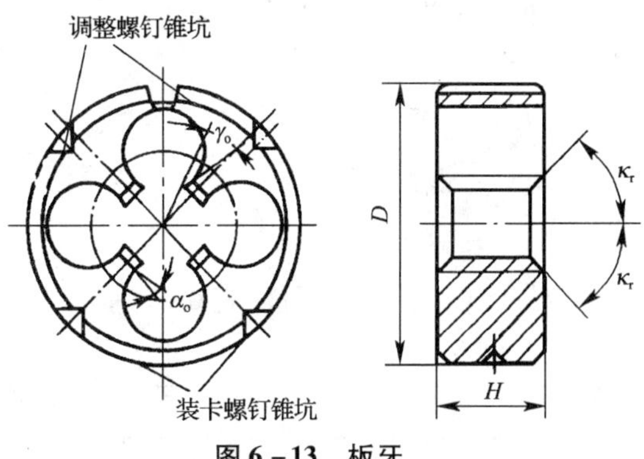

图6－13 板牙

板牙两端有切削锥角的部分是切削部分。它不是圆锥面（因圆锥面的后角 $\alpha_o=0°$），而是经过铲磨而成的阿基米德螺旋面，能形成后角 $\alpha_o=7°\sim9°$。排屑孔是板牙的前刀面，它是曲线，前角数值沿切削刃是变化的，如图6－14 所示。小径处前角 γ_d最大，大径处前角 γ_{d0}最小。一般 $\gamma_d=8°\sim12°$，粗牙 $\gamma_d=30°\sim35°$，细牙 $\gamma_d=25°\sim30°$板牙的中间一段是校准部分，也是套螺纹时的导向部分。

板牙的校准部分因磨损会使螺纹尺寸变大而超出公差范围。因此，为延长板牙的使用寿命，M3.5 以上的圆板牙，其外圆上有四个紧定螺钉锥坑和一条 V 形槽（图6－13），起调节板牙尺寸的作用。板牙下面两个通过中心的螺钉锥坑用来将板牙固定在铰杠中传递扭矩的（依靠板牙铰杠上的两个紧定螺钉带动板牙旋转）。当尺寸变大时，将板牙沿 V 形槽用锯片砂轮切割出一条通槽，此时，V 形槽就成了调整槽，用铰杠上的另两个螺钉顶入板牙上面两个偏心的锥坑内，使板牙的螺纹孔径缩小。调节范围为 0.1～0.25mm。上面两个锥坑之所以要偏心，是为了使紧定螺钉挤紧时与锥坑单边接触，使板牙尺寸缩小。若在 V 形槽开口处旋入螺钉，还能使板牙尺寸增大。调整时，应采用试切的方法来确定调整是否合格。板牙两端面都有切削部分，待一端磨损后，可换另一端使用。

2. 板牙架

板牙架是装夹板牙的工具，图6－15 所示为圆板牙铰杠。板牙放入后，用螺钉紧固。

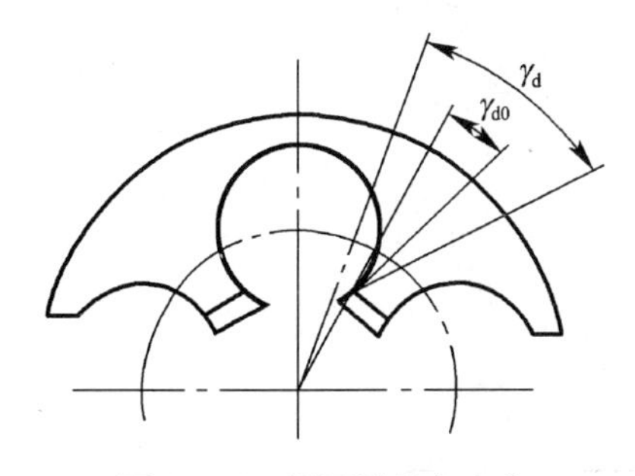

图6－14 板牙的前角变化

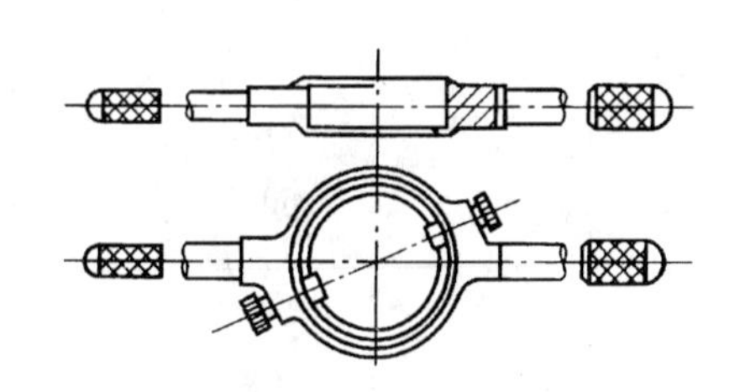

图6－15 圆板牙铰杠

6.2.2 套螺纹前圆杆直径的确定

与丝锥攻螺纹一样，用板牙在工件上套螺纹时，工件材料同样因挤压而变形，牙顶将被挤高一些。因此，套螺纹前圆杆直径应稍小于螺纹的大径（公称直径）。

圆杆直径可用下式计算：

$$d_0 \approx d - 0.13p$$

式中 d_0——圆杆直径，mm；

d——螺纹大径，mm；

p——螺距，mm。

套螺纹前圆杆直径可从表6-8中查得。

表6-8 板牙套螺纹前圆杆直径

粗牙普通螺纹				英制螺纹			圆柱管螺纹		
螺纹直径/mm	螺距/mm	圆杆直径/mm		螺纹直径/in	圆杆直径/mm		螺纹直径/in	管子外径/mm	
		最小直径	最大直径		最小直径	最大直径		最小直径	最大直径
M6	1	5.8	5.9	1/4	5.9	6	1/8	9.4	9.5
M8	1.25	7.8	7.9	5/16	7.4	7.6	1/4	12.7	13
M10	1.5	9.75	9.85	3/8	9	9.2	3/8	16.2	16.5
M12	1.75	11.75	11.9	1/2	12	12.2	1/2	20.5	20.8
M14	2	13.7	13.85	—	—	—	5/8	22.5	22.8
Ml6	2	15.7	15.85	5/8	15.2	15.4	3/4	26	26.3
M18	2.5	17.7	17.85	—	—	—	7/8	29.8	30.1
M20	2.5	19.7	19.85	3/4	18.3	18.5	1	32.8	33.1
M22	2.5	21.7	21.85	7/8	21.4	21.6	1	37.4	37.7
M24	3	23.65	23.8	1	24.5	24.8	1	41.4	41.7
M27	3	26.65	26.8	1	30.7	31	1	43.8	44.1
M30	3.5	29.6	29.8	—	—	—	1	47.3	47.6
M36	4	35.6	35.8	1	37	37.3	—	—	—
M42	4.5	41.55	41.75	—	—	—	—	—	—
M48	5	47.5	47.7	—	—	—	—	—	—
M52	5	51.5	51.7	—	—	—	—	—	—
M60	5.5	59.45	59.7	—	—	—	—	—	—
M64	6	63.4	63.7	—	—	—	—	—	—
M68	6	67.4	67.7	—	—	—	—	—	—

6.2.3　套螺纹的操作方法

套螺纹前的圆杆端部应倒角，使板牙容易对准工件中心，同时也容易切入在不影响螺纹要求长度的前提下，工件伸出钳口的长度应尽量短一些。套螺纹过程与攻螺纹相似，其操作方法如下。

（1）为了使板牙容易对准工件和切入工件，圆杆端部要倒角成圆锥斜角为15°~20°的锥体，如图6-16所示。锥体的最小直径可略小于螺纹小径，使切出的螺纹端部避免出现锋口和卷边而影响螺母的拧入。

（2）套螺纹时，切削力矩很大。工件为圆杆形状，圆杆不易夹持牢固，所以要用硬木的V形块或铜板作衬垫，才能牢固地将工件夹紧，如图6-17所示，在加衬垫时圆杆套螺纹部分离钳口要尽量近。

（3）起套时，右手手掌按住铰杠中部，沿圆杆的轴向施加压力，左手配合做顺向旋进，此时转动宜慢，压力要大，应保持板牙的端面与圆杆轴线垂直，否则切出的螺纹牙齿一面深一面浅。当板牙切入圆杆2~3牙时，应检查其垂直度，否则继续扳动铰杠时将造成螺纹偏切烂牙，如图6-17所示。

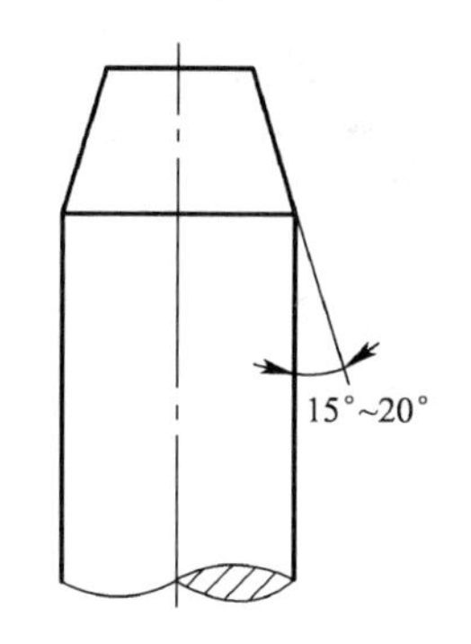

图6-16　套螺纹时圆杆的倒角

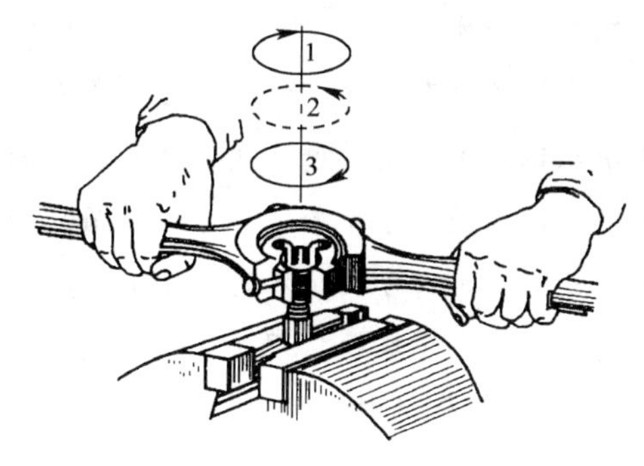

图6-17　套螺纹

（4）起套后，不应再向板牙施加压力，以免损坏螺纹和板牙，应让板牙自然引进。为了断屑，板牙也要时常倒转。

（5）在钢件上套螺纹时要加冷却润滑液（一般加注机油或较浓的乳化液，螺纹要求较高时，可用工业植物油），以延长板牙的使用寿命和减小螺纹的表面粗糙度值。

习　题

一、填空题

1. 丝锥是加工________的工具，有________丝锥和________丝锥。

2. 成组丝锥通常是M6~M24的丝锥，一组有________支；M6以下及M24以上的丝锥一组有________支；细牙丝锥为________支一组。

3. 一组等径丝锥中，每支丝锥的大径、________、________都相等，只是切削部分的切削________及________不相等。

4. 丝锥螺纹公差带有________、________、________、________四种。

5. 攻螺纹时，丝锥切削刃对材料产生挤压，因此攻螺纹前________直径必须稍大于________小径的尺寸。

6. 套螺纹时，材料受到板直切削刃挤压而变形，所以套螺纹前________直径应稍小于________大径的尺寸。

7. 螺纹的牙型有三角形、________形、________形、________形和圆形。

8. 螺纹按旋向分为________旋螺纹和________旋螺纹。

9. 螺纹按头数分为________螺纹和________螺纹。

10. 螺纹按用途分________螺纹和________螺纹。

二、判断题（对的画√，错的画×）

1. 用丝锥在工件孔中切出内螺纹的加工方法称为套螺纹。（　　）

2. 用板牙在圆杆上切出外螺纹的加工方法称为攻螺纹。（　　）

3. 管螺纹公称直径是指螺纹大径。（　　）

4. 英制螺纹的牙型角为55°，在我国只用于修配，新产品不使用。（　　）

5. 普通螺纹丝锥有粗牙、细牙之分，单支、成组之分，等径、不等径之分。（　　）

6. 专用丝锥为了控制排屑方向，将容屑槽做成螺旋槽。（　　）

7. 圆板牙由切削部分、校准部分和排屑孔组成，一端有切削锥角。（　　）

8. 螺纹旋向顺时针方向旋入时，是右旋螺纹。（　　）

9. 三角螺纹、方牙螺纹、锯齿螺纹都属于标准螺纹。（　　）

10. 螺纹的完整标记由螺纹代号、螺纹公差带代号和旋合长度代号组成。（　　）

三、选择题

1. 圆锥管螺纹也是用于管道连接的一种（　　）螺纹。

A. 普通粗牙　　B. 普通细牙　　C. 英制

2. 不等径三支一组的丝锥，其切削用量的分配是（　　）。

A. 6∶3∶1　　B. 1∶3∶6　　C. 1∶2∶3

3. 加工不通孔螺纹，要使切屑向上排出，丝锥容屑槽应做成（　　）槽。

A. 左旋　　B. 右旋　　C. 直

4. 在钢和铸铁工件上分别加工同样直径的内螺纹，钢件底孔直径比铸铁底孔直径（　　）。

A. 大0.1P　　B. 小0.1P　　C. 相等

5. 在钢和铸铁圆杆工件上分别加工同样直径的外螺纹，钢件圆杆直径应（　　）铸铁圆杆直径。

A. 稍大于　　B. 稍小于　　C. 等于

四、名词与代号解释题

1. 螺距　2. 导程　3. M10　4. M20×1.5

五、简述题

1. 成组丝锥中，对每支丝锥的切削用量有哪两种分配方式？各有何优缺点？
2. 螺纹底孔直径为什么要略大于螺纹小径？
3. 套螺纹前，圆杆直径为什么要略小于螺纹大径？

六、计算题

1. 用计算法求出下列钻底孔所用钻头直径。（精确到小数点后一位）

（1）在钢件上攻螺纹：M20、M16、M12×1。

（2）在铸铁件上攻螺纹：M20、M16、M12×1。

2. 分别用查表法和计算法确定套制M20、M16螺纹的圆杆直径。
3. 在钢件上加工M20的不通孔螺纹，螺纹有效深度为60mm，求钻底孔的深度。

第7章 刮削与研磨

本章学习要点

1. 了解刮削的原理、种类、工具。
2. 掌握刮削的方法。
3. 了解研磨的原理、工具、研磨剂
4. 掌握研磨的方法。

7.1 刮削

7.1.1 刮削概述

刮削是指刮除工件表面薄层以提高加工精度的加工方法。

1. 原理

将工件与校准工具或与其相配合的工件之间涂上一层显示剂，经过对研，使工件上较高的部位显示出来，然后用刮刀进行微量刮削，刮去较高部位的金属层。刮削同时，刮刀对工件还有推挤和修光的作用，这样经过反复地显示和刮削，就能使工件的加工精度达到预定的要求。

2. 特点

刮削加工属于精加工。刮削具有切削量小、切削力小、产生热量小和装夹变形小等特点不存在车、铣、刨等机械加工中不可避免的振动、热变形等因素，因此能获得很高的尺寸精度、形状精度、位置精度、接触精度和很小的表面粗糙度值。刮削过程中，由于工件多次受到刮刀的推挤和压光作用，使工件表面组织变得比原来光滑。

刮削后的工件表面还能形成较均匀的微浅凹坑，可创造良好的存油条件，改善相对运动件间的润滑情况。如常用的平板、机床导轨和其相互滑行面之间、滑动轴承接触的面、一些精密的工具、量具、夹具等的接触面及密封表面等，常用刮削方法进行加工和修理。

3. 刮削余量

由于刮削加工每次只能刮去很薄的一层金属，因此刮削工作的劳动强度很大，所以要求工件在机械加工后留下的刮削余量不宜太大，一般为0.05~0.4mm，具体数值见表7-1。

表7-1 刮削余量 mm

平面刮削余量					
平面宽度	平面长度				
	100~500	500~1000	1000~2000	2000~4000	4000~6000
<100	0.10	0.15	0.20	0.25	0.30
100~500	0.15	0.20	0.25	0.30	0.40
孔的刮削余量					
孔径	孔长				
	<100	100~200	>200~300		
<80	0.05	0.08	0.12		
80~180	0.10	0.15	0.25		
180~360	0.15	0.20	0.35		

在确定刮削余量时，还应根据实际加工情况来考虑。在刮削面积大、刮削前的加工误差大、工件的结构刚性差的情况下，刮削余量要大。只有确定合适的刮削余量，才能经过反复刮削从而达到尺寸精度、形状精度、位置精度和表面精度的要求。

4. 种类

刮削可分为平面刮削和曲面刮削两种。

（1）平面刮削有单个平面刮削（如平板、工作台面等）和组合平面刮削（如V形导轨面、燕尾槽面等）两种。

（2）曲面刮削有内圆柱面、内圆锥面和球面刮削等。

7.1.2 刮削工具

刮削工具包括刮刀和校准工具。

1. 刮刀

刮刀是刮削的主要工具。刮削时，由于工件的形状不同，因此要求刮刀有不同的形状，一般分为平面刮刀和曲面刮刀两类。刮刀头部要有足够的硬度，刃口必须锋利。刮刀的材料可用碳钢、轴承钢或硬质合金，硬度达到60HRC左右。

（1）平面刮刀 用于刮削平面和刮花，一般多采用T10A、T12A钢制成。当工件表面较硬时，也可以用焊接高速钢或硬质合金刀头制成。常用的平面刮刀有直头和弯头两种，如图7-1所示。

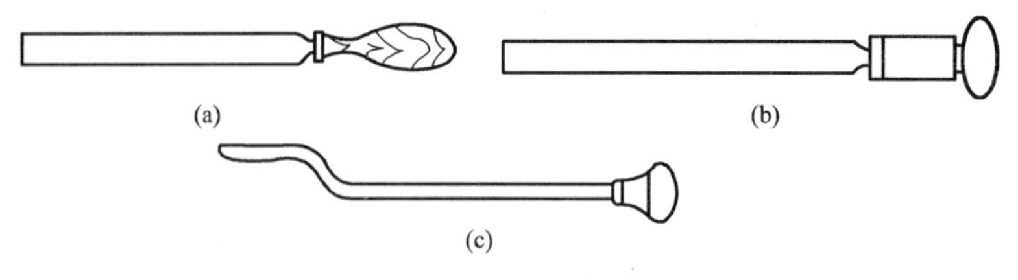

图 7-1 平面刮刀

刮刀头部的形状和角度如图 7-2 所示。

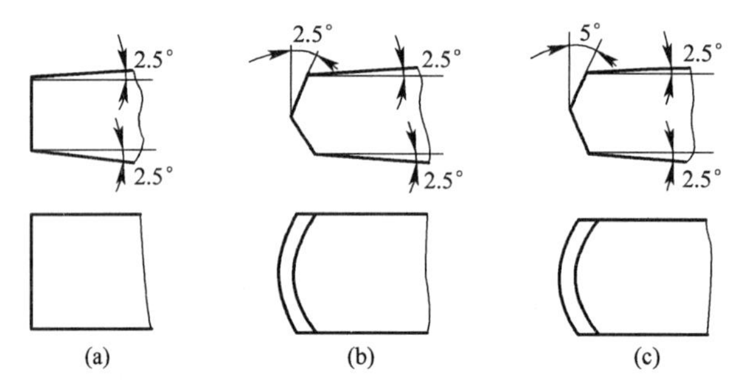

图 7-2 刮刀头部的形状和角度

（2）曲面刮刀 用于刮削内曲面，常用的有三角刮刀、蛇头刮刀和柳叶刮刀，如图 7-3所示。

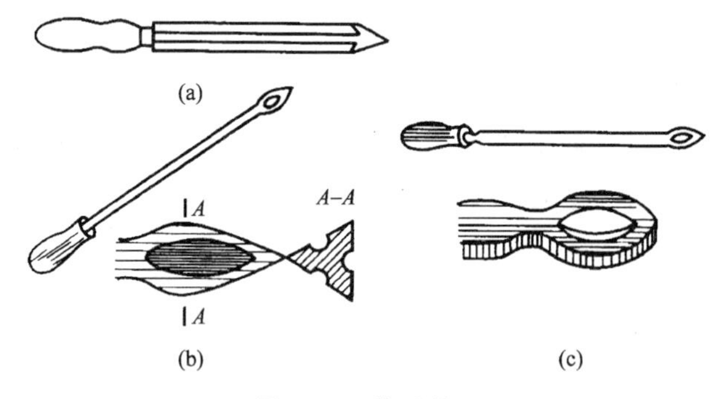

图 7-3 曲面刮刀

2. 校准工具

校准工具是用来推磨研点和检查被刮面准确性的工具，也称为研具。

常用有校准工具有校准平板（通用平板）、校准直尺、角度直尺以及根据被刮面形状设计制造的专用校准型板等如图 7-4 ~ 图 7-6 所示。

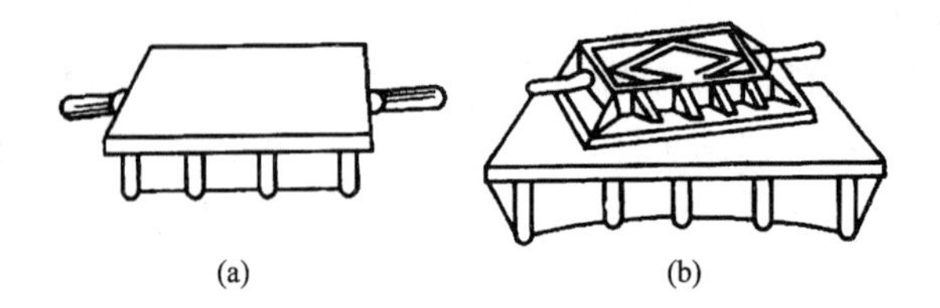

图 7-4 校准平板

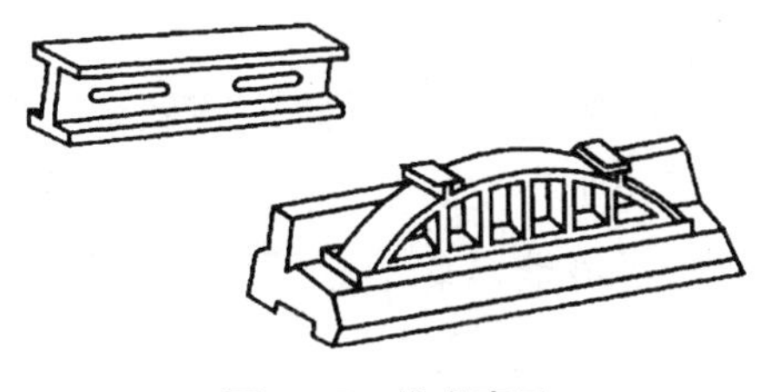

图7-5 校准直尺

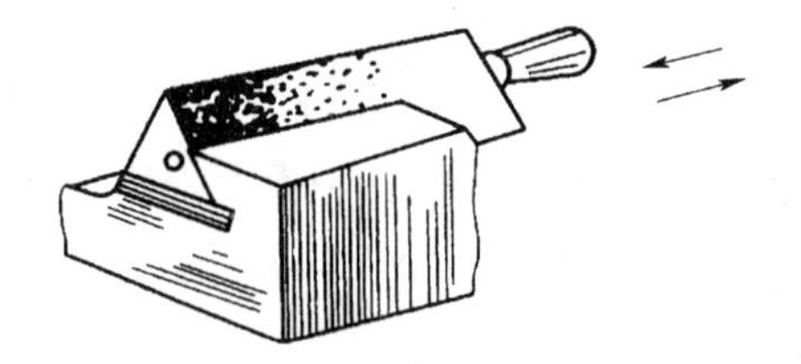

图7-6 角度直尺

3. 显示剂

工件和校准工具对研时，所加的涂料称为显示剂，其作用是显示工件误差的位置和大小。

（1）种类

① 红丹粉 分铅丹（氧化铅，呈橘红色）和铁丹（氧化铁，呈红褐色）两种，颗粒较细，用机油调和后使用，广泛用于钢和铸铁工件。

② 蓝油 用蓝粉和蓖麻油及适量机油调和而成，呈深蓝色，显示的研点小而清楚，多用于精密工件和有色金属及其合金工件。

（2）用法

刮削时，显示剂可以涂在工件表面上，也可以涂在校准件上。前者在工件表面显示的结果是红底黑点，没有闪光，容易看清，适用于精刮时选用；后者只在工件表面的高处着色，研点暗淡，不易看清，但切屑不易黏附在刀刃上，刮削方便，适用于粗刮时选用。

在调和显示剂时应注意，粗刮时可调得稀些，这样在刀痕较多的工件表面上便于涂抹，显示的研点也大；精刮时应调得干些，涂抹要薄而均匀，这样显示的研点细小，否则研点会模糊不清。

（3）显点的方法及注意事项

显点的方法应根据不同形状和刮削面积的大小有所区别。图7-7所示为平面与曲面的显点方法。

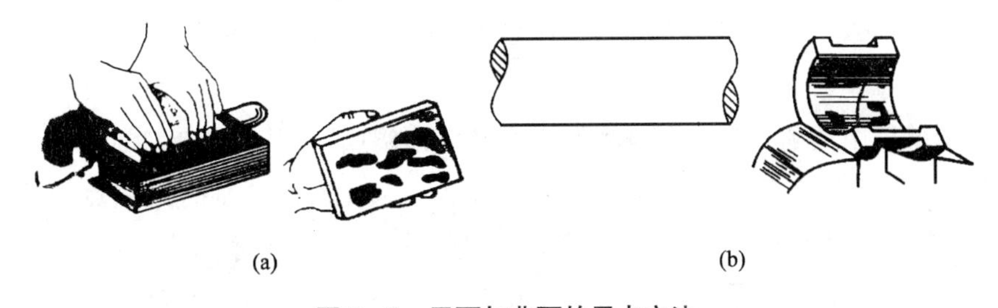

(a) (b)

图7-7 平面与曲面的显点方法

（a）平面显点法；（b）曲面显点法

① 中、小型工件 一般是校准平板固定不动，工件被刮面在平板上堆研。推研时压力要均匀，避免显示失真。如果工件被刮面小于平板面，推研时最好不超出平板；如果被刮面等于或稍大于平板面，允许工件超出平板，但超出部分应小于工件长度的1/3。推研应在整

个平板上进行，以防止平板局部磨损。

② 大型工件　若是工件的被刮面长度大于平板若干倍（如机床导轨）的显点，则将工件固定，平板在工件的被刮面上推研。推研时，平板超出工件被刮面的长度应小于平板长度的1/5。对于面积大、刚性差的工件，平板的重量要尽可能减轻，必要时还要采取卸荷推研。

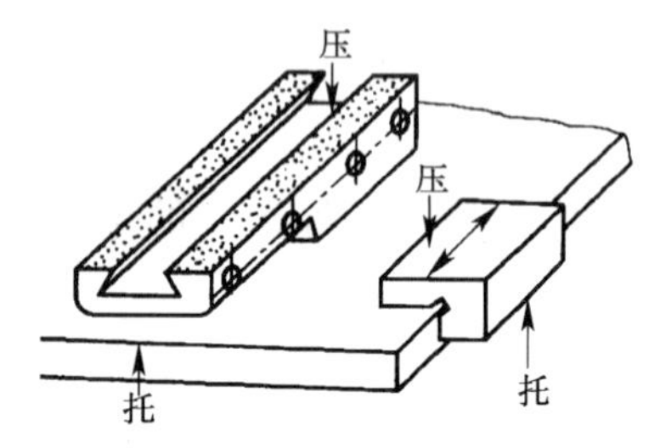

图7－8　形状不对称工件的显示方法

③ 形状不对称工件　推研时应在工件某个部位托或压，如图7－8所示，用力的大小要适当、均匀。显点时还应注意，如果两次显点有矛盾，应分析原因，认真检查推研方法并谨慎处理。

④ 薄板工件薄　板工件因厚度薄、刚性差，易产生变形，所以只能靠其自身的重量在平板上推磨。若用手按住推磨，则要使受力均匀分布在整个薄板上，以反映其真实的显点，否则，往往会出现中间凹的情况。

7.1.3　刮削方法

1. 平面刮削

平面刮削一般要经过粗刮、细刮、精刮和刮花四个步骤。

（1）粗刮是用粗刮刀在刮削面上均匀地铲去一层较厚的金属，可以采用连续推铲的方法，刀迹要连成长片。粗刮能很快地去除工件表面的刀痕、锈斑或过多的余量。当粗刮到每25mm×25mm的方框内有2～3个研点时，即可转入细刮。

（2）细刮是用精刮刀在刮削面上刮去稀疏的大块研点（俗称破点），其目的是进一步改善刮削面的不平现象。细刮时采用短刮法，刀痕宽而短，刀迹长度即为刀刃的宽度，而且随着研点的增多，刀迹逐步缩短。每刮一遍时，须按同一方向刮削（一般要与平面的边成一定角度），刮第二遍时要交叉刮削，以消除原方向的刀迹。在刮削研点时，要把研点周围部分也刮去。在整个刮削面上达到25mm×25mm的方框内有12～15个研点时，细刮完成。

（3）精刮就是用精刮刀更仔细地刮削研点（俗称摘点），其目的是增加研点，改善表面质量，使刮削面符合精度要求。精刮刀必须保持锋利和光滑，精刮时采用点刮法（刀迹长度约为5mm）。精度要求越高，刮削面越窄小，刀迹越短。刮削时，要注意压力要轻，提刀要快，在每个研点上只刮一刀，不要重复刮削，并始终交叉地进行刮削。当研点增加到每25mm×25mm的方框内有20个以上研点时，精刮结束。注意交叉刀迹的大小应保持一致，排列应该整齐，以增加刮削面的美观。

（4）刮花是在刮削面或机器外观表面上用刮刀刮出装饰性花纹，目的是使刮削面美观，并使滑动件之间形成良好的润滑条件，还可以根据花纹的消失状况判断该平面的磨损情况。常见的刮削花纹如图7－9所示。

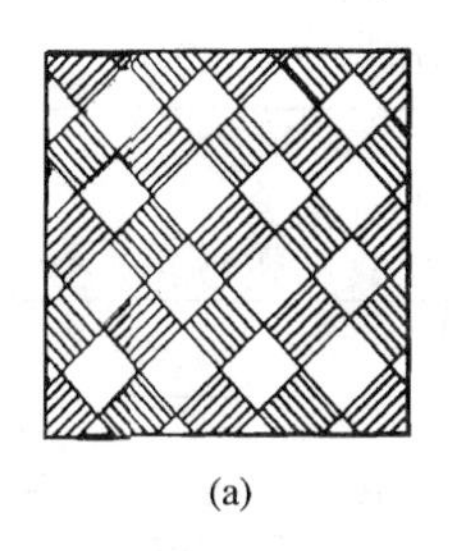
(a)

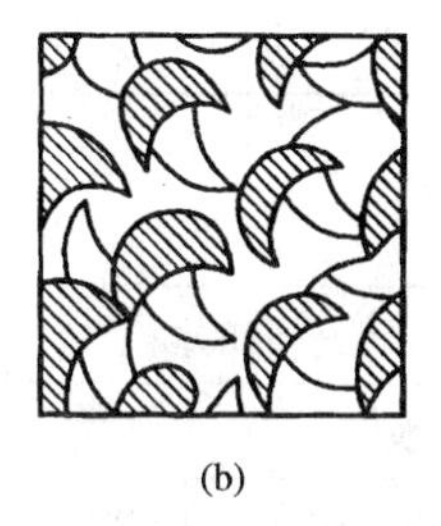
(b)

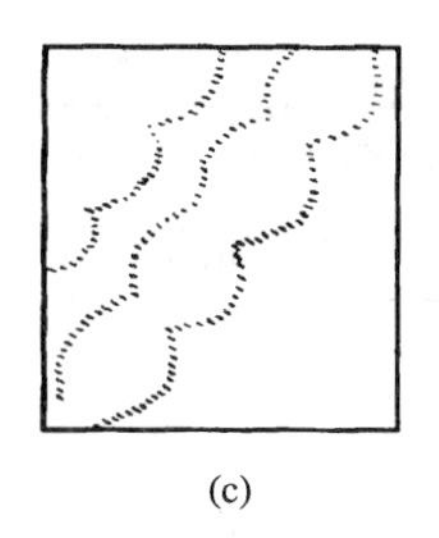
(c)

图 7－9　刮削的花纹

（a）斜花纹；（b）鱼鳞花纹；（c）半月花纹

2. 曲面刮削

曲面刮削有内圆柱面刮削、内圆锥面刮削和球面刮削等。

曲面刮削的原理和平面刮削一样，只是曲面刮削使用的刀具和掌握刀具的方法与平面刮削有所不同。

刮削曲面时，应根据其不同形状和不同的刮削要求选择合适的刮刀和显点方法。一般是以标准轴（也称工艺轴）或与其配合的轴作为内曲面研点的校准工具。研合时将显示剂涂在轴的圆柱面上，用轴在内曲面中旋转显示研点（图 7－10（a）），然后根据研点进行刮削。

内曲面的刮削姿势有两种，如图 7－10（b）和图 7－10（c）所示。

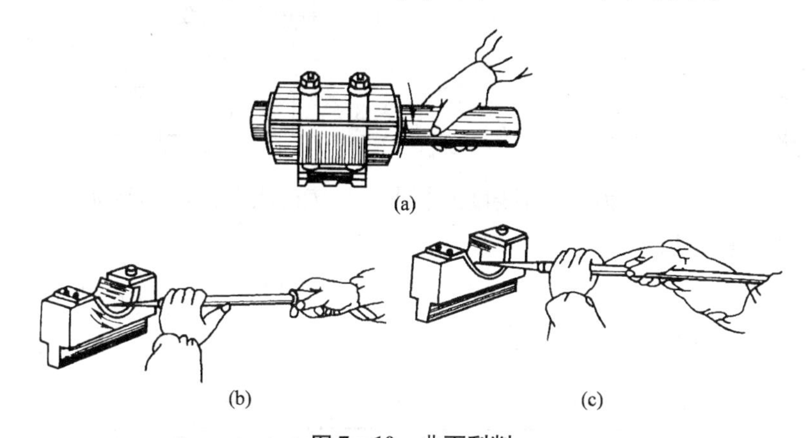

图 7－10　曲面刮削

3. 刮削质量的检查

刮削精度包括尺寸精度、形状和位置精度、接触精度、贴合程度及表面粗糙度等。

由于工件的工作要求不同，刮削质量的检查方法也有所不同。对刮削质量最常用的检查方法是将被刮面与校准工具对研后，用边长为 25mm 的正方形方框罩在被检查面上，根据方框内的研点数目多少来决定接触精度，如图 7－11 所示。各种平面的接触精度及其应用见表 7－2。曲面刮削主要是对滑动轴承内孔的刮削，其接触精度见表 7－3。

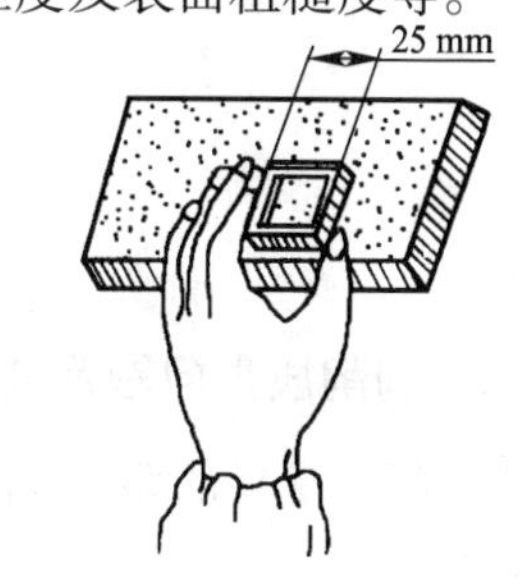

图 7－11　刮削质量的检查

表 7-2 各种平面的接触精度及其应用场合

平面种类	每 25mm×25mm 方框内的研点数	应用场合
一般平面	2~5	较粗糙平面的固定结合面
	>5~8	一般结合面
	>8~12	机器台面、一般基准面、机床导向面、密封结合面
	>12~16	机床导轨及导向面、工具基准面、量具接触面
精密平面	>16~20	精密机床导轨、直尺
	>20~25	1 级平板、精密量具
超精密平面	>25	0 级平板、高精度机床导轨、精密量具

注：1 级平板、0 级平板是指通用平板的精度等级。

表 7-3 滑动轴承内孔的接触精度

轴承直径/mm	机床或精密机械主轴轴承			锻压设备和通用机械的轴承		动力机械冶金设备的轴承	
	高精度	精密	普通	重要	普通	重要	普通
	每 25mm×25mm 方框内的研点数						
≤120	25	20	16	12	8	8	5
>120	—	16	10	8	6	6	2

大多数平面刮削还有平面度和直线度的要求，如工件大范围内的平面度、机床导轨面的直线度等，这些误差可以用框式水平仪检查。

有些工件（如导轨配合面）除了用方框检查研点数以外，还要用塞尺检查配合面之间的间隙大小（图 7-12）。

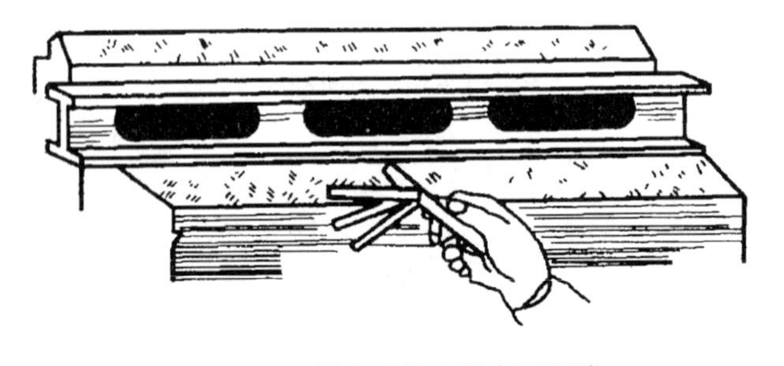

图 7-12 用塞尺检查配合面间隙

4. 刮削质量问题及其产生的原因

刮削中常见的质量问题有深凹痕、振痕、丝纹和表面形状不精确等，其产生的原因见表 7-4。

表7-4　刮削中常见的质量问题及产生的原因

常见质量问题	产生的原因
深凹痕（刮削表面有很深的凹坑）	刮削时刮刀倾斜； 用力太大； 刃口弧形刃磨得过小
振痕（刮削表面有一种连续性的波浪纹）	刮削方向单一； 表面阻力不均匀； 推刮行程太长，引起刀杆颤动
丝纹（刮削表面有粗糙纹路）	刃口不锋利； 刃口部分较粗糙
尺寸和形状精度达不到要求	显示研点时推磨压力不均匀，校准工具悬空伸出工件太多； 校准工具偏小，与所刮平面相差太大，致使所显研点不真实，造成错刮； 检验工具本身不正确； 工件放置不稳

7.2　研　磨

7.2.1　研磨概念

研磨是指用研磨工具和研磨剂，从工件上研去一层极薄表面层的精加工方法。

1. 研磨原理

研磨是以物理和化学作用除去零件表层金属的一种加工方法，因而包含着物理和化学的综合作用。

（1）物理作用

研磨时要求研具材料比被研磨的工件软，这样受到一定压力后，研磨剂中微小颗粒（磨料）被压嵌在研具表面上。这些细微的磨料具有较高的硬度，像无数刀刃。由于研具和工件的相对运动，使半固定或浮动的磨粒在工件和研具之间进行运动轨迹很少的重复性滑动和滚动，因而对工件产生微量的切削作用，均匀地从工件表面切去一层极薄的金属。借助于研具的精确型面，可使工件逐渐得到准确的尺寸精度及合格的表面粗糙度。

（2）化学作用

有的研磨剂还起化学作用，例如，采用氧化铬、硬脂酸等化学研磨剂进行研磨时，与空气接触的工件表面很快就形成一层极薄的氧化膜，这层氧化膜很容易被研磨掉，这就是研磨的化学作用。

在研磨过程中，氧化膜迅速形成（化学作用），又不断地被研磨掉（物理作用）。经过这样的多次反复，工件表面就能很快地达到预定的精度要求。由此可见，研磨加工实际体现了物理和化学的综合作用。

2. 作用

（1）减小表面粗糙度值。表7-5为用各种加工方法获得的表面粗糙度比较的情况。与其他加工方法比较，经过研磨加工后的表面粗糙度值最小，一般为 *Ra*0.1～1.6μm，最小可达 *Ra*0.012μm。

（2）能达到精确的尺寸精度。通过研磨后的尺寸精度可达到0.001～0.005mm。

（3）能改进工件的几何形状。可使工件得到准确的形状，用一般机械加工方法产生的形状误差都可以通过研磨的方法校正。

（4）能延长零件的使用寿命。由于研磨后零件表面粗糙度值小且形状准确，零件的耐磨性、抗腐蚀能力和疲劳强度都得到相应的提高，从而延长了零件的使用寿命。

表7-5 用各种加工方法获得的表面粗糙度比较

加工方法	加工情况	表面放大的情况	表面粗糙度值 *Ra*/μm
车			1.5～80
磨			0.9～5
压光			0.15～2.5
珩磨			0.15～1.5
研磨			0.1～1.6

3. 研磨余量

研磨是切削量很小的精密加工，每研磨一遍所能磨去的金属层不超过0.002mm，因此研磨余量不能太大，一般在0.005～0.030mm之间比较适宜。有时研磨余量就控制在工件的公差之内。研磨余量的大小通常从以下三个方面考虑：

（1）被研磨工件的几何形状和尺寸精度要求。

（2）上道加工工序的加工质量。

（3）根据实际情况来考虑，如具有双面、多面和位置精度要求很高的零件，预加工中又无工艺装备保证其质量的，其研磨余量应适当多留些。

7.2.2　研磨工具的材料及类型

在研磨加工中，研磨工具是保证研磨工件几何形状准确的主要因素，因此对研磨工具的材料、几何精度要求较高，而且其表面粗糙度值要小。

1. 研磨工具的材料

研磨工具材料应满足的技术要求：材料的组织要细致均匀，要有很高的稳定性和耐磨性，研具工作面的硬度应比工件表面硬度稍软，具有较好的嵌存磨料的性能。

常用的研磨工具的材料有以下几种：

（1）灰铸铁　它具有润滑性好、磨耗较慢、硬度适中、研磨剂在其表面容易涂布均匀等优点，是一种研磨效果较好、价廉易得的研磨工具材料，因此得到广泛的应用。

（2）球墨铸铁　它比一般灰铸铁更容易嵌存磨料，且更均匀、牢固、适度，同时还能增加研具的耐用度，采用球墨铸铁制作研磨工具已得到广泛应用，尤其用于精密工件的研磨。

（3）软钢　它的韧性较好，不容易折断，常用来做小型的研磨工具，如研磨螺纹和小直径工具、工件等的研磨工具。

（4）铜　性质较软，表面容易被磨料嵌入，适于做研磨软钢类工件的研磨工具。

2. 研磨工具的类型

生产中需要研磨的工件是多种多样的，不同形状的工件应用不同类型的研磨工具。常用的研磨工具有以下几种：

（1）研磨平板　分为光滑平板和有槽平板两种，如图 7－13 所示。研磨平板主要用来研磨平面，如研磨块规、精密量具的平面等。有槽平板用于粗研磨时，易于将工件压平，可防止研磨面磨成凸圆弧面；精研磨时，则应在光滑的平板上进行。

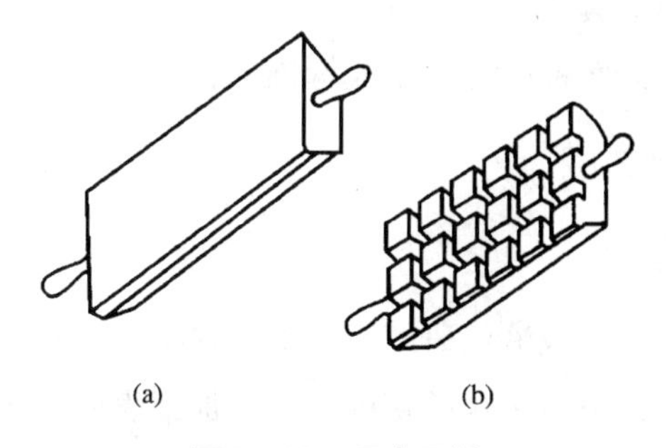

图 7－13　研磨平板

（a）光滑平板；（b）有槽平板

（2）研磨环　主要用来研磨外圆柱表面。研磨环的内径应比工件的外径大 0.025～0.05mm，其结构如图 7－14 所示。当研磨一段时间后，如研磨环内孔磨大，则拧紧

图7－4（a)所示的调节螺钉3，使孔径缩小，以达到所需间隙。图7－14（b）所示的研磨环，其孔径的调整依靠右端的螺钉。

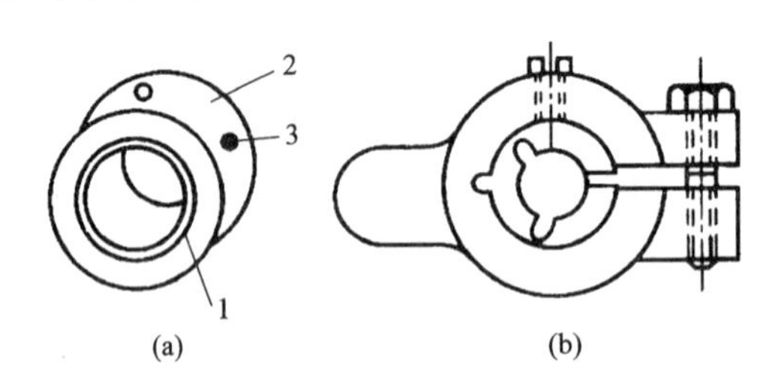

图7－14　研磨环

1—开口调节圈；2—外圈；3—调节螺钉

（3）研磨棒　主要用于圆柱孔的研磨，有固定式和可调节式两种，如图7－15所示。

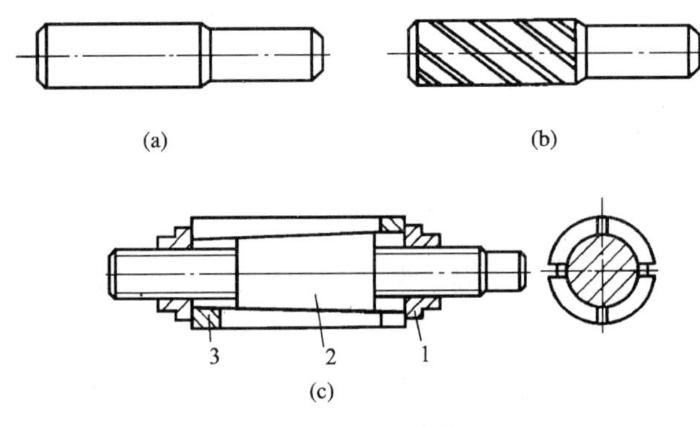

图7－15　研磨棒

（a）固定式光滑磨棒；（b）固定式带槽研磨棒；（c）可调节式研磨棒

1—调整螺母；2—锥度心轴；3—开槽研磨套

固定式研磨棒制造容易，但磨损后无法修补，多用于单件研磨或机修。对工件某一尺寸孔径的研磨，需要按照研磨余量进行分配，分别制造粗、半精、精研磨棒。有槽的用于粗研，光滑的用于精研。可调节式研磨棒由于能在一定的尺寸范围内进行调整，故适用于成批生产中工件孔的研磨，其寿命较长，应用较广。

如果把研磨环的内孔、研磨棒的外圆做成圆锥形，则可用来研磨内、外圆锥表面。

7.2.3　研磨分类及适用范围

1. 湿研磨

又称敷砂研磨，是将稀糊状或液状研磨剂涂敷或连续注入研具表面，使磨粒在研具与工件之间不停地滑动或滚动，形成对工件的切削运动。加工表面呈无光泽的麻点状，一般用于粗研磨。

2. 干研磨

又称嵌砂研磨或压砂研磨，是在一定压力下，将磨料均匀地压嵌在研具的表层中，研磨时只需在研具表面涂以少量的润滑剂即可，干研磨可获得很高的加工精度和较低的表面粗糙度值，但研磨效率较低，一般用于精研磨。

3. 半干研磨

是采用糊状的研磨膏作研磨剂，其研磨性能介于湿研磨与干研磨之间，用于粗研磨和精研磨皆可。

7.2.4　研磨剂

研磨剂是由磨料和研磨液调和而成的混合剂。

1. 磨料

磨料在研磨中起切削作用，研磨工作的效率、工件的精度和表面粗糙度都与磨料有密切的关系。常用的磨料有以下三类：

（1）氧化物磨料

氧化物磨料有粉状和块状两种，主要用于碳素工具钢、合金工具钢、高速钢和铸铁工件的研磨。

（2）碳化物磨料

碳化物磨料呈粉状，它的硬度高于氧化物磨料，除用于一般钢铁材料制件的研磨外，主要用来研磨硬质合金、陶瓷之类的高硬度工件。

（3）金刚石磨料

金刚石磨料分人造和天然两种，其切削能力、硬度比氧化物磨料的碳化物磨料都高，实用效果也好。由于价格昂贵，一般只用于硬质合金、宝石、玛瑙和陶瓷等高硬度材料的研磨精加工。

磨料的系列与用途见表 7 –6。

表 7 –6　磨料的系列与用途

系列	磨料名称	代号（GB/T2476—1994）	特性	适用范围
氧化物	棕刚玉	A	棕色，硬度高，韧性大，价格便宜	粗精研磨钢、铸铁和黄铜
	白刚玉	WA	白色，硬度比棕刚玉高，韧性比棕刚玉差	精研磨淬火钢、高速钢、高碳钢及薄壁零件
	铬刚玉	PA	玫瑰红或紫红色，韧性比白刚玉高	研磨量具、仪表零件等
	单晶刚玉	SA	淡黄色或白色，硬度和韧性比白刚玉高	研磨不锈钢、高钒高速钢等强度高、韧性大的材料

续表

系列	磨料名称	代号（GB/T2476—1994）	特性	适用范围
碳化物	黑碳化硅	C	黑色有光泽，硬度比白刚玉高，脆而锋利，导热性和导电性良好	研磨铸铁、黄铜、铝、耐火材料及非金属材料
	绿碳化硅	GC	绿色，硬度和脆性比黑碳化硅高，具有良好的导热性和导电性	研磨硬质合金、宝石、陶瓷、玻璃等材料
	碳化硼	BC	灰黑色，硬度仅次于人造金刚，耐磨性好	精研磨和抛光硬质合金、人造宝石等硬质材料
金刚石	人造金刚石	JR	无色透明或淡黄色、黄绿色、黑色，硬度高，比天然金刚石略脆，表面粗糙	粗、精研磨硬质合金、人造宝石、半导体等高硬度脆性材料
	天然金刚石	JT	硬度最高，价格昂贵	
其他	氧化铁		红色至暗红，比氧化铬软	精研磨或抛光钢、玻璃等材料
	氧化铬		深绿色	

磨料的粗细用粒度表示，根据磨料标准（GB/T2477—1983），规定粒度用41个粒度代号表示，见表7－7。

表7－7　磨料粒度

粒度号	磨料颗粒尺寸/μm	粒度号	磨料颗粒尺寸/μm
F4	5600～4750	F36	600～500
F5	4750～4000	F40	500～425
F6	4000～3350	F46	425～355
F7	3350～2800	F54	355～300
F8	2800～2360	F60	300～250
F10	2360～2000	F70	250～212
F12	2000～1700	F80	212～180
F14	1700～1400	F90	180～150
F16	1400～1180	F100	150～125
F20	1180～1000	F120	125～106
F22	1000～850	F150	106～90

续表

粒度号	磨料颗粒尺寸/μm	粒度号	磨料颗粒尺寸/μm
24	850～710	180	90～75
30	710～600	220	75～63
微粉粒度号及其基本尺寸（GB/T2481.2－2006）			
粒度号	基本尺寸		
	最大值	中值	最小值
F230	82	53	34
F240	70	44.5	28
F280	59	36.5	22
F320	49	29.2	16.5
F360	40	22.8	12
F400	32	17.3	8
F500	25	12.8	5
F600	19	9.3	3
F800	14	6.5	2
F1000	10	4.5	1
F1200	7	3.0	1

研磨所用磨料应根据研磨精度的高低按表 7－8 选用。

表 7－8 常用研磨磨料粒度的选择

微粉粒度	适用范围			可达表面粗糙度值 Ra/μm
	湿研磨	干研磨	半干研磨	
F400	√		√	0.63～0.32
F600	√		√	0.32～0.16
	√		√	
F1000			√	0.16～0.08
		√	√	
F1200		√	√	0.08～0.04
F1200 以下		√	√	0.04～0.02
		√	√	0.02～0.01
		√	√	<0.01
		√	√	
		√	√	

注：√表示可选用。

2. 研磨液

研磨液在研磨中起调和磨料、冷却和润滑的作用。研磨液应具备以下条件：

（1）有一定的黏度和稀释能力。磨料通过研磨液的调和均匀分布在研具表面，并有一定的黏附性，这样才能使磨料对工件产生切削作用。

（2）具有良好的润滑、冷却作用。

（3）对操作者健康无害，对工件无腐蚀作用，且易于洗净。

常用的研磨液有煤油、汽油、22 号与 32 号机械油、工业用甘油、透平油及熟猪油等。

3. 研磨剂和研磨膏的配制

在磨料和研磨液中加入适量的石蜡、蜂蜡等填料和黏性较大而氧化作用较强的油酸、片酸、脂肪酸、硬脂酸等，即可配成研磨剂或研磨膏。

粗研磨用研磨剂的配方为白刚玉（W14）16g、硬脂酸 8g、蜂蜡 1g、油酸 15g、航空汽油 80g、煤油 80g。精研磨用研磨剂的配方，除白刚玉改用较细的 W7 或 W3.5 磨料，不加油酸，并多加煤油 15g 之外，其他与粗研磨用研磨剂的配方相同。用于精研磨的研磨膏配方为金刚砂 40%、氧化铬 20%、硬脂酸 25%、电容器油 10%、煤油 5%。

研磨剂的调法是先将硬脂酸和蜂蜡加热融化，待其冷却后加入汽油搅拌，经过双层纱布过滤，再加入研磨粉和油酸（注意精研磨时不加油酸）。

一般工厂常采用成品研磨膏，使用时加机油稀释即可。

7.2.5 研磨方法

研磨分手工研磨和机械研磨两种。手工研磨时，要使工件表面各处都受到均匀的切削，应选择合理的运动轨迹，这样能提高研磨效率、工件的表面质量和研磨的寿命。

下面分别叙述几种不同研磨面的研磨方法。

1. 平面研磨

（1）一般平面

一般平面的研磨方法如图 7-16 所示，工件沿平板全部表面，按 8 字形、仿 8 字形或螺旋形运动轨迹进行研磨。研磨时工件受压要均匀，压力大小应适中。当压力大时，研磨的切

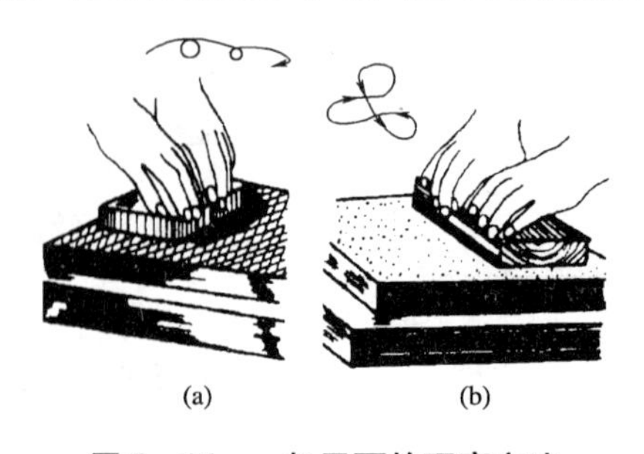

图 7-16 一般平面的研磨方法

（a）螺旋形运动轨迹；（b）仿 8 字形运动轨迹

削量大、表面粗糙度值大，易划伤表面。粗研磨时所用压力为10～20Pa，精研磨时所用压力为10～50Pa。研磨速度不应太快。手工粗研磨时，每分钟往复40～60次；精研磨时每分钟往复20～40次，若频率太高会引起工件发热，降低研磨的质量。

（2）狭窄平面

狭窄平面的研磨方法如图7－17所示。为了防止研磨平面产生倾斜和圆角，研磨时应用金属块做成“导靠”（图7－17（a）），采用直线研磨轨迹。图7－17（b）中的样板要研磨成具有一定半径的圆角，应采用摆动式直线研磨运动轨迹。如工件数量较多，则应采用螺栓或C形夹头，将几个工件夹在一起研磨，能有效地防止倾斜，又可提高效率，如图7－18所示。

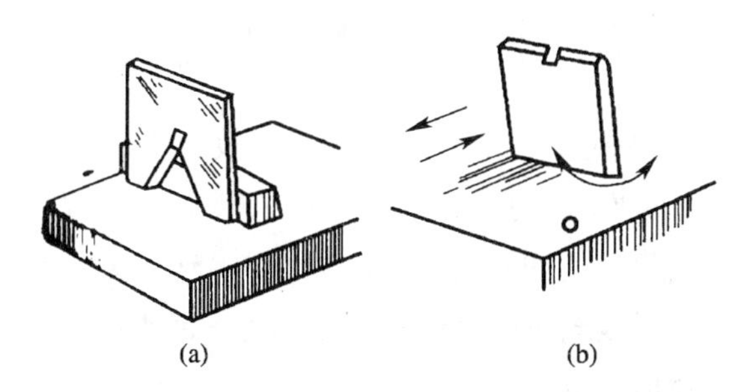

图7－17　狭窄平面的研磨方法

图7－18　多件研磨

2. 圆柱面研磨

圆柱面研磨一般是手工与机器配合进行研磨的。圆柱面研磨分为外圆柱面研磨和内圆柱面的研磨。

外圆柱面研磨如图7－19所示，工件由车床主轴带动旋转，其上均匀涂布研磨剂，用手推动研磨环，通过工件的旋转和研磨环在工件上沿轴线方向做往复运动进行研磨。

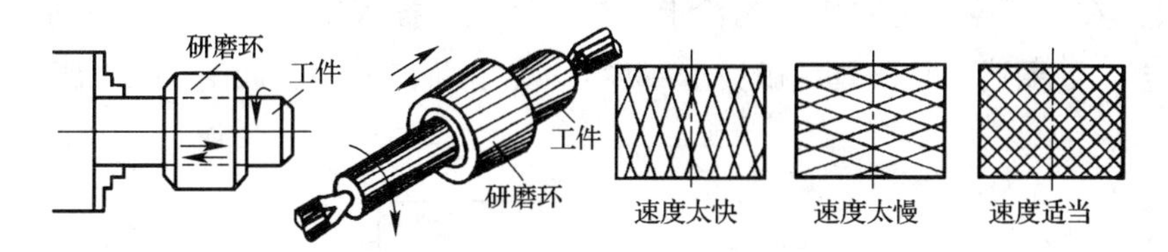

图7－19　外圆柱面研磨

可根据表7－9选用相应的可调式研磨工具，先在工件上均匀涂上研磨剂，套上研磨工具，调整研磨环的研磨间隙，以手能转动为宜，研磨中应随时调整这个间隙。由于工件存在加工误差，研磨时，手握研磨工具可感觉到有松有紧的地方，紧的地方可多研几下，直到间隙合理、手感松紧合适为止。研磨工具应常掉头研磨。

表7－9 整体式成组研磨棒的直径差

号 数	尺 寸	备 注
1	比被研磨孔小0.015mm	开螺旋槽
2	比1号研磨棒大0.01～0.015mm	开螺旋槽
3	比2号研磨棒大0.005～0.008mm	开螺旋槽
4	比3号研磨棒大0.005mm	不开螺旋槽
5	比4号研磨棒大0.003～0.005mm	不开螺旋槽

研磨时，往复运动与工件旋转运动要有规律。一般工件的转速为：当直径小于80mm时，为100r/min；直径大于100mm时，为50r/min。研磨环的往复移动速度可根据工件在研磨时出现的网纹来控制。当研磨出的网纹与工件轴线成45°的交叉线时，说明研磨环的移动速度是适宜的；当研磨出的网纹与工件轴线夹角较小时，说明速度太快了；当研磨出的网纹与工件轴线夹角较大时，说明速度太慢。

研磨圆柱孔时，研磨棒夹紧在车床卡盘上并旋转，把工件套在研磨棒上进行研磨。研磨机体上大尺寸的孔，应尽量使孔垂直地面，然后进行手工研磨。

3. 圆锥面研磨

研磨工件圆锥表面（包括外圆锥面和圆锥孔）时，研磨棒（套）工作部分的长度的应是工件研磨长度1.5倍左右，锥度必须与工件锥度相同。其结构有固定式和可调节式两种。固定式如图7－20所示，可调节式研磨棒（套）的工作原理与圆柱面可调节式相同。

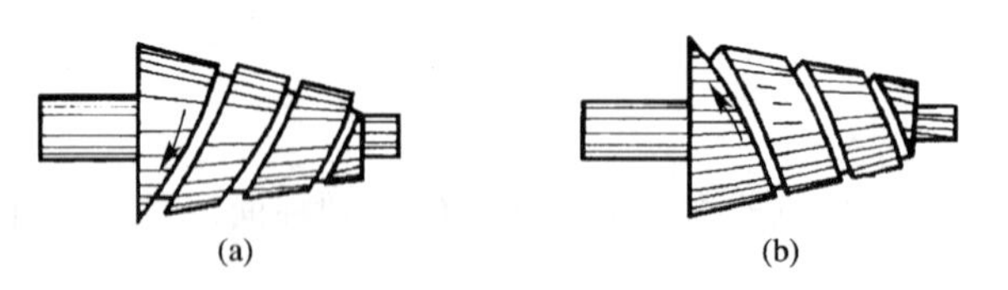

图7－20 圆锥面研磨棒

研磨圆锥面时，一般在车床或钻床上进行，转动方向应和研磨棒的螺旋方向相适应（图7－20）。在研磨棒（套）上均匀涂上一层研磨剂，插入工件锥孔（或套进工件的外圆面）内旋转4～5圈后，将研具稍微拔出一些，然后再推进研磨，如图7－21所示。

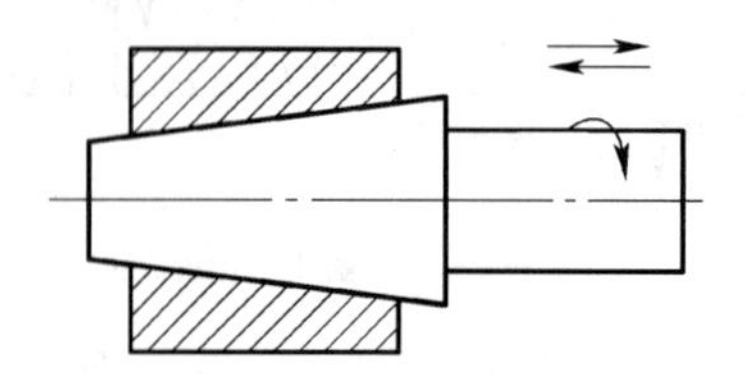

图7－21 研磨圆锥面

7.2.6 研磨常见问题分析

研磨后工件表面质量的好坏及研磨效率的高低，除与选用的研磨剂及研磨的方法有关外，还需注意以下几个问题：

(1) 研磨的压力和速度

在研磨过程中，压力大、速度快则研磨效率高。若压力太大、速度太快，则工件表面粗糙，工件容易发热变形，甚至会因磨料压碎而使表面划伤，因而对压力和速度必须合理加以控制。对较小的硬工件或粗研磨时，可用较大的压力、较低的速度进行研磨；而对大的较软的工件或精研磨时，就应选用较小的压力、较快的速度进行研磨。另外在研磨中，应防止工件发热，若引起发热，应暂停，待冷却后再进行研磨。

(2) 研磨中的清洁工作

在研磨中，必须重视清洁工作，才能研磨出高质量的工件表面。若忽视了清洁工作，轻则工件表面拉毛，重则会拉出深痕而造成废品。另外，研磨后应及时将工件清洗干净并采取防锈措施。

习 题

一、填空题

1. 用________刮除工件表面________的加工方法叫刮削。

2. 经过刮削的工件能获得很高的________精度、形状和位置精度、________和很小的表面________。

3. 平面刮削有________平面刮削和________平面刮削；曲面刮削有内________面、内________面和球面刮削。

4. 平面刮刀用于刮削________和________，一般多采用 T12A 钢制成。三角刮刀用于刮削________。

5. 校准工具是用来________和检查被刮面________的工具。

6. 红丹粉分________和________两种，广泛用于________工件。

7. 蓝油是用________和________及适量机油调和而成，用于精密工件和________金属及合金等。

8. 显示剂是用来显示工件________的________和________。

9. 粗刮时，显示剂应涂在________表面上；精刮时，显示剂应涂在________表面上。

10. 当粗刮到每________方框内有________个研点时，可转入细刮。在整个刮削表面上达到________时，细刮结束。

11. 刮花的目的是使刮削面________，并使滑动件之间形成良好的________。

12. 检查刮削质量的方法有：用边长为25mm的正方形方框内的研点数来决定________精度；用框式水平仪检查________和________。

13. 刮削曲面时，应根据不同的__________和__________，选择合适的__________和__________。

14. 研磨可使工件达到精确的________，准确的________和很小的表面________。

15. 研磨的基本原理包含________和________的综合作用。

16. 经过研磨加工后的表面粗糙度值 Ra 为________，最小可达 Ra ________。

17. 研磨是微量切削，研磨余量不宜太大，一般在________之间比较适宜。

18. 常用的研具材料有灰铸铁、________、________和________。

19. 磨料的粗细用________表示，________越大，________就越细。

20. 研磨工具是用来保证研磨工件______准确的主要因素，常用的类型有研磨______、研磨________、研磨________。

21. 研磨剂是由________和________调和而成的混合剂。

22. 研磨后零件表面粗糙度值小、形状准确，所以零件的耐磨性、________能力和________都相应地提高。

23. 研磨一般平面时，工件沿平板全部表面以________形、________形或________形运动轨迹进行研磨。

24. 研磨环的内孔、研磨棒的外圆制成圆锥形，可用来研磨________面和________面。

25. 圆柱面研磨一般以________配合的方法进行研磨。

26. 在车床上研磨外圆柱面，是通过工件的________和研磨环在工件上沿________方向作________运动进行研磨。

二、判断题（对的画√，错的画×）

1. 刮削具有切削量大、切削力大、产生热量大、装夹变形大等特点。（　）
2. 刮削面大、刮削前加工误差大、工件刚性差，刮削余量就小。（　）
3. 调和显示剂时，粗刮可调得稀些，精刮应调得干些。（　）
4. 粗刮的目的是增加研点，改善表面质量，使刮削面符合精度要求。（　）
5. 通用平板的精度0级最低，3级最高。（　）
6. 研磨后尺寸精度可达0.01～0.05mm。（　）
7. 软钢塑性较好，不容易折断，常用来做小型的研具。（　）
8. 有槽的研磨平板用于精研磨。（　）
9. 金刚石磨料切削性能差，硬度低，实用效果也不好。（　）
10. 磨粒号数大，磨料细；号数小，磨料粗。微粉号数大，磨料粗；反之，磨料就细。（　）
11. 狭窄平面要研磨成具有一定半径的圆角，可采用直线运动轨迹研磨。（　）

三、改错题

1. 经过刮削后的工件表面组织比原来疏松，硬度降低。

改正：

2. 大型工件研点时，将平板固定，工件在平板上推研。

改正：

3. 粗刮可采用间断推铲的方法，刀迹形成短片。细刮刀痕窄而长，刀迹长度约为刀刃宽度。

改正：

4. 交叉刮削曲面时，刀迹与曲面内孔中心线约成90°，研点不能成为片状。

改正：

5. 研磨环的内径应比被研磨工件的外径小0.025～0.05mm。

改正：

6. 碳化物磨料呈块状，硬度低于氧化物磨料。

改正：

7. 平面研磨时，压力大，表面粗糙度值小，若速度太快会引起工件发热，但能提高研磨效率。

改正：

四、选择题

1. 机械加工后留下的刮削余量不宜太大，一般为（　　）mm。

A. 0.05～0.4　　B. 0.04～0.05　　C. 0.4～0.5

2. 检查内曲面刮削质量，校准工具一般是采用与其配合的（　　）。

A. 孔　　B. 轴　　C. 孔或轴

3. 当工件被刮削面小于平板面时，推研中最好（　　）。

A. 超出平板　　B. 不超出平板　　C. 超出或不超出平板

4. 进行细刮时，推研后显示出有些发亮的研点，应（　　）。

A. 轻些刮　　B. 重些刮　　C. 不轻不重地刮

5. 标准平板是检验、划线及刮削中的（　　）。

A. 基本量具　　B. 一般量具　　C. 基本工具

6. 研磨工具的材料比被研磨的工件（　　）。

A. 软　　B. 硬　　C. 软或硬

7. 研磨孔径时，有槽的研磨棒用于（　　）。

A. 精研磨　　B. 粗研磨　　C. 精研磨或粗研磨

8. 主要用于研磨碳素工具钢、合金工具钢、高速钢和铸铁工件的磨料是（　　）。

A. 碳化物磨料　　B. 氧化物磨料　　C. 金刚石磨料

9. 研磨中起调制磨料、冷却和润滑作用的是（　　）。

A. 磨料　　B. 研磨液　　C. 研磨剂

10. 在车床上研磨外圆柱面，当出现与轴线所夹角小于45°的交叉网纹时，说明研磨环的往复运动速度（　　）。

A. 太快　　B. 太慢　　C. 适中

五、简述题

1. 刮削有什么特点和作用？

2. 怎样调制粗刮和精刮时的显示剂？为什么？

3. 粗刮、细刮和精刮应分别达到什么要求？

4. 试述研磨时的物理作用。

本章学习要点

1. 掌握矫正的有关知识及基本操作技能。
2. 掌握弯形的有关知识及基本操作技能。
3. 掌握铆接的相关知识，包括种类、铆道、铆钉尺寸的计算及铆接方法。
4. 了解锡焊工具、焊料、焊剂，掌握锡焊的基本操作方法。

8.1 矫　正

8.1.1　矫正概述

矫正是通过外力作用，消除材料或制件的不平、不直、弯曲、翘曲等缺陷的加工方法。

金属板材或型材的不平、不直或翘曲变形主要是由在轧制或剪切等外力作用下内部组织发生变化产生的残余应力引起的。另外，原材料在运输和存放管理等处理不当时，也会产生变形缺陷。金属材料的变形有两种：一种是在外力作用下材料发生变形，当外力去除后仍能恢复原状，这种变形称为弹性变形；另一种是当外力去除后不能恢复原状的变形，这种变形称为塑性变形。矫正是针对塑性变形而言的，所以只有对塑性好的材料才能进行矫正。

对金属板材和型材进行矫正的实质，就是使它们产生新的塑性变形以消除原有的不平、不直或翘曲变形。在矫正过程中，金属板材和型材要产生新的塑性变形，所以矫正后金属材料内部组织变得更加紧密，硬度提高，性质变脆，这种现象称为冷作硬化。冷作硬化后的材料会给进一步矫正或其他冷加工带来困难，必要时应进行退火处理，使材料恢复原来的力学性能。

按被矫正工件时的温度分类，可将矫正分为冷矫正和热矫正两种。冷矫正就是在常温条件下的矫正。冷矫正时由于冷作硬化现象的存在，只适用于矫正塑性较好、变形不严重的金属材料。对于变形十分严重或脆性较大以及长期露天存放而生锈的金属板材和型材，要加热到 700℃ ~1000℃的高温进行热矫正。

按矫正时产生矫正力的方法，还可将矫正分为手工矫正、机械矫正、火焰矫正及高频热点矫正等。手工矫正是在平板、铁砧或台虎钳上用手锤等工具进行操作，矫正时，一般采用锤击、弯曲和伸张等方法进行。

8.1.2 手工矫正的工具

1. 平板、铁砧和台虎钳

平板、铁砧和台虎钳是矫正板材和型材的基座。

2. 软、硬手锤

对一般材料的矫正，通常使用钳工手锤和方头手锤矫正已加工过的表面、薄钢件或有色金属，应使用铜锤、木槌、橡皮锤等软手捶。图8－1（a）所示为用木槌敲平矫正，图8－1（b）所示为用平木块压推矫正。

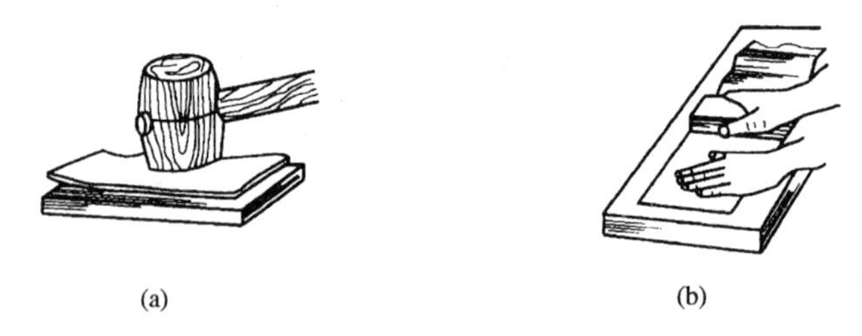

(a) (b)

图8－1 薄板料的矫正

（a）用木槌敲平矫正；（b）用平木块压推矫平

3. 抽条和拍板

抽条是采用由条状薄板料弯成的简易手工工具来抽打面积较大的板料，如图8－2所示。拍板是用由质地较硬的檀木制成的专用工具来敲打板料。

4. 螺旋压力工具

螺旋压力工具适用于矫正较大的轴类零件或棒料，如图8－3所示。

图8－2 抽板料抽条

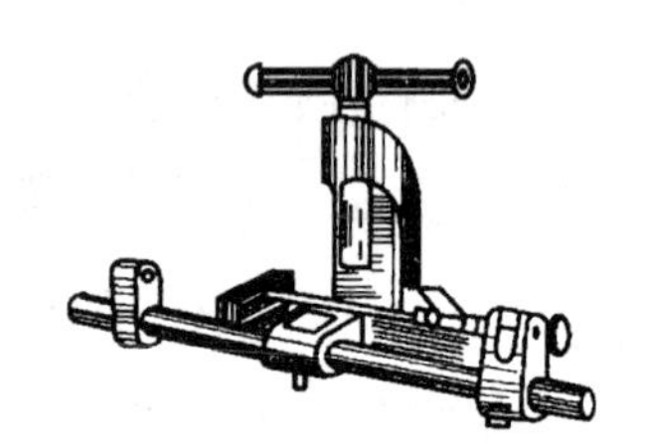

图8－3 螺旋压力工具矫正轴类零件

5. 检验工具

零件矫正精度的检验工具有平板、直角尺、直尺和百分表等。

8.1.3 手工矫正方法

手工矫正主要采用锤击的方法或利用一些简单的工具、设备来进行矫正。所用的工具有：锤子（铜锤、木槌和橡胶锤）、平台用来支承矫正的钢材和工件的基本设备、台虎钳和V形块等。矫正的方法有延展法、扭转法、弯形法和伸张法。

1. 延展法

金属薄板最容易产生中部凸凹、边缘呈波浪形以及扭曲等变形，可采用延展法进行矫正，如图8－4所示。

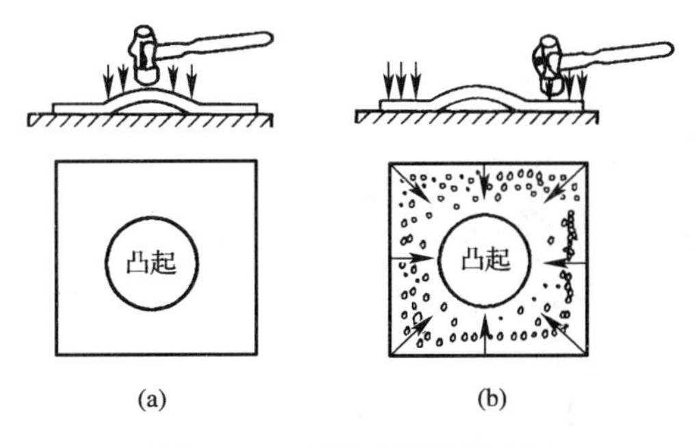

图8－4 中间凸起薄板的矫平

（a）错误；（b）正确

薄板中间的凸起是由变形后中间材料变薄引起的。矫正时可锤击板料边缘，使边缘延展变薄，厚度与凸起部位的厚度越趋近则越平整。如图8－4（a）所示，若直接锤击凸起部位，则会使凸起部位变薄，这样不但达不到矫平的目的，反而使凸起更为严重。应图8－4（b）中所示箭头方向，由里向外逐渐由轻到重、由稀到密，这样才能使薄板凸起部位逐渐消除，最后达到平整要求。如果薄板表面有相邻几处凸起，应先在凸起的交界处轻轻锤击，使几处凸起合并成一处，然后再敲击四周从而矫平。如果薄板四周呈波浪形，说明板料四周变薄而延长了。如图8－5所示，锤击点应从四周向中间，按图中箭头所示方向，密度逐渐变密，力量逐渐增大，经反复多次锤打使板料达到平整。

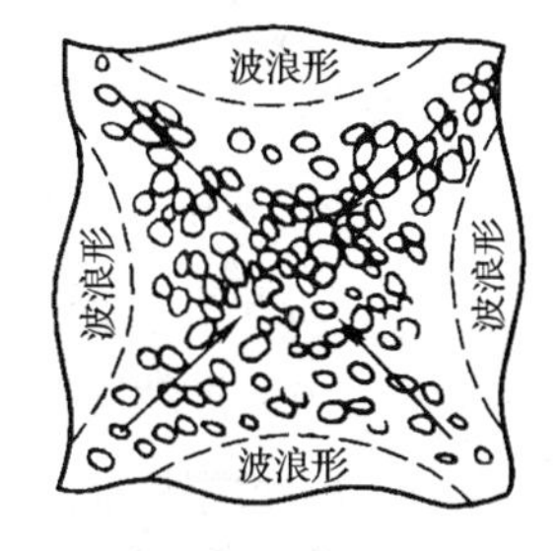

图8－5 边缘成波浪形薄板的矫正

如果板料是铜箔、铝箔等薄而软的材料，可用平整的木块在平板上推压材料的表面使其达到平整。为防止锤击时留下印痕，也可用木槌或橡皮锤来槌击。

如果薄板有微小扭曲，可用抽条从左到右顺序抽打平面，抽条与板料的接触面积较大，受力均匀，板料容易达到平整。

用氧—乙炔切割下的板料，其边缘在气割过程中冷却较快，收缩严重，会造成切割下的板料不平。这种情况也应锤击板料的边缘，使其得到适量的延展。锤击点在边缘处重而密，由外往里的第二、三圈应该轻而稀，使板料逐渐达到平整。

中间凸起的条料矫正与中间凸起的薄板一样用延展法。

2. 扭转法

扭转法是用来矫正条料扭曲变形的，一般将条料夹持在台虎钳上，用扳手对工件施以扭矩，使之扭转到原来的形状。图 8－6 所示为扁钢扭曲的矫正，将扁钢的一端用台虎钳夹住，另一端用扳手向扭曲的相反方向扭转，待扭曲变形消失后，再用锤击的方法将其矫平。角钢扭曲的矫正方法（图 8－7）与扁钢扭曲的矫正方法基本相同。

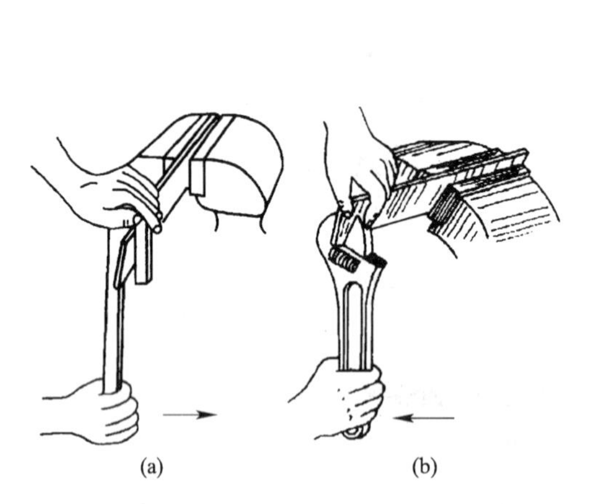

图 8－6　扁钢扭曲的矫正

（a）叉形扳手；（b）活扳手

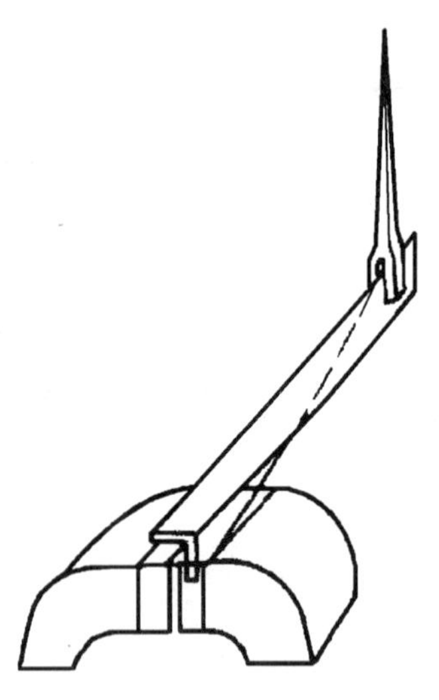

图 8－7　角钢扭曲的矫正

3. 弯形法

弯形法是用来矫正各种弯曲的棒料及宽度方向上有弯曲的条料。直径较小的棒料和薄条料，可夹在台虎钳上用扳手矫正，如图 8－8 所示。在近弯曲处夹入台虎钳，然后在扁钢的末端用扳手向相反方向扳动（图 8－8（a）），使弯曲处初步矫直；或直接将弯曲处放入台虎钳内（图 8－8（b）），用台虎钳初步压直，再放到平板或铁砧上用锤子敲击到平直为止（图 8－8（c））。直径大的棒料和较厚的条料采用压力机械校正。矫正前，先把轴架在两块 V 形铁上，V 形铁距离可按需要调节。将轴转动，用粉笔画出弯曲部位，矫直时，使凸出部位向上，然后转动螺旋压力机的螺杆，使压块压在圆轴突起部位。为了消除因弹性变形所产生的回翘，可适当压过一些，然后用百分表检查轴的矫正情况，边矫正边检查，直至符合要求。

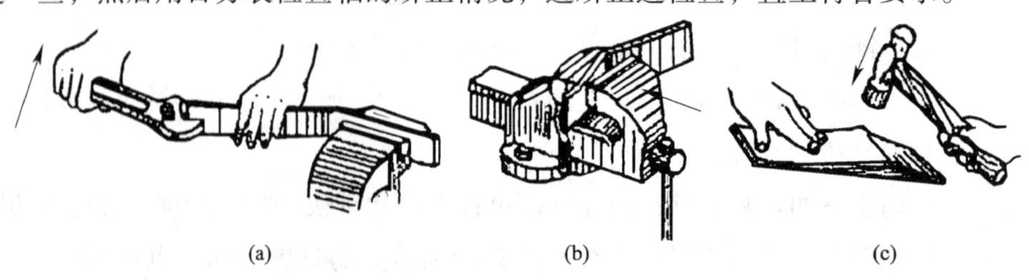

图 8－8　扁钢弯曲的矫正

4. 伸张法

伸张法是用来矫正各种细长线材的。其方法比较简单，只要将线材一头固定，然后在固定处开始，将弯曲线材绕圆木一周，捏紧圆木向后拉，使线材在拉力作用下绕过圆木而得到伸长矫直，如图8－9所示。

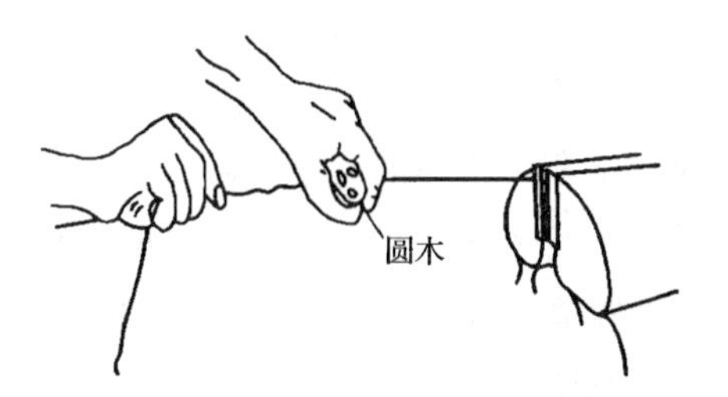

图8－9 用伸张法矫正线材

8.2 弯 形

8.2.1 弯形概述

弯形是指将原来平直的坯料弯成所需形状的加工方法。

弯形使材料产生塑性变形，因此只有塑性较好的材料才能进行弯形。图8－10（a）为弯形前的钢板，图8－10（b）是弯形后的情况。钢板弯形后外层材料伸长（图8－10（b）中e－e和d－d），内层材料缩短（图8－10（b）中a－a和b－b），中间有一层材料（图8－10（c）中c－c）弯形后长度不变，称为中性层。

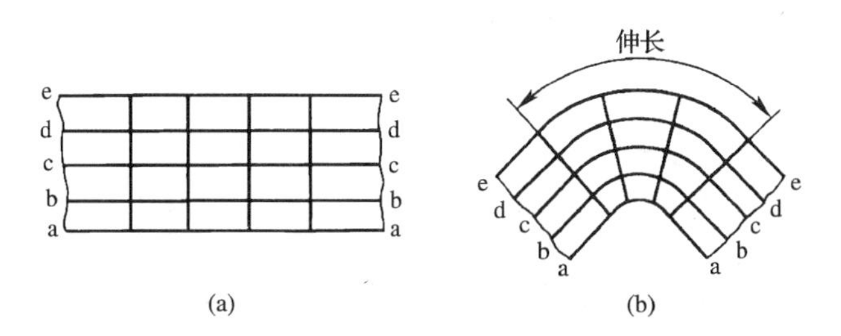

图8－10 钢板弯形前后的情况

（a）弯形前；（b）弯形后

弯形工件越靠近材料表面，金属的变形越严重，也就越容易出现拉裂或压裂现象。相同材料的弯形，工件外层材料变形的大小取决于工件的弯形半径。弯形半径越小，外层变形越大。为了防止弯形件的拉裂（或压裂），必须限制工件的弯形半径，使它大于材料的临界弯形半径，即最小弯形半径。

最小弯形半径的数值由实验确定。常用钢材的弯形半径如果大于材料厚度的2倍，一般就不会产生裂纹。如果工件的弯形半径较小，可分多次弯形，中间进行退火，以避免弯裂。材料弯形虽是塑性变形，但也有弹性变形存在。工件弯形后，由于弹性变形的恢复，使弯形角度和弯形半径发生变化，这种现象称为回弹。工件在弯形过程中应多弯过一些，以抵消工件的回弹。

8.2.2 弯形毛坯长度的计算

工件弯形后，只有中性层长度不变，因此计算弯形毛坯长度时，可以按中性层的长度来计算。材料弯形后，中性层一般不在材料正中，而是偏向材料内层一边。经试验证明，中性层的实际位置与材料的弯形半径 r 和材料厚度 t 有关。

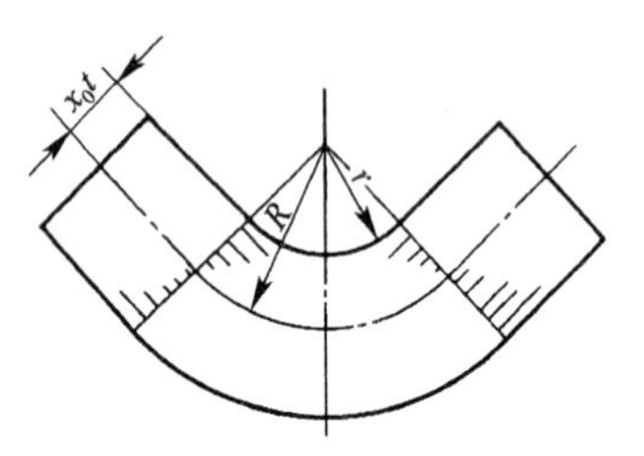

图 8－11 弯形时中性层的位置

当材料厚度不变时，弯形半径越大，变形越小，中性层位置就越接近材料厚度的几何中心。如果材料弯形半径不变，材料半径越小，变形越小，中性层就越接近材料厚度的几何中心，在不同弯形形状的情况下，中性层位置是不同的。如图 8－11所示。

表 8－1 为中性层位系数 x_0 的数值。从表中 r/t 比值可知，当内弯形半径 $r \geqslant 16t$ 时，中性层在材料的中间（即中性层与几何中心重合）。在一般情况下，为简化计算，当 $r/t \geqslant 8$ 时，可按 $x_0 = 0.5$ 进行计算。

表 8－1 弯形中性层位系数 x_0

r/t	0.25	0.5	0.8	1	2	3	4	5	6	7	8	10	12	14	≥16
x_0	0.2	0.25	0.3	0.35	0.37	0.4	0.41	0.43	0.44	0.45	0.46	0.47	0.48	0.49	0.5

图 8－12 所示的是几种常见的弯形形式，其中图 8－12（a）～图 8－12（c）所示为内边带圆弧的制件，图 8－12（d）为内边不带圆弧的直角制件。

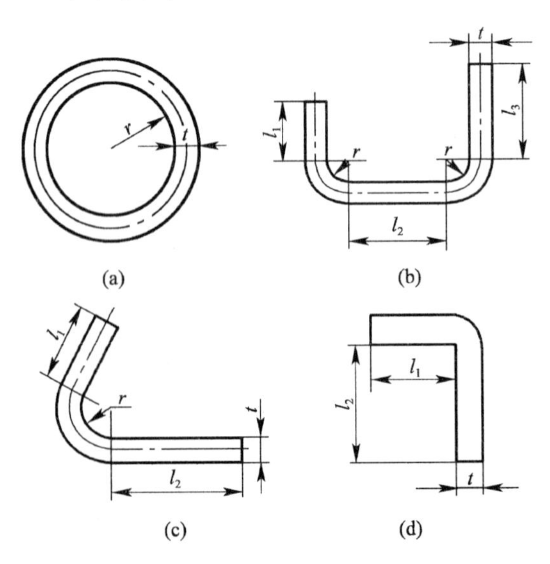

图 8－12 常见的弯形形式

内边带圆弧的制件，其毛坯长度等于直线部分（不变形部分）和圆弧部分（弯形部分）中性层长度之和。圆弧部分的中性层长度可按下式计算。

$$A=\pi\left(r+x_0t\right)\frac{\alpha}{180^\circ}$$

式中　A——圆弧部分的中性层长度，mm；

r——弯形半径，mm；

x_0——中性层位置系数；

t——材料厚度，mm；

α——弯形角，如图 8－13 所示。

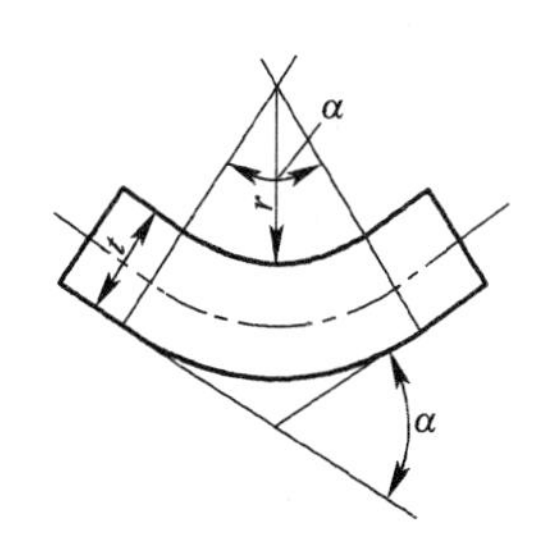

图 8－13　弯形角与弯形中心角

内边成直角不带圆弧的弯成制件，求其毛坯长度时，可按弯形前后毛坯体积不变的原理，一般采用如下经验公式计算：

$$A=0.5t$$

【例 8－1】　已知图 8－12（c）所示制件的弯形角 $\alpha=120^\circ$，内弯形半径 $r=16\text{mm}$，材料厚度 $t=4\text{mm}$，边长 $l_1=50\text{mm}$，$l_2=100\text{mm}$，求毛坯总长度 L。

解　$r/t=\frac{16}{4}=4$，查表 8－1 得 $x_0=0.41$，则

$$L=l_1+l_2+A$$

$$=l_1+l_2+\pi\left(r+x_0t\right)\frac{\alpha}{180^\circ}$$

$$=50+100+3.14\times\left(16+0.41\times4\right)\times\frac{120^\circ}{180^\circ}$$

$$=186.93\text{mm}$$

【例 8－2】　在图 8－12（d）中，已知 $l_1=55\text{mm}$，$l_2=80\text{mm}$，$t=3\text{mm}$，求毛坯总长度 L。

解　这是内边成直角的弯形制件，则

$$L=l_1+l_2+A=l_1+l_2+0.5t=55+80+0.5\times3=136.5\ (\text{mm})$$

上述毛坯总长度的计算结果，由于材料本身性质的差异以及弯形工艺、操作方法的不同，还会与实际弯形工件毛坯总长度有误差，因此当成批生产时，一定要用试验的方法，反复确定坯料的总长度，以免造成成批废品。

8.3 铆 接

8.3.1 铆接概述

铆接是指借助于铆钉将两个或两个以上的工件或零件连接为一个整体。

1. 铆接过程

如图 8－14 所示，铆接的过程是将铆钉插入被铆接工件的孔内，用工具连续锤击或用压力机压缩铆钉杆端，使铆钉充满钉孔并形成铆钉头。

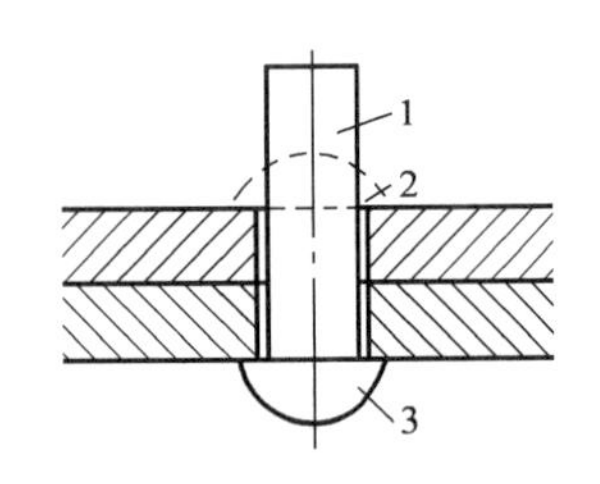

图 8－14 铆接过程

1—铆钉杆；2—铆合头；3—铆钉原头

目前在很多零件的连接中，铆接已被焊接工艺所代替。但因铆接有工艺简单、使用方便、连接可靠、抗震、耐冲击等优点，所以在桥梁、机车、船舶制造等方面仍有较多的使用。

2. 铆接种类

（1）按连接结构的使用要求分类

① 活动铆接　又称铰链铆接，它的结合部分可以相互转动，如钢丝钳、划规、剪刀等工具的铆接。

② 固定铆接　它所结合的部位是固定不动的。这种铆接按用途和要求不同，还可分为四种：强固铆接（坚固铆接），应用于结构需要有足够的强度、承受强大作用力的地方，如桥梁、车辆和起重机等；紧密铆接，应用于低压容器装置，这种铆接只能承受很小的均匀压力，但要求接缝处非常严密，以防止渗漏，如气筒、水箱、油罐等；强密铆接（坚固紧密铆接），这种铆接不但能承受很大的压力，而且要求接缝非常紧密，即使在较大压力下，液体或气体也保持不渗漏，一般应用于锅炉、压缩空气罐及其他高压容器的铆接。

（2）按铆接方法分类

① 冷铆　铆接时，铆钉不需加热，直接墩出铆合头，直径在 8mm 以下的钢制铆钉都可以用冷铆方法铆接。采用冷铆时，铆钉的材料必须具有较高的塑性和延展性。

② 热铆　把整个铆钉加热到一定温度，然后再铆接。铆钉受热后塑性好，容易成型，而且冷却后铆钉杆收缩，加大了结合强度。热铆时要把铆钉孔直径放大 0.5～1mm，使铆钉在热态时容易插入。直径大于 8mm 的钢铆钉多用热铆。

③ 混合铆　在铆接时，不把铆钉全部加热，只把铆钉的铆合头端部加热。对于细长的铆钉一般采用这种方法，可以避免铆接时铆钉杆的弯曲。

3. 铆钉

目前铆钉的种类很多，新式铆钉也不断出现，以下只介绍几种常见的铆钉。

（1）铆钉种类

① 按铆钉的形状分　常用的有平头、半圆头、沉头、半圆沉头、管状空心和皮带铆钉等，见表8－2。

表8－2　铆钉的形状及应用

名称	形状	应　用
平头铆钉		铆接方便，应用广泛，常用于一般无特殊要求的铆接中，如铁皮箱、防护罩及其他结合件中
半圆头铆钉		应用广泛，如钢结构的屋架，桥梁和车辆、起重机等
沉头铆钉		用于表面要求平滑、受载不大的铆缝，如铁皮箱柜的门窗以及一些手工工具等
半圆沉头铆钉		用于薄板、皮革、帆布、木材等允许表面有微小凸起的铆接中
管状空心铆钉		用于在铆接处有空心要求的地方，如电器部件的铆接等
皮带铆钉		用于铆接机床制动带以及毛毡、橡胶、皮革材料的制件

② 按铆钉材料分　有钢铆钉、铜铆钉和铝铆钉等几种，钢铆钉具有较高的韧性和延展性。

（2）铆钉标记

一般要标出直径、长度和国家标准序号。

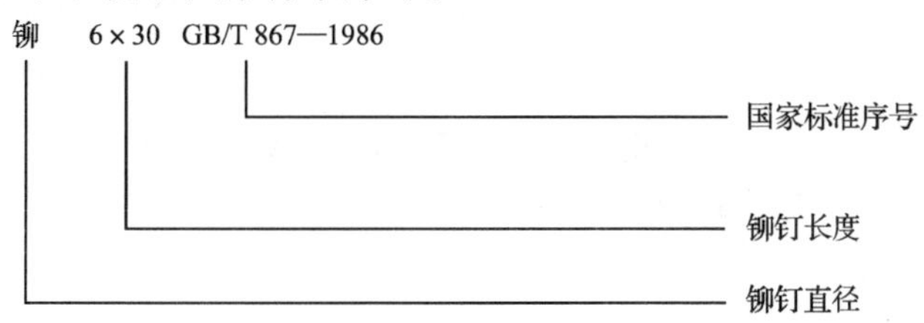

4. 铆接件的接合、铆道及铆距

（1）铆接件的接合

铆接连接的基本形式是由零件相互接合的位置所决定的，主要有搭接连接（即把一块钢板搭在另一块钢板上进行铆接，如图 8－15 所示、对接连接（即将两块钢板置于同一平面，利用盖板铆接，如图 8－16 所示和角接连接（即将两块钢板互相垂直或组成一定角度进行铆接，如图 8－17 所示。

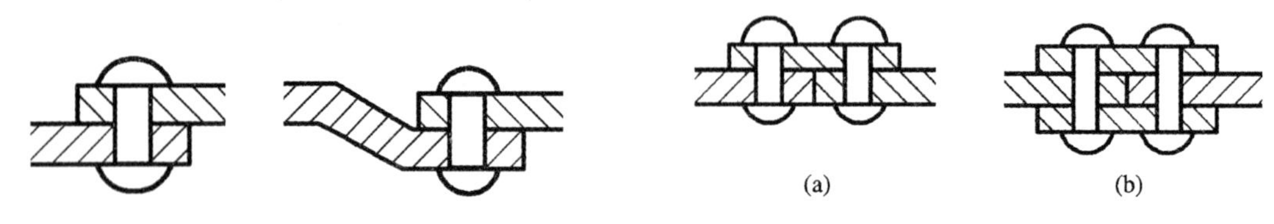

图 8－15　搭接连接

图 8－16　对接连接

（a）单盖板式；（b）双盖板式

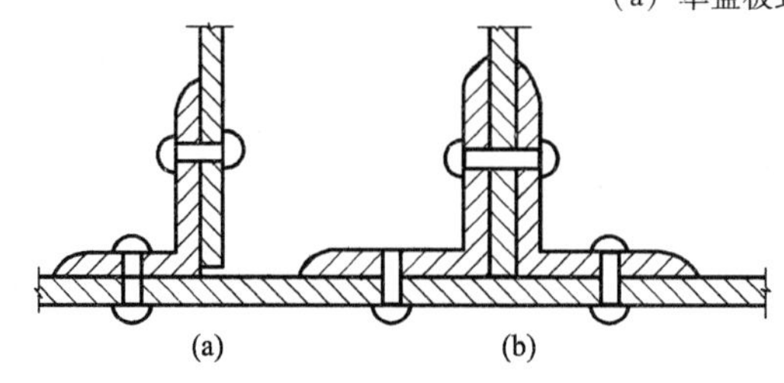

图 8－17　角接连接

（a）单角钢式；（b）双角钢式

（2）铆道

铆道是铆钉的排列形式。根据铆接强度和密封的要求，铆钉的排列形式有单排、双排和多排等，如图 8－18 所示。

① 单排铆钉连接　连接所用的铆钉按主方向排列起来形成一行。

② 双排铆钉连接　连接所用的铆钉按主方向排列起来形成两行。

③ 多排铆钉连接　连接所用的铆钉按主方向排列起来形成多行。

在双排或多排铆钉连接形式中，按照每一主板上铆钉的排列位置可分为并列式排列（相邻排中的铆钉是成对排列的）和交错式排列（相邻排中的铆钉是交错排列的）。

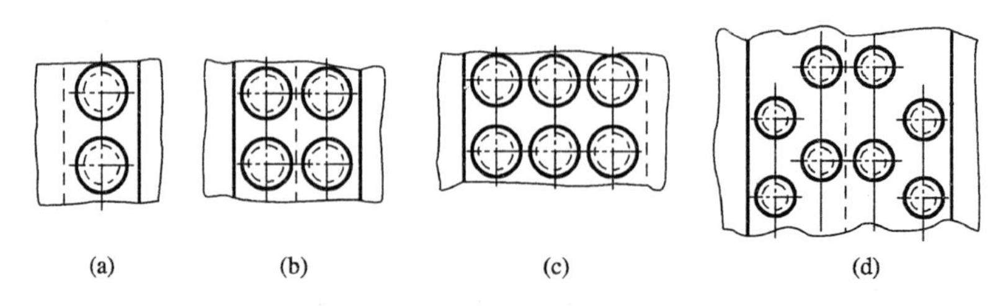

图 8－18　铆钉的排列形式

（a）单排；（b）双排并列；（c）多排并列；（d）交错式

（3）铆距

铆距是指铆钉与铆钉间或铆钉与铆接板边缘的距离。在铆接连接结构中，有三种隐蔽性的损坏情况，即沿铆钉中心线被拉断、铆钉被剪切断裂及孔壁被铆钉压坏。因此，按照结构和工艺的要求，对铆钉的排列距离应有一定的规定。如铆钉并列排列时，铆距为 $t \geqslant 3d$（d 为铆钉直径）。铆钉中心到铆接板边缘的距离，当铆钉孔是钻孔时，约为 $1.5d$；当铆钉孔是冲孔时，约为 $2.5d$。

8.3.2　铆钉直径、长度及通孔直径的确定

1. 铆钉直径

铆钉直径的大小与被连接板的厚度、连接形式以及被连接板的材料等多种因素有关。当被连接板的厚度相同时，铆钉直径等于板厚的 1.8 倍；当被连接板的厚度不同时，搭接连接的铆钉直径等于最小板厚的 1.8 倍。铆钉直径可在计算后按表 8－3 圆整。

表 8－3　标准铆钉直径及通孔直径（GB/T152.1－1988）　　mm

铆钉直径		2	2.5	3	3.5	4	5	6	8	10	12	14	16	18	20	22	24	27	30	36
通孔直径	精装配	2.1	2.6	3.1	3.6	4.1	5.2	6.2	8.2	10.3	12.4	14.5	16.5							
	粗装配							6.5	8.5	11	13	15	17	19	21.5	23.5	25.5	28.5	32	38

2. 铆钉长度

铆接时铆钉所需长度的确定，除了要考虑被铆接件的总厚度外，还要为铆合头留出足够的长度。因此，半圆头铆钉铆合头所需长度应为圆整后铆钉直径的 1.25～1.5 倍，沉头铆钉铆合头所需长度应为圆整后铆钉直径的 0.8～1.2 倍。当铆合头的质量要求较高时，伸出部分的长度应通过试铆来确定，尤其是铆合件数量比较大时更应如此。

3. 通孔直径

铆接时，通孔直径的大小应随着连接要求的不同而有所变化，如果孔径过小，会使铆钉插入困难；如果孔径过大，铆合后的工件容易松动，尤其是在铆钉杆比较长的时候，会造成铆合后铆钉杆在孔内产生弯曲的现象。合适的通孔直径可按表 8－3 中的数值进行选取。

【例 8－3】　用沉头铆钉搭接连接 2mm 厚和 5mm 厚的两块钢板，如何选择铆钉直径、长度及通孔直径？

解　$d = 1.8t = 1.8 \times 2 = 3.6\text{mm}$

按表 8－3 圆整后，取 $d = 4\text{mm}$，则

$$L = L_{铆合头} + L_{总厚}$$

$$L_{铆合头} = (0.8 - 1.2) \times d = (0.8 \sim 1.2) \times 4 = 3.2 \sim 4.8\ (\text{mm})$$

$$L_{总厚} = 2 + 5 = 7\ (\text{mm})$$

$$L = L_{铆合头} + L_{总厚} = 10.2 \sim 11.8\ (\text{mm})$$

铆钉通孔直径在精配时为4.1mm，在粗装配时为4.5mm。

8.3.3 铆接方法

按铆接方法的不同，可将铆接分为冷铆、热铆两类，钳工常用的铆接多为冷铆。冷铆时，铆钉不需加热，在常温下用手工或机器直接镦出铆合头。

1. 半圆头铆钉的铆接

半圆头铆钉的铆接可按以下步骤进行：

（1）把板料互相贴合。

（2）按图样给出的尺寸划线钻孔，孔口倒角。

（3）将铆钉插入孔内。

（4）用压紧冲头压紧板料。

（5）用手锤镦粗伸出部分，并初步铆打成形（图8-19（b）和图8-19（c））。

（6）用罩模修整，如图8-19（d）所示。

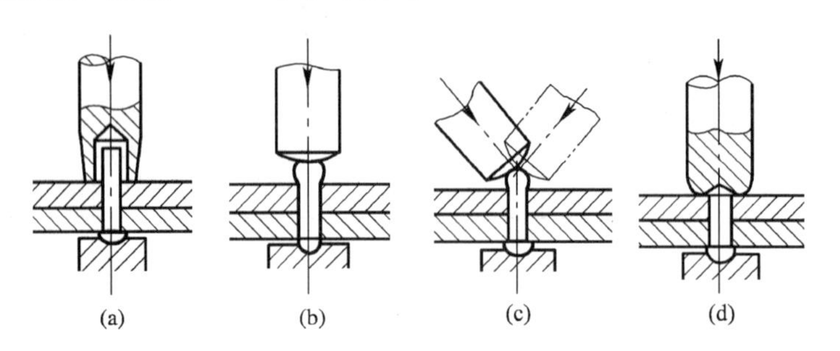

图8-19 半圆头铆钉的铆接过程

2. 沉头铆钉的铆接

沉头铆钉的铆接有两种：一种是用现成的沉头铆钉铆接；另一种是用圆钢按铆钉长度的确定方法，留出两端铆合头部分后截断作为铆钉。其圆钢长度为铆钉长度加上两端铆合头部分的长度。

截断圆钢作为沉头铆钉的铆接，可按图8-20的所示步骤进行。

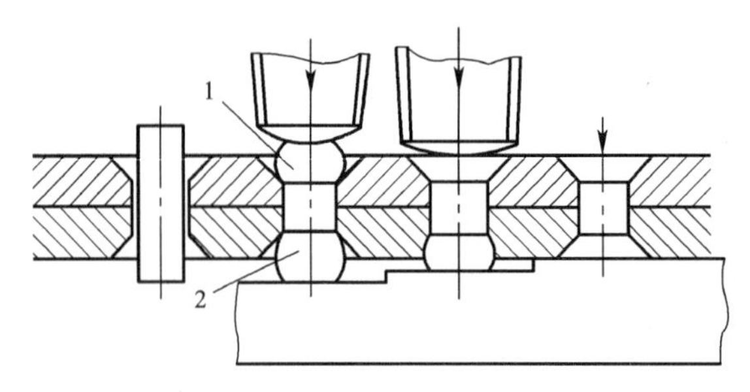

图8-20 沉头铆钉的铆接过程

（1）把板料互相贴合。

（2）划线钻孔，锪锥坑。

（3）插入铆钉。

（4）在正中墩粗面 1、2。

（5）铆合面 1、2。

（6）修去高出部分。

3. 空心铆钉的铆接

空心铆钉的铆接可按以下步骤进行：

（1）把板料互相结合。

（2）划线钻孔，孔口倒角。

（3）插入铆钉。

（4）用样冲冲压，使铆钉孔口张开，与板料孔口贴紧（图 8－21（a））。

（5）用特制冲头将翻开的铆钉孔口与工件孔口贴平（图 8－21（b））。

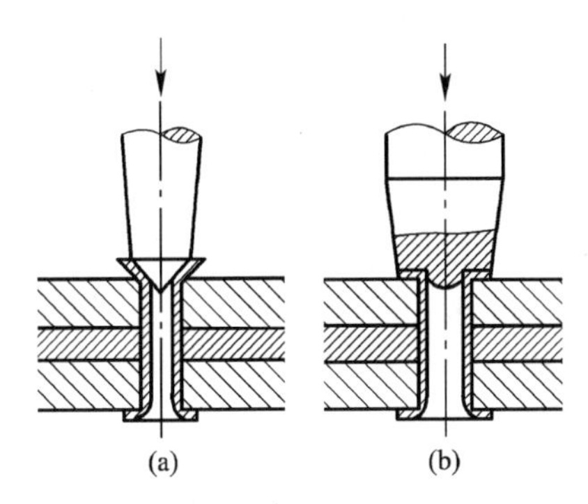

图 8－21　空心铆钉的铆接过程

4. 抽芯铆钉的铆接

抽芯铆钉（图 8－22）是一类单面铆接用的铆钉，需使用专用工具——拉铆枪（手动、电动）进行铆接。这类铆钉特别适用于不便采用普通铆钉（需从两面进行铆接）的铆接场合，故广泛应用于建筑、汽车、船舶、飞机、机器、电器、家具等产品上。

图 8－22　抽芯铆钉

抽芯铆钉的铆接可按以下步骤进行（图8－23）：

（1）把板料贴合，经划线、钻孔、孔口倒角后，将抽芯铆钉插入孔内。

（2）将伸出铆钉头的钉芯部分插入拉铆枪头部孔内，启动拉铆枪，拉紧芯杆，使其底部圆柱挤入钉套（图8－23（a））。

（3）钉套与孔形成轻度过盈配合（图8－23（b））。

（4）拉断芯杆，钉芯头部凸缘将伸出板料的铆钉杆部头端膨胀成铆合头，钉芯即在钉芯头部的凹槽处断开而被抽出（图8－23（c））。

这种铆钉由于具有使用简便、易于操作、快速铆合的特点，得到了越来越广泛的使用。

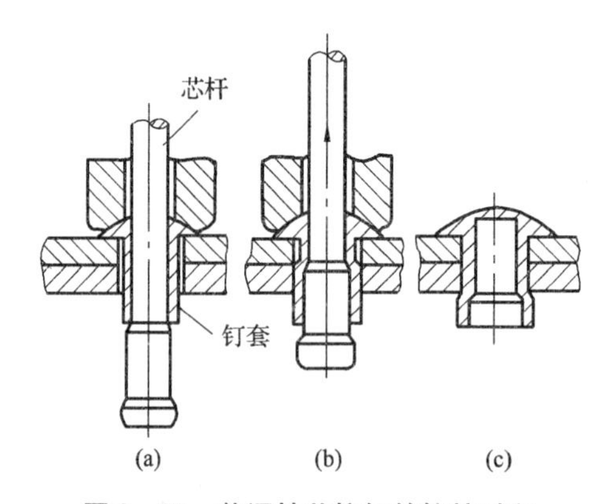

图8－23 普通抽芯铆钉的铆接过程

5. 击芯铆钉的铆接

击芯铆钉（图8－24）是另一类用于单面铆接的铆钉，特别适用于不便采用普通铆钉（需从两面进行铆接）或抽芯铆钉（缺乏拉铆枪）的铆接场合。

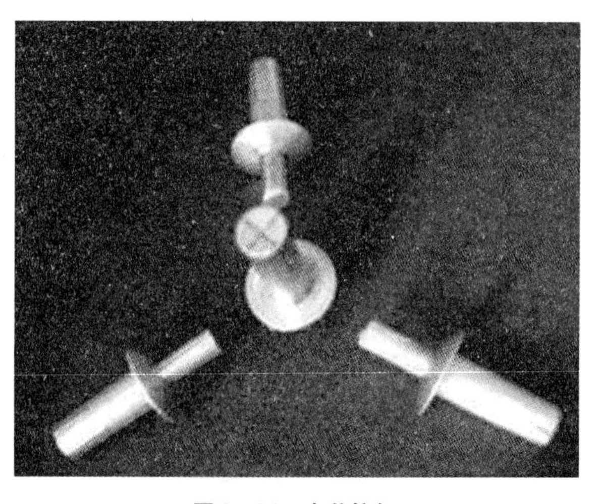

图8－24 击芯铆钉

铆接时，把板料贴合，经划线、钻孔、孔口倒角后，将击芯铆钉插入铆合件孔内，用手锤敲击铆钉芯，当钉芯被敲到与铆钉头平齐时，钉芯便被击至铆钉杆的底部，铆钉伸出铆件的部分即被四面胀开，工件被铆合。这种铆钉使用较简单。

8.3.4 铆钉的拆卸方法

1. 半圆头铆钉的拆卸

直径小的铆钉，可用凿子、砂轮或锉刀将一端铆钉头加工掉、修平，再用小于铆钉直径的冲子将铆钉冲出。直径大的铆钉，可用上述方法在铆钉半圆头上加工出一个小平面，然后用样冲冲出中心，再用小于铆钉直径1mm的钻头将铆钉头钻掉，用小于孔径的冲头冲出铆钉。

2. 沉头铆钉的拆卸

拆卸沉头铆钉时，可用样冲在铆钉头上冲个中心孔，再用小于铆钉直径1mm的钻头将铆钉头钻掉，然后用小于孔径的冲头将铆钉冲出。

3. 抽芯铆钉的拆卸

用与铆钉杆相同直径的钻头，对准芯杆孔进行扩孔，直至铆钉头落掉，然后用冲子将铆钉冲出。

4. 击芯铆钉的拆卸

用冲钉冲击钉芯，再用与铆钉杆相同直径的钻头钻掉铆钉基体。如果铆件比较薄，可直接用冲头将铆钉冲掉。

8.4 锡 焊

锡焊是常用的一种连接方法。锡焊时，工件材料不熔化，只是焊料受热熔化，利用熔化状态的填充金属而将工件连接起来。锡焊与熔焊的不同点是被焊金属边缘并不熔化。锡焊时，由于被焊金属和焊料之间分子的相互扩散，使锡原子和被焊金属的交接处形成合金层，从而形成牢固的焊接点。

锡焊的主要优点是主体金属不产生变形，设备简单、操作方便，大部分金属及合金都可以进行锡焊。锡焊一般用于焊接强度不高或要求密封性较好的连接以及电气设备的接线头连接等。例如，加工开合式铜轴瓦时，粗加工轴瓦结合面后使用锡焊方法；将两半轴瓦焊在一起进行加工；对一些薄板容器接口处的锡焊密封等。

8.4.1 锡焊工具

锡焊时常用的工具有烙铁、烘炉、喷灯等。烙铁是最主要的锡焊工具，它是储存热量的传热体。烙铁分为火烙铁和电烙铁两种，电烙铁如图8－25所示。

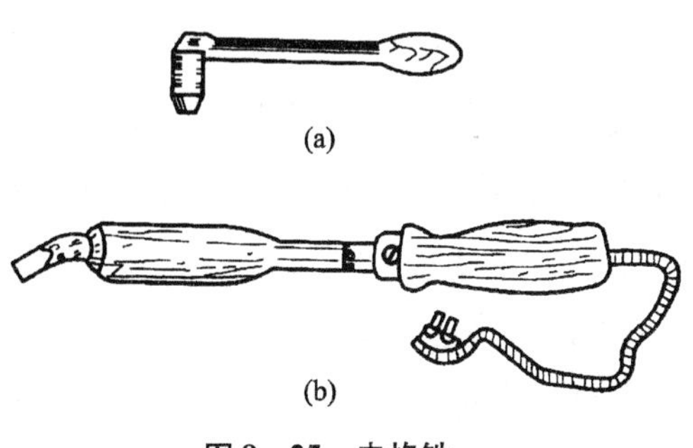

图8－25 电烙铁

烙铁焊头用紫铜制成，端部呈楔形，用火炉或喷灯加热后能储存较大的热量，另一端固定在木柄（或铁柄）上。

电烙铁是利用电阻丝进行加热的，有弯头和直头等形式。由于电烙铁加热方便、迅速，并能较长时间使用，因此是最常用的焊接工具。其规格有15W、25W、45W、100W、300W、500W等多种，应根据焊件的大小选用合适功率的电烙铁。

8.4.2 焊料与焊剂

1. 焊料

锡焊用的焊料称为焊锡，是一种锡铅合金，熔点一般在180℃～300℃之间。锡焊的熔化温度取决于焊锡中锡和铅的比例。锡的比例越高，则焊锡熔点越低，焊接时的流动性越好。

2. 焊剂

焊剂又称焊药，其作用是清除焊缝处的金属氧化膜，保护金属不受氧化，提高焊锡的流动性，增加焊接强度。在准备焊接时，虽然已把焊接表面清洗光洁，但在加热中又会发生氧化，这样就不可能焊好，所以在焊接时必须在焊道上（焊件接缝处）涂上焊剂，以减少表面氧化。

锡焊常用的焊剂有稀盐酸、氯化锌溶液和焊膏等。稀盐酸适用于锌皮或镀锌铁皮的焊接，氯化锌溶液在一般锡焊中都可以使用，焊膏适用于小工件焊接和电工接线等。

8.4.3 焊接方法

1. 焊接工艺步骤

（1）用锉刀、锯条片或砂纸等工具仔细清除焊接处的油污和锈蚀，使其露出光亮清洁的表面。

（2）按焊接件大小选定一定功率的电烙铁（或火烙铁），接通电源将电烙铁加热到250～550℃（如果是大烙铁加热，以烙铁尖呈暗黄色为准），然后在氯化锌溶液中浸一下，再蘸上一层焊锡。

（3）根据母材性质选择合适的焊剂，用木片或毛刷在工件焊接处涂上焊剂。

（4）待电烙铁温度达250℃～550℃（切忌温度过高）时，蘸上焊锡放在焊缝处，稍停片刻，使工件表面发热。焊锡粘附上焊缝后缓慢而均匀地移动，使焊锡填满焊缝。如果焊缝较长时，可把焊锡直接放在焊缝处，用烙铁直接熔化填入焊缝。

（5）用锉刀清除焊接后的残余焊锡并用热水清洗焊剂，然后擦净烘干，检查焊接质量。

2. 焊接注意事项

（1）掌握烙铁的温度是保证锡焊顺利进行的关键。烙铁温度过低，不能熔化焊锡；若温度过高，则烙铁表面会形成氧化铜，无法粘锡。这种情况下必须用锉刀锉去氧化铜，再涂上焊剂才能使用。

（2）应根据被焊接工件的大小选择不同功率的电烙铁。烙铁加热时必须安放平稳，以防烫坏电线，造成事故。

（3）自行配制稀盐酸时，不能把水倒入盐酸中，而应把盐酸缓慢倒入水中，以防止盐酸飞溅，造成烧伤皮肤或烧坏衣服等事故。

习　题

一、填空题

1. 消除材料或制件的________、________、________等缺陷的加工方法叫矫正。

2. 金属材料变形有________变形和________变形两种，矫正针对________变形而言。

3. 矫正厚板时，由于板厚________较好，可用手锤直接敲击________，使其________变形而达到矫正。

4. 矫直轴类零件的弯曲变形，敲击方法是使上层凸起部位受________，使下层凹下部位受________。

5. 扁钢或条料在厚度方向上弯曲时，用手锤直接敲击________；在宽度方向上弯曲时，应敲击________。

6. 将坯料弯成所要求________的加工方法叫弯形。

7. 经过弯形的工件，越靠近材料的__________变形越严重，越容易出现__________或________）现象。

8. 在常温下进行的弯形叫________；在________情况下进行的弯形叫热弯。

9. 冷弯可以利用________和________进行，也可利用简单机械进行________弯形。

10. 弯形管子的直径在12mm以上需用________弯，最小弯形半径必须大于________的4倍。

11. 固定铆接按用途和要求分为________铆接、________铆接和________铆接。

12. 铆钉按形状分为平头、________、________、________、管状空心和皮带铆钉。

13. 按铆钉材料分，有________铆钉、铜铆钉和________铆钉。

14. 按铆接强度和密封要求，铆钉排列形式有________、________和________等。

15. 铆钉________大小和连接工件的________有关。

二、判断题（对的画√，错的画×）

1. 矫正后金属材料硬度提高、性质变脆的现象叫冷作硬化。（　　）

2. 矫正薄板料不是使板料面积延展，而是利用拉伸或压缩的原理。（　　）

3. 金属材料弯形时，其他条件一定，弯形半径越小，则变形也越小。（　　）

4. 材料弯形后，中性层长度保持不变，但实际位置一般不在材料几何中心。（　　）

5. 工件弯形卸荷后，弯形角度和弯形半径会发生变化，出现回弹现象。（　　）

6. 弯形半径不变，材料厚度越小，变形越大，中性层就越接近材料的内层。（　　）
7. 常用钢件的弯形半径大于其两倍厚度时，一般就可能会被弯裂。（　　）
8. 对于低压容器装置的铆接，应用强固铆接。（　　）
9. 只把铆钉的铆合头端部加热而进行的铆接是混合铆。（　　）
10. 罩模是对铆合头整形的专用工具。（　　）
11. 铆钉并列排列时，铆钉距应小于3倍铆钉直径。（　　）
12. 热铆时，要把铆钉孔直径缩小0.1～1mm，使铆钉在热态时容易插入。（　　）
13. 铆接时，通孔的大小应随着连接要求的不同而有所变化。（　　）

三、选择题

1. 冷矫正由于存在冷作硬化现象，只适用于（　　）的材料。
A. 刚性好，变形严重
B. 塑性好，变形不严重
C. 刚性好，
2. 变形不严重的材料弯形后，外层因受拉力而（　　）。
A. 伸长　　B. 缩短　　C. 长度不变
3. 当材料厚度不变时，弯形半径越大，变形（　　）。
A. 越小　　B. 越大　　C. 可能大也可能小
4. 弯形有焊缝的管子时，焊缝必须放在其（　　）的位置。
A. 弯形外层　　B. 弯形内层　　C. 中性层
5. 活动铆接的结合部分（　　）。
A. 固定不动　　B. 可以相互转动和移动 C. 可以相互转动
6. 直径在8mm以下的钢铆钉，铆接时一般用（　　）。
A. 热铆　　B. 冷铆　　C. 混合铆
7. 具有铆接压力大、动作快、适应性好、无噪声的先进铆接方法是（　　）。
A. 液压铆　　B. 风枪铆　　C. 手工铆
8. 用半圆头铆钉接时，留作铆合头的伸出部分长度应为铆钉直径的（　　）倍。
A. 0.8～1.2　　B. 1.25～1.5　　C. 0.8～1.5

四、简述题

1. 怎样矫正薄板料中间的凸、凹变形？
2. 怎样矫直弯曲的细长线材？
3. 材料弯曲变形的大小与哪些因素有关？

第9章　典型机构的装配和调整

本章学习要点

1. 掌握螺纹连接的装配技术要求和装配工艺；以及键连接、花键连接、圆柱销和圆锥销的装配。

2. 了解螺纹连接的装拆工具？以及过盈连接的装配技术和方法。

3. 掌握带传动机构的装配技术要求、带轮及V带的装配、链传动机构与齿轮装配的技术要求、圆柱齿轮传动机构的装配、蜗杆传动机构的装配过程、螺旋传动机构的装配要点。

4. 了解圆锥齿轮传动机构的装配、蜗杆传动机构箱体的装前检验、联轴器与离合器的装配以及液压传动装置的装配。

5. 掌握滑动轴承的装配、滚动轴承的装配和拆卸、轴承的固定方式以及滚动轴承游隙的调整。

6. 了解滚动轴承的配合、车床主轴轴组的装配和滚动轴承定向装配。

9.1　固定联结机构的装配

9.1.1　螺纹连接

1. 技术要求

螺纹连接是一种可拆的固定连接，它具有结构简单，连接可靠，拆卸方便等优点，螺纹连接要达到紧固而可靠的目的，必须保证螺纹副具有一定摩擦力矩，摩擦力矩是由于连接时施加拧紧力矩后，螺纹副产生预紧力而获得的。一般的紧固螺纹连接，在无具体的拧紧力矩要求时，采用一定长度的普通扳手按经验拧紧即可。在一些重要的螺纹连接中，如汽车制造、飞机制造等，常提出螺纹连接应达到规定的预紧力要求，控制方法如下：

（1）控制转矩法用测力扳手来指示拧紧力矩，使预紧力达到规定值。

（2）控制螺栓伸长法即通过螺栓伸长量来控制预紧力的方法。

（3）控制螺母扭角法即通过控制螺母拧紧时应转过的拧紧角度，来控制预紧力的方法。

2. 常用工具

为了保证装配质量和装配工作的顺利进行，合理地选择和使用装配工具是很重要的。常用的工具有以下几种：

（1）旋具

旋具用来拧紧或松开头部带沟槽的螺钉。其工作部分用碳素工具钢制成，并经淬火硬化。

① 标准旋具由木柄、刀体和刀口组成，如图 9－1（a）所示。标准旋具用刀体部分的长度代表其规格，常用的有 4″（100mm）、6″（150mm）、8″（200mm）、12″（300mm）及 16″（400mm）等几种，根据螺钉沟槽宽度来选用。

② 十字旋具用来拧紧头部带十字槽的螺钉，在较大的拧紧力下，这种旋具不易从槽中滑出，如图 9－1（b）所示。

③ 弯头旋具用于螺钉顶部空间受限制的情况，如图 9－1（c）所示。

④ 快速旋具用来拧紧（或松开）小螺钉，工作时推压手柄，使螺旋杆通过来复孔而转动，可以快速拧紧或松开小螺钉，提高装拆速度如图 9－1（d）所示。

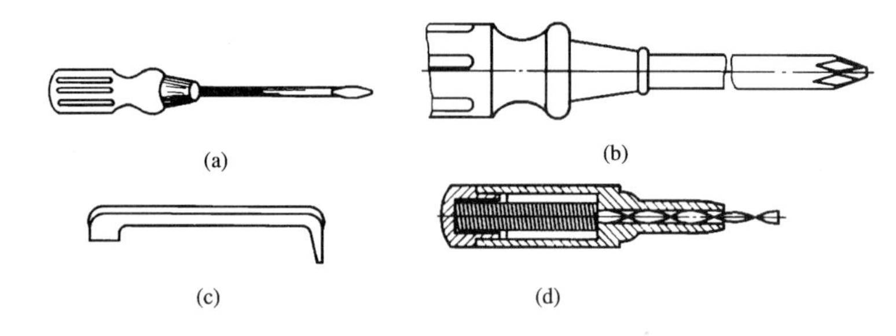

图 9－1　旋具

（a）标准旋具；（b）十字旋具；（c）弯头旋具；（d）快速旋具

（2）扳手

扳手用来拧紧六角形、正方形螺钉和各种螺母。一般用工具钢、合金钢或可锻铸铁制成。它的开口要求光洁和坚硬耐磨。扳手有通用的、专用的和特种的三类。

1）通用扳手即活络扳手，如图 9－2 所示。它是由扳手体和固定钳口、活动钳口及蜗杆组成，其开口的尺寸能在一定范围内调节，它的规格见表 9－1。

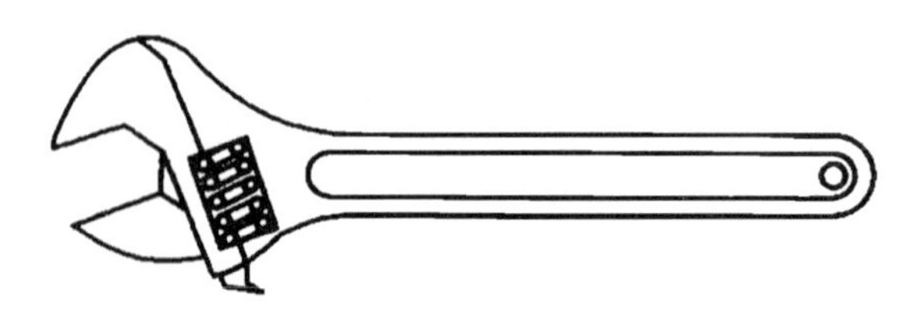

图 9－2　活络扳手

表 9－1　活络扳手规格

长度	公制/mm	100	150	200	250	300	375	450	600
	英制/in	4	6	8	10	12	15	18	24
开口最大宽度/mm		14	19	24	30	36	46	55	65

使用活络扳手应让固定钳口受主要作用力，否则容易损坏扳手。钳口的尺寸应适合螺母的尺寸，否则会扳坏螺母或螺栓。不同规格的螺母（或螺钉）应选用相应规格的活络扳手，扳手手柄的长度不可任意接长，以免拧紧力矩太大而损坏扳手或螺钉。活络扳手的工作效率不高，活动钳口容易歪斜，往往会损伤螺母或螺钉的头部表面。

2）专用扳手　只能扳动一种规格的螺母或螺钉。根据其用途的不同可分下列几种：

① 开口扳手也称呆扳手，如图9－3所示，分为单头和双头的两种。双头开口扳手两端的开口大小一般是根据标准螺母相邻的两个尺寸而定。一把开口扳手最多只能拧动两种相邻规格的六角头或方头螺栓、螺母，故使用范围较活动扳手小。双头开口扳手根据标准尺寸做成一套，常用十件一套的双头开口扳手两端开口宽度（单位：mm）分别为：5.5×7、8×10、9×11、12×14、14×17、17×19、19×22、22×24、24×27、30×32。双头开口扳手规格的详细资料见GB/T 4391—1995。

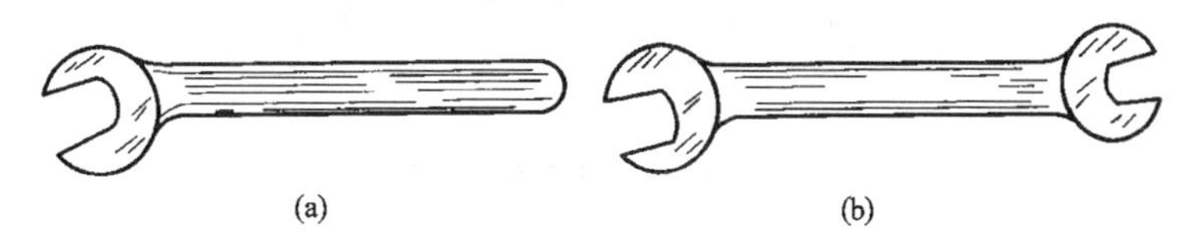

图9－3　呆扳手

（a）双头；（b）单头

② 整体扳手如图9－4所示，有正方形、六角形、十二角形（梅花扳手）等几种，其中以梅花扳手应用最广泛，它只要转过30°就可改换扳动的方向，所以在狭窄的地方工作比较方便。

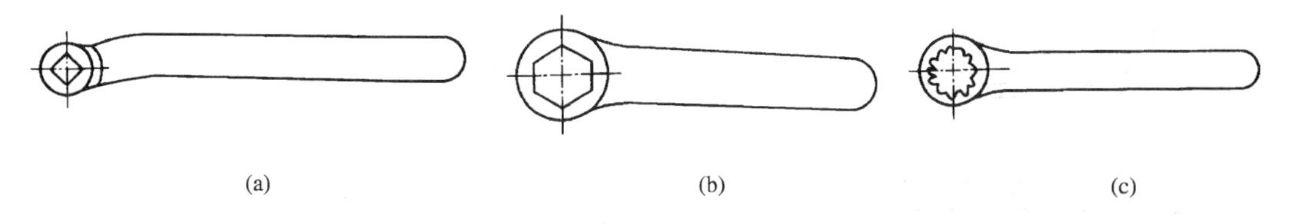

图9－4　整体扳手

（a）方形扳手；（b）六方扳手；（c）梅花扳手

③ 成套套筒扳手如图9－5所示，成套套筒扳手由各种套筒组件，套头、传动附件和连接件组成，用于紧固和拆卸六角头螺栓、螺母，特别适用于工作空间狭小或深凹的场合。为适应不同规格螺钉螺母的扳拧需要，套筒扳手通常都是将套筒及相关附件成套（盒）供应。成套套筒扳手的组套形式多种多样，使用者可根据自己的实际需要选择购买。

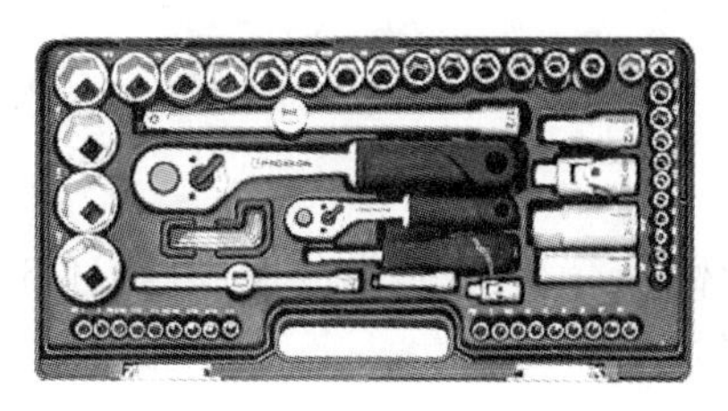

图9－5　成套套筒扳手

④ 锁紧扳手有多种形式，图 9－6 所示为用来装拆圆螺母的圆螺母扳手。其结构多种多样，适用不同螺母。

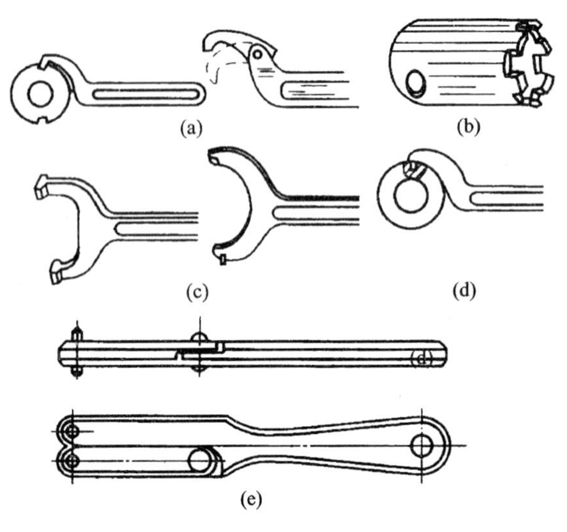

图 9－6　圆螺母扳手

⑤ 内六角扳手如图 9－7 所示，用于拧紧内六角头螺钉，这种扳手是成套的，可拧紧 M3～M24 的内六角头螺钉。

3）特种扳手是根据某些特殊要求而制造的，如图 9－8 图所示为棘轮扳手，它适用在狭窄的地方。工作时正转手柄，棘爪就在弹簧的作用下进入内六角套筒的缺口（棘轮）内，套筒便跟着转动。当反向转动手柄时，棘爪就从套筒缺口的斜面上滑过去，因而螺母（或螺钉）不会跟着反转。松开螺母时，将扳手翻转 180°使用即可。

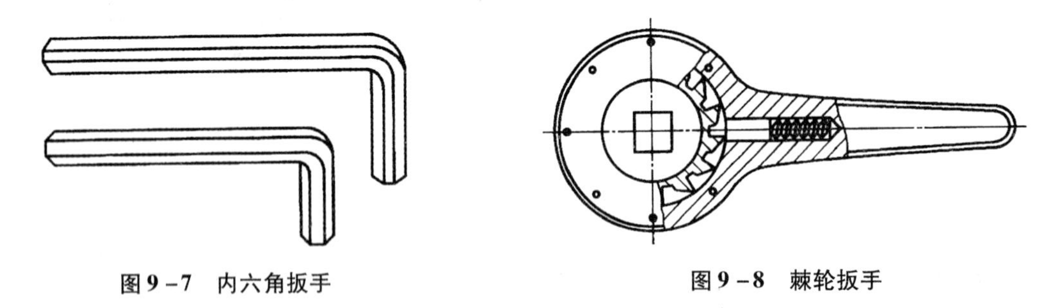

图 9－7　内六角扳手　　　　图 9－8　棘轮扳手

如图 9－9 所示为指针式测力扳手，它用于需要严格控制螺纹连接时能达到的拧紧力矩的场合，以保证连接的可靠性及螺钉的强度。

3. 装配工艺

（1）双头螺柱的装配

① 技术要求

• 应保证双头螺柱与机体螺纹配合有足够的紧固性，保证在装拆螺母过程中无任何松动现象，方法如下。

a. 利用双头螺柱紧固端与机体螺孔配合有足够的过盈量来保证，如图 9－10（a）所示。

b. 用台肩形式紧固在机体上，如图 9－10（b）所示。

c. 把双头螺柱紧固端最后几圈螺纹做得浅些，以达到紧固的目的。

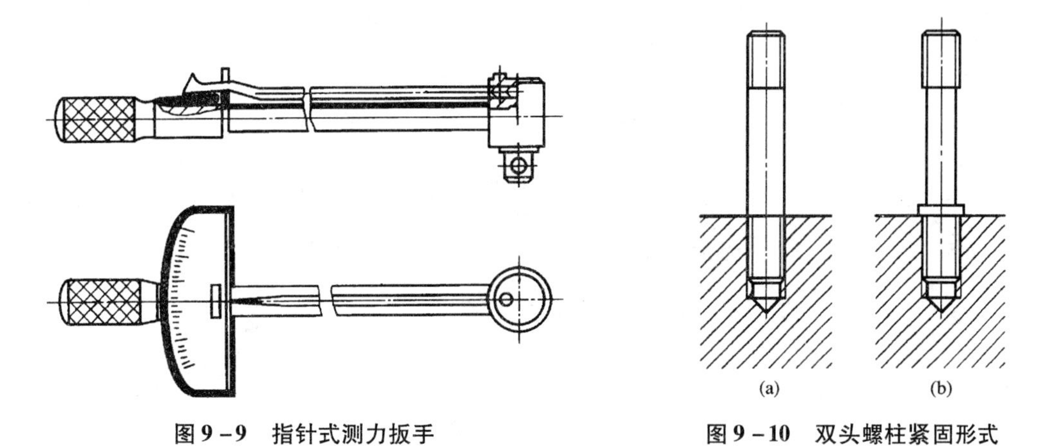

图 9－9　指针式测力扳手　　　图 9－10　双头螺柱紧固形式

- 双头螺柱的轴线必须与机体表面垂直。
- 将双头螺柱紧固端装入机体时必须用油润滑，以防发生咬住现象。

② 拧紧方法

- 用两个螺母拧紧，如图 9－11（a）所示，将两螺丝母相互锁紧在双头螺柱上，然后扳动上螺母，将螺柱紧固端拧入机体螺孔中。
- 用长螺母拧紧，如图 9－11（b）所示，当长螺母拧入双头螺柱，再将长螺母上的止动螺钉旋紧，顶住双头螺柱顶端，这样就阻止了长螺母与双头螺柱间的相对转动，此时拧动长螺母，便可使双头螺柱旋入机体。
- 用专用工具拧紧，如图 9－11（c）所示，当顺向拧动工具体时，在隔圈中的三个滚柱牢牢地压在工具体内壁与双头螺柱的光柱上，旋紧力越大，压得越紧，这样可使双头螺柱紧固端旋入机体螺孔。

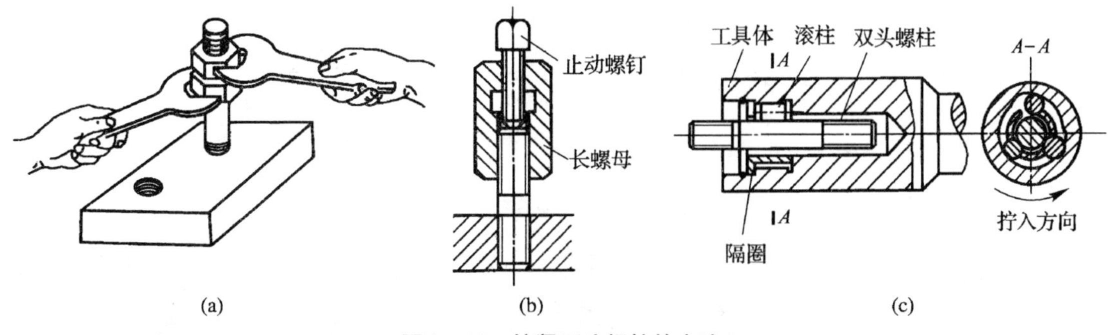

图 9－11　拧紧双头螺柱的方法

（2）螺钉、螺母的装配要点

① 做好被连接件和连接件的清洁工作，螺钉拧入时，螺纹部分应涂上润滑油。

② 装配时要按一定的拧紧力矩拧紧，用大扳手拧小螺钉时特别要注意用力不要过大。

③ 螺杆不产生弯曲变形，螺钉头部、螺母底面应与连接件接触良好。

④ 被连接件应均匀受压，互相紧密贴合，连接牢固。

⑤ 成组螺钉或螺母拧紧时，应根据连接件的形状及紧固件的分布情况，按一定顺序逐次（一般 2 ~ 3 次）拧紧，如可按图 9 - 12 所示的编号顺序逐次拧紧。

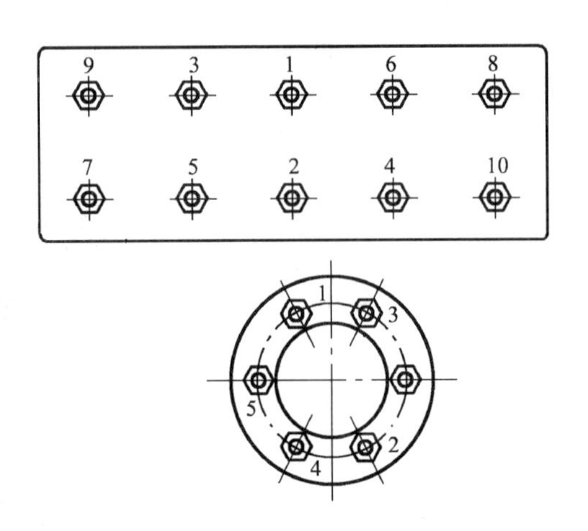

图 9 - 12　拧紧成组螺母时的顺序

⑥ 连接件在工作中有振动或冲击时，为了防止螺钉或螺母松动，必须有可靠的防松装置。

螺纹连接的防松方法如下：

- 加大摩擦力防松　分为两种：锁紧螺母（双螺母）防松，如图 9 - 13（a）所示。弹簧垫圈防松，如图 9 - 13（b）所示。

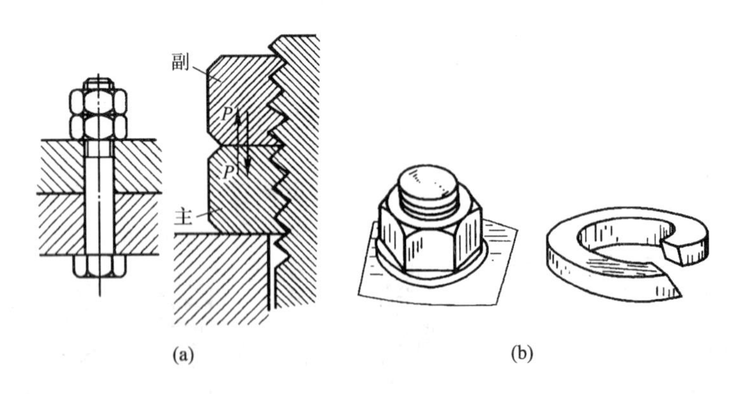

图 9 - 13　加大摩擦力防松

- 机械方法防松　分为四种：开口销与带槽螺母防松［图 9 - 14（a）］；六角螺母止动垫圈防松［图 9 - 14（b）］；圆螺母止动垫圈防松图［9 - 14（c）］；串联钢丝防松［图 9 - 14（d）］，注意钢丝串联的方法。

- 用螺栓锁固密封剂防松　目前，在一些先进企业已广泛采用这一方法防止螺纹回松。合理选用螺栓锁固胶，可保证既能防松动、防漏、防腐蚀，又能方便拆卸。使用螺栓锁固胶时，只要擦去螺纹表面油污，涂上锁固胶将其拧入螺孔，拧紧便可。

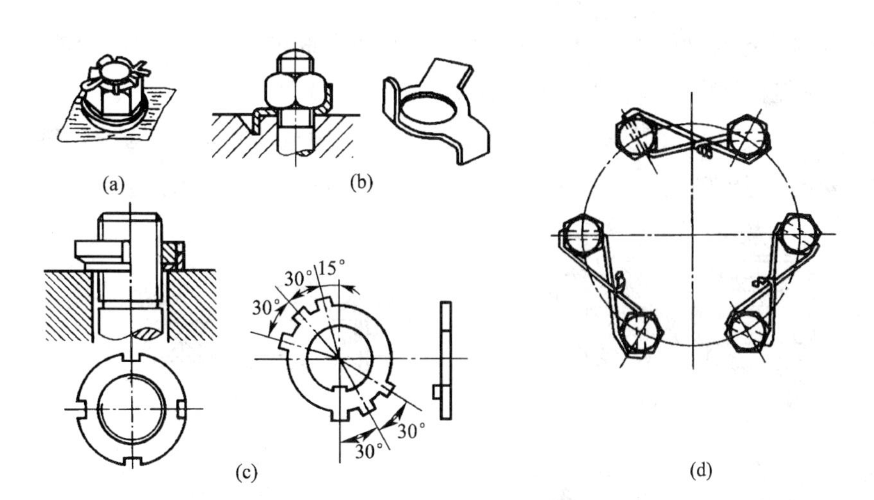

图9－14 机械方法防松装置

9.1.2 键连接

键是用来连接轴和轴上的零件，使它们周向固定以传递转矩的一种机械零件。齿轮、带轮、联轴器等许多零件多用键来连接。它具有结构简单、工作可靠、装拆方便等优点。根据结构特点和用途的不同，键连接包括松键连接、紧键连接和花键连接，它们的结构特点不同，故各自的装配要求也不同。键多采用45钢制造，并经调质处理，尺寸均已标准化。

（1）松键连接

松键连接包括普通平键连接、半圆键连接、导键连接及滑键连接等。其特点是靠键的侧面来传递转矩，轴与套件连接的同轴度要求较高，只能对轴上零件作周向固定，不能承受轴向力。如需轴向固定，则需加紧定螺钉或定位环等定位零件。松键连接的对中性好，应用最为普遍。键与轴槽、轮毂槽的配合公差根据机构传动特点来定，见表9－2。

表9－2 键宽b的配合公差

键的类型	较松键连接			一般键连接			较紧键连接		
	键	轴	毂	键	轴	毂	键	轴	毂
平键（GB/T 1096—2003）	h9	H9	H10	h9	N9	JS9	h9	P9	P9
半圆键（GB/T 1099—2003）	h9	—	—	h9	N9	JS9	h9	P9	P9
薄型平键（GB/T 1566—2003）	h9	H9	H10	h9	N9	JS9	h9	P9	P9

① 普通平键连接 键与轴槽、轮毂槽的配合按技术要求，键的两端头与轴槽两端头应为间隙配合，键的上平面与轮毂槽底应留有一定间隙，如图9－15（a）所示。

② 半圆键连接 将键装入轴上半圆弧槽中，套件装上时键能自动适应轮毂键槽，但这种键只能传递较小转矩，如图9－15（b）所示。

③ 导键连接　键与轴槽采用 H9/h9 配合，并用螺钉固定在轴上；键与轮毂采用 D10/h9 配合，轴上零件能做轴向移动，如图 9－15（c）所示。

④ 滑键连接　键固定在轮毂键槽中（较紧配合），键与轴槽为间隙配合，轴上零件能带动键作轴向移动，用于轴上零件在轴上要作较大距离的轴向移动的场合，如图 9－15（d）所示。

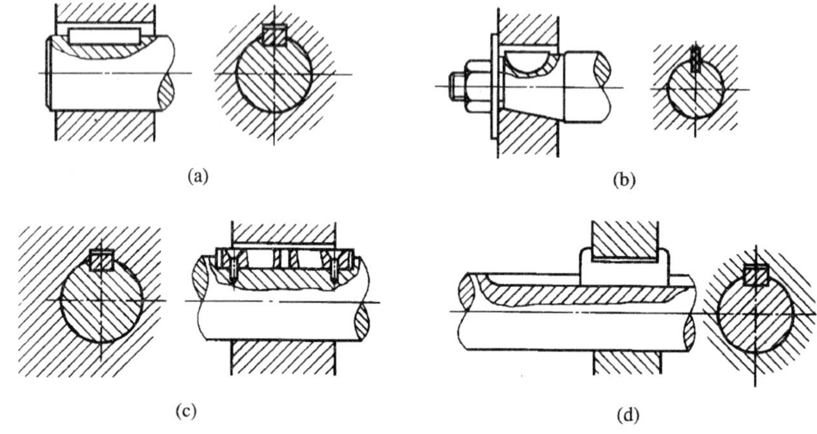

图 9－15　松键连接

（a）普通平键连接；（b）半圆键连接；（c）导键连接；（d）滑键连接

松键连接的配合特点：在松键连接时，键与轴槽和轮毂槽的配合性质，一般取决于机构的工作要求。键可以固定在轴或轮毂上，而与另一相配件作相对滑动，也可以同时固定在轴和轮毂上，并以键的极限尺寸为基准，通过改变轴槽及轮槽的极限尺寸来得到各种不同的配合要求。

松键连接的装配要点：普通平键和半圆键装配后，键的两侧应有一些过盈量，键顶面和轮毂槽底面之间须留有一定间隙，键底面应与轴槽底面接触。对于导键和滑键，要求键与滑动件的键槽侧面是间隙配合，而键与非滑动键的键槽侧面之间的配合必须紧密，没有松动现象。导键的沉头螺钉要固定可靠，点铆防松。松键连接的装配可按以下步骤进行。

① 清理键和键槽的毛刺

② 检查键的平直度、键槽对轴心线的对称度和歪斜程度。

③ 用键头与轴槽试配，对普通平键和导键，应能使键紧紧地嵌在轮毂槽中。

④ 锉配键长，键头与轴槽间应有 0.1mm 左右的间隙。

⑤ 配合面加机油，用铜棒或带有软垫的台虎钳将键压装入轴槽中。

⑥ 按装配要求试配并安装套件（齿轮、带轮）。

（2）紧键连接

紧键连接有楔键连接和切向键连接两种。

① 楔键连接　楔键连接分为普通楔键连接和钩头楔键连接两种，如图 9－16（a）和图 9－16（b）所示。楔键连接是依靠键的上表面和轮毂槽底面有 1∶100 的斜度楔紧作用来传递转矩的，键侧与键槽有一定的间隙。楔键连接还能固定轴上零件和承受单向轴向力，但易造成轴、孔中心偏移，所以只能用于转速低、精度要求不高的场合。

钩头楔键连接主要用于键不能从另一端打出的场合。楔键装配时，先用涂色检查键与轴槽、轮毂槽底的接触情况，两者斜度一定要一致，以保证键与两槽底能紧密贴合。键的两侧要有间隙，装配时套件在轴上位置定下后，只需将楔键打入、楔紧。钩头楔键在装配时，注意钩头与套件端面留有一定的距离，以便拆卸。

② 切向键连接　切向键由两个斜度为 1∶100 的楔键组成，如图 9－16（c）所法。其上下两面为工作面，其中一个面在通过轴线的平面内。这样，工作面之间的压力沿轴的切线方向作用，所以能传递较大的转矩。

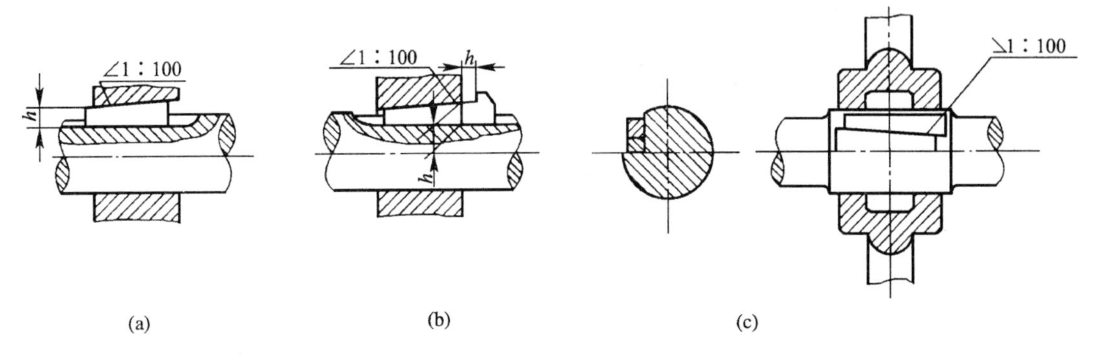

图 9－16　紧键连接

（a）普通楔键连接；（b）钩头楔键连接；（c）切向键连接

一个切向键只能传递一个方向的转矩，若要传递双向转矩时，应有互成120°～135°角分布的两个切向键。切向键主要用于载荷很大、同轴度要求不严格的场合。装配时两切向键的斜度要一致，打入键槽时两底面要接触良好。

（3）花键连接

① 结构特点

花键连接由轴和毂孔上的多个键齿组成，齿侧面为工作面，如图 9－17 所示。花键连接的承载能力高，同轴度和导向性好，对轴的强度影响小，适用于载荷较大且同轴度要求较高的静连接或动连接，在机床和汽车制造中得到广泛应用。

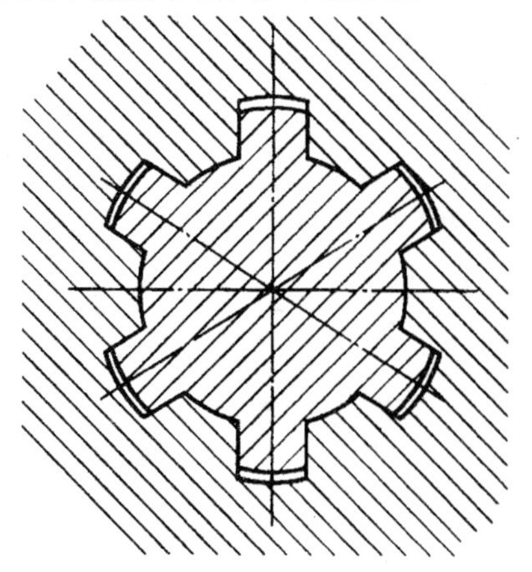

图 9－17　花键连接

按工作方式不同，花键连接有静连接和动连接两种，按齿廓不同，花键又可分为有矩形、渐开线形、三角形和梯形几种，其中以前三种应用最广。

花键的定心方式按 GB 171144—2011 的规定来确定。矩形花键的定心方式为小径定心。其优点为定心精度高、定心稳定性好，能用磨削方法消除热处理变形，定心直径尺寸和位置都能获得较高的精度。矩形花键的齿廓为直线，故容易制造。花键装配时的定位方式有外径定心、内径定心和键侧定心三种，一般情况下常采用外径定心，以便于获得较高的加工精度。

花键的基本参数代号为键数 n，小径 d，大径 D，键宽 b。

装配图上花键连接标注示意为

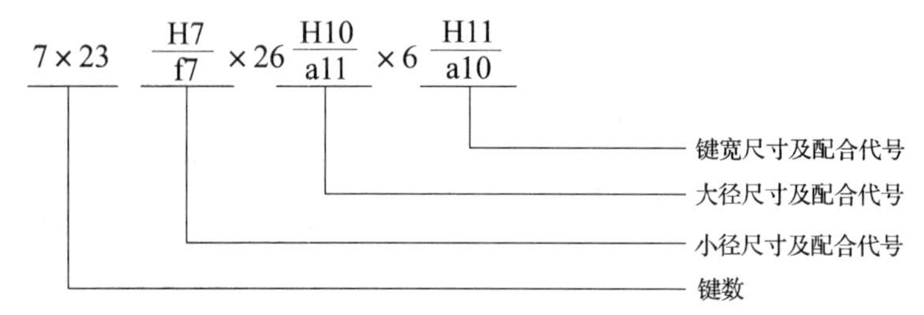

② 装配要点

矩形花键内、外表面应按装配图中的配合要求确定其配合性质及配合精度。

- 静连接花键装配时，套件应在花键轴上固定，故所选择的配合及齿距误差等可能出现少量过盈，装配时可用铜棒轻轻打入，但不得过紧，要防止拉伤配合表面。如果过盈较大，则应将套件加热（80～120℃）后进行装配，但它的轴向位置必须靠其他制动件固定。
- 动连接花键装配时，套件在花键轴上可以自由滑动，没有阻滞现象，但也不能过松，用手摆动套件时，不能感到有明显周向间隙。
- 花键轴与花键孔制造较精确，故在装配时只需去掉毛刺，做好清洁工作，涂上润滑油就可将套件装上。
- 对于某些花键孔齿轮，因齿部经高频感应加热淬火，内孔有些收缩，造成装配困难，此时可用花键推刀修整键孔，也可用涂色法修整后装入。
- 矩形花键轴、孔公差与配合要求见表 9－3。

表 9－3　矩形花键轴、孔公差与配合要求

使用范围	内花键			外花键			配合性质
	拉削后热处理			磨削加工			
	d	D	b	d	D	b	
一般	H7	H10	H10 ～ H11	f7 g7 h7	a11	d10 f9 h10	滑动 紧滑动 固定

续表

使用范围	内花键			外花键			配合性质
	拉削后热处理			磨削加工			
	d	*D*	*b*	*d*	*D*	*b*	
精密	H5	H10	H7	f5 g5 h5	a11	d8 f7 h8	滑动 紧滑动 固定
	H6		H9	f6 g6 h6	a11	d8 f7 h8	滑动 紧滑动 固定

9.1.3　销连接

销连接的作用是定位（图 9－18（a））、连接或锁定零件图（9－18（c）），有时还可起到安全保险作用（图 9－18（c）），即在过载的情况下，保险销首先折断，机械停止动作。销的结构简单，连接可靠，装拆方便，在各种机械中应用很广。各种销大多采用 30、45 钢制成。其形状和尺寸已标准化。销孔的加工大多是采用铰刀加工。

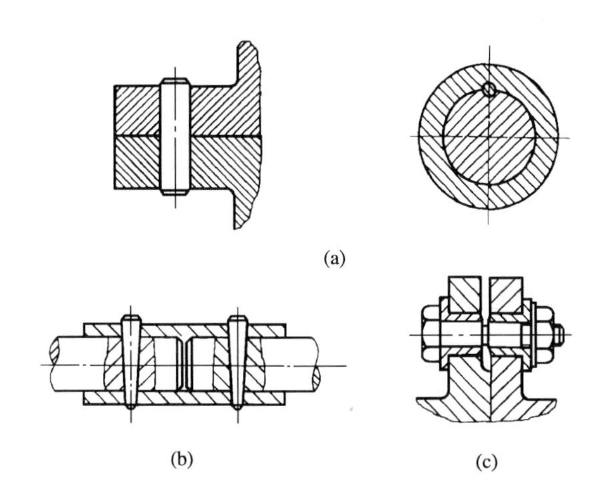

图 9－18　销连接

（a）定位作用；（b）连接作用；（c）保险作用

1. 圆柱销

（1）圆柱销一般依靠过盈固定在孔中，用以固定零件、传递动力或作为定位元件。在两被连接零件相对位置调整、紧固的情况下，才能对两被连接件同时钻、铰孔，孔壁表面粗糙度值小于 $Ra1.6\mu m$，以保证连接质量。

（2）所采用的圆柱铰刀，必须保证在圆柱销打入时有足够的过盈量。

（3）圆柱销打入前应做好孔的清洁工作，销上涂机油后方可打入。

（4）圆柱销装入后尽量不要拆，以防影响连接精度及连接的可靠性。

2. 圆锥销

（1）在两被连接零件相对位置调整、紧固的情况下，才能对两被连接件同时钻、铰孔，钻头直径为锥销的小端直径，铰刀锥度为1∶50，注意孔壁表面粗糙度要求。

（2）铰刀铰入深度以圆锥销自由插入后，大端部露出工件表面2～3mm为宜。做好锥孔清洁工作，圆锥销涂上机油插入孔内，再用锤子打入，销子大端露出不超过倒角，有时要求与被连接件一样平。

（3）一般被连接零件定位用的定位销均为两支，注意两销装入深度基本要求一致。

（4）销在拆卸时，一般从一端向外敲击即可，有螺尾的圆锥销可用螺母旋出，拆卸带内螺纹的销时，可采用拔销器拔出。

表9－4　销的类型、特点和应用

类型		图形	特点		应用
圆柱销	普通圆柱销		销孔需铰制，多次拆装后会降低定位的精度和连接的坚固；只能传递不大的载荷	A型：直径公差m6 B型：直径公差h8 C型：直径公差h11 D型：直径公差u8	主要用于定位，也可用于连接
	内螺纹圆柱销			直径偏差只有h6一种；内螺纹供拆卸用；有A、B两型	B型用于盲孔
	弹性圆柱销		具有弹性，装入销孔后与孔壁压紧，不易松脱；销孔精度要求较低，互换性好。可多次装拆，互换性好；刚性较差，不适合于高精度定位 载荷大时可用几个套在一起使用，相邻内外两销的缺口应错开180°		用于有冲击、振动的场合，可代替部分圆柱销、圆锥销、开口销或销轴

续表

<table>
<tr><th colspan="2">类型</th><th>图形</th><th>特点</th><th>应用</th></tr>
<tr><td rowspan="2">圆锥销</td><td>普通圆锥销</td><td>1:50</td><td rowspan="2">有 1:50 的锥度，便于安装；定位精度比圆柱销高；在受横向力时能自锁；销孔需铰制，螺纹供拆卸用；螺尾锥销制造不便
开尾圆锥销打入销孔后，末端可稍张开，以防止松脱</td><td>主要用于定位，也可用于固定零件、传递动力，多用于经常装拆的场合</td></tr>
<tr><td>内螺纹圆锥销</td><td>1:50</td><td>用于盲孔</td></tr>
<tr><td rowspan="2">圆锥销</td><td>螺尾圆锥销</td><td>1:50</td><td rowspan="2">有 1:50 的锥度，便于安装；定位精度比圆柱销高；在受横向力时能自锁；销孔需铰制，螺纹供拆卸用；螺尾锥销制造不便
开尾圆锥销打入销孔后，末端可稍张开，以防止松脱</td><td>用于拆卸困难的场合，如不通孔或很难打出销孔的孔中</td></tr>
<tr><td>开尾圆锥销</td><td>1:50</td><td>用于有冲击、振动的场合</td></tr>
<tr><td colspan="2">销轴</td><td></td><td>用开口销锁定，拆卸方便</td><td>用于铰接处</td></tr>
<tr><td colspan="2">开口销</td><td></td><td>工作可靠，拆卸方便</td><td>用于锁定其他紧固件，与槽形螺母配合使用</td></tr>
</table>

9.1.4　过盈连接

过盈连接是以包容件（孔）和被包容件（轴）配合后的过盈值来达到紧固连接为目的的。装配后，由于材料的弹性变形，在包容件和被包容件配合面间产生压力。工作时，依靠此压力产生的摩擦力传递转矩、轴向力或二者均有的复杂载荷。这种连接的结构简单，对中性好，承载能力强，能承受交变载荷和冲击力，还可避免零件由于加工键槽等原因而削弱其强度。但过配合面加工精度要求较高，且装配不便。

过盈连接的装配注意事项如下：

（1）准确的过盈值是按连接要求的紧固程度决定的，一般最小过盈量应等于或稍大于所需的最小过盈。

（2）过盈连接装配的配合表面应具有足够小的表面粗糙度，并要十分注意配合面的清洁处理。零件经加热或冷却后，配合面要擦拭干净。

（3）在压合前，配合面必须用机油润滑，以免装配时擦伤表面。

（4）压入过程应保持连续，速度不宜太快。压入速度一般在 2～4mm/s。

（5）对于细长的薄壁件，要特别注意其过盈量和形状偏差，装配时最好垂直压入，以防变形和倾斜。

1. 红套装配

红套装配就是过盈配合装配，又称热配合，它利用了金属材料热胀冷缩的物理特性。在孔与轴有一定过盈量的情况下，把孔加热胀大，然后将轴套入胀大的孔中。待自然冷却后，轴与孔就形成能传递轴向力、转矩或两者同时作用的结合体。

（1）特点　其优点是结构简单，比迫击配合和挤压配合能传递更大轴向力和转矩，所以应用较为广泛。对又重又大的零件或结构复杂的大型工件，为了解决缺乏大型加工设备的困难，也可采用红套装配的方法。如万匹柴油机的曲轴，就是将主轴颈和曲柄分别制造后，将它们红套组合成一个整体的曲轴。红套装配必须掌握两个因素，一是红套的加热方法和温度，二是配合的过盈量。

（2）加热方法　工件红套时可根据其尺寸及过盈量采用不同的加热方法。

① 小型零件选用烘箱加热方法，该方法简便易行，烘箱温度一般不超过 300℃。

② 一般中小型零件选用 HG38，HG52，HG62 等过热汽缸油（它们的闪点分别是 290℃，300℃，315℃）加热。将过热气缸油倒入与红套零件大小相适应的容器内，加热到所需的温度并保温一段时间，即可取出零件与轴套合。这种加热方法能使零件得到整体加热，且受热均匀，产生的内应力小，可以不变形或少变形，表面不会产生氧化皮，故应用较广。

③ 大型零件红套时，往往受到加热油池的容积限制，零件又必须竖放。如果用过热气缸油加热的方法不适应时，可采用炭风加热炉立式加热红套件。有条件的单位也可采用煤气加热、中频加热和感应加热等。

（3）过盈量　红套装配是依靠轴、孔之间的摩擦力来传递转矩的，摩擦力的大小与配合过盈量的大小有关。过盈量太小，传递转矩时孔与轴就会松动，过盈量越大则摩擦力越大。但当过盈量过大时，孔的附近会产生过大的配合应力，增加了配合的塑性变形。如加热温度高，更容易产生塑性变形，使实际过盈量并不增加多少。因此，红套装配的过盈量是个非常重要的因素，其计算公式如下：

$$\delta = \frac{d}{25} \times 0.04$$

式中　δ——轴与孔间的过盈量，mm；

d——轴或孔的基本直径，mm。

即按每 25mm 直径预留 0.04mm 过盈量的原则选取红套件的过盈量。

2. 冷缩装配

冷缩装配是将被包容件进行低温冷却使之缩小，然后装入包容件，待其受常温膨胀后结合。

（1）特点

操作简便，生产率高，与红套装配相比收缩变形小且产生的内应力较小，表面不易产生杂质和化合物。因此，冷缩装配适用于精密轴承的装配，中小型薄壁衬套的装配以及金属与非金属物件之间的紧密配合等。冷缩装配较多用于过渡配合和轻型过盈配合。

（2）制冷剂的选用

工件进行冷缩装配时，可以根据工件材料和过盈量的大小选用相应的制冷剂。

① 对过渡配合或小过盈量配合的中小型连接件，如薄壁衬套尼龙、塑料、橡胶制品等，均可采用干冰制冷剂，它的制冷温度达 -78℃。其方法是将干冰置于一密闭的保温箱内，再将工件放入干冰箱，待保温一段时间后，取出工件即可进行装配。

② 对于过盈量较大的连接件和厚壁衬套以及发动机主、副连杆衬套等，可用氮制冷剂（液氮），它的制冷温度可达 -195℃。方法是将工件放入液氮箱中，保温一定时间（时间的多少要视过盈的大小及液氮箱的温度而定），取出工件即可进行配合装配。

（3）过盈量

一般冷缩装配的构件并不用来传递大转矩和大轴向力，较多用于过渡配合和小过盈量配合。实际上，冷缩装配时的过盈量可采用红套装配的过盈量，因为二者都是利用材料热胀冷缩的物理特性，所以其材料的线胀系数是一致的。冷缩装配的过盈量可采用红套装配过盈量的经验公式计算。

9.2 传动机构的装配

9.2.1 带传动机构

带传动是利用带与带轮之间的摩擦力来传递运动和动力的。其特点是吸振、缓冲、传动平稳、噪声小，过载时能打滑，起安全保护作用，能适应两轴中心距较大的传动，结构简单，制造容易，因此应用广泛。

常见的带传动有V带传动、平带传动和同步带传动等，如图9-19所示。

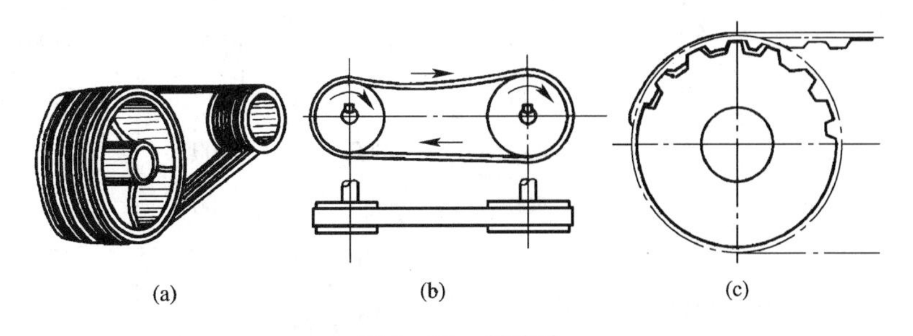

图9-19 带传动

（a）V带传动（b）平带传动（c）同步带传动

下面着重介绍V带传动装配。

1. V 带传动基本知识

（1）带轮的基本要求

带轮要求重量轻且分布均匀。当 $v>5\text{m/s}$ 时，要进行静平衡试验；当 $v>25\text{m/s}$ 时，还需要进行动平衡试验。轮槽工作面表面粗糙度在 $Ra1.6\mu\text{m}$ 左右，过高不经济，易打滑；过低则会加速带的磨损。

（2）V 带

根据国家标准（GB 11544—1997），我国生产的 V 带共分为 Y、Z、A、B、C、D、E 七种型号。截面尺寸顺次增大，使用最多的是 Z、A、B 三种型号。

普通 V 带的基准长度系列见表 9 – 5。V 带的型号和基准长度都压印在带的外表面上，以便识别和选用。

表 9 – 5 普通 V 带的基准长度系列（GB/T 11544—1997） mm

型号	Y	Z	A	B	C	D	E
基准长度	200	405	630	930	1565	2740	4660
	250	475	700	1000	1760	3100	5040
	280	530	790	1100	1950	3330	5420
	315	625	890	1210	2195	3730	6100
	355	700	990	1370	2420	4080	6850
	400	780	1100	1560	2715	4620	7650
	450	820	1250	1760	2880	5400	9150
	500	1080	1430	1950	3520	6100	11230
		1330	1550	2180	3080	6840	13750
		1420	1640	2300	3520	7620	15280
		1540	1750	2500	4060	9140	16800
			1940	2700	4600	10700	
			2050	2870	5380	12200	
			2200	3200	6100	13700	
			2300	3600	6815	15200	
			2480	4060	7600		
			2700	4430	9100		
				4820	10700		
				5370			
				6070			

2. 带轮的装配

（1）带轮与轴的配合一般选用过渡配合 H7/k6（具有少量的过盈或间隙）。装配前做好孔、轴清洁工作，轴上涂上机油，用铜棒、锤子将带轮轻轻打入，将带轮装在轴上，还需用紧固件保证周向和轴向固定。作为周向固定的键要松紧合适，必要时可修整带轮键槽。轴向固定必要时还要考虑防松。

（2）检查带轮的装配精度，一般要求径向圆跳动为（0.0025～0.0005）D，端面圆跳动为（0.0005～0.0001）D，D 为带轮直径。

（3）两带轮轴线平行度应符合要求，两带轮槽的对称平面装配后要在一个平面上，防止由于两带轮错位或倾斜引起带张紧不均匀而过快磨损。

如图 9－20 所示为两带轮相互间位置正确性检查，中心距大的可用拉线法，中心距小的可用钢直尺测量。一般均可用调整方法达到要求。

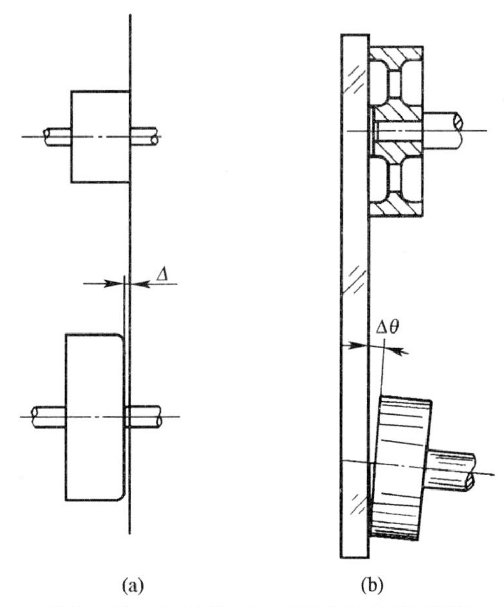

图 9－20　两带轮相互间位置正确性检查

（a）用拉线法检查；（b）用钢直尺检查

3. V 带的装配

（1）V 带装入带轮中的位置要求

如图 9－21 所示，装 V 带时，应先将 V 带套入小带轮中，再将 V 带旋入大带轮中。装好的 V 带应如图 9－21（a）所示。V 带平面不应与带轮槽底接触或凸在轮槽外，如图 9－21（b）所示。

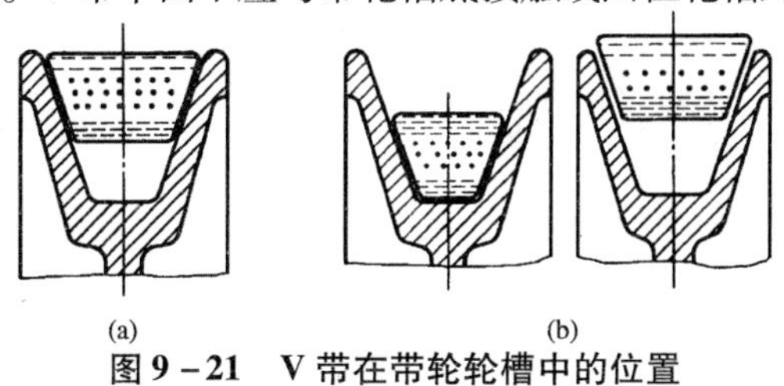

图 9－21　V 带在带轮轮槽中的位置

（a）正确；（b）不正确

（2）V 带的张紧

V 带的张紧程度要适当，不宜过松或过紧。过松则不能保证足够的张紧力，传动时容易打滑，影响传动能力；过紧则带的张紧力过大，会使胶带发热，磨损加剧，缩短胶带寿命。

① 张紧力的检查

- 张紧力的检查可采用挠度对比法或经验判别法。
- 挠度对比法　如图 9－22（a）所示，在带与两轮的切点 A，B 的中点，垂直于皮带加一载荷 F（各种截面形状的 V 带对应的 F 数值可查阅有关手册），通过测量产生的挠度 y 来检查张紧力大小，即规定在载荷 F 的作用下，产生挠度 $y=l/50$，l 是两切点间的距离。检查时，在规定的载荷 F 的作用下，若实际产生的挠度值大于上述计算值时，则表明 V 带过松，反之则过紧。
- 经验判别法　实践表明，在中等中心距的情况下，V 带安装后用大拇指能按下 15mm 左右，则 V 带的张紧程度合适，如图 9－22（b）所示。

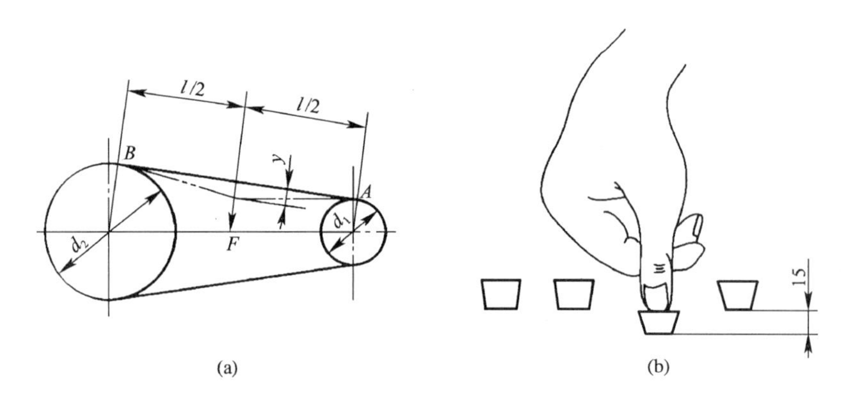

图 9－22　张紧力检查

（a）挠度对比法；（b）经验判别法

② 张紧装置

在带传动机构中都有调整张紧力的张紧装置。可通过改变两带轮的中心距来调节张紧力，或用张紧轮张紧，如图 9－23 所示。

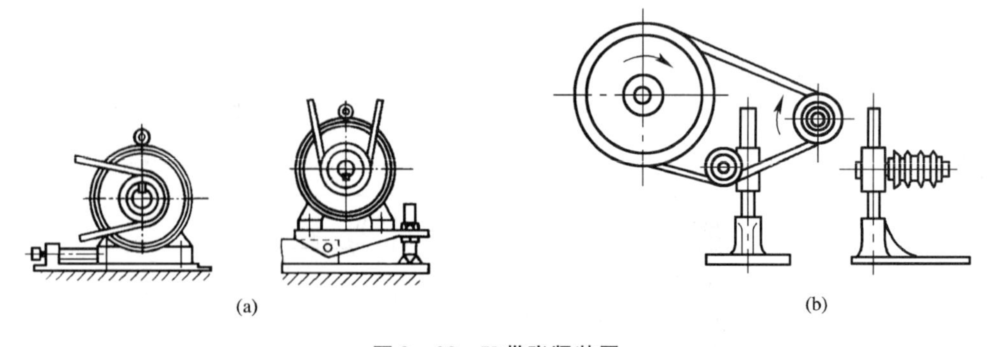

图 9－23　V 带张紧装置

（a）改变中心距；（b）用张紧轮

9.2.2 机构动

1. 特点

链传动由两个链轮和其间的挠性链条所组成，是通过链与链轮的啮合来传动的，如图9－24所示。由于链传动是啮合传动，可保证一定的平均传动比，同时适用于两轴距离较远的传动，故传动较平稳。链传动的传动功率较大，特别适用于温度变化大且灰尘较多的场合，故应用广泛。

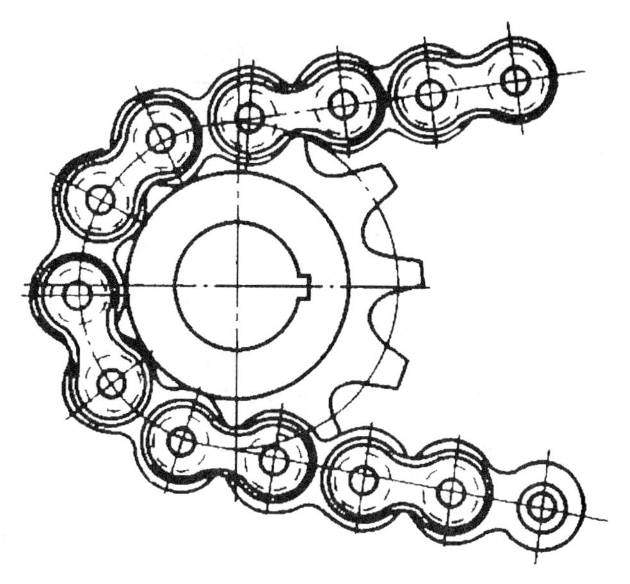

图9－24 链传动

常用传动链有套筒滚子链及齿形链，如图9－25所示。

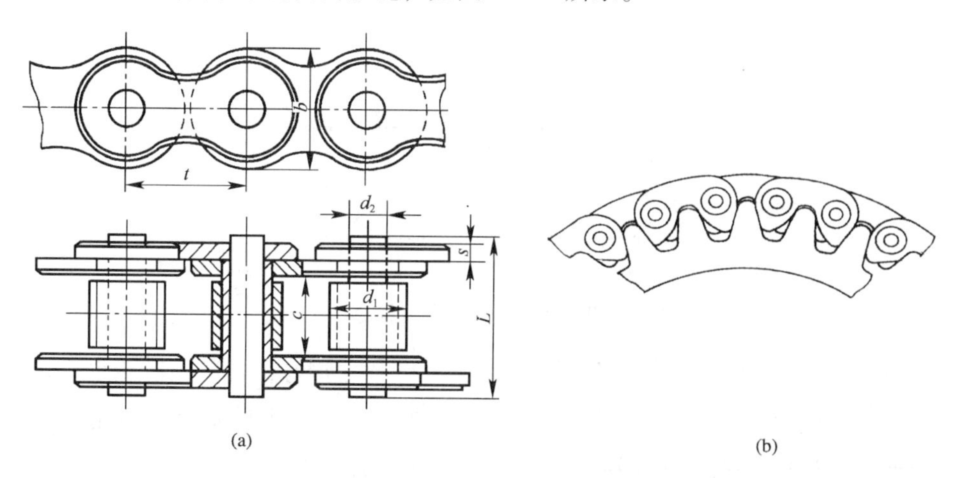

图9－25 常用传动链

（a）套筒辊子链；（b）齿形链

2. 技术要求

（1）链轮在轴上必须保证周向和轴向固定。

（2）两链轮轴线必须平行，否则会加剧链轮和链的磨损，降低传动平稳性，增加噪声。

（3）两链轮间轴向偏移量不能太大，一般当两轮中心距小于500mm时，轴向偏移量允许在1mm以内，两轮中心距大于500mm时，轴向偏移量允许在2mm以内。对于两链轮的轴线平行度及轴向偏移量，装配时的检测方法参照带轮装配的检测方法。

（4）链轮装配后的跳动量必须符合表9-6的要求。

表9-6 链轮允许跳动量

链轮直径	链轮跳动量	
	径向	端面
≤100	0.25	0.3
100~200	0.50	0.5
200~300	0.75	0.8
300~400	1.00	1.00
400	1.20	1.50

（5）套筒滚子链的接头形式有开口销固定和弹簧卡片固定两种，这两种形式都在链条节数为偶数时使用，应尽量使用偶数节。避免使用过渡链节，否则会增加装配难度，降低传动能力。

（6）链装配的下垂度要求。当链传动是水平或有一定倾斜（在45°内）时，下垂度f应不大于2%（L为两链轮中心距）。倾斜度增大时，要减小下垂度；在垂直放置时，f应小于$0.2\%L$。检查方法如图9-26所示。

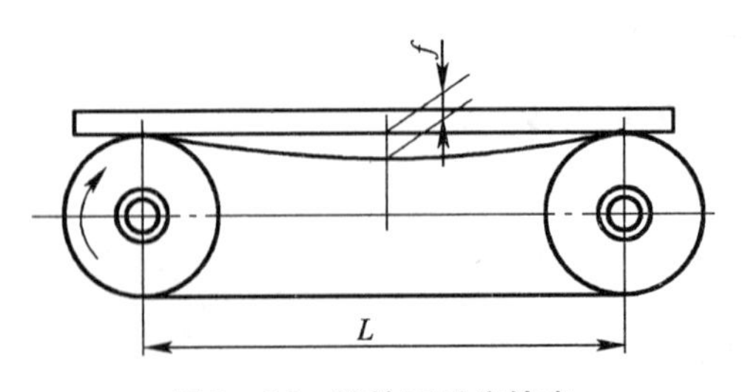

图9-26 链的下垂度检查

（7）当两轴中心距可调节且链轮在轴端时，可以预先接好，再装到链轮上去。如果结构不允许，则必须先将链条套在链轮上，然后再进行连接，此时需采用专用工具，如图9-27（a）所示。齿形链必须用图9-27（b）所示的方法安装。

（8）当滚子链条两端采用的弹簧卡片锁紧的形式时，在连接时应使其开口端的方向与链条工作时的运动方向相反，以免运转中弹簧卡片受到碰撞而脱落。

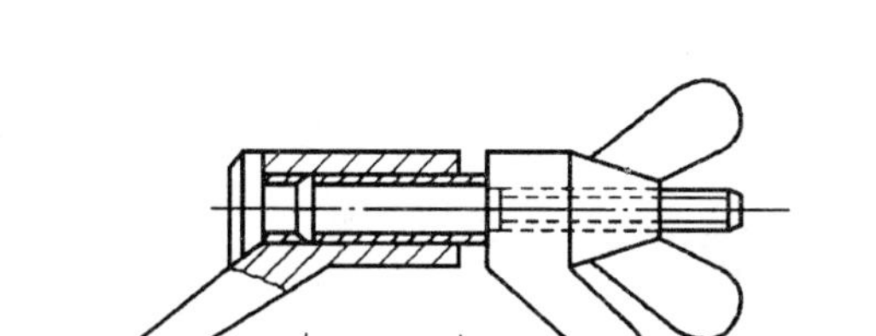
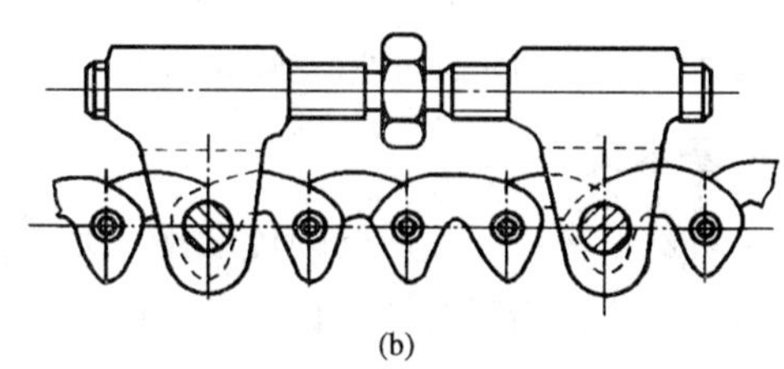

(a)　(b)

图9-27　链拉紧专用工具

(a) 滚子链拉紧专用工具；(b) 齿形链拉紧专用工具

9.2.3　齿轮传动机构

齿轮传动是机械中常用的传动方式之一，齿轮传动机构是依靠轮齿间的啮合来传递运动及转矩的。其特点是能保证准确的传动比、传递功率和速度范围大、传速效率高、使用寿命长、结构紧凑、体积小等，因此在机械工业中得到广泛应用。

1. 种类

齿轮传动的种类较多，如图9-28所示。

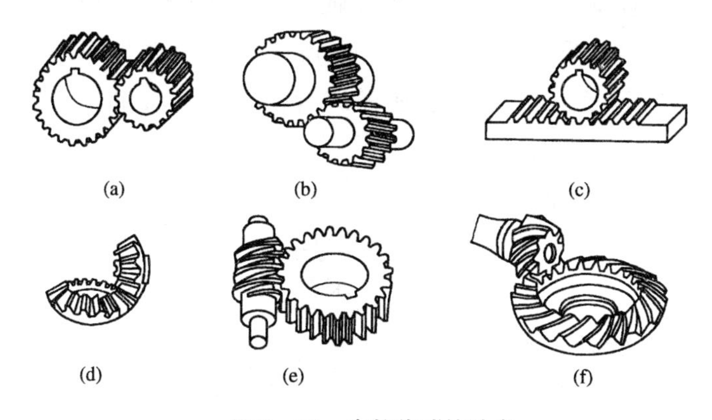

图9-28　齿轮传动的种类

(a) 直齿轮；(b) 斜齿圆柱齿轮；(c) 齿轮齿条传动；(d) 锥齿轮传动；(e) 蜗杆蜗轮传动；(f) 曲线齿锥齿轮

(1) 两轴线互相平行的圆柱齿轮传动

① 直齿轮传动　包括外啮合齿轮传动和内啮合齿轮传动。

直齿轮制造方便，在传动机构中应用最广，其缺点是由于每对轮齿都是同时接触，同时脱开，故容易产生冲击、噪声且传动平稳性差。

② 斜齿圆柱齿轮传动　轮齿方向与轴线倾斜一定角度，其特点是传动平稳，(一齿未脱离另一齿已接触，且啮合线逐渐变长，后再逐渐变短)。载荷分布均匀，但传动时有单向轴向力。

③人字齿轮准动　人字齿轮相当于两个轮齿方向相反的斜齿轮，该齿轮传递功率大，可

以使斜齿轮的单向轴向力自身抵消。

（2）两轴线相交及两轴线交叉的齿轮传动

此类齿轮传动包括锥齿轮传动、螺旋齿轮传动及齿轮与齿条传动等。

2. 基本要求

传动要平稳、保证严格的传动比，无冲击、无振动和噪声、承载能力强、有足够长的使用寿命。为此，除了对齿轮自身精度严格要求外，还必须严格控制轴、轴承及箱体等有关零件的制造精度和装配精度，才能实现齿轮传动的基本要求。

3. 圆柱齿轮传动机构

（1）齿轮与轴的装配

圆柱齿轮装配一般先将齿轮装在轴上，再把齿轮轴部件装入箱体。根据齿轮工作性质不同，齿轮装在轴上可以是空转、滑移或固定连接。在轴上空转或滑移的齿轮，一般与轴是间隙配合，这类齿轮装配方便。滑移齿轮在轴上不应有咬住和阻滞现象，其轴向定位要准确，啮合齿轮轴向错位量不得超过规定值。

固定齿轮与轴的装配一般为过渡配合同轴度要求高。当过盈量小时，可用铜棒及锤子敲击装入。当过盈量大时，应在压力机上进行压装，此时应注意轴、孔的清洁，压装前涂上润滑油，压装时要尽量避免齿轮偏斜和端面未紧贴轴肩等装配误差；对于过盈量较大的齿轮也可在油中加热，（油温控制在 80℃ ~100℃，大型齿轮也不宜超过 120℃），进行热套。

对于精度要求高的齿轮装配，装配后还需进行径向圆跳动和端面圆跳动的检查，如图 9 -29所示。

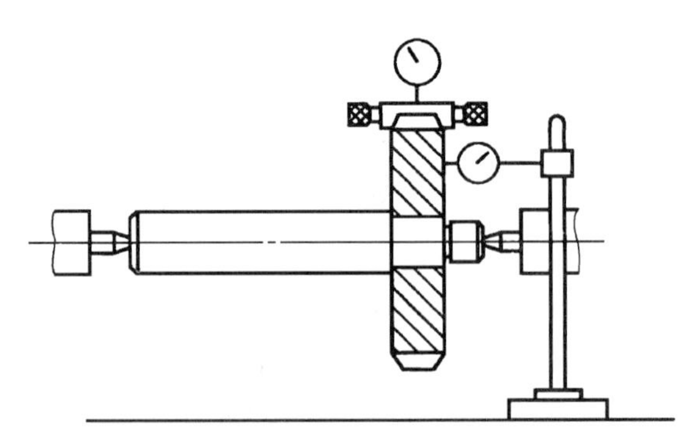

图 9 -29　齿轮径向圆跳动及端面圆跳动的检查

（2）齿轮轴组的位置

齿轮轴组在箱体中的位置是影响齿轮啮合质量的关键。箱体座孔的加工精度包括如下几个方面：

① 孔距精度。

② 孔系平行度精度。

③ 轴线与基面距离、尺寸精度和平行度精度。

④ 孔的轴线与端面的垂直度精度。

⑤ 孔中心线的同轴度精度。

（3）齿轮啮合质量的检查

齿轮轴部件装入箱体后，要检查齿轮的啮合质量，主要检查内容如下：

① 齿轮侧隙的检查

• 压铅检查法

在齿宽两端的齿面上平行放两条铅丝（宽齿应放3~4条），其直径不宜超过最小间隙的4倍。使齿轮啮合并挤压铅丝，铅丝被挤压后最薄处的尺寸即为啮合齿轮的法向侧隙值。

• 百分表检查法。测量时，将百分表测头与一个齿轮的齿面接触（分度圆处），另一个齿轮固定，如图9-30所示，由于侧隙存在，将接触百分表的齿轮从一侧啮合转到另一测啮合，在百分表上得到读数差值即为侧隙。

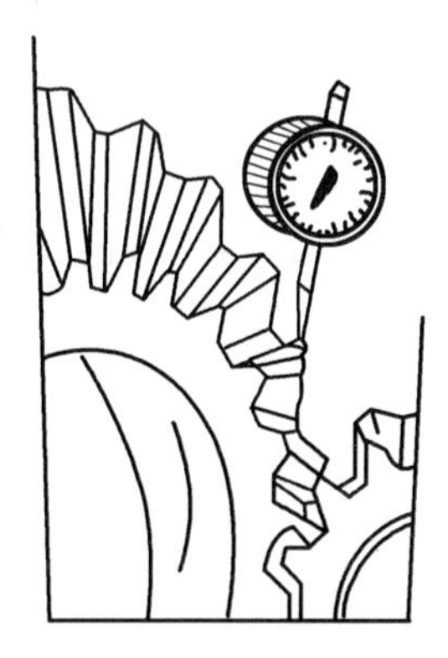

图9-30　用百分表测量齿轮侧隙

如果被测齿轮为斜齿轮或人字齿时，法向侧隙J_n按如下公式计算：

$$J_n = J_t \mathrm{COS}\beta \mathrm{COS}\alpha_n$$

式中　J_n——法向侧隙；

J_t——圆周侧隙；

β——螺旋角；

α_n——法向压力角。

② 接触精度的检查

接触精度的主要指标是接触斑点。接触斑点的检查是用涂色法，检验时将红丹粉涂于大齿轮齿面上，使两啮合齿轮进行空运转，然后检验其接触斑点情况。转动齿轮时，被动轮应轻微止动，对双向工作的齿轮，正反两个方向都应检验。根据接触斑点位置和面积情况，可对齿轮啮合精度进行分析以便装配时进行调整，见图9-31及表9-7。

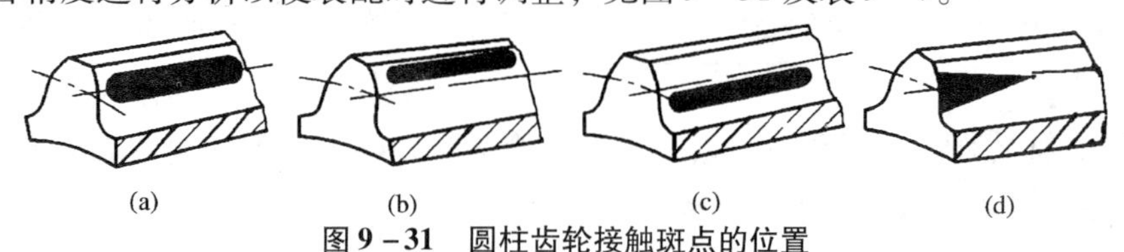

图9-31　圆柱齿轮接触斑点的位置

（a）正确的；（b）中心距太大；（c）中心距太小；（d）中心距歪

表 9-7 渐开线圆柱齿轮接触斑点及调整方法

接触斑点	原因分析	调整方法
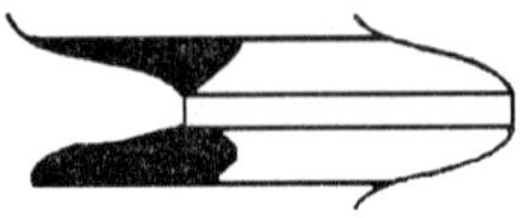 同向偏接触	两齿轮轴线不平行	可在中心距公差范围内刮削轴瓦或调整轴承座
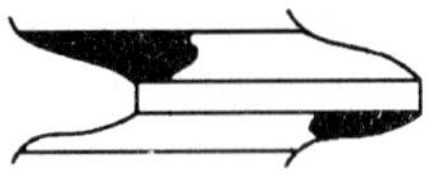 异向偏接触	两齿轮轴线歪斜	调整至两齿轮轴线平行
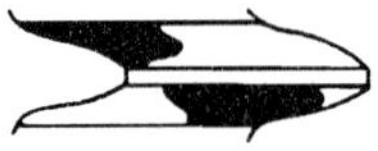 单面偏接触	两齿轮轴线不平行或同时歪斜	
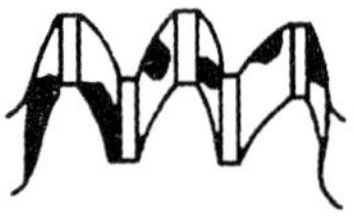 游离接触，在整个齿圈上接触区由一边逐渐移至另一边	齿轮端面与回转中心线不垂直	检查并校正齿轮端面与回转中心线的垂直度误差
不规则接触（有时齿面点接触，有时在端面边线上接触）	齿面有毛刺或有碰伤隆起	去除毛刺，修整
接触较好；但不太规则	齿圈径向跳动太大	检验并消除齿圈的径向圆跳动误差

4. 锥齿轮传动机构

（1）锥齿轮箱孔轴线检验

锥齿轮传动的特点是做垂直两轴的传递运动，因此箱体两垂直轴承座孔的加工必须符合规定的技术要求。两孔同一平面内垂直度的检测如图 9-32 所示。

图 9-32（a）所示为用表测法检验垂直度。将百分表装在心棒 1 上，再使心棒 1 的轴向固定，旋转心棒 1，百分表在心棒 2 上 L 长度内的两点读数差即为两孔在 L 长度内的垂直度误差。

图 9-32（b）所示为两孔轴线相交程度的检测。心棒 1 的测量端做成叉形槽，心棒 2 的测量端按垂直度公差做成两个阶梯形，即过端和止端。检验时，若过端能通过叉形槽而止端不能通过，则垂直度合格，否则即为超差。

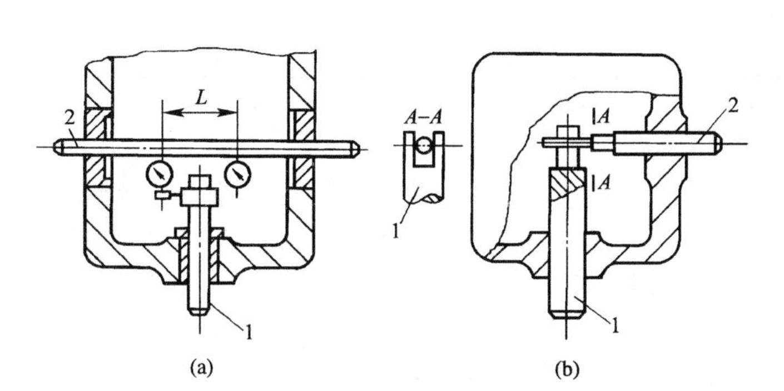

图9-32 同一平面内两孔轴线垂直度检测

（a）表测法；（b）过、止端控制法

（2）锥齿轮轴向位置确定

准确确定两锥齿轮在轴上的轴向位置，必须使两齿轮分度圆锥相切，两锥顶重合。装配时，可按计算及测量大齿轮轴线到小齿轮基准面的距离来确定小齿轮轴向位置，再根据大小齿轮的啮合侧隙是否满足要求，用加减调整片或用其他调整结构来确定大齿轮轴向位置。

（3）锥齿轮啮合质量的检查

锥齿轮啮合质量的检查包括侧隙的检查和接触斑点的检查，其检查和调整方法与直齿轮基本相同。见表9-8，在无载荷时，应使轮齿的接触部位靠近齿轮的小端，以保证受载时轮齿在整个齿宽上能均匀接触，从而避免重负荷时大端处应力较集中而快速磨损。涂色检查时，齿轮的接触斑点在齿高和齿宽方向应不少于40% ~60%（视精度不同而定）。

表9-8 锥齿轮接触斑点及调整方法

接触斑点	齿轮种类	现象及原因	调整方法
 正常接触	直齿及其他锥齿轮	① 在轻微负荷下，接触区在齿宽中部，略宽与齿宽的一半，稍近于小端，在小齿轮轮齿面上较高，在大齿轮齿面上较低，都不到齿顶	
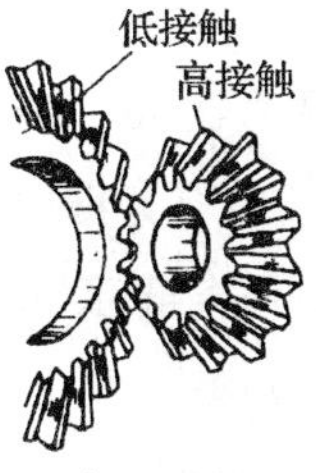 低接触 高接触 高、低接触	直齿锥齿轮	② 小齿轮接触区太高，大齿轮接触太低，小齿轮轴向定位有问题	小齿轮沿轴向移出，若侧隙大，则沿轴向移动大齿轮
		③ 小齿轮接触区太低，大齿轮接触区太高，原因同②而误差方向相反	小齿轮沿轴向移进，若侧隙小，则沿轴向移出大齿轮
		④ 在同一齿轮的接触区一侧高，另一侧低，小齿轮如定位正确且侧隙正确，则是加工质量问题	如单向传力，可考虑用②或③的方法调整，否则更换零件

续表

接触斑点	齿轮种类	现象及原因	调整方法
小端接触	直齿锥齿轮	⑤ 两齿轮齿面两侧小端接触，轴线交角太小	可考虑修刮轴瓦
		⑥ 两齿轮齿面两侧大端接触，轴线交角太大	同上
大端接触 小端接触	直齿锥齿轮	⑦ 大小齿轮在一侧接触于大端，另一测接触与小端，两轴线偏移	同上

5. 齿轮的跑合

一般动力传动齿轮副不要求很高的运动精度及工作平稳性，但要求接触精度较高和噪音较小。如加工精度不能达到接触精度，可在装配后进行跑合。跑合方法有如下两种：

（1）加载跑合：在齿轮副的输出轴上加一力矩，在运转一定时间后使齿轮接触表面相互磨合（有时需加入磨料），以增加接触面积，改善啮合质量。

（2）电火花跑合：在接触区域内通过脉冲放电，把齿面凸起部分先去掉，使接触面积逐渐扩大而达到要求的接触精度。

6. 齿轮断齿的修理

齿轮断齿一般需要更换新齿轮，当生产任务较紧时，对于大模数或一些不重要的齿轮，如果轮齿局部损坏，可用焊补金属法或镶齿发修理。

在断齿出焊补金属后经过回火，再加工出齿形。或镶上一块材料后加工出齿形。镶上的材料应用螺钉或焊接法固定。

9.2.4 蜗杆传动机构

蜗杆传动机构是用来传递两相互垂直轴之间的运动。其传动特点是降速比大、结构紧凑、有自锁作用、运动平稳、噪声小，但其传动效率低，工作时发热量大，必须有良好的润滑，且使用抗胶合能力强的贵重金属材料。故适合于用作减速、起重等不连续工作的机构中。

1. 装配技术要求

（1）蜗杆轴线应与蜗轮轴心线互相垂直。

（2）蜗杆轴线应在蜗轮轮齿的中间对称平面内。

（3）蜗杆蜗轮间的中心距要准确。

（4）有适当的齿侧间隙。

（5）有正常的接触斑点。

2. 装配前检验

主要是对蜗杆、蜗轮轴座孔的相互垂直度及中心距的检验。

3. 装配过程

蜗杆、蜗轮装配的先后顺序由传动机构的结构形式而定。在一般情况下，先装配蜗轮。使其中间平面处于正确的轴向位置，并通过调整垫圈厚度而使其得到固定。

4. 啮合质量的检验

（1）啮合侧隙的测量

对于一般蜗杆传动啮合侧隙的大小，可以用手转动蜗杆，根据空程量的大小判断侧隙的大小。要求较高的可用百分表进行测量，如图9－33所示。

如图9－33（a）所示，在蜗杆轴上固定一带量角器的刻度盘2，百分表测头抵在蜗轮齿面上，用手转动蜗杆，在百分表指针不动的条件下，用刻度盘相对于固定指针1的最大转角α（空程角）推算出侧隙大小。

$$\alpha = 360 \times 60 \times c_n / (1000 z_1 \pi m) = 6.8 c_n / (z_1 m)$$

其中 α——空程角（′）；

c_n——侧隙（μm）；

z_1——蜗杆线数；

m——模数（mm）。

如用百分表直接与蜗轮齿面接触有困难，可在蜗轮轴4上装测量杆3，如图9－33（b）所示。

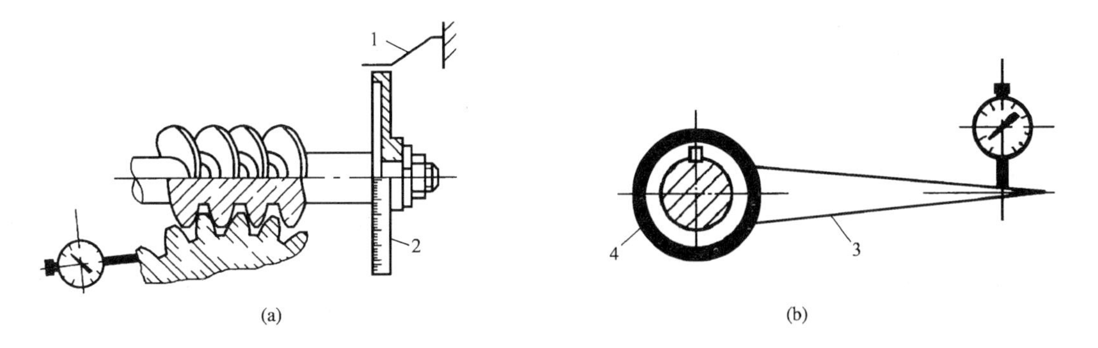

图9－33 用百分表测量啮合侧隙

（a）直接测量法；（b）用测量杆测量

1—固定指针；2—刻度尺；3—测量杆；4—蜗轮轴

（2）蜗轮接触斑点的检验

将红丹粉涂在蜗杆螺旋面上，给蜗轮以轻微阻尼，转动蜗杆。根据蜗轮轮齿上的接触斑点情况判断啮合质量。正确的接触斑点位置应在啮合面中部略偏于蜗杆旋出方向，如图 9－34（a）所示。图 9－34（b）和图 9－34（c）所示为不正确的接触斑点情况，可对蜗轮进行轴向位置的调整。

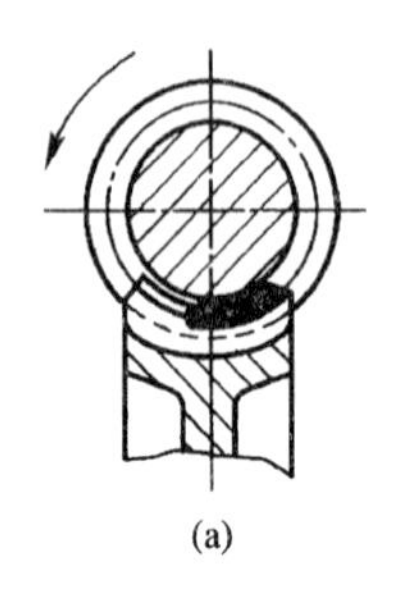

(a)

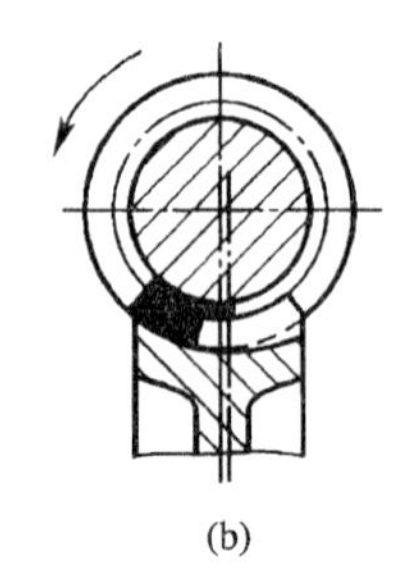

(b)

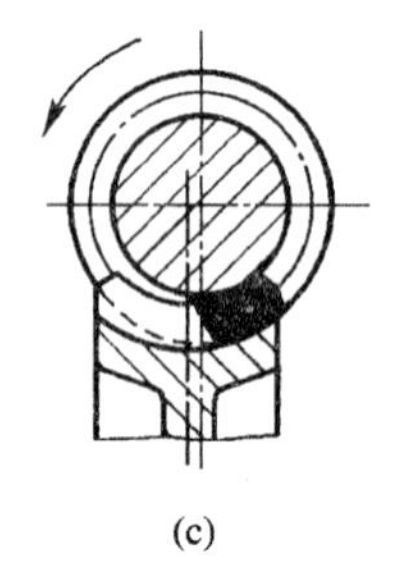

(c)

图 9－34 蜗轮接触斑点的检验

（a）正确；（b）蜗轮偏右；（c）蜗轮偏左

（3）检查运转的灵活性，手转动蜗杆时是否松紧一致，是否有啃住现象等。

9.2.5 螺旋传动机构

螺旋传动可将旋转运动变换为直线运动。其主要特点是传动精度高、传动平稳、无噪声、能传递较大的动力等，因此得到广泛应用。按传动副的摩擦性质，可将螺旋传动分为滑动螺旋副和滚动螺旋副两大类。如普通车床的纵向和横向进给丝杠即为滑动螺旋副，而数控机床上广泛使用的滚珠丝杠则是滚动螺旋副。

1. 装配技术要求

为满足螺旋机构装配后的传动精度，在装配中必须达到下列要求。

（1）丝杠与螺母间应保证规定的配合间隙。

（2）丝杠与螺母间装配后的同轴度以及丝杠与运动件基准平面间的平行度应符合规定要求。

（3）丝杠与螺母相互转动灵活。

（4）丝杠的回转精度应在规定范围内。

2. 滑动螺旋传动的装配要点

（1）丝杠螺母配合间隙的调整

丝杠与螺母的配合间隙包括径向和轴向两方面间隙。对径向间隙大于规定的螺母需更换且重新配制。径向间隙的测量：测量前将丝杠螺母副置于如图 9－35 所示的位置，并把螺母

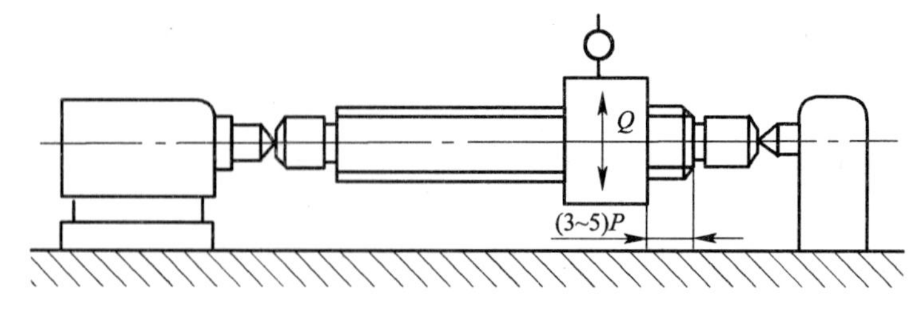

图 9－35 径向间隙的测量

旋至离丝杠一端3～5螺距处，以免丝杠弹性变形引起误差。测量时将百分表抵在螺母上，轻轻抬动螺母，螺母的作用力只需稍大于螺母的质量，百分表指针的最大摆动量即为径向间隙值。

丝杠与螺母配合中的轴向间隙将直接影响丝杠螺母副的传动精度，常设置调整机构进行调整。常见的调整机构及其调整方法如下：

① 单螺母消隙机构

这些机构消隙的基本方法是使丝杠和螺母始终保持单面接触，使丝杠正、反向回转时无空行程。必须注意消隙力与切削力的方向一致，以防进给时发生爬行，影响进给精度。

② 双螺母消隙机构

如图9－36所示，这些机构消隙的基本方法是调整两螺母相对轴向位置，使两螺母各自单边接触．即丝杠螺纹的左面和右面。

图9－36（a）所示为利用中间楔块消隙，过程是松开螺钉，逐步拧动螺钉，使楔块向上移，将带斜面的螺母右推，从而消除了轴向间隙，最后拧紧螺钉，固定右螺母。要求丝杠转动灵活，拉动滑动件螺母无轴向窜动或在规定范围内。

图9－36（b）所示为利用弹簧力达到消隙，过程是转动调节螺母，通过垫圈及压缩弹簧，使螺母轴向移动，以消除轴向间隙。

图9－36（c）所示为通过修磨垫片来达到消隙。

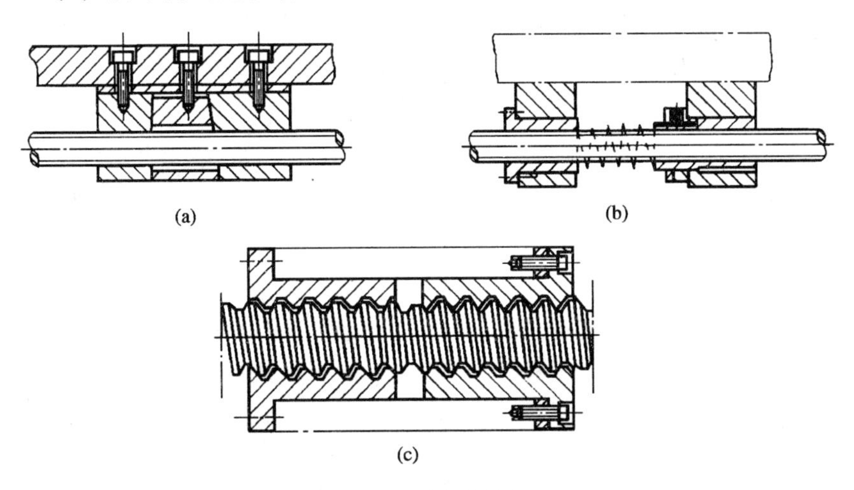

图9－36　双螺母消隙机构

（a）楔块消隙；（b）弹簧消隙；（c）修磨垫片消隙

（2）调整丝杠与螺母的同轴度及丝杠与滑动基准平面的平行度丝杠安装时，在考虑螺母同轴度位置时应注意调整好丝杠与滑动基准平面的平行度。

3. 滚动螺旋传动装配要点

（1）滚珠丝杠简介

滚珠丝杠螺母副是回转运动转换为直线运动的新型传动装置，图9－37所示为滚珠丝杠螺母机构的工作原理。在丝杠和螺母上加工有弧形螺旋槽，它们套装在一起时形成了螺旋滚道，并在滚道内装满滚珠。当滚珠丝杠相对螺母旋转时，两者发生轴向位移，而滚珠则沿着滚道流动。螺母螺旋槽的两端用回珠管连接起来，使滚珠做循环运动。

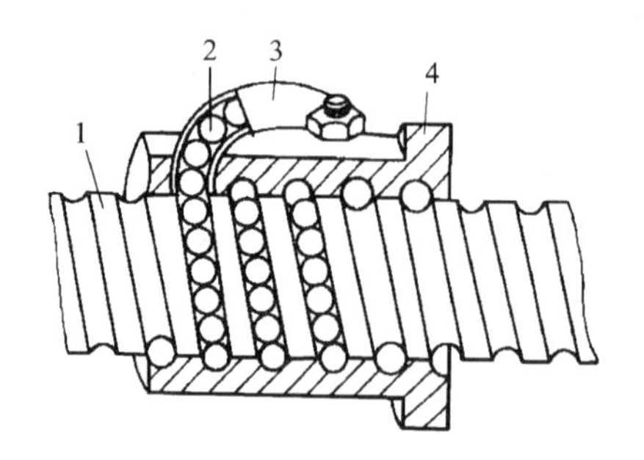

图 9－37　滚珠丝杠螺母机构的工作原理

1—丝杠；2—滚珠；3—回珠管；4—螺母

由于滚珠丝杠具有传动效率高、运动平稳、寿命高以及可以预紧消除间隙并提高系统刚度等特点，因此在要求高效率和高精度传动的场合已广泛应用滚珠丝杠，特别是在数控机床中，滚珠丝杠已成为进给系统最常用的机械结构。

（2）轴向间隙的消除

滚珠丝杠螺母副也像普通丝杠螺母副一样存在轴向间隙，因此装配中必须采取措施消除滚珠丝杠螺母副的轴向间隙，以保证机床工作时既能灵活转动，又无轴向窜动。

滚珠丝杠的调隙除采用双螺母垫片调隙式结构（图 9－38）和双螺母螺纹调隙式结构（图 9－39）外，主要采用双螺母齿差调隙式结构，如图 9－40 所示。

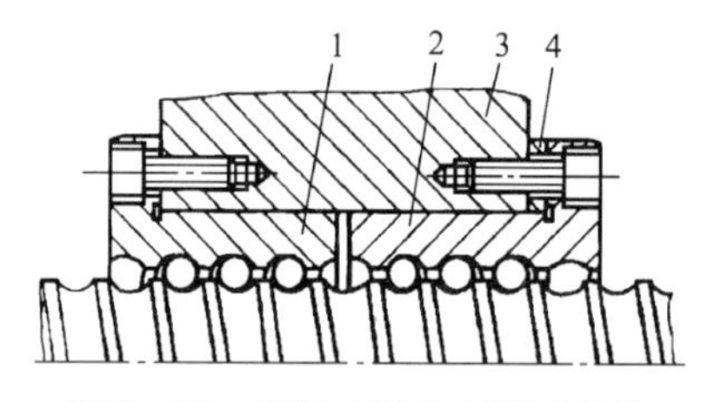

图 9－38　双螺母垫片调隙式结构

1、2—单螺母；3—螺母座；4—调整垫片

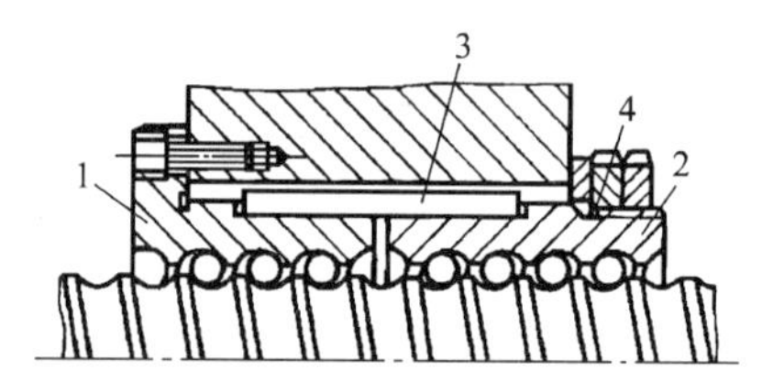

图 9－39　双螺母螺纹调隙式结构

1、2—单螺母；3—平键；4—调整螺母

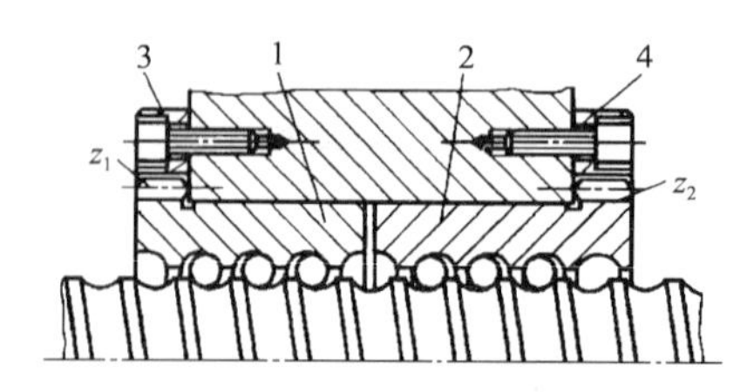

图 9－40　双螺母齿留调隙式结构

1、2—单螺母；3、4—内齿圈

在图 9－40 所示两个螺母的凸缘上各制有圆柱外齿轮，而且齿数差 $z_2-z_1=1$，两只内齿圈的齿数与外齿轮的齿数相同，并用螺钉和销钉固定在螺母座的两端。调整时先将内齿圈取出，根据间隙的大小使两个螺母分别在相同方向转过一个或几个齿，则两螺母在轴向彼此

产生相对位移。间隙消除量 Δ 可用以下简单公式计算：

$$\Delta = \frac{np}{z_1 z_2} \text{或} \ n = \frac{\Delta z_1 z_2}{p}$$

式中　n——两螺母在同一方向转过的齿数；

p——滚珠丝杠的导程；

z_1，z_2——齿轮的齿数。

例如，z_1、z_2分别为 99、100，p = 10mm，则当 z_1、z_2同方向转过 1 个齿时，调整的轴向位移 Δ = 1 × 10/（99 × 100）≈0.001（mm）。

由此可见，虽然双螺母齿差调隙式结构较为复杂，但调整方便，并可以通过简单的计算获得精确的调整量，因此它是目前应用较广的一种结构。

9.2.6　联轴器与离合器

联轴器与离合器都用做轴与轴之间的连接，并通过它们来传递动力。所不同的是联轴器是将两轴连为一体传递转矩；只有故障检修或调整时才将两轴分开。而离合器则按工作需要将两轴随时结合或分离，即传动时结合，不传动时分开。

1. 联轴器

（1）种类

联轴器的种类较多，根据其结构形式和用途，可分为固定式联轴器（图 9 - 41）、可移式联轴器（图 9 - 42）、剪销式安全联轴器（图 9 - 43）以及万向联轴器（图 9 - 44）等。

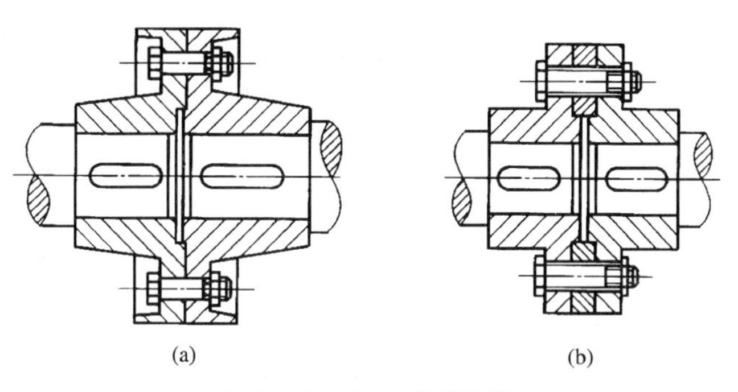

图 9 - 41　固定式联轴器

（a）凹槽配合；（b）剖分环配合

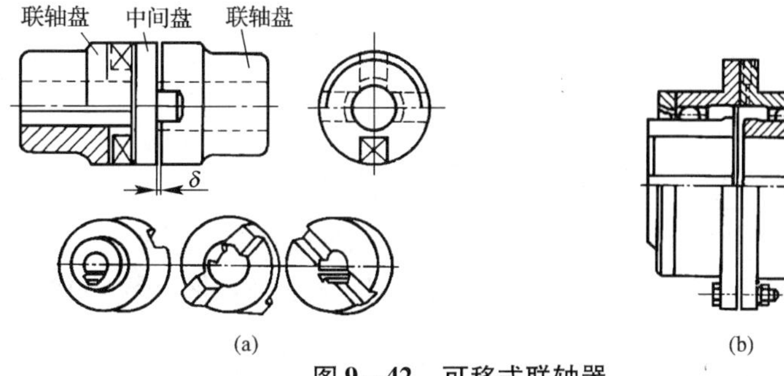

图 9 - 42　可移式联轴器

（a）十字滑块式；（b）齿轮式

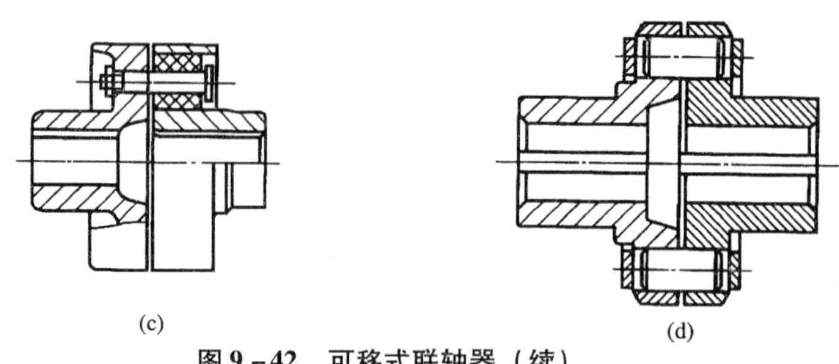

图 9－42 可移式联轴器（续）

（c）弹性圆柱销；（d）尼龙圆柱销

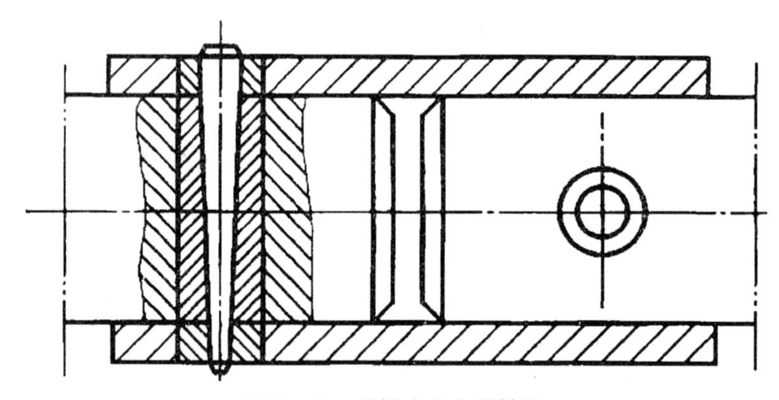

图 9－43 剪销式安全联轴器

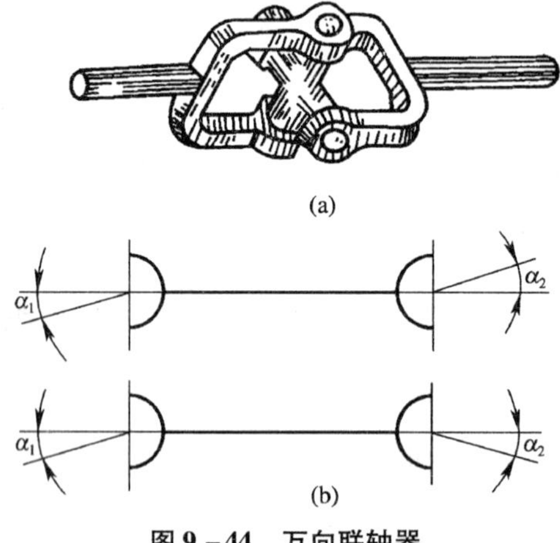

图 9－44 万向联轴器

（2）装配

1）技术要求

- 固定式联轴器装配时要求严格的同轴度。
- 保证各连接件连接可靠，受力均匀，不允许有回松脱落现象。
- 可移式联轴器同轴度虽然没有固定式联轴器的要求高，但必须达到所规定的技术要求，如十字滑块式联轴器一般情况下轴向窜动量可在 1～2.5mm，径向跳动量可在（0.01d + 0.25）mm 左右（d 为轴径）。

● 十字滑块式联轴器的中间盘在装配后，能在两连接盘之间自由滑动。

● 对弹性圆柱销或尼龙圆柱销可移式联轴器，两连接盘圆柱销插入孔及圆柱销固定孔应均匀分布且同轴度好，以保证连接启动后各柱销的均匀受力。

2）工艺要点

● 测出两被连接轴各自轴心线到各自安装平面间距离。

● 将两半联轴器通过键分别装在两轴上。同时检查两半联轴器装在轴上的端面垂直度是否超过允许值。

● 把一轴所装组件（一般选较大而笨重，轴心线到安装基准距离较大的组件）先固定在基准平面上。

● 通过调整垫铁，使两半联轴器轴心线高低一致。

● 用刀口直尺、塞尺，以固定轴组件为基准，校正另一被连接轴，使两半联轴器在水平面上中心一致，也可用百分表校正。

● 均匀连接两半联轴器，依次均匀旋紧连接螺钉。

● 用塞尺检查两联轴器的连接平面是否间隙均匀，否则重新调整。

2. 离合器

（1）种类

离合器按其结构形式和工作特点可分为牙嵌式离合器（图9－45）摩擦离合器（图9－46）以及超越离合器（图9－47）等。

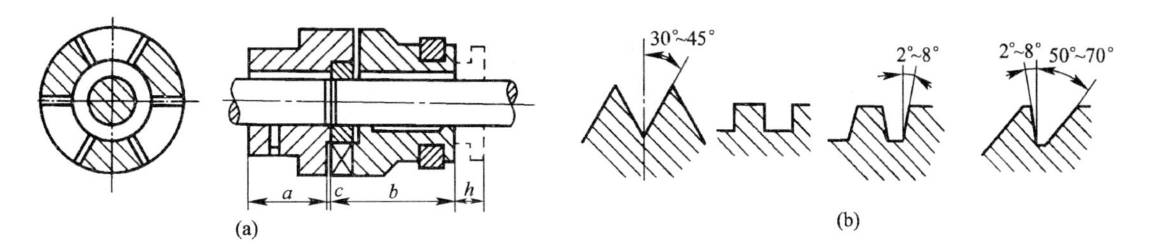

图9－45　牙嵌式离合器

（2）装配

1）技术要求

● 接合和分开时，动作要灵敏，同轴度要好，能传递足够的转矩，工作要求平稳可靠。

● 对牙嵌式离合器，齿形间的啮合间隙要尽量小些，以防旋转时产生冲击。

● 对圆盘式及圆锥式摩擦离合器，盘与盘的平面接触要好，圆锥与圆锥面的接触要均匀，锥角一致，同轴度要好。

● 摩擦离合器结合时应有一定均匀的轴向压力，以保证传递一定的转矩。

● 对多片式摩擦离合器内，外摩擦片的基本要求是平整、平行及具有一定的硬度和耐磨性。在一定轴向压力作用下能传递一定转矩；在消除轴向作用力时，要保证各内、外摩擦片全部脱开，作相对转动。

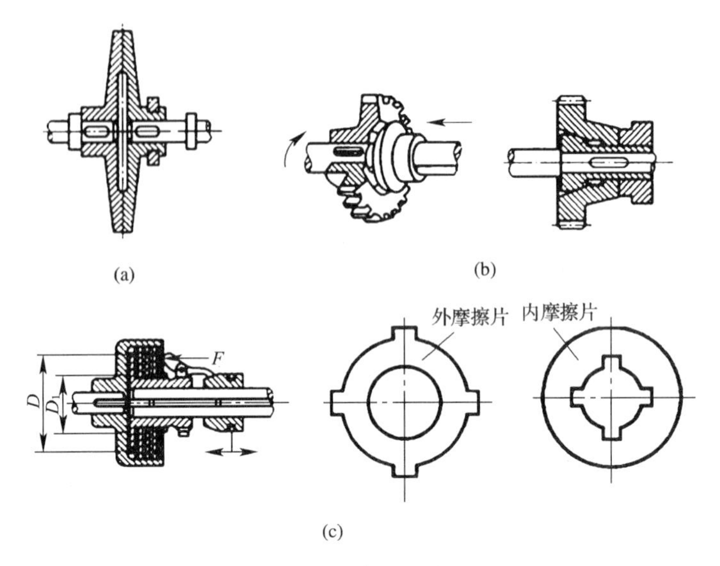

图 9－46 摩擦离合器

（a）圆盘式；（b）圆锥式；（c）多片式

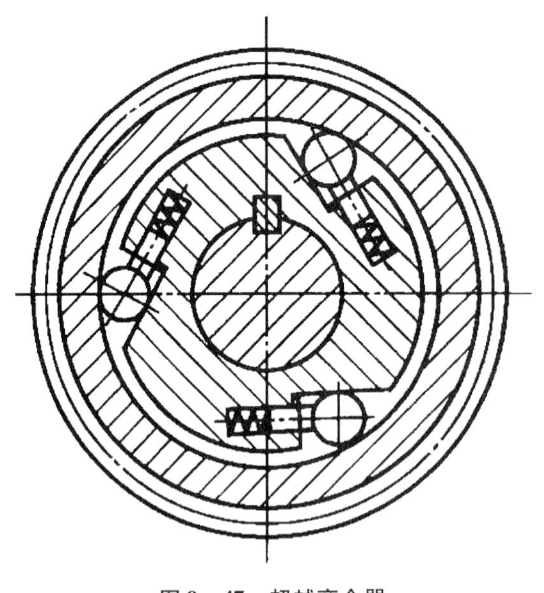

图 9－47 超越离合器

2）工艺要点

- 对牙嵌式离合器，各结合子（半离合器）顶端倒钝锐边，并去除结合子周边毛刺。
- 检查结合子相互啮合状况。
- 将离合器的一部分固定在主动轴上，另一部分与从动轴通过导向键连接，这一部分能在轴上灵活地作轴向移动，便于两结合子的结合和分开。
- 主动轴与从动轴的同轴度要好。
- 圆盘式和圆锥式摩擦离合器在装到轴上后，要作接触面的涂色检查，保证在整个接触面上接触斑点分布均匀。

• 对圆盘式、圆锥式及多片式摩擦离合器，都必须做传递转矩大小的试验。此时必须保证有足够的轴向压紧力，因为在摩擦面接触良好的情况下，轴向压紧力的大小是决定离合器传递转矩大小的重要因素。

9.2.7 液压传动装置

液压传动是以一定压力的液体（一般为矿物油）作为工作介质传递运动和动力的。液压传动装置的主要组成部分有油泵、油缸、阀类和管道等。

1. 泵

油泵是一个使机械能转变为液压能的转换装置，常用的有齿轮泵、叶片泵和柱塞泵等。

（1）装配要点

① 零件应全部经过退磁，修去表面毛刺，在规定的锐角处只可作0.2~0.3mm的修锐，而不能倒角修圆。

② 仔细清洗零件，不得剩有切屑磨粒和其他污物。

③ 平键或花键连接必须符合配合要求。

④ 齿轮油泵的一对齿轮厚度差应小于0.005mm。叶片油泵的叶片高度应略低于转子高度（其值为0.005mm）。

⑤ 间隙符合要求。CB型齿轮油泵的径向间隙为0.13~0.16mm，轴向间隙为0.03mm，YB型叶片油泵的轴向间隙为0.04~0.07mm，叶片在槽子内的间隙为0.015~0.025mm，应能自由灵活地移动。

⑥ 叶片泵的转子和叶片在定子中的装配方向应正确，不得装反。

⑦ 紧固螺钉时，用力必须均匀。

⑧ 装好后用手转动主动轴，要求灵活无阻滞现象。

（2）性能试验

① 在额定压力下工作时，能达到规定的输油量。

② 压力从零逐渐升到额定值，各接合面不准有漏油和异常的杂音。

③ 在额定压力工作时，其压力波动值不得超过定值（CB型齿轮油泵为±0.15MPa；YB型叶片油泵为±0.2MPa）。

2. 油缸

油缸是将液压能转换为机械能的一种能量转换装置，在液压传动中常用以实现工作台的往复运动。油缸装配质量的好坏直接影响机床的运行精度和性能。典型的油缸结构如图9-48所示。

（1）装配要点

① 严格控制油缸与活塞之间的配合间隙，这是防止泄漏和保证运动可靠的关键。如油缸活塞上不带O形密封圈，其配合间隙为0.02~0.04mm；如带O形密封圈，配合间隙为0.05~0.10mm。

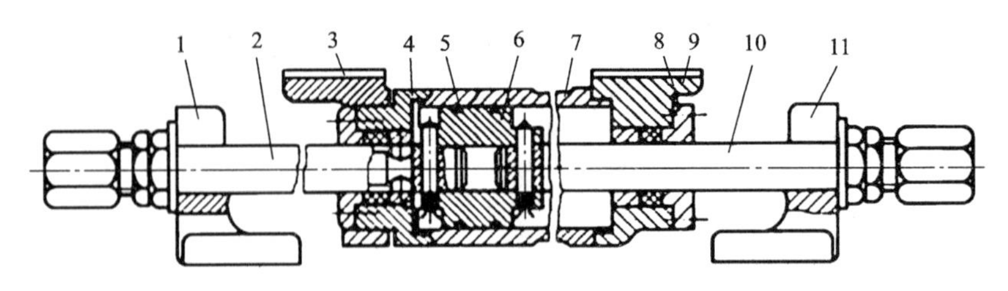

图 9-48 双出杆活塞式油缸结构

1、11—座架；2、10—空心活塞杆；3、9—支架；4、8—端盖；5—密封圈；6—活塞；7—缸体

② 校直活塞杆。其活塞和活塞杆同轴度在 0.04mm 内，活塞杆全长直线度在 0.02mm 以内。测量方法是将活塞和活塞杆连成一体，放在 V 形铁上，用百分表找正，在校正器中调整。活塞和活塞杆同轴度的测量如图 9-49（a）所示，活塞杆直线度的测量如图9-49（b）所示。

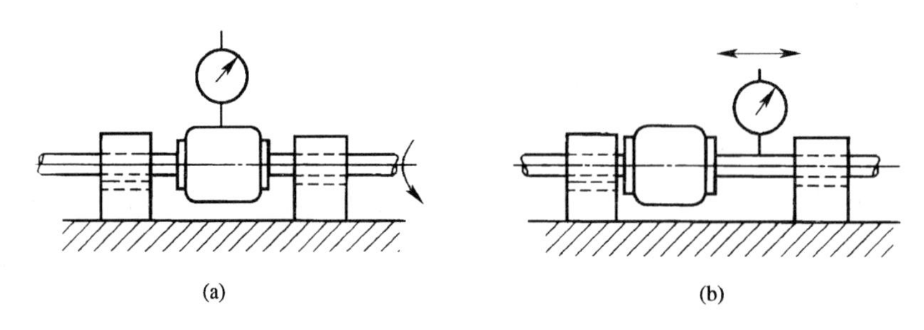

图 9-49 校直活塞杆的方法

（a）活塞和活塞杆同轴度的测量；（b）活塞杆直线度的测量

③ 用纯净柴油清洗油缸与活塞杆。

④ 把活塞放在油缸体内，全长移动时应灵活无阻滞现象。

⑤ 两端盖装上后，均匀扳紧螺钉，使活塞杆能全长移动，无阻滞和轻重不一现象。

（2）性能试验

① 在规定压力下，观察结合处是否有渗漏。

② 油封装置是否过紧，而使活塞杆移动受阻滞，或过松而造成漏油。

③ 往复速度是否均匀。

此外，油缸安装到机床上时还应作必要的检查与调整，以保证油缸的直线度及与机床导轨的平行度。

3. 压力阀

阀的种类很多，有压力阀、节流阀和方向阀等，就其装配要点而言大同小异。下面以压力阀为例进行简要介绍。

压力阀的作用是控制液压系统的压力，有溢流阀、顺序阀、减压阀等。图 9-50 所示为 HYY11 型低压溢流阀的结构。

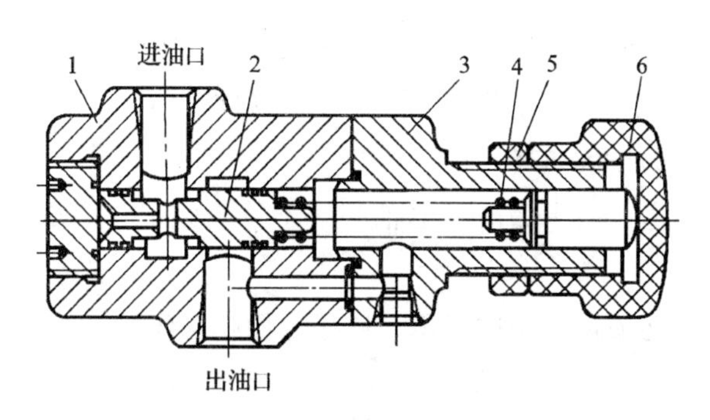

图9-50 HYY11低压溢流阀

1—阀体；2—滑阀；3—压盖；4—弹簧；5—螺母；6—调整螺母

（1）装配要点

① 压力阀在装配前应仔细清洗零件，特别是阻尼孔道，应用压缩空气清除。

② 钢球与阀座的密封应良好，可用汽油试漏。

③ 弹簧两端面需磨平，使两端面与中心线垂直。

④ 纸垫最好用耐油纸垫，且需保证通油舒畅。

⑤ 阀在阀体内的配合间隙应符合要求，在全行程上移动应灵活无阻滞现象。

（2）性能试验

① 试验前将压力调节螺钉尽可能全部松开。在试车时，调整压力调节螺钉，从最低数值逐步升高至系统所需的工作压力，要求压力平稳地改变，工作正常，压力波动不超过±0.15MPa。

② 当压力阀在机床中做循环试验时，必须观察其运动部件换向时工作的平稳性，应无显著的冲击和噪声。

③ 在最大工作压力下时，不允许接合处有漏油。

④ 溢流阀在卸荷位置时，其压力应不超过1.5~2.5Pa。

4. 管道连接

管道是将管子、管接头、法兰盘、衬垫等与液压系统中各元件连接起来，以保证液体的循环和传递液体能量的辅助装置。这里主要介绍管道的主要组成部分，即管子和管接头。管子按其材料的不同有钢管、铜管、橡胶管、尼龙管等；管接头按结构形式及使用不同可分为扩口薄管接头、卡套式管接头、焊接式管接头、法兰式管接头和软管接头等。具体结构和规格可查阅有关手册。

（1）装配技术要求

① 高度的密封性：管子在连接以前常需经过水压试验或气压试验，以保证没有破损和泄漏的现象。在连接处为了加强密封作用，当用螺纹连接时，通常用麻丝、聚四氟乙烯薄膜或石棉等作填料，并在外部涂以红铅粉或白漆；当用法兰连接时，需在接合面间垫以衬垫，衬垫可用石棉板、橡皮或软金属等制成。当管道压力较高时，在连接处应使用高压密封材料作填料，以确保高压下的密封。

② 压力损失最小：管道及其连接部分必须有足够的通流截面、最短的长度、光滑的管壁，尽量避免管道方向的急剧变化及截面的突变。为此，弯曲管子必须圆滑（弯曲的部分允许有不大于管子外径尺寸5%的椭圆度）。

③ 法兰盘连接的管道：为了保证管道轴心线不发生倾斜，两法兰盘的端面必须与管子轴心线垂直。

④ 管接头的装置：必须符合结构简单、连接方便、工作可靠等要求。

（2）装配要点

下面分别介绍液压传动中常见几种管接头的装配工艺。

① 扩口薄管接头

对于有色金属管、薄钢管或塑料管（如尼龙管），大都采用扩口薄管接头连接。

如图9－51所示，在装配时先将管螺母2、管套3套在管子4上，将端部扩口，然后装入管接头1，拧紧管螺母使其与接头体结合。

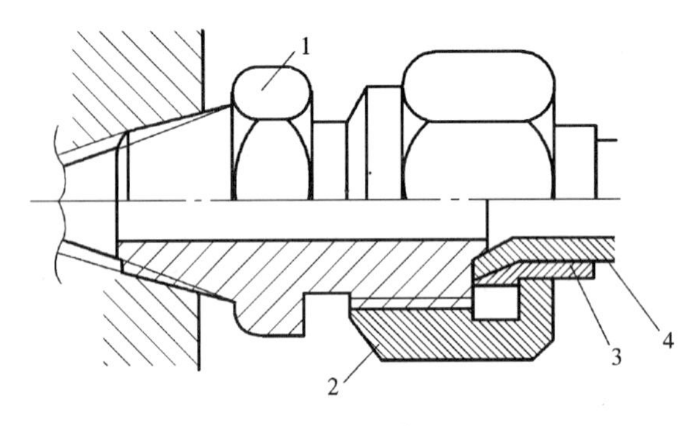

图9－51　扩口薄管接头

1—管接头；2—管螺母；3—管套；4—管子

扩口工具根据生产批量来选择采用，如大批生产时，可用专用管子扩口工具扩尼龙管或紫铜管子。扩紫铜管时不需加热器，但扩口前应退火。

扩口薄管接头的应用及其注意事项如下：

- 采用这种管接头连接紫铜管，一般用于低压处。管道尺寸较小时，也可用于中压和高压处。
- 采用这种管接头连接无缝钢管，可用于中压处。管道尺寸较小时，也可用于高压处。
- 采用这种管接头连接的管子需扩口，由于扩口后应力集中，往往交变载荷和压力冲击下会断裂，所以管子的扩口处是一个薄弱的环节，必须注意扩口质量。
- 管接头与液压件连接为锥管螺纹，由于螺纹尖端有空隙会造成泄漏，故可用虫胶漆（用虫胶制成的漆称为虫胶漆（俗称凡立水、洋干漆）。虫胶来自寄生在树木的紫胶虫的分泌物。）等涂在螺纹表面，还可用塑料薄膜包在螺纹外拧入螺孔中，以防泄漏。

② 球形管接头

① 如图9－52所示，分别把球形接头体1和接头体3与管子焊接，再把连接螺母2套在球形接头体1上，然后拧紧螺母，松紧要适当，以防损坏螺纹。

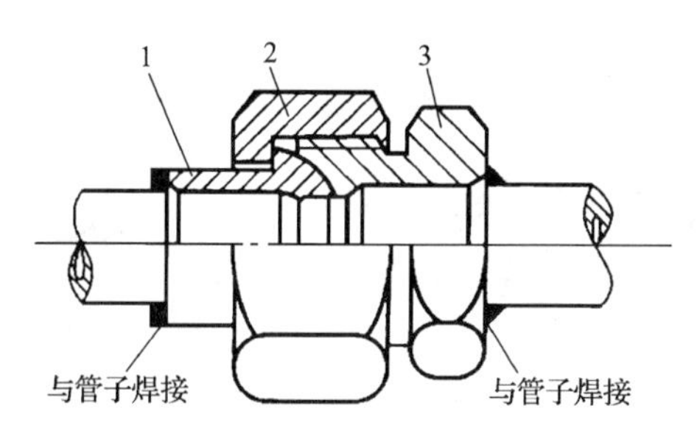

图 9－52　球形管接头

1—球形接头体；2—连接螺母；3—接头体

当压力较大时，接合球面（或锥面）应当研配。涂色检查时，接触面宽度不小于 1mm。

③ 高压胶管接头

如图 9－53 所示，将胶管剥去一定长度的外胶层（剥离处倒角 15°，剥外胶层时切勿损伤钢丝层），装入外套内。胶管端部与外套螺纹部分应留有约 1mm 的距离，并在胶管外露端做标记（图 9－54），然后再把接头芯 3 拧入接头外套 2 及胶管 1 中。于是胶管便被挤入接头外套 2 和接头芯 3 的螺纹中，使胶管与接头芯及接头外套紧密连接起来。这种高压胶管接头结构紧凑，应用较广。

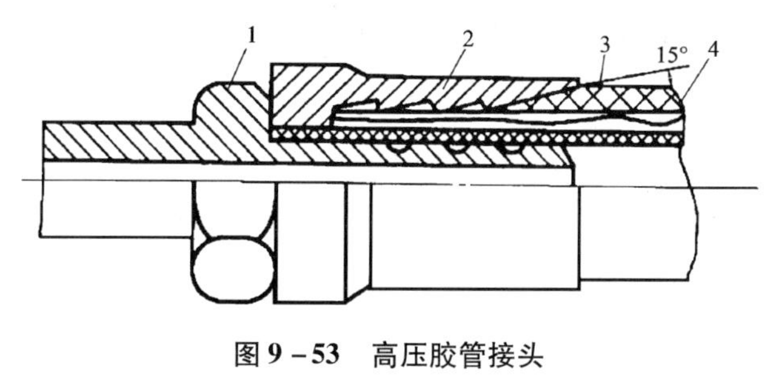

图 9－53　高压胶管接头

1—胶管；2—接头外套；3—接头芯；4—钢丝

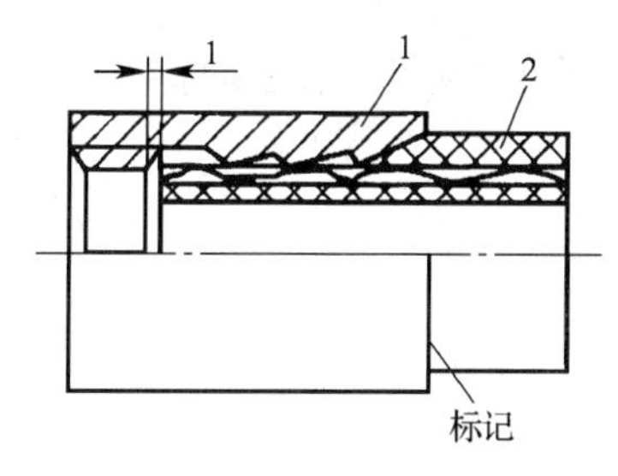

图 9－54　胶管装进外套

1—接头外套；2—接头芯

9.3　轴承装配

轴承用来支撑轴的部件或支撑轴上的回转零件。轴承对于保证旋转件工作的可靠性、承载能力、工作寿命、传动效率及旋转精度等都起着很重要的作用。因此，轴承的选用、加工精度、正确的装配方法、装配质量和装配精度是十分重要的。

按照工作中摩擦性质的不同，轴承一般可分为滑动摩擦轴承（滑动轴承）和滚动摩擦轴承（滚动轴承）两大类。

9.3.1　滑动轴承

1. 种类

图 9－55 所示为滑动轴承的种类，现简介如下。

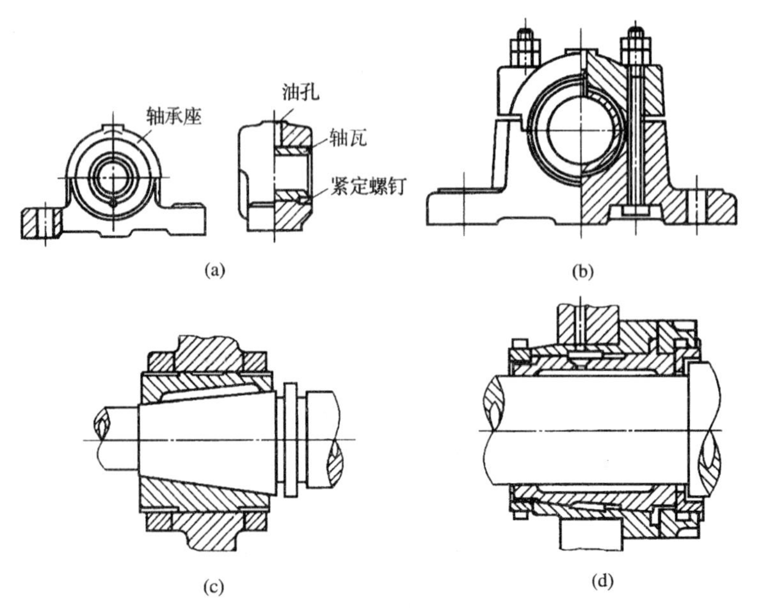

图 9－55　滑动轴承种类

（a）整体式；（b）剖分式；（c）内锥外柱式；（d）内柱外锥式

（1）整体式滑动轴承

整体式滑动轴承的特点是结构简单，制造成本低，磨损后轴与轴承间隙无法调整，一般只用在低速、载荷不大及间歇工作的场合。

（2）剖分式滑动轴承

剖分式滑动轴承的特点是装拆方便，磨损后可进行间隙调整，特别适合作大型和重型轴组的轴承。

（3）锥形表面滑动轴承

锥形表面滑动轴承包括内锥外柱式和内柱外锥式两种，依靠轴与轴瓦间的轴向位移来达到调整轴承间隙的目的。圆锥面的锥度通常为 1∶30～1∶10。轴承长度 L 和轴承孔径 d 的比值称为长径比，通常为 0.5～1.5。这类轴承一般作为主轴轴承，并可按机床精度要求制成单油楔式或多油楔式。

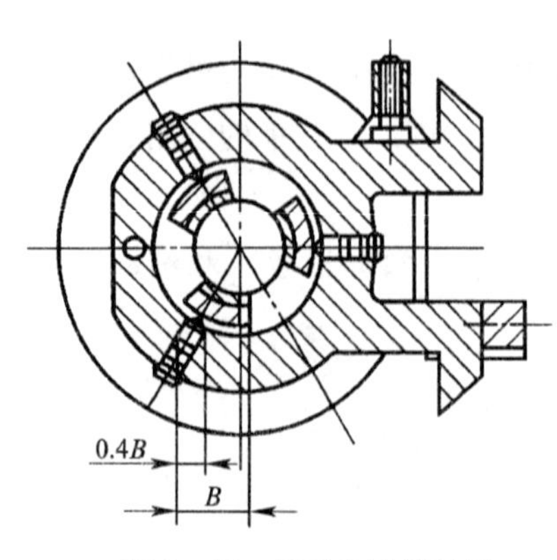

图 9－56　活动多油楔轴承

（4）活动多油楔轴承（多瓦式动压轴承）

如图 9－56 所示，活动多油楔轴承中的活动轴瓦可以随载荷的增加而提高承载能力，并且油楔越薄，刚度越高。轴瓦除了在径向可摆动外，在轴向也能自定位，所以能消除边侧压力。

2. 整体式滑动轴承

（1）压入轴套

根据轴套过盈的大小确定装入方法，可用敲入、压入、拉紧夹具拉入等。压入前注意去除端面棱边毛刺，压入面涂润滑油。为防止轴套安放位置（油槽位置）在装入时出现偏斜，可用导向轴引入。用敲击或压入等方法时，注意轴套端需垫衬垫。

（2）轴套定位

轴套装进后，按图样技术要求用螺钉或定位销加以固定。常见的几种轴套固定方式如图9－57所示。

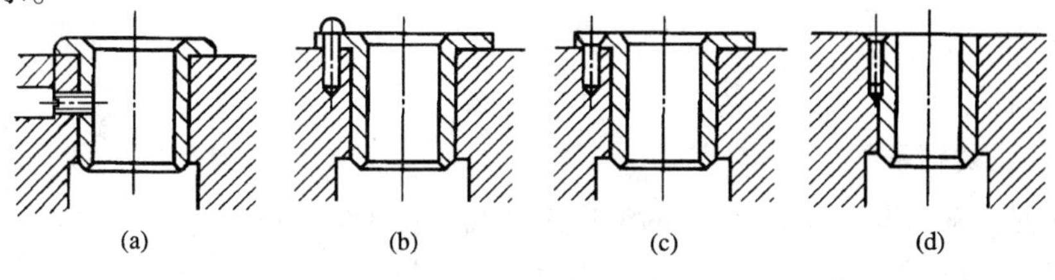

图9－57 轴套的固定方式

（a）径向紧定螺钉固定；（b）端面铆钉固定；（c）端面沉头螺钉固定；（d）骑缝螺钉固定

（3）修整轴套孔

轴套装入后，由于壁薄会产生内孔变形，同时注意前后轴套中心是否一致，一般采用铰削、刮削及滚压等方法进行修整。

（4）修刮座孔安装端面

使端面与轴套孔中心垂直，采用涂色显点修刮。

（5）检验轴套孔尺寸及几何精度

检验前后轴套的同轴度及轴套中心线对端面的垂直度。

3. 剖分式滑动轴承

（1）轴瓦与轴承座、盖的装配。上下轴瓦与轴承座、轴承盖装配时，应使轴瓦背与座孔接触良好，对厚壁轴瓦则以座孔为基准，显点修刮轴瓦背面，同时应注意轴瓦的台肩靠紧座的两端面，防止轴瓦作轴向窜动，但也不能太紧。对薄壁轴瓦与轴瓦座孔的配合，接触质量靠选配轴瓦来保证。为达到配合要求，轴瓦的剖分面应比轴承体的剖分面高出一些，其差值为 $\Delta h=\pi\delta/4$（δ 为轴瓦与机体座孔的配合过盈量），一般 $\Delta h=0.05\sim0.1\text{mm}$。

（2）轴瓦的定位。轴瓦在轴瓦座孔中必须做到无轴向窜动及周向位移现象，通常可用定位销及轴瓦台肩来加以保证，如图9－58所示。

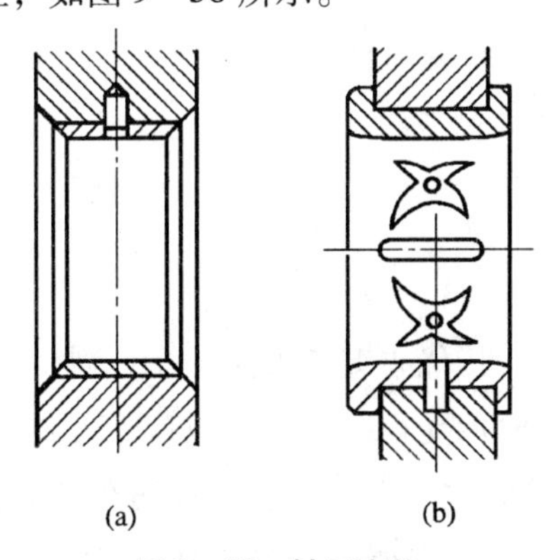

图9－58 轴瓦定位

（a）薄壁轴瓦的定位；（b）厚壁轴瓦的定位

（3）按轴颈配修轴瓦孔。对轴瓦孔的修刮一般多用与其相配合的轴进行研点修刮，通常先刮下轴瓦，再刮上轴瓦。为了提高修刮效率，在刮下轴瓦时可不装上轴瓦盖。当下轴瓦的接触点基本符合要求时，再将上轴瓦盖压紧并拧上螺母，在修刮上轴瓦的同时进一步修整下轴瓦的接触点。配刮轴的松紧可随着刮削的次数不断调整垫片厚度。当螺母均匀紧固后，配刮轴能轻松转动且无明显间隙，接触点符合要求为合格。

（4）清洗轴瓦，然后重新装入。

4. 内柱外锥式轴承

（1）如做好箱体孔、主轴承外套的清理工作及油孔清洁工作。

（2）将轴承外套压入箱体孔，其配合为 H7/r6。

（3）用专用心轴或利用主轴直接套上标准锥度模套，对轴承外套内锥孔进行研点刮削，同时注意前后轴承的同轴度，接触点要求为 12 ~ 16 点/（25mm × 25mm）。

（4）在轴承上钻进、出油孔，注意与箱体、轴承外套的油孔相对，并与自身油槽相接。

（5）以轴承外套的内孔为基准，在主轴上套上轴承，进行轴承外锥度的研点修刮，接触点要求与轴承外套内锥孔相同，同时注意前后轴承的同轴度。

（6）把轴承装入轴承外套的内孔，两端分别拧上螺母，并调整轴承的轴向位置。

（7）以主轴为基准，配刮轴承的内孔，后轴承用工艺套支撑，以保证前后轴承孔的同轴度，显点要求 10 ~ 12 点/（25mm × 25mm）。两端应为“硬点”，中间为“软点”，以便形成油膜，油槽两端点的分布均匀，以防漏油。

（8）清洗轴承进、出油孔及轴颈等，重新装入并调整间隙，一般精度车床主轴轴承的间隙为 0.015 ~ 0.03mm。

调整间隙的方法是先将大端调整螺母放松，再逐渐拧紧小端调整螺母，同时用力旋转轴（主轴在空挡位置），当轴用力转不动时，说明轴与轴承间隙已消除，拧紧大端螺母，然后再拧松小端螺母至一定角度 α，再拧紧大端螺母，使轴承轴向移动一个定量，即可得到要求的间隙值。螺母拧松角度 α 可按如下公式计算。

$$\alpha = \Delta \frac{L}{D-d} \times \frac{360}{S_o}$$

式中 $\frac{L}{D-d}$——轴承外锥面锥度的倒数；

S_o——调整螺母导程；

Δ——要求间隙值。

9.3.2 滚动轴承

滚动轴承与滑动轴承相比，其优点是摩擦系数小，启动力矩小，效率高；轴向尺寸（宽度）小；某些滚动轴承能同时承受径向和轴向载荷，因此可使机器结构简化、紧凑；径向间隙小，还可用预紧方法消除间隙，因此精度高；润滑简单、耗油量小，维护保养简便；是标准件，易更换等。其缺点是抗冲击能力较差，高速时噪声大，工作寿命不及滑动轴承，径向尺寸较大。

1. 滚动轴承的配合

滚动轴承是专业厂大量生产的标准部件，按标准规定，滚动轴承内孔为基准孔。但它的公差带位置与一般零件基准孔公的差带位置不同，即它的上偏差为零，下偏差为负值，公差带在零线的下方。滚动轴承的外径为基准轴，与一般零件基准轴公差带位置相同。

滚动轴承与轴及轴承座孔配合的松紧程度由轴及轴承座孔的尺寸公差来保证，如图 9－59 所示。

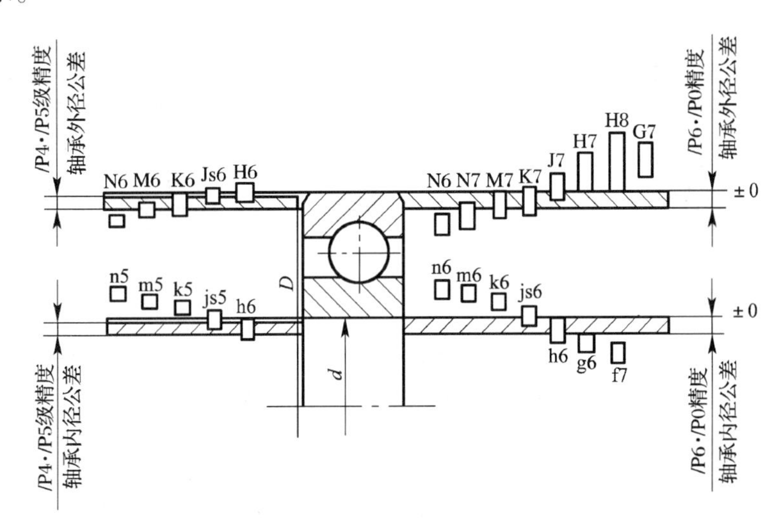

图 9－59　滚动轴承配合公差带

滚动轴承配合选择的基本原则如下：

（1）当负荷方向不变时，转动套圈应比固定套圈的配合紧一些。一般情况下是内圈随轴一起转动，而外圈固定不转动，所以内圈与轴常取具有过盈的配合，如 n6，m6 和 K6 等；而外圈与孔常取较松的配合，如 K7，J7，H7，G7 等。此时/P4，/P5 级精度轴承用 5、6 级精度的配合，/P6、/P0 级精度轴承用 6，0 级精度的配合。

（2）负荷越大，转速越高，且有振动和冲击时，配合应该越紧。

（3）当轴承旋转精度要求较高时，应采用较紧的配合，以借助于过盈量来减小轴承原始游隙。

（4）当轴承作游动支承时，外圈与轴承座孔应取较松的配合。

（5）轴承与空心轴的配合应较紧，以避免轴的收缩使配合松动。

（6）对于需要经常拆装的轴承，可取较松的配合，以利于装拆。

2. 装配和拆卸

（1）滚动轴承是一种精密部件，认真做好装配前的准备工作，对保证装配质量和提高装配工作效率是十分重要的。

① 装配前对与轴承相配合的轴颈、座孔尺寸及轴承型号进行检查。

② 做好轴承与相配合件的清洁工作。新轴承表面的防锈油可用汽油或煤油清洗，如轴承用厚油和防锈油脂防锈的，可用轻质矿物油加热溶解清洗（油温不超过 100℃），冷却后

再用汽油、煤油清洗。

③ 对需拆卸的轴承，检查轴端有无碰毛现象，如有，需用锉刀修整后才能进行拆卸。

（2）装拆时的作用力应作用在被拆圈的端部，同时力要均匀作用在圈的整个端面。

（3）轴承内，外圈的装配顺序一般可根据轴承内、外圈与相配件结合的松紧程度来定，内圈与轴配合较紧的一般先将轴承装在轴上；反之，先将轴承装入轴承座孔；内、外圈配合都紧时可同时压入，如图 9－60 所示。

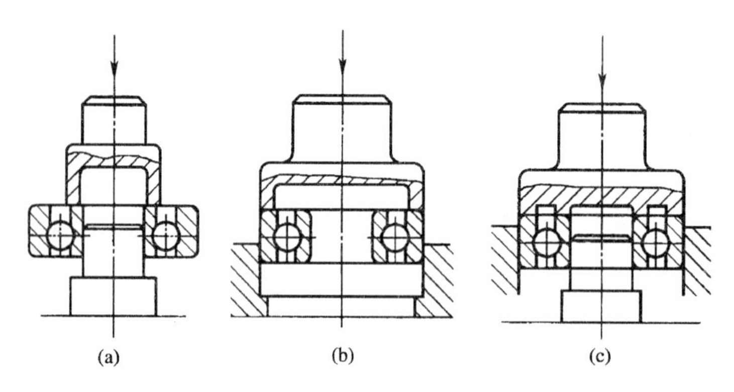

图 9－60　用电压法安装圆柱孔轴承

（a）将内圈压入轴颈；（b）将外圈压入座孔；（c）将内、外圈同时压入

（4）压入前结合面应涂上润滑油。

（5）压入方法如下：

① 如图 9－60 所示，可以用套筒压在轴承圈上，用锤子锤击筒尾端，将轴承正确地装入轴颈或座孔中。

② 对轴承与所装件过盈量较小时，可用铜棒通过锤子锤击将轴装入。注意保持作用力相对平衡，并防止用锤子直接锤击轴承圈。

③ 对轴承配合过盈量较大的，可在压机上压装。

④ 当轴承配合过盈量大时，可利用温差法压入。可将轴承放入油中加热至 80～100℃，轴承内孔张大，这时很容易就可套装到轴上。在同样过盈量的情况下，这种方法较压入法装配结合较牢靠。注意油温不可超过 120℃。

⑤ 推力球轴承装配是要注意松圈与紧圈的位置，一定要使紧圈与轴肩紧靠，使紧圈与轴保持固定不变的位置，如图 9－61 所示。

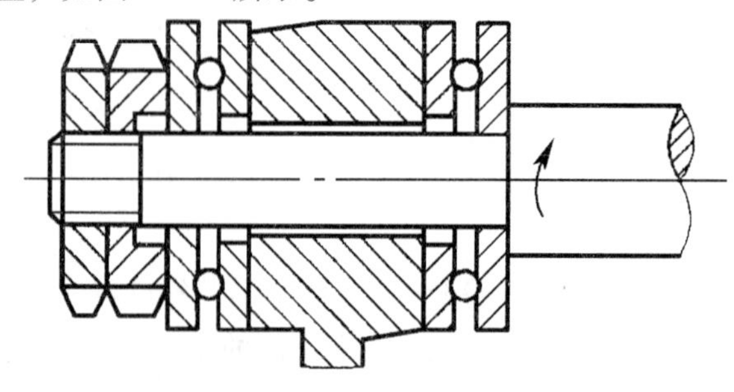

图 9－61　推力球轴承装配

（6）滚动轴承的拆卸方法与其结构有关，一般可采用拉、压、敲击等方法进行。同样要注意拆卸的作用力必须作用在轴承圈上。图9－62所示为从轴上拆卸轴承，图9－63所示为从轴承座孔中拆卸轴承。

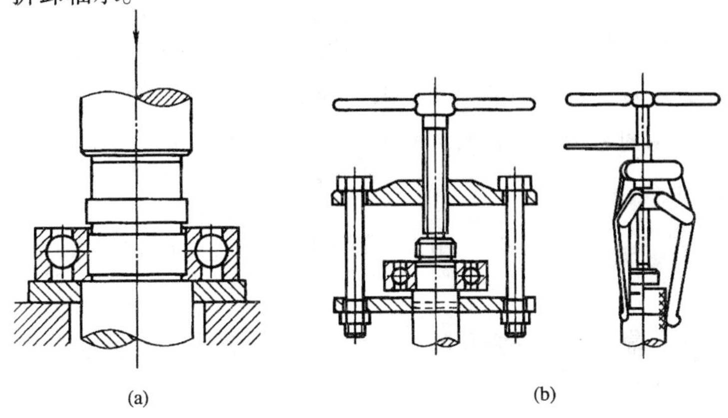

图9－62　从轴上拆卸轴承

（a）用压出或冲击方法拆卸；（b）用顶拔器拆卸

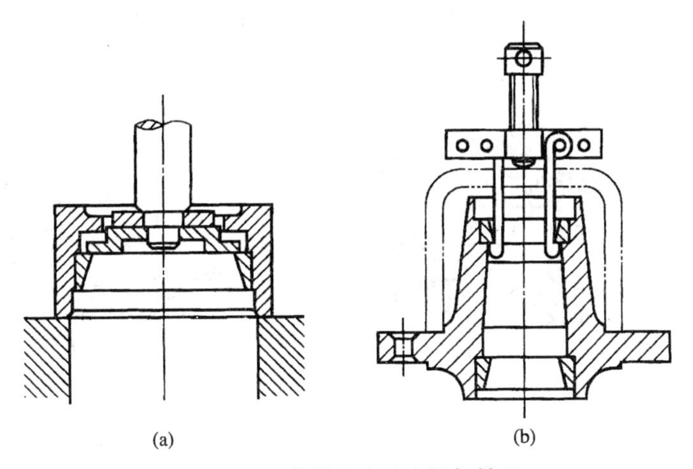

图9－63　从轴承座孔中拆卸轴承

（a）用压出或冲击方法拆卸；（b）用拉杆拆卸器拆卸

对于某些轴承组件，由于机械结构的限制而不便直接拆卸，一般在结构上都会考虑设置有各种拆卸方法的措施，拆卸前应注意查看。如在外圈座孔端面加工数只螺孔，供拆卸时用螺钉顶出轴承外圈，如图9－64所示。

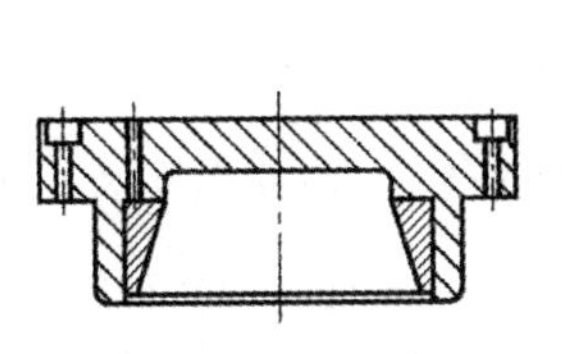
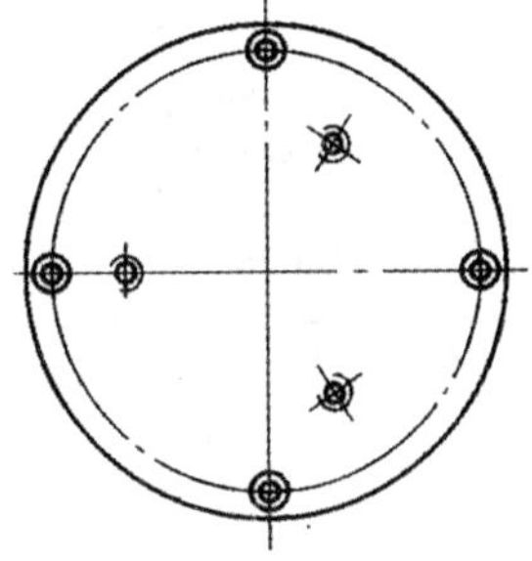

图9－64　结构上拆卸轴承

9.3.3 轴组

1. 定义

轴、轴上零件及两端轴承支座的组合称为轴组。轴组的装配是指将装配好的轴组件，正确地安装在机器中，并保证其正常的工作要求。轴组装配主要是两端轴承固定、轴承游隙调整、轴承预紧、轴承密封和润滑装置的装配等。

2. 轴承的固定方式

轴工作时，既不允许有径向移动，也不允许有较大的轴向移动，又不致因受热膨胀而卡死，所以要求轴承有合理的固定方式。

轴承的径向固定是靠外圈与外壳孔的配合来解决的。轴承的轴向固定有两端单向固定和一端双向固定两种基本方式。

（1）两端单向固定

如图 9－65 所示，在轴的两端的支撑点上，分别用轴承盖单向固定，以限制两个方向的轴向移动。为避免轴受热伸长而使轴承卡住，在右端轴承外圈与端盖间留有不大的间隙（0.5～1mm），以便游动。

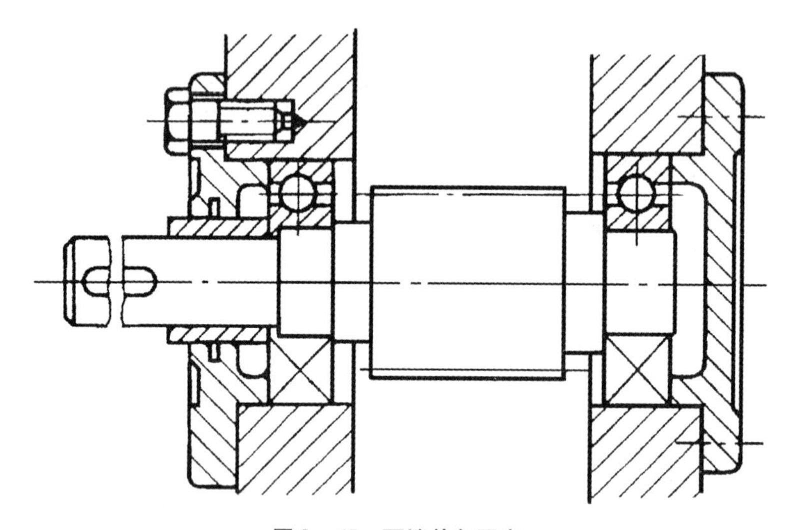

图 9－65　两端单向固定

（2）一端双向固定

如图 9－66 所示，右端轴承双向轴向固定，左端轴承可随轴游动。这样，工作时不会发生轴向窜动，受热膨胀时又能自由地向另一端伸长，不致卡死。

为了防止轴承受到轴向载荷时产生轴向移动，轴承在轴上和轴承安装孔内都应有轴向紧固装置。作为固定支承的径向轴承，其内、外圈在轴向都要固定（图 9－66 右支承）。游动支承，若安装的是不可分离型轴承，只需固定其中的一个套圈（图 9－66 左支承），游动的套圈不固定。

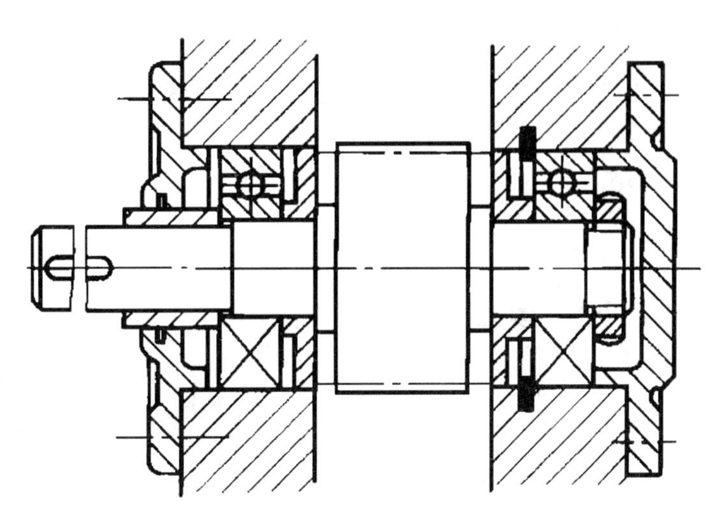

图 9－66　一端双向固定方式

轴承内圈在轴上安装时，一般都由轴肩在一面固定轴承位置，另一面用螺母、止动垫圈和开口轴用弹性挡圈等固定。

轴承外圈在箱体孔内安装时，箱体孔一般有凸肩固定轴承位置，另一方向用端盖、螺母和孔用弹性挡圈等紧固。

3. 滚动轴承游隙的调整

（1）滚动轴承的游隙

滚动轴承的游隙是指将轴承的一个套圈固定，另一个套圈沿径。向或轴向的最大活动量，分为径向游隙和轴向游隙两类。

根据轴承所处状态不同，径向游隙分为原始游隙、配合游隙和工作游隙。

① 原始游隙　轴承在未安装前自由状态下的游隙称原始游隙。

② 配合游隙　轴承装在轴上和箱体孔内的游隙。其大小由过盈量决定，配合游隙小于原始游隙。

③ 工作游隙　轴承在承受载荷运转时的游隙。由于此时因轴承内、外圈的温差使游隙减小以及工作负荷使滚动体和套圈产生弹性变形，导致游隙增大。一般情况下，工作游隙大于配合游隙。

（2）滚动轴承游隙的调整

滚动轴承的游隙不能过大，也不能过小。游隙过大，将使同时承受负荷的滚动体减少，单个滚动体负荷增大，降低轴承寿命和旋转精度，引起振动和噪声，受冲击载荷时尤为显著。游隙过小，则加剧磨损和发热，也会降低轴承的寿命。因此，轴承在装配时应控制和调整合适的游隙，以保证正常工作并延长轴承使用寿命。其方法是使轴承内、外圈做适当的轴向相对位移。如角接触球轴承、圆锥滚子轴承和双向推力球轴承等，在装配时以及使用过程中，可通过调整内、外套圈的轴向位置来获得合适的轴向游隙。

调整滚动轴承游隙的方法常用的有如下两种：

① 调整垫片法　通过改变轴承盖与壳体端面间的垫片厚度来调整轴承的轴向游隙，如图 9－67（a）所示。也可用图 9－67（b）所示的压铅丝法求得垫片厚度。将 3～4 粗 1～2mm 的铅丝，用油脂粘放在轴承和壳体端面上，装配轴承盖并拧紧螺钉。然后拆下轴承盖，测量铅丝厚度 a、b，则调整垫片的厚度 δ 为：

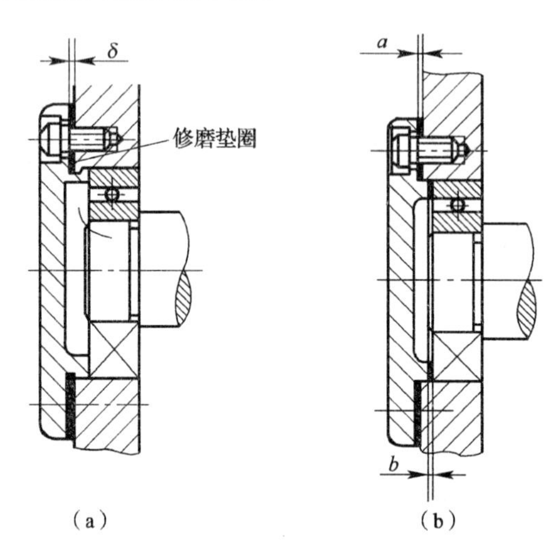

图 9－67　用垫片调整滚动轴承游隙

$$\delta = a + b - S$$

式中　a，b———铅丝被压扁的厚度；

S——轴承需要的间隙。

② 螺钉调整法　如图 9－68 所示，调整时先松开锁紧螺母，然后转动螺钉调整轴承游隙至规定值，最后拧紧锁紧螺母。

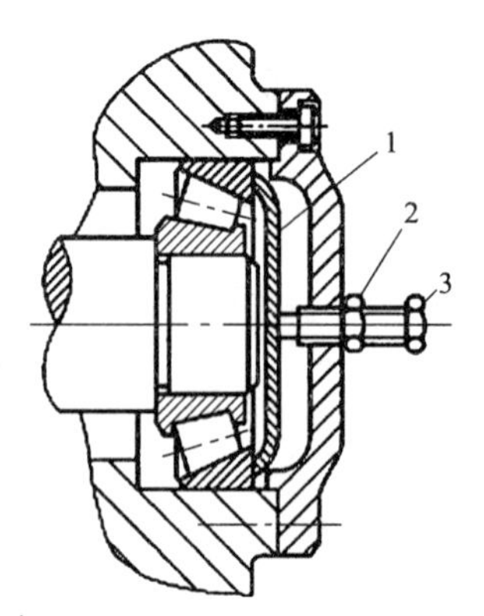

图 9－68　用螺钉调整滚动轴承游隙

1—压盖；2—锁紧螺母；3—调整螺钉

4. 滚动轴承的预紧

对于承受负荷较大、旋转精度要求较高的轴承，大多要求在无隙或少量过盈状态下工作，安装时要进行预紧。预紧就是在安装轴承时用某种方法产生并保持一轴向力，以消除轴承中的游隙，并在滚动体和内、外圈接触处产生初变形。预紧后的轴承受到工作载荷时，其内、外圈的径向及轴向相对移动量要比未预紧的轴承大大减少，这样就提高了轴承在工作状态下的刚度和旋转精度。图 9－69 所示为滚动轴承预紧的原理

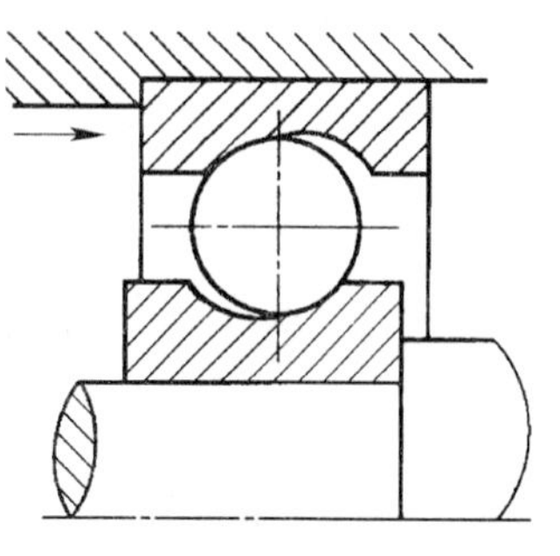

图 9－69　滚动轴承预紧原理

成对安装角接触球轴承有三种布置方式，如图 9－70 所示。其中，图 9－70（a）为背靠背（外圈宽边相对）安装，图 9－70（b）为面对面（外围窄边相对）安装，图 9－70（c）为同向（外圈宽窄边相对）安装。若按图示箭头方向施加预紧力，使轴承紧靠在一起，即可达到预紧目的。在成对安装轴承之间配置厚度不同的间隔套，如图 9－71 所示，可以得到不同的预紧力。

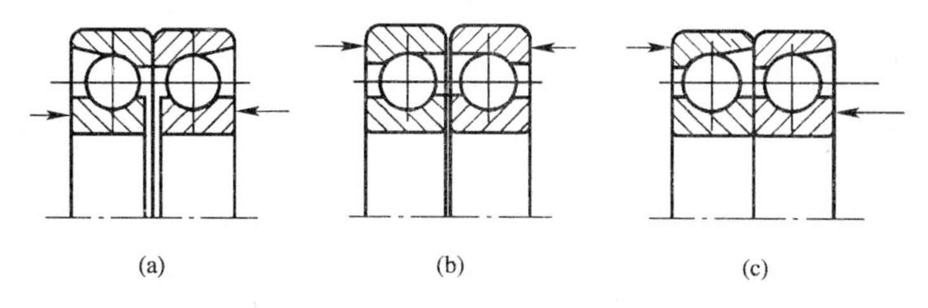

图 9－70　成对安装角接触球轴承

（a）背靠背安装；（b）面对面安装；（c）同向安装

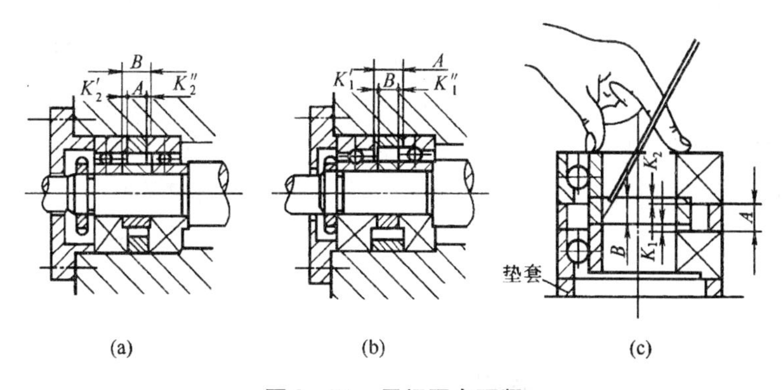

图 9－71　用间隔套预紧

（a）背靠背安装；（b）面对面安装；（c）同向安装

9.3.4　车床主轴轴组

1. 结构简介

图 9－72 所示为 C630 车床主轴部件。前端采用双列向心短圆柱滚子轴承，用以承受切削时的径向力。主轴的轴向力由推力轴承和圆锥滚子轴承承受。调整螺母可控制主轴的轴向窜动量，并使主轴轴向双向固定。当主轴运转使温度升高时，允许主轴向前端伸长，而不影响前轴承所调整的间隙。大齿轮与主轴用锥面结合，装拆方便。

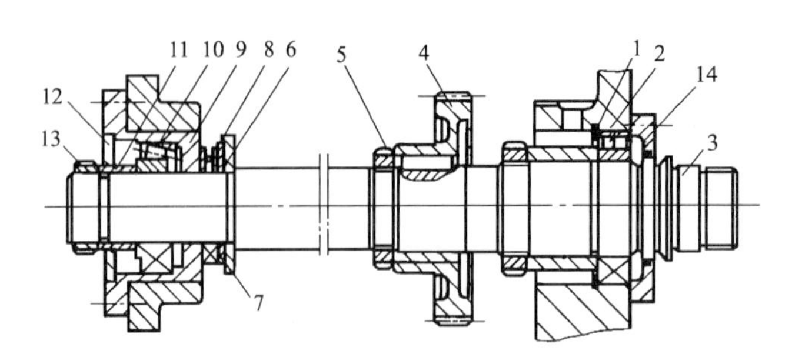

图9-72　C630车床主轴部件

1—卡环；2—滚动轴承；3—主轴；4—齿轮；5—螺母；6—垫圈；7—开口垫圈；8—推力轴承；
9—轴承外套；10—圆锥滚子轴承；11—衬套；12—盖板；13—圆螺母；14—前法兰分组件

2. 主轴部件精度要求

主轴部件的精度是指在装配调整之后的回转精度，包括主轴的径向圆跳动、轴向窜动以及主轴旋转的均匀性和平稳性。

（1）主轴径向圆跳动的测量

车床主轴部件装配完成后，要测量主轴径向圆跳动，其方法如图9-73（a）所示。在锥孔中紧密地插入一根锥柄检验棒，将百分表固定在机床上，使百分表测头顶在检验棒表面上。旋转主轴，分别在靠近主轴端部的 a 点和距 a 点300mm的 b 点测量。分别计算 a、b 两点的误差，主轴转一转，百分表读数的最大差值就是主轴的径向跳动误差。为了避免检验棒锥柄配合不良的影响，应拔出检验棒，相对主轴旋转90°，重新插入主轴锥孔内，依次重复检验四次，四次测量结果的平均值为主轴的径向圆跳动误差。主轴径向圆跳动量也可按图9-73（b)所示，直接测量主轴定位轴颈而定。主轴旋转一周，百分表的最大读数差值为径向圆跳动误差。

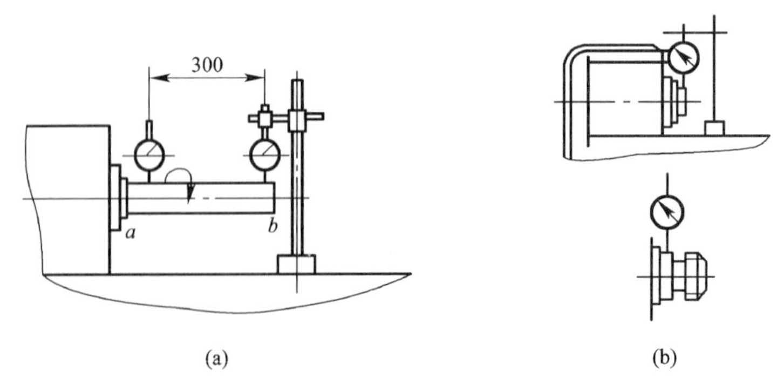

图9-73　主轴径向圆跳动的测量

（2）主轴轴向窜动的检查

如图9-74所示，在主轴锥孔中紧密地插入一根锥柄短检验棒，中心孔中装入钢球（钢球用黄油粘上)，平头百分表固定在床身上，使百分表测头顶在钢球上。旋转主轴检查百分表读数的最大差值，即为轴向窜动误差值。

3. 主轴部件装配过程

C630 车床主轴部件（图 9－75）的装配顺序如下：

（1）将卡环和滚动轴承的外圈装入箱体的前轴承孔中。

（2）按图 9－75，将分组件先组装好，然后将该分组件从主轴箱前轴承孔中穿入。在此过程中，从箱体上面依次将键、大齿轮、螺母、垫圈、开口垫圈和推力轴承装在主轴上，然后把主轴移动到规定位置。

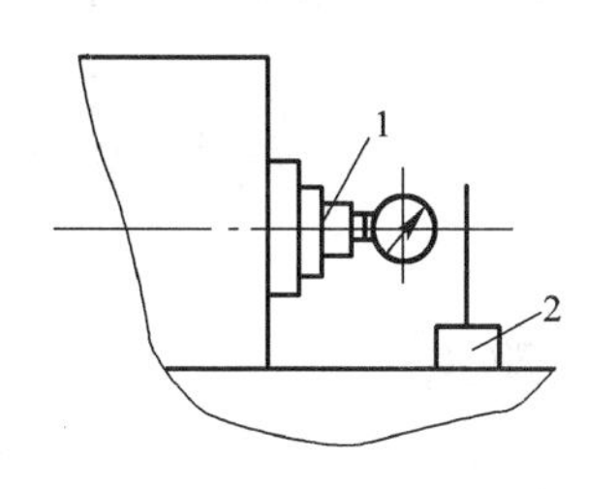

图 9－74　主轴轴向窜动的检查

1—锥柄短检验棒；2—磁力表座

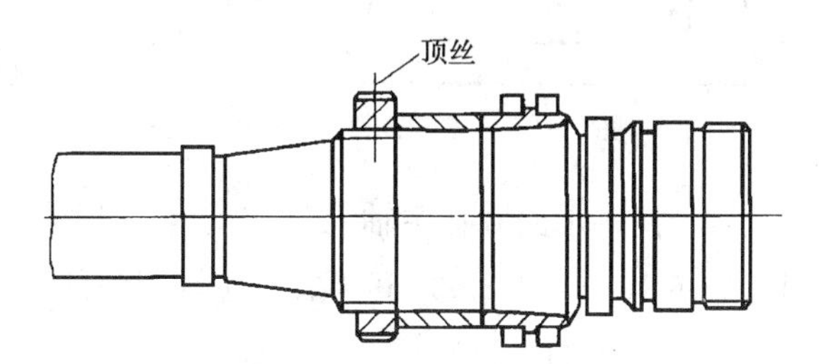

图 9－75　C630 车床主轴分组件

（3）从箱体后端把图 9－76 所示的后轴承壳体分组件装入箱体，并拧紧螺钉。

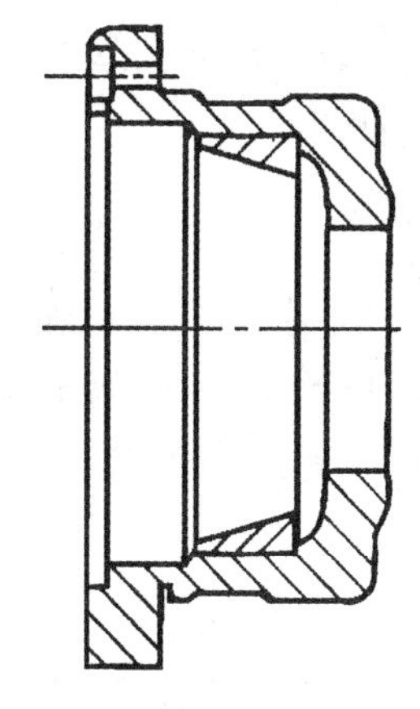

图 9－76　后轴承套与外圈组成的后轴承壳体分组件

（4）将圆锥滚子轴承的内圈装在主轴上，击打时用力不要过大，以免主轴移动。

（5）依次装入各分组件，拧紧螺钉。

4. 主轴部件的调整

主轴部件的调整是至关重要的，分预装调整和试车调整两步进行。

（1）主轴预装调整

在主轴箱没装其他零件之前，先将主轴按图 9－72 进行一次预装，其目的是一方面检查组成主轴部件的各个零件是否能达到装配要求，另一方面使空箱便于翻转，修刮箱体底面比较方便，易于保证底面与床身的结合面有良好接触，保证主轴轴线对床身导轨的平行度要求。主轴轴承的调整顺序是一般应先调整固定支座，再调整游动支座。

对 C630 车床而言，应先调整后轴承，然后再调整前轴承。因为后轴承对轴有双向轴向固定作用，未调整之前主轴能够任意翘动，不能定心，这时若调整前轴承，会影响前轴承调整的准确性。

① 后轴承调整时，先将圆螺母松开，旋转圆螺母，逐渐收紧圆锥滚子轴承和推力球轴承。用百分表触及主轴前阶台面，用适当的力前后推动主轴，保证轴向间隙小于0.01mm，同时用手转动大齿轮，直至手感到主轴旋转灵活自如、无阻滞后，再将两圆螺母锁紧。

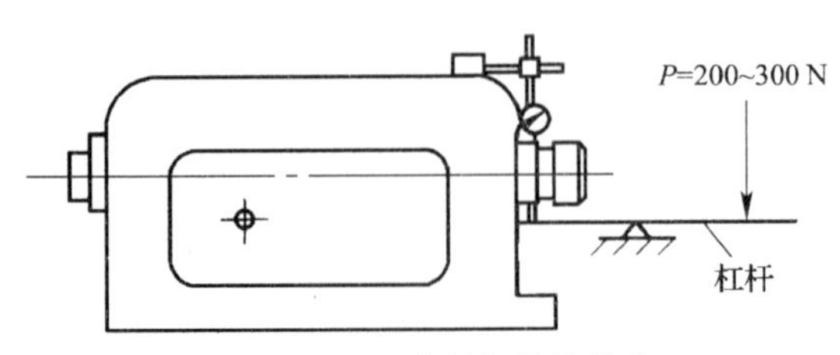

图9－77　主轴间隙的检查

② 前轴承调整时，可逐渐拧紧圆螺母，通过衬套使轴承内圈在主轴锥颈（锥度1∶12）做轴向移动，使内圈胀大。一般轴承内、外圈间隙在0～0.005mm之间为宜。主轴间隙的检查方法如图9－77所示。

（2）主轴的试车调整

机床正常运转时，随着温度升高，主轴轴承的间隙会发生变化。主轴轴承的间隙一般应在温升稳定后再调整，称为试车调整。其方法是按油标位置注入润滑油，适当拧松两个圆螺母，用木槌在主轴前后端适当敲击，使轴承回松，间隙保持在0.01～0.02mm之间。从低速到高速空转不超过2h，而在最高速度下运转不应少于30min，一般油温不超过60℃即可。停车后拧紧两个圆螺母，进行必要的调整。

5. 滚动轴承的定向装配

对精度要求较高的主轴部件，为了提高主轴的回转精度，轴承内圈与主轴装配及轴承外圈与箱体孔装配时，常采用定向装配的方法。定向装配就是人为地控制各装配件径向圆跳动误差的方向，合理组合，以提高装配精度的一种方法。装配前需对主轴锥孔中心线偏差及轴承的内、外圈径向跳动量进行测量，确定误差方向并做好标记。

（1）装配件误差的检查方法

① 轴承外圈径向圆跳动量的测量　图9－78所示为滚动轴承外圈径向跳动量的测量。测量时，转动外圈并沿百分表方向上下（左右）压迫外圈，百分表的最大读数差则为外圈的最大径向圆跳动量。

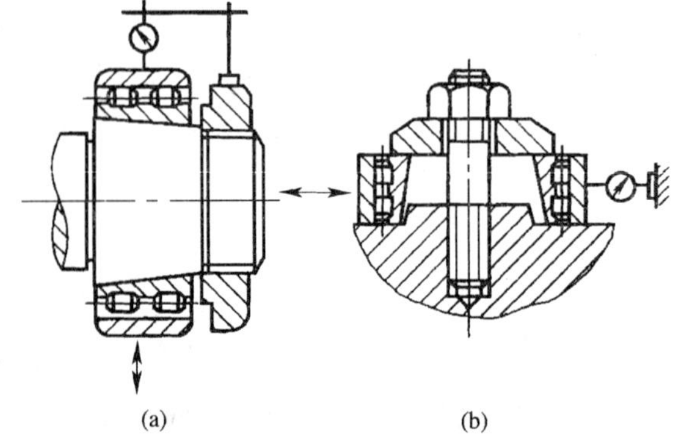

图9－78　测量外圈径向圆跳动量

（a）在主轴上测量；（b）在工具上测量

② 轴承内圈径向圆跳动测量　图 9－79 所示为滚动轴承内圈径向圆跳动的测量。测量时外圈固定不转，内圈端面上加以均匀的测量负荷 F（不同于滚动轴承实现预紧时的预加负荷），F 的数值根据轴承类型和直径而变化。使内圈旋转一周以上，便可测量内圈表面的径向圆跳动量及其方向。

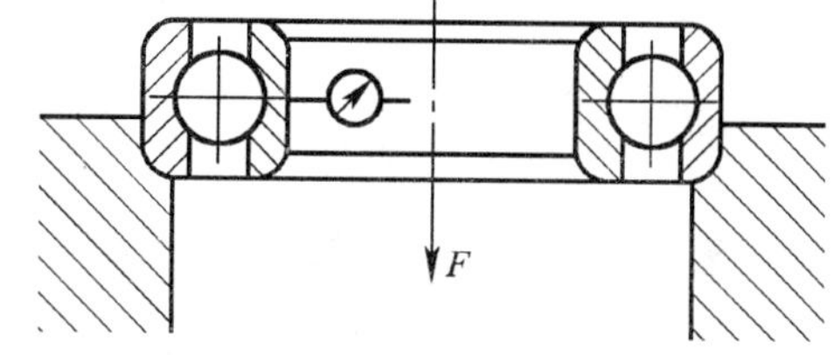

图 9－79　测量内圈径向圆跳动

③ 主轴锥孔中心线偏差的测量　如图 9－80 所示，测量时将主轴颈置于 V 形块上，在主轴锥孔中插入测量用心棒，转动主轴一周以上，便可测得锥孔中心线的偏差数值及方向。

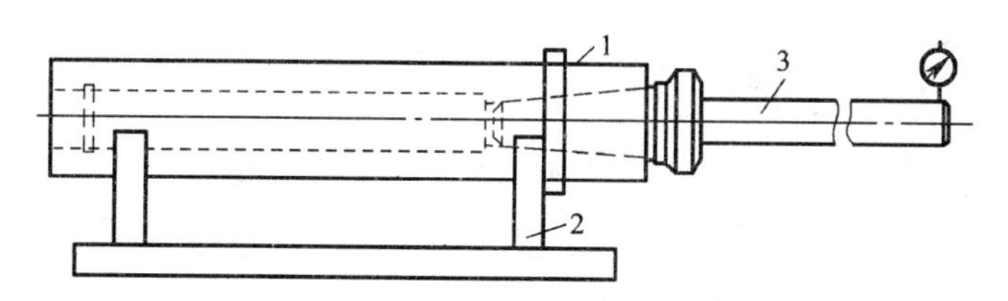

图 9－80　测量主轴锥孔中心线偏差

1—主轴；2—V 形块；3—检验棒

（2）滚动轴承定向装配要点

图 9－81 所示为滚动轴承定向装配的几种装配方案示意。图中 δ_1、δ_2分别为车床主轴前、后轴承内圈的径向圆跳动量，δ_3为主轴锥孔对主轴回转中心线的径向跳动量，δ 为主轴的径向圆跳动量。

由图 9－81 可以看出，零件前、后轴承的径向圆跳动量与主轴锥孔径向圆跳动量虽都一样，但装配方向不同时，主轴在其检验处的径向圆跳动量却不一样。按图 9－81（a）所示方案装配时，主轴的径向圆跳动量最小。此时，前、后轴承内圈的最大径向圆跳动量 δ_1 和 δ_2 在主轴中心线的同一侧，且在主轴锥孔最大径向圆跳动量的相反方向。后轴承的精度应比前轴承低一级，即 $\delta_2>\delta_1$，如果前、后轴承精度相同，主轴的径向圆跳动量反而增大。

同样，轴承外圈也应按上述方法定向装配。对于箱体部件，由于测量轴承孔误差较费时间，可只将前、后轴承外圈的最大径向圆跳动点在箱体孔内装成一条直线即可。

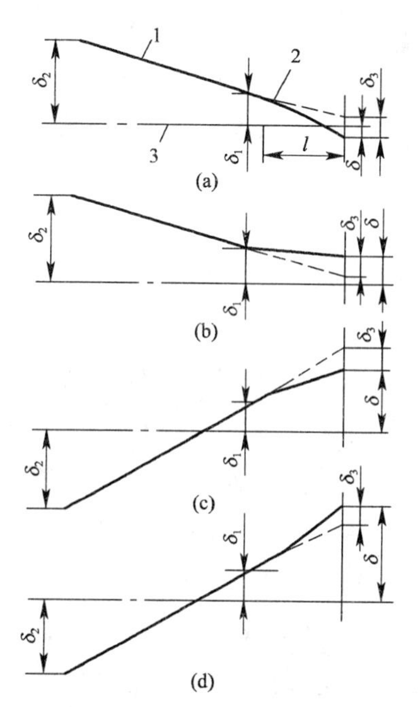

图 9－81　滚动轴承定向装配的装配方案

1—主轴中心线；2—主轴锥孔中心线；3—旋转中心线

习 题

一、填空题

1. 螺纹连接是一种可拆的________，它具有结构简单，连接可靠，________等优点。

2. 旋具是用来________或________头部带沟槽的螺钉。

3. 对精度要求较高的主轴部件，为了提高主轴的________精度，轴承内圈与主轴装配及轴承外圈与箱体孔装配时，常采用定________的方法。

4. 对于承受负荷较大、旋转精度要求较高的轴承，大多要求在________或________过盈状态下工作，安装时要进行预紧。

5. 动连接花键装配时，套件在花键轴上可以________滑动，没有________现象，但也不能过松，用手摆动套件时，不能感到有________周向间隙。

6. 销连接的作用是________、连接或锁定零件，有时还可起到________作用。

7. 带传动是利用带与带轮之间的________力来传递________和________的。

8. 红套装配就是________装配，又称热配合。

9. 齿轮传动机构是依靠轮齿间的________来传递运动及________的。

10. 轴、轴上零件及两端轴承支座的组合称为________。

二、判断题（对的画√，错的画×）

1. 矫正张紧力的调整方法是通过改变两带轮的中心距来调节张紧力，或用张紧轮张紧。（　　）

2. 对于大模数或一些不重要的齿轮，如果轮齿局部损坏，可用焊补金属法或镶齿发修理。（　　）

3. 圆柱齿轮装配一般先将齿轮装在轴上，再把齿轮轴部件装入箱体。（　　）

4. 铆接连接的基本形式是由零件相互接合的位置所决定的。（　　）

5. 被连接件应均匀受压，互相紧密贴合，连接牢固。（　　）

6. 联轴器与离合器都用作轴与轴之间的连接，并通过它们来传递动力。（　　）

7. 带轮与轴的配合一般选用过渡配合 H9/k6。（　　）

8. 轴承对于保证旋转件工作的可靠性、承载能力、工作寿命、传动效率及旋转精度等都起着很不重要的作用。（　　）

9. 滚动轴承与滑动轴承相比，其优点是摩擦系数大，启动力矩大。（　　）

10. 管子在连接以前常需经过水压试验或气压试验，以保证无泄漏现象。（　　）

三、选择题

1. 十字滑块式联轴器一般情况下的轴向窜动量可在（　　）mm 之间，径向圆跳动量可在（$0.01d+0.25$）mm 左右（d 为轴径）。

A. 1～2.5　　B. 3～5　　C. 3～5

2. 常见的带传动有 V 带传动、(　　) 传动和同步带传动等。

A. 平带　　B. 皮带　　C. 牛皮带

3. 机床正常运转时，随着温度（　　），主轴轴承的间隙会发生变化。

A. 越小　　B. 越大　　C. 升高

4. 轴承装配前，其表面的防锈油可用汽油或煤油清洗，如轴承用厚油和防锈油脂防锈，可用轻质矿物油加热溶解清洗，油温不超过（　　）℃，冷却后再用汽油、煤油清洗。

A. 100　　B. 110　　C. 130

5. C630 车床主轴前轴承调整时，可逐渐拧紧圆螺母，通过衬套使轴承内圈在主轴锥颈（锥度 1∶12）处做轴向移动，使内圈胀大。一般轴承内、外圈间隙在（　　）mm 之间为宜。

A. 0 ~ 0. 005　　B. 1 ~ 0. 005　　C. 2 ~ 0. 005

6. 齿轮的接触斑点在齿高和齿宽方向应不少于（　　）(视精度不同而定)。

A. 30% ~60%　　B. 40% ~70%　　C. 40% ~60%

四、简述题

1. 控制螺纹预紧力的方法是什么?

2. 装配螺纹时常用的工具有哪些? 它们各自的用途和特点是什么?

3. 简述双头螺柱的装配要点。

4. 简述螺母和螺钉的装配要点。

5. 螺纹的连接常采用哪些防松装置? 它们的工作原理是什么?

6. 拧紧螺纹时，如何控制预紧力的大小?

7. 简述键连接的结构特点及其分类。

8. 简述松键连接的装配要求。

9. 键连接有哪几类? 各有何特点? 它们的工作原理是什么?

10. 简述圆柱销的装配要求。

11. 简述圆锥销的装配要求。

12. 过盈连接的装配方法有哪些? 有哪些装配要求?

13. 简述紧键连接的装配要求。

14. 花键的定心方式有哪几种? 国家标准规定采用哪种? 有何特点?

15. 简述花键连接的装配要求。

16. 滑动轴承有何特点，形成液体动压润滑的条件是什么?

17. 滑动轴承的结构型式有哪些?

18. 滑动轴承的装配技术要求是什么?

19. 常用的轴承衬的材料有哪些? 对轴承衬材料有何要求?

20. 滚动轴承有何特点?

21. 滚动轴承所用的润滑剂有哪些?

22. 滚动轴承的密封形式有哪些?
23. 常用的非接触式密封有哪些?
24. 什么叫做游隙? 如何调整?
25. 游隙调整不当对轴承的工作和使用寿命有什么影响?

第10章 机床装配

本章学习要点

1. 重点掌握机床装配基础知识、机床装配前的准备工作以及主轴箱、进给箱、溜板箱、床身安装和尾座安装的装配要点。

2. 了解金属切削机床的分类及代号、CA6140型卧式车床主轴箱传动系统、摩擦离合器及制动装置工作原理、卧式车床的试车和验收。

10.1 机床传动基础知识

金属切削机床是用切削的方法将金属毛坯加工成机器零件的一种机器，是机械制造业中的主要加工设备。金属切削机床的种类很多，车床是金属切削机床中应用最广泛的一种，因而占有重要地位。

10.1.1 金属切削机床的表示方法

机床型号是机床产品的代号。目前，我国金属切削机床的型号均按GB/T 15375—1994《金属切削机床型号编制方法》编制的。它是采用汉语拼音字母和阿拉伯数字按一定的规律组合排列的，用以表示机床的类别、通用特性、结构特性、组系及主要参数等。

机床的表示方法及释义举例如下。

【例10-1】 MBG1432型半自动高精度万能磨床。

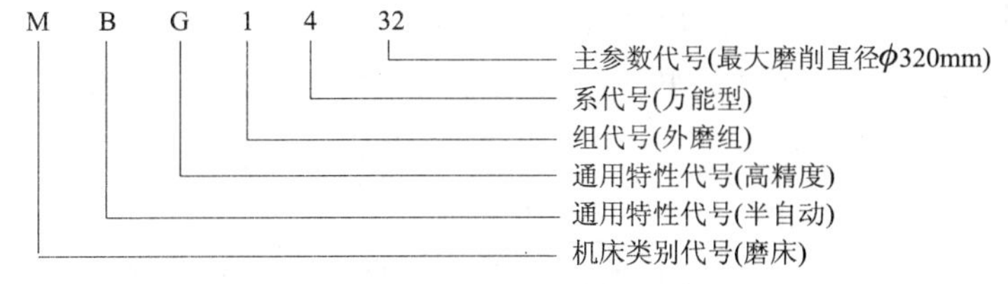

【例10-2】 CW6140A型卧式车床。

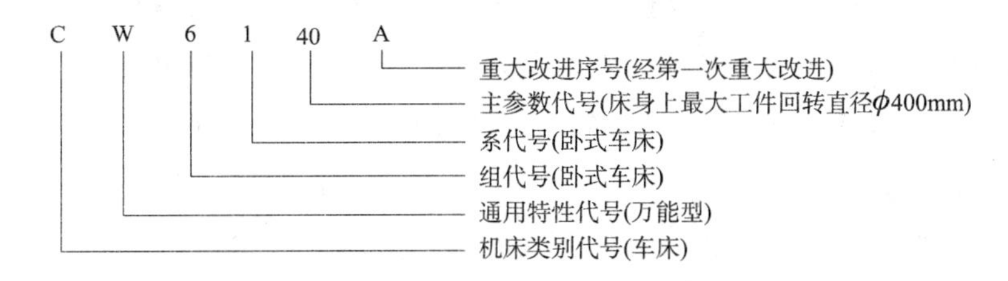

10.1.2 机构运动简图及其符号

机构运动简图是识别机构和表达机构的简单形式。掌握机构运动简图对钳工来讲是非常有必要的。在工艺改进和技术革新中，机构运动关系的草图采用运用简图符号来表达。机构运动简图的作法已在相关课程学习过，在此不再赘述。机构运动简图符号可查阅GB/T4460－84。

10.2 机床装配基础知识

10.2.1 装配单元系统图

装配单元包括零件和部件。零件是组成产品的最基本单元，将若干零件组成产品的一部分称部件。部件是个统称，部件的划分是多层次的。直接进入产品总装的部件称为组件，直接进入组件装配的部件称为第一级分组件，直接进入第一级分组件装配的部件称为第二级分组件，以此类推。机械产品结构越复杂，分组件的级数就越多。

每一个分组件都是一个独立的装配单元，装配单元的装配顺序常用装配单元系统图来表示。从该单元的基准件开始按一定顺序，将该单元的组成零件和下一级的分组件依次从左向右逐一装上，最后成为新的装配单元，装配的全过程可清楚地反映出来。

10.2.2 机床传动系统分析

机床的传动关系常用机床的传动系统图来表示。它用符号示图的形式，表示出了机床传动系统中各传动的结构类型、连接方式和传动路线。阅读机床传动系统图的方法和步骤如下：

① 找出动力的输入端及动力的输出端。

② 了解各传动轴和传动齿轮之间的连接和传动关系。

③ 对系统进行速度分析，列出传动结构式及运动平衡方程式。

现以图10－1所示的CA6140型卧式车床主轴箱传动系统为例，分析其传动关系。

（1）动力输入端为电动机，通过V带轮，V带将动力传递到轴Ⅰ，再通过一系列的齿轮传动，最后将动力传到主轴（输出端），使其转动。

（2）运动由电动机经V带传至主轴箱中的轴Ⅰ，轴Ⅰ上装有双向多片式摩擦离合器M_1，M_1的作用是使主轴正转、反转或停止。当M_1向左压紧左部的内外摩擦片时，轴Ⅰ的运动经离合器M_1左部摩擦片及啮合齿轮副56/38或51／43传给轴Ⅱ。当M_1向右压紧右部摩擦片时，轴Ⅰ的运动经M_1右部摩擦片及齿轮z_{50}传给轴Ⅶ上的空套齿轮z_{34}，再传给轴Ⅱ的齿轮z_{30}，使轴Ⅱ转动。这时，由于增加了一次外啮合，轴Ⅱ的转向与经M_1左部传动时的方向相反。运动经离合器M_1左部传动时，可使主轴正转；运动经M_1右部传动时，则使主轴反转；

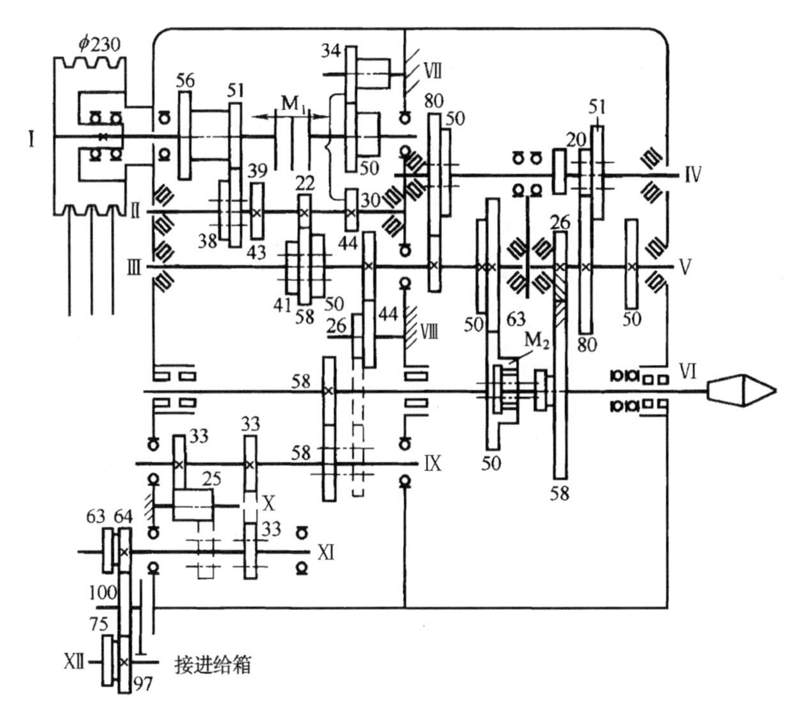

图 10－1　CA6140 型卧式车床主轴箱传动系统

当 M_1 在中间位置时，则主轴停转。

轴Ⅱ的运动分别通过轴Ⅲ上的三联滑移齿轮，经三种传动比 22/58、30/50 或 39/41 传动轴Ⅲ。

由于主轴上滑移齿轮 z_{50} 的位置不同，轴Ⅲ到主轴的传动，有两种路线。当滑移齿轮 z_{50} 移到左端位置，运动经 63/50 直接传给主轴，主轴实现高速转动；当滑移齿轮 z_{50}，移到右端位置时，内齿轮离合器 M_2 啮合，于是轴Ⅲ的运动经齿轮 20/80 或 50/50 传到轴Ⅳ，再经过 20/80 或 51/50 传到轴Ⅴ及 M_2，从而传到主轴，使主轴实现中、低挡的转速。

（3）为便于说明及了解机床的传动路线，通常用传动结构式来表示机床的传动路线。CA6140 型卧式车床主轴箱的传动结构式如下：

$$\text{电动机（1450r/min）} \to \frac{\phi130}{\phi230} \to \mathrm{I} \to \begin{bmatrix} \overleftarrow{M_1} \to \begin{bmatrix} \frac{51}{43} \\ \frac{56}{38} \end{bmatrix} \\ \overrightarrow{M_1} \to \frac{50}{34} \to \mathrm{VII} \to \frac{34}{30} \end{bmatrix} \to \mathrm{II} \to$$

$$\begin{bmatrix} \frac{30}{50} \\ \frac{39}{41} \\ \frac{22}{58} \end{bmatrix} \to \mathrm{III} \to \begin{bmatrix} \frac{63}{50} \\ \begin{bmatrix} \frac{50}{50} \\ \frac{20}{80} \end{bmatrix} \to \mathrm{IV} \to \begin{bmatrix} \frac{51}{50} \\ \frac{20}{80} \end{bmatrix} \to \mathrm{V} \to \frac{26}{58} \to \overrightarrow{M_2} \end{bmatrix} \to \mathrm{VI}$$

(4) 主轴转速级数就是主轴有几种转速，由传动系统图中可看出，滑移齿轮每改变一次啮合位置，主轴即以不同转速旋转。由上所述，当主轴正转时，轴Ⅱ产生两级转速，轴Ⅲ可产生六级转速。以此类推，主轴正转时应有 $2\times3\times(1+2\times2)=30$ 级转速。这里轴Ⅲ到轴Ⅴ之间滑移齿轮有四种啮合位置的传动比，即

$$u_1=\frac{20}{80}\times\frac{20}{80}=\frac{1}{16}\qquad u_2=\frac{20}{80}\times\frac{51}{50}\approx\frac{1}{4}$$

$$u_3=\frac{50}{50}\times\frac{20}{80}=\frac{1}{4}\qquad u_4=\frac{50}{50}\times\frac{50}{50}=1$$

其中，u_2 和 u_3 基本相同，故只有三种不同的传动比。因此，实际上主轴正转可得到 $2\times3\times(1+3)=24$ 级转速，反转可得到 $3\times(1+3)=12$ 级转速。

⑤将传动结构式加以整理，可以列出计算主轴转速的运动平衡方程式，即

$$n_{主}=n_{电}\times\frac{130}{230}u_{变}\times\eta$$

$$u_{变}=\frac{所有主动齿轮齿数连乘积}{所有从动齿轮齿数连乘积}$$

式中 $n_{主}$——主轴轮速，r/min；

$n_{电}$——电动机转速，r/min；

$u_{变}$——齿轮变速部分的总传动比；

η——带传动的滑动因数，一般取 0.9850。

由此可计算出主轴的各级转速。

10.2.3 机床装配前的准备工作

装配前，应熟悉所装机床的结构特点、工作原理、主要性能、应达到的精度标准和技术条件。

(1) 仔细查看装配图及主要零件图。

① 看总装图。熟悉机床结构，主要组成部分，各部件间的连接和传动关系，机床外形尺寸等。

② 看部件装配图。先看主传动部件装配图，再根据传动链一一查看其他部件装配图，熟悉部件结构及传动关系，各分组件的装配位置及装配要求，各分组件间的相互关系，零件间的配合及连接关系等。

③ 对主要零件图查看该零件的技术要求、装配中的注意点及图中的技术说明。

(2) 阅读机床说明书、验收精度标准和技术条件及装配工艺卡等有关技术文件，熟悉装配、检验方法。

① 生产场地的清洁及整理工作，合理划分工作场地，配备必要的设备。

② 准备好装配中所需的特殊工艺装备，如接长钻、加长丁字形绞杠、夹紧工具等。

③ 做好零件的清洁上油工作，整理后将零件编号安放在料架上，按明细表清点好零件，并写在编号牌上。细小零件应装入盒中，外面贴上零件编号；细长易变形零件应竖直悬挂起

来；部件的装配基准件，如箱体等，安放在装配架上或装配工作台上。

10.2.4　总装前的准备工作

总装前的准备工作如下：

（1）直接进入总装的合格部件到位待装。

（2）对直接进入总装的零件或分组件进行清理上油，编好零件号或分组件号，依次放入料架上，在零件编号或分组件编号牌上记上件数和每台需装数。

（3）做好部分零件进入总装前的修锉、钻孔等加工，如两齿条接头处的修锉等。

（4）总装中必要工艺装备的准备工作。

（5）对总装图样进行装配尺寸链分析，确定总装顺序及装配方法。

10.3　CA6140 型卧式车床的主要技术参数及传动系统

由于以下各节内容均以 CA6140 型卧式车床为例来介绍其主要零部件的装配要领，故本节先给出 CA6140 型卧式车床的主要技术参数及传动系统。

10.3.1　主要技术参数

主要技术参数如下：

床身上最大工件回转直径 ϕ400mm

最大工件长度：750mm，1000mm，1500mm，2000mm

最大车削长度：650mm，900mm，1400mm，1900mm

刀架上最大工件回转直径：ϕ210mm

主轴中心至床身平面导轨距离（中心高）：205mm

主轴孔直径 ϕ48mm

主轴孔端锥度：莫氏 6 号

主轴转速：正转分 24 级，10 ~ 1400r/min

　　　　　反转分 12 级，14 ~ 1580r/min

进给量：纵向分 64 级，0.028 ~ 6.33mm/r

　　　　横向分 64 级，0.014 ~ 3.16mm/r

滑板及刀架纵向移动速度：4m/min

车削螺纹范围：普通螺纹 44 种，$P = 1 \sim 192$mm

英制螺纹 20 种，$a = 2 \sim 24$ 牙/in

模数螺纹 39 种，$m = 0.25 \sim 48$mm

径节螺纹 37 种，$DP = 1 \sim 96$ 牙/in

主电动机：7.5kW，1450r/min

滑板快速电动机：370W，2600r/min

最大工件长度为 1000mm 的机床外形尺寸（长×宽×高）：2668mm×1000mm×1190mm

最大工件长度为 1000mm 的机床净重：2010kg

10.3.2 传动系统

CA6140 型卧式车床的传动系统如图 10-2 所示。

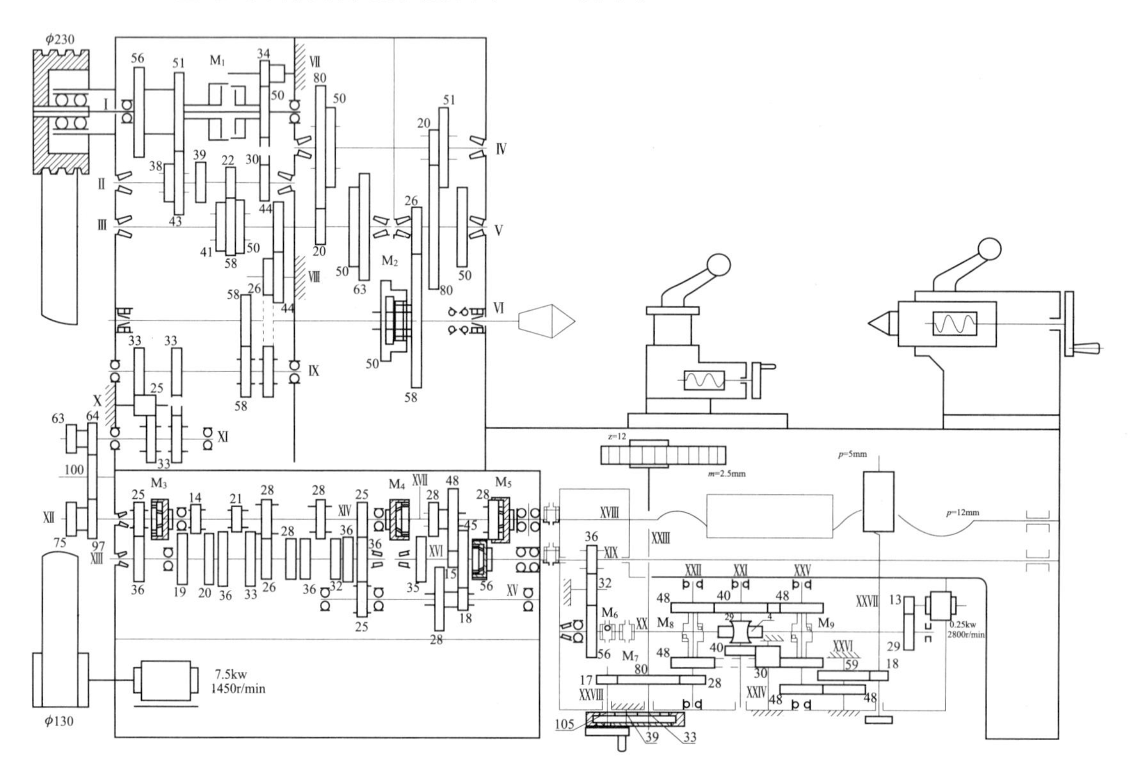

图 10-2 CA6140 型卧式车床的传动系统

10.4 CA6140 型卧式车床主轴箱

10.4.1 主轴箱的结构

主轴箱是用于安装主轴，实现主轴旋转及变速的部件。如图 10-3 所示为 CA6140 型卧式车床主轴展开图的剖切顺序，图 10-4 所示为 CA6140 型卧式车床主轴展开图。

从图10-1及主运动传动结构式，再通过图 10-4 所示的主轴箱展开图，对 CA6140 型卧式车床主轴箱的结构及传动关系有了一定认识。由于展开图是把立体的传动结构展开在一个平面上绘制而成的，其中有些轴之间的距离被拉开了，从而使某些原来相互啮合的齿轮副分开了，利用展开图分析传动关系时应予以注意。下面对如下几个主要机构的结构原理和装配要点加以重点说明。

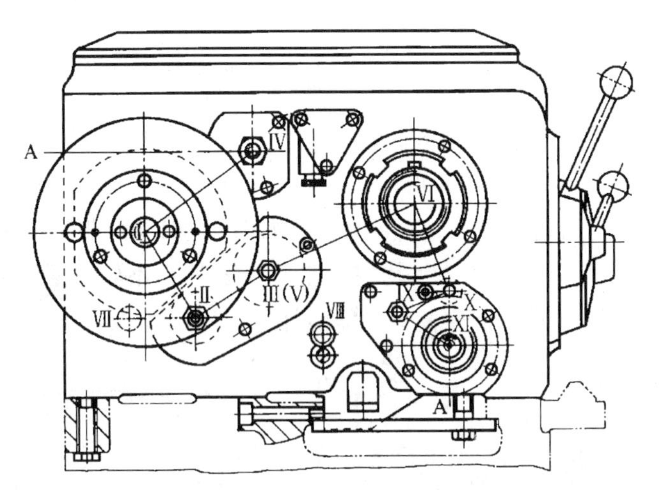

图 10-3　CA6140 型卧式车床主轴箱展开图的剖切顺序

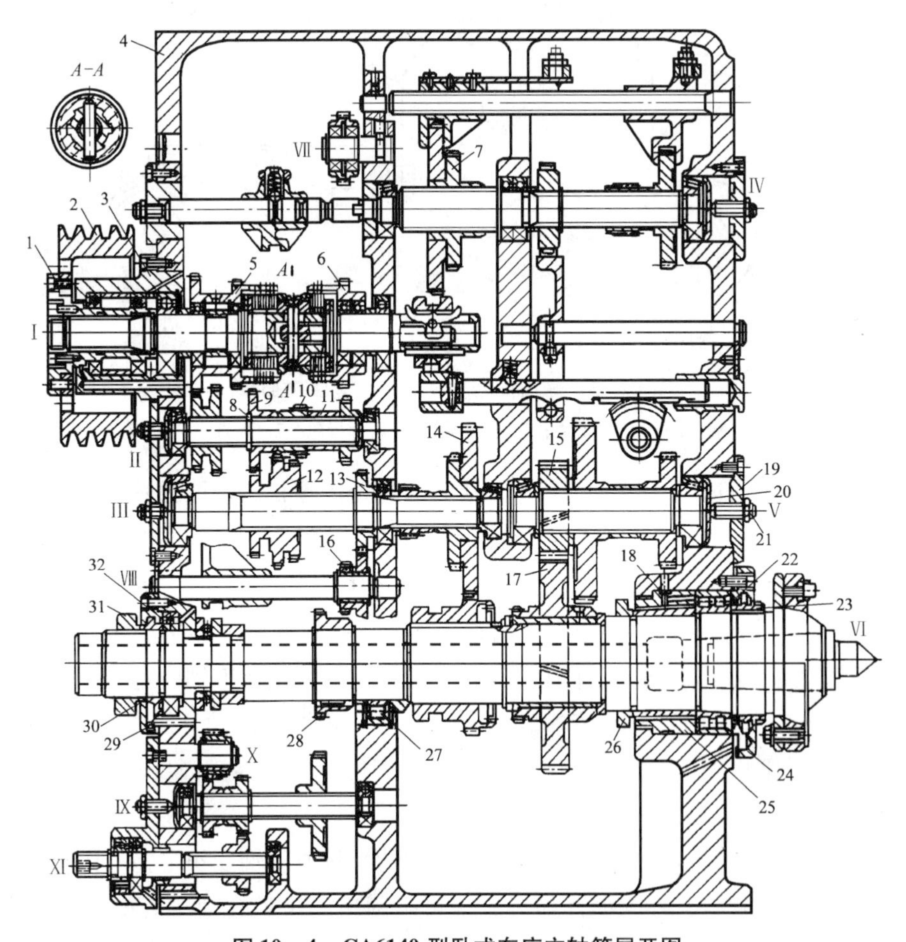

图 10-4　CA6140 型卧式车床主轴箱展开图

1—花键套；2—皮带轮；3—法兰；4—主轴箱体；5、16—双联空套齿轮；6—空套齿轮；
7、33—双联滑移齿轮；8—半圆环；9、10、13、28—固定齿轮；11、25—隔套；12—三联滑移齿轮；
14—双联固定齿轮；15、17—斜齿轮；18—双列推力向心轴承；19—盖板；20—轴承压盖；21—调整螺钉；
22、32—双列短圆柱滚子轴承；23、26、31—螺母；24、29—轴承端盖；27—向心短圆柱滚子轴承；30—套筒

10.4.2 双向多片式摩擦离合器、制动器及其操纵机构

如图 10－5 所示，其作用是实现主轴启动、停止、换向及过载保护。摩擦离合器是由多片厚度为 1.5mm 的内、外摩擦片相间地套在轴 I 上，内片有花键内孔，与轴 I 花键相配，外片为圆孔空套在轴 I 上，外缘有四个凸键刚好卡在齿轮侧面四条轴向槽内。当轴 I 转动，内摩擦片与轴同步转动，齿轮与外摩擦片均空套在轴 I 上静止不转，只有当通过一定轴向力时，将内外摩擦片压紧，依靠平面摩擦力才能使外摩擦片跟着转动并带动齿轮旋转。

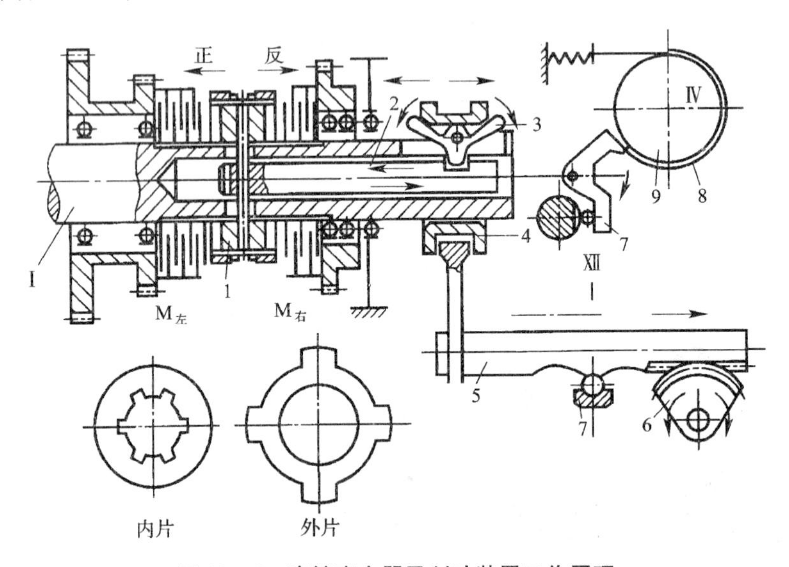

图 10－5 摩擦离合器及制动装置工作原理

1、4—滑套；2—花键轴；3—元宝形摆块；5—齿条轴；6—扇形齿轮；7—杠杆；8—制动带；9—制动轮

电动机启动后，通过 V 带使轴 I 转动，这时通过花键连接的内摩擦片也随之转动。当操纵杆处于停车位置时，滑套 1 处在中间位置，内片和外片没有压紧，不能传递运动，主轴不动。当操纵杆向上抬起时，通过杠杆机构使扇形齿轮 6 顺时针转动，带动齿条轴 5 向右移动。其左端的拨叉则带动轴 I 上的滑套 4 右移，滑套内孔迫使元宝形摆块 3 绕其中心顺时针转动，因为元宝形摆块下部凸起，卡在花键轴 2 的槽里，迫使花键轴向左移动，同时带动滑套 1 移动，从而将 $M_{左}$的内、外摩擦片压紧，带动左空套齿轮传动，使主轴产生正向转动。若将操纵杆下按，则将 $M_{右}$ 的内、外摩擦片压紧，实现主轴反转。因反转一般多用于退刀，故 $M_{右}$ 的摩擦片数较 $M_{左}$ 的少。

摩擦片的压紧力要适当，过紧、过松都是不利的。只要主轴在额定转矩作用下，内、外摩擦片不打滑，停车时内、外摩擦片能脱开即可。调整方法是转动滑套 1 上的两个调整螺母，可分别调整 $M_{左}$和 $M_{右}$的摩擦片压紧力。

当操纵杆处于停车位置时（图 10－5）内、外摩擦片已脱开，运动已断开，但由于惯性力的影响，主轴不能迅速停止转动，此时操纵杆在中位，通过杠杆机构使扇形齿轮处于中间位置，使齿条轴 5 上的斜面将杠杆 7 的下端顶起，从而拉紧制动带 8，刹住制动轮 9 和轴 IV，使主轴迅速停车。

掌握上述工作原理后，装配中就必须注意各零件间的动作协调，也就是定位要正确，使摩擦片松紧适当，停车时制动带有足够的拉紧力，启动时能松开。整个轴组可作为一个组件直接进入总装。

10.4.3　主轴组件

主轴及其轴承是主轴箱最重要部分。主轴的旋转精度、刚度和抗振性等对工件的加工精度和表面粗糙度都有直接影响。

图 10－4 所示的主轴采用三支承结构，前轴承 22 和后轴承 32 分别为 NN3121K/P5 和 NN1115K/P6 双列圆柱滚子轴承，中间轴承 27 为 N1216/P6 同心短圆柱滚子轴承。在靠近前轴承处，装有 60°角接触的

双列推力球轴承 18，以承受左、右两个方向的轴向力。轴承的间隙对主轴的回转精度和刚度影响很大，主轴轴承应在无间隙或少量过盈条件下运转，前后轴承都应有一定预紧力。前轴承的调整，松开右端螺母 23，拧动左端调整螺母 26，使垫圈右压推动角接触双列推力球轴承，在该轴承消除轴向间隙的同时使 NN3121K/P5 型轴承的内环: 相对于主锥面向右移动。由于轴承的内环很薄，而且内孔锥度和主轴锥度一致，为 1∶12，内环在轴向移动的同时，径向产生弹性膨胀，以调整轴承径向间隙或预紧程度。调整好后，再拧紧右端螺母 23，拧紧左端调整螺母 26 上的紧定螺钉。再对后轴承 NN1115K/P6 进行间隙调整，拧动螺母 31，经套筒 30 推动轴承内圈在 1∶12 轴颈上右移，与前轴承相同，直到间隙消除，锁紧螺母 31 上的紧定螺钉。

主轴的径向圆跳动与端面圆跳动的允差均为 0.01mm，如达不到要求可再调整前后轴承。对于主轴组的装配，齿轮等试装后应拆卸。装时后轴从前端进入零件按顺序一一装入。

10.4.4　主轴变速操纵机构

主轴箱中共有 7 个齿轮滑块，其中有五个用于改变主轴的转速，这些滑块的移动是由操纵机构来完成的。下面重点介绍轴Ⅱ、Ⅲ上滑移齿轮操纵机构。图 10－6 所示的操纵机构能同时操纵轴Ⅱ和轴Ⅲ，上两组滑移齿轮的位置变化，手柄通过 1∶1 的链传动传到轴 1，在轴 1 上固定盘形凸轮 2 和曲柄 4，凸轮 2 上有一条封闭曲线槽，它由两段不同半径的圆弧和两条过渡直线组成。每段圆弧的中心角稍大于 120°，凸轮曲线槽，通过杠杆 3 和拨叉 6 可拨动轴Ⅱ上的双联滑移齿轮，使其移换位置。

曲柄 4 和凸轮 2 有六个变速位置，顺次转动手柄，每次转 60°当杠杆 3 的滚子在凸轮曲线的 2 位时，轴Ⅱ上的二联齿轮滑块 A 处于左端位置，轴Ⅲ上的三联齿轮滑块 B 处在中间位置。若将轴Ⅰ逆时针方向转过 60°，杠杆 3 的滚子由 2 位到 3 位，仍在大半径圆弧内，轴Ⅱ上的二联齿轮滑块 A 在左端不动；曲柄 4 转过 60°，则使轴Ⅲ上三联齿轮滑块 B 移到右端位置。按此顺序地转动凸轮轴至各个变速位置，就可使轴Ⅱ上的二联齿轮滑块 A 和轴Ⅲ上的三联齿轮滑块 B 的轴向位置实现六种不同的组合，轴Ⅲ便获得六种不同转速。

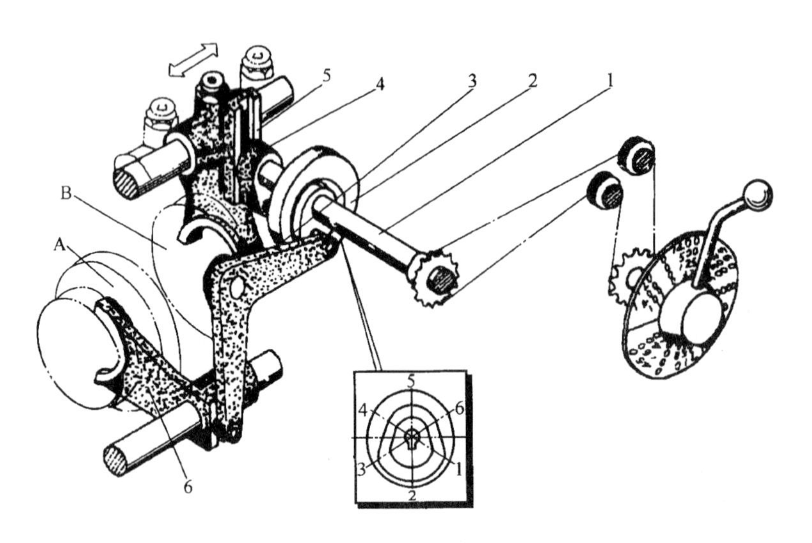

图 10－6　Ⅱ轴、Ⅲ上的滑移齿轮操纵机构

1—轴；2—凸轮；3—杠杆；4—曲柄；5、6—拨叉

A—轴Ⅱ上的二联齿轮滑块；B—轴Ⅲ上的三联齿轮滑块

该机构装配中应注意凸轮 2 与曲柄 4 的相对位置，拨叉在轴上应滑动轻松，滚子在凸轮槽中应无阻滞现象，操作轻松，定位正确，变速时齿轮左右位置对准性好。

10.4.5　主轴箱装配工艺要点

主轴装配工艺要点如下：

（1）熟悉主轴箱内各机构的相互关系、工作原理及装配要求。

（2）做好各组件装配前的清洁、准备工作。

（3）掌握组件各装配零件的作用、装配方法及技术要求（注意零件的配合要求）。

（4）注意组件中各零件的装配位置及方向。如推力球轴承紧环、松环的装配位置和方向，双联齿轮及三联齿轮的装配方向等。

（5）对不能直接进入总装的组件需要进行预装，进入总装时需拆卸装入。

（6）装配顺序一般应由内向外、由下往上，以不影响下一步的装配工作为原则。

（7）滑移齿轮的装配，在用操纵机构操作时应拨动灵活，轴向定位准确、可靠。

（8）装配中的各项调整工作。各传动轴的轴向定位，各齿轮相互啮合接触宽度位置的调整，轴Ⅰ摩擦片接触松紧的调整、制动带松紧的调整，主轴前、后轴承间隙的调整等。

（9）润滑管路的检查及各主要润滑部分润滑情况的检查。

（10）部件空运转试车、检验、调整。

10.5　CA6140 型卧式车床进给箱

10.5.1　进给箱的结构

图 10－7 所示为 CA6140 型卧式车床进给箱装配图。通过图 10－2 和图 10－7 可以看出，运动从主轴 VI 经轴 IX（或再经轴 XI 上的中间齿轮 z_{25}）传至轴 X，再经过挂轮（交换齿轮）传至轴 VⅢ，然后传入进给箱，从进给箱传出的运动，一条传动路线是经丝杠 XIX，通过对开螺母带动溜板箱，使刀架纵向运动，进行螺纹切削。另一条传动路线是经光杠 XX 和溜板箱内一系列传动机构，带动刀架作纵向或横向自动进给运动。

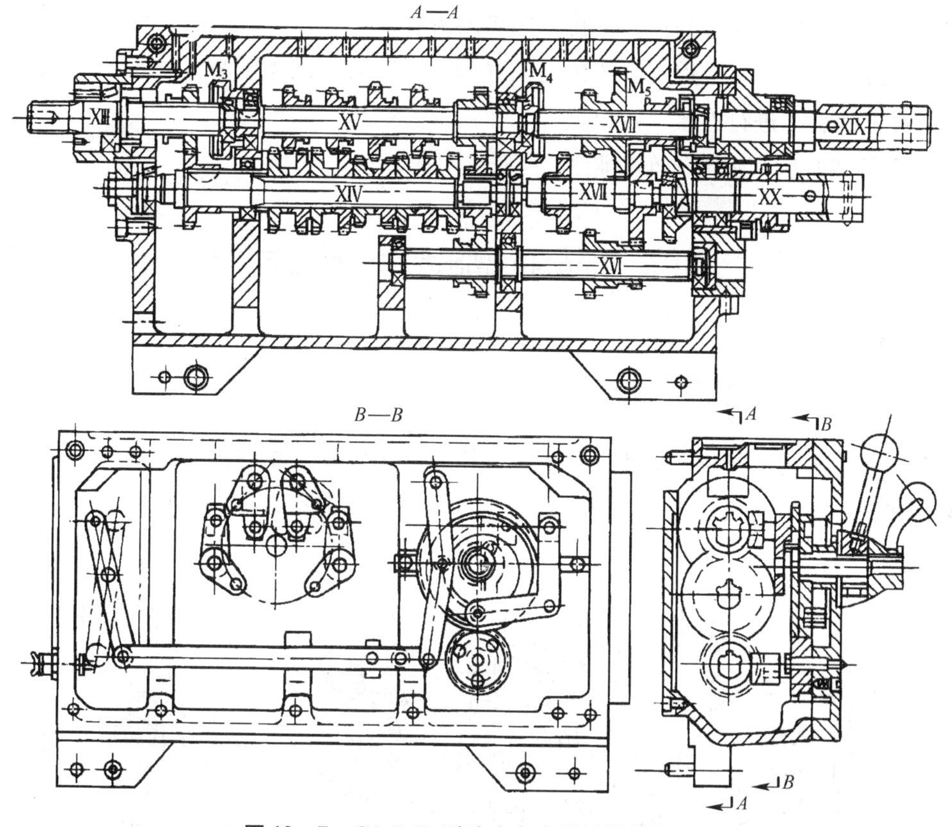

图 10－7　CA6140 型卧式车床进给箱装配图

从结构来看，进给箱由箱体、前盖及后盖组成。所有的进给传动齿轮及传动轴均装在箱体中，所有滑移齿轮的操纵机构均装在前盖上，故前盖与箱体有密切关系，后盖起封闭箱体的作用。

10.5.2　进给箱的装配

1. 装配特点

（1）箱体与前盖、后盖均分开。

（2）箱体上各传动轴均为平行轴，各轴线在一个平面上。

（3）由于上述两点，故箱体主件的装配较为方便。

（4）所有的操纵机构都装在前盖上。

2. 箱体组件装配注意事项

（1）各轴组齿轮应进行预装，特别是滑移齿轮在轴上滑移时应无阻滞现象。

（2）轴 XV 转动时无轴向窜动。

（3）轴 XIV 上各齿轮位置不要装错。

（4）各滑移齿轮的啮合和脱开要灵活，各轴组转动应灵活。

（5）前盖上的操纵机构按各自变位原理装好，动作应灵敏。

（6）前盖与箱体结合时，应先将前盖内壁向上平放在垫铁上，使各操纵机构变位到某一速比位置，把各拨叉安装到位；再将箱体与前盖合面向下，平放，使各滑移齿轮移到相适应的位置；最后将箱体水平提起，按预定位置合上、夹紧、试操作变速操纵机构，确认操作灵活、位置正确后，进行连接、定位。

（7）全部装好后，加油试车、调整。

10.6 CA6140 型卧式车床溜板箱

10.6.1 溜板箱的结构

图 10－8 所示为 CA6140 型卧式车床溜板箱展开图，溜板箱的作用是将进给箱的运动传给刀架，并做纵、横向机动进给及车螺纹运动的选择，同时有过载保护作用。

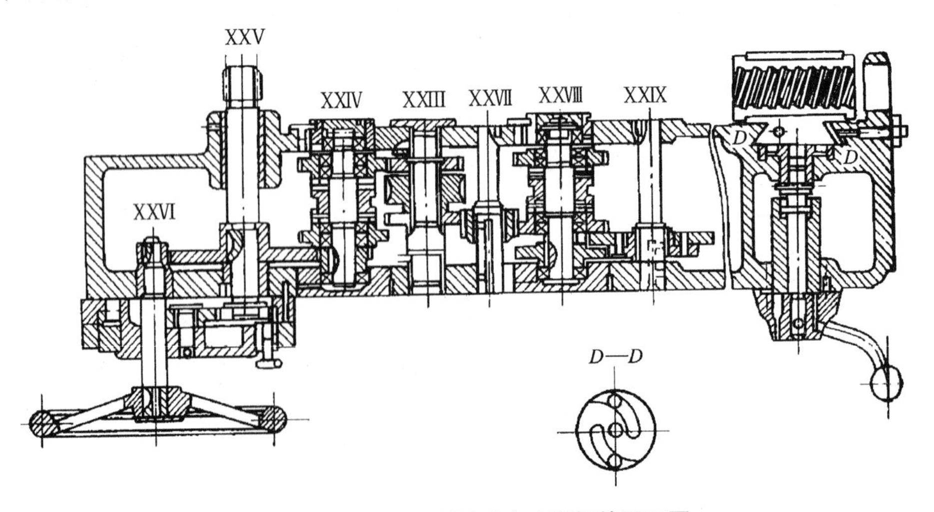

图 10－8　CA6140 型卧式车床溜板箱展开图

10.6.2 溜板箱的装配要点

溜板箱的装配要点如下：

① 开合螺母与丝杠配合间隙的调整、定位；开合螺母的轴线与溜板箱上平面和侧平面的平行度，也就是配刮燕尾导轨与溜板箱上平面的垂直度。开合螺母在燕尾导轨中移动灵活，无松动现象。

② 由于箱体是窄长整体式，为便于装配，应从下向上装配。

③ 手柄扳动灵活，定位正确。

④ 试车、调整。

10.7 CA6140 型卧式车床总装

10.7.1 床身安装

床身是车床装配、检测的基准件，对这一基准件的装配、安装、检测是十分重要的。

① 床身与床脚连接面要求平整，连接牢靠，并在连接面间垫上 1 ~2mm 厚纸垫以防漏油。

② 床身安装后，应用水平仪测量并调整床脚下的调整垫块，以达到安装水平，如图 10 –9所示。

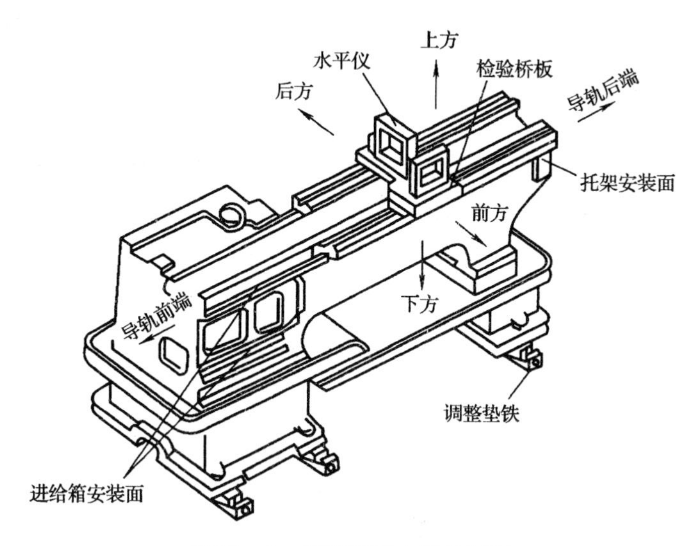

图 10 –9 床身安装水平的测量

③ 根据床身导轨面的直线度及导轨平行度的技术要求进行三方面检测，即垂直平面内的直线度、水平面内的直线度及导轨的平行度。

10.7.2 纵滑板按床身导轨配刮

（1）在纵滑板按床身导轨配刮前，先应按横向进给丝杠轴线修刮好纵滑板上燕尾导轨，以保证燕尾导轨对横向进给丝杠中心在垂直和水平两个方向的平行度，其方法如下：

① 如图 10－10 所示，刮研横滑板下平面 2，纵滑板上燕尾导轨平面 5，并注意与横向丝杠定位孔在垂直方向的平行度，直至达到刮点要求。

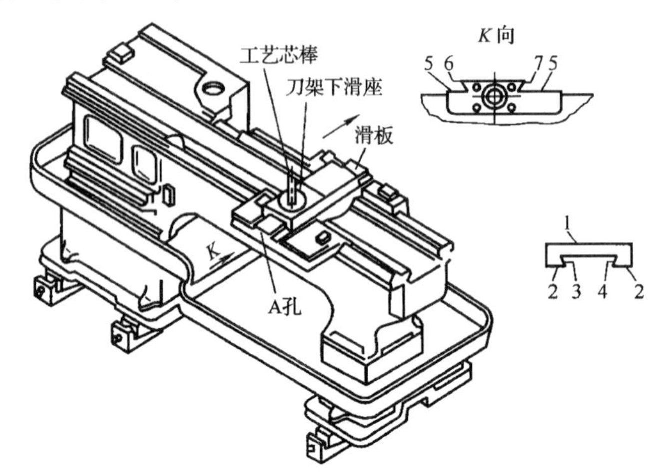

图 10－10 刮研滑板上导轨面

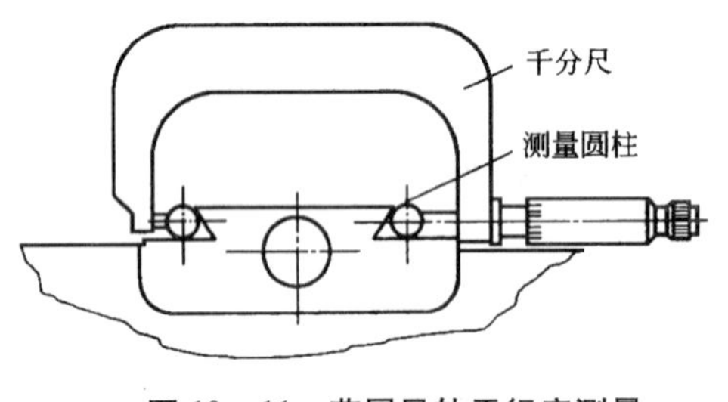

图 10－11 燕尾导轨平行度测量

② 按角度平尺修刮燕尾导轨面 6，并注意与横向丝杠定位孔在水平方向的平行度，直至达到刮点要求。

③ 按角度平尺修刮燕尾导轨面 7，并保证燕尾导轨两面的平行度。测量方法如图 10－11 所示。

④ 横滑板燕尾导轨斜面按纵滑板燕尾导轨刮配。

（2）以床身导轨为基准，修刮纵滑板下导轨面，直至达到接触点在 10～12 点/（25mm × 25mm），同时要求达到与相关面的几何精度。

① 纵滑板下导轨与横向燕尾导轨的垂直度的测量方法如图 10－12 所示，先移动纵滑板，校正置于床头的 90°角尺的一侧与纵滑板移动方向平行，然后再用指示表检测横滑板移动时对 90°角尺另一面的平行度。

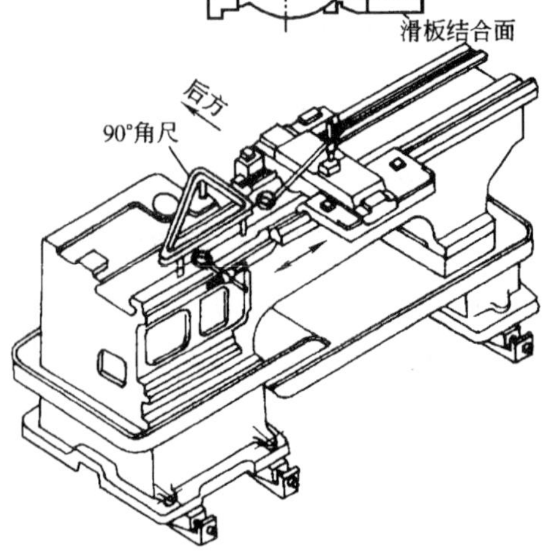

图 10－12 纵滑板上、下导轨垂直度的测量

② 溜板箱在纵滑板上的安装面纵向与床身导轨的平行度。测量方法是纵滑板将指示表触头顶在纵滑板溜板箱安装面上，移动纵滑板便可检测出来。

③ 溜板箱在纵滑板上的安装面与进给箱在床身上的安装面的垂直度要求。测量方法如图 10－13 所示。

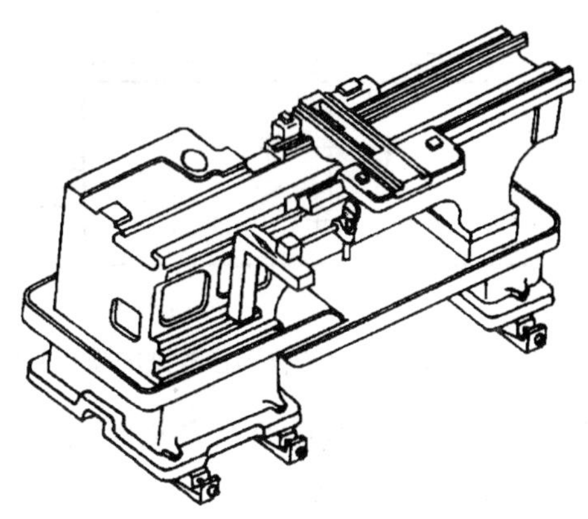

图 10－13 测量溜板箱安装面与进给箱安装面的垂直度

④ 配刮及调整纵滑板内、外侧下压板，要求接触点为 6～8 点/（25mm×25mm），全部螺钉经调整、拧紧后，要求推、拉纵滑板时无阻滞现象。将纵滑板上抬应无明显间隙，如拉动时有明显松旷现象，可检查床身上下导轨面的平行度，如图 10－14 所示。

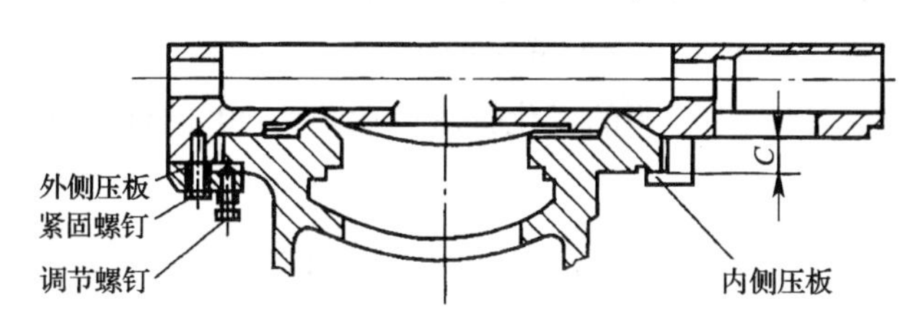

图 10－14 床身与纵滑板的拼装

10.7.3 安装溜板箱

将溜板箱与纵滑板结合时应注意下列问题：

（1）溜板箱依靠框形夹具固定在纵滑板结合面上，如图 10－15 所示，在溜板箱的开合螺母内卡紧一检验丝杠样棒，校正丝杠样棒与床身导轨在垂直方向和水平方向的平行度。

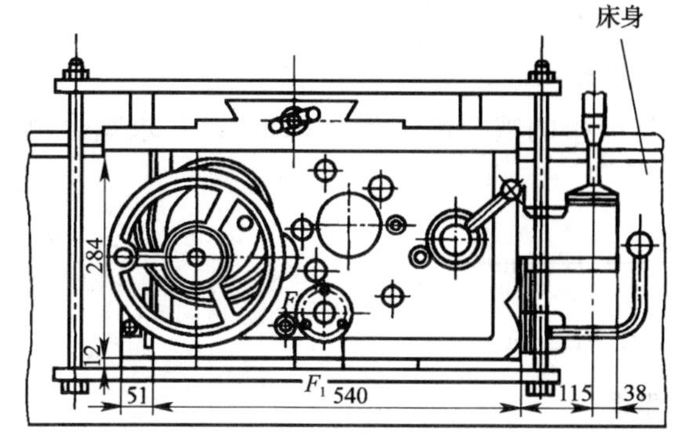

图 10－15 溜板箱的安装

（2）调整好纵滑板横向进给传动齿轮副的啮合侧隙，以0.08mm厚纸压印后，以将破未破的状态为准，依靠改变溜板箱与纵滑板沿导轨方向的位移来调整齿轮副的啮合侧隙，如图10－16所示。

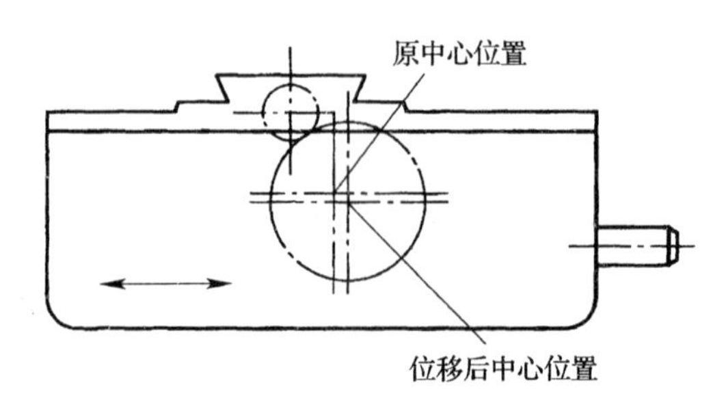

图10－16　溜板箱横向进给传动齿轮副的啮合侧隙调整

（3）溜板箱前、后方向的最后定位要按进给箱安装面到丝杠传动轴中心尺寸来定。因此，溜板箱在纵滑板上的螺孔及销孔暂不能加工。

10.7.4　安装齿条

1. 啮合侧隙

注意保证溜板箱纵向进给小齿轮与齿条的正常啮合和一定的间隙量，一般控制啮合侧隙在0.08～0.14mm，可通过修磨齿条顶面来保证。

啮合侧隙的变化量与齿轮中心距的变化置对齿形角为20°的渐开线齿轮来说有如下关系（图10－17）。

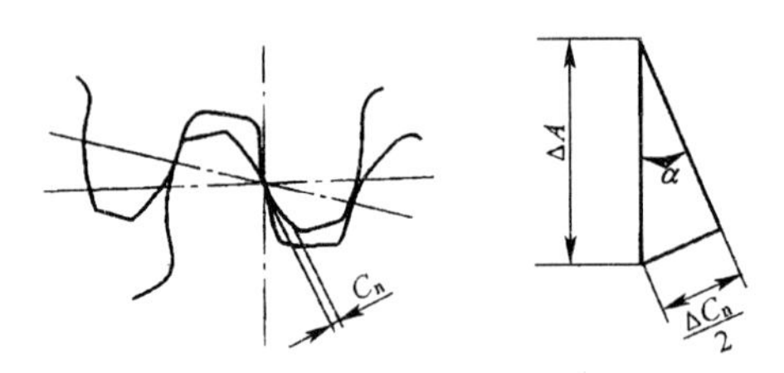

图10－17　啮合齿侧隙变化量与齿轮中心距变化量之间的关系

$$\Delta C_n = 2\Delta A\sin 200 = 0.684\Delta A$$

式中　ΔC_n——侧隙的变化量；

ΔA——齿轮中心距的变化量。

【例10－3】　齿轮与齿条的啮合侧隙为0.02mm，要求啮合侧隙为0.1mm，求齿条顶面修磨量ΔA。

解　$\Delta A = \dfrac{0.1-0.02}{0.684} = 0.12$（mm）

故齿条顶面修磨量为0.012mm。

2. 齿条对接方法及要求

图10－18所示为两齿条对接校正，当用校正齿条与两对接齿条同时啮合时，两对接面

间应保持少量间隙，一般为0.1～0.2mm。两齿条安装时，对接处也应用校正齿条校正后才能作初定位。

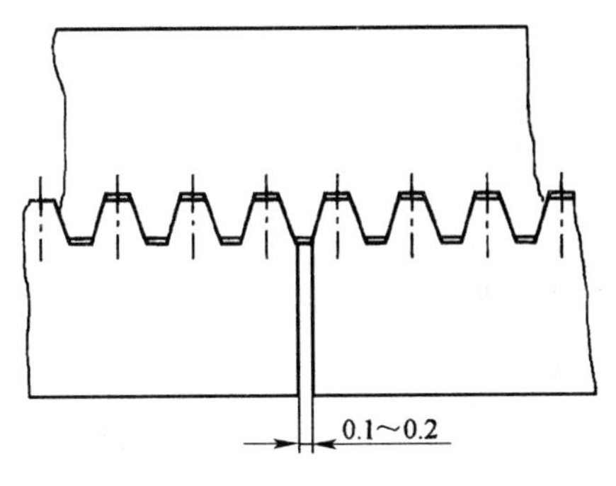

图10-18　齿条对接校正

3. 安装齿条

用螺钉将齿条固定在床身上，查看齿条与齿轮啮合侧隙。往复摇动纵向进给手柄时应无明显松旷、阻滞现象，摇动应灵活。最后钻、铰齿条定位销孔，完成定位。

10.7.5　进给箱、溜板箱及后托架的装配基准和定位方法

进给箱、溜板箱及后托架装配中，必须保证丝杠定位中心及开合螺母中心在同一轴线上，并在垂直及水平两方向平行于床身导轨。用装配尺寸链分析，在垂直方向，三者的装配基准应是溜板箱开合螺母中心到床身导轨面的距离尺寸，而要使进给箱丝杠连接轴中心到床身导轨面的距离尺寸和前者一致，可用调整进给箱上、下位置来达到。溜板箱开合螺母中心垂直方向与后托架丝杠定位孔中心一致，是依靠调整后托架上、下位置来实现的。这两组尺寸链都是用调整法进行装配的。在水平方向，三者的装配基准应是以进给箱丝杠定位轴中心到床身导轨中心这一距离尺寸作为基准，而溜板箱开合螺母中心到床身导轨中心靠移动溜板箱进出位置来实现的，也就是用调整法进行装配。进给箱丝杠定位轴中心与后托架丝杠座孔中心在水平方向一致，是依靠修刮后托架与床身的结合面来实现的，也就是用修配法进行装配。

进给箱、溜板箱及后托架装配的基本方法及要点如下。

（1）同时解决进给箱丝杠定位中心线与溜板箱开合螺母中心线的同轴度，以及在垂直、水平两个方向内与床身导轨的平行度，其方法是在溜板箱开合螺母中夹紧一丝杠样棒，如图10-19所示，样棒头部与进给箱丝杠连接套孔相配合，调整进给箱上、下位置，同时调整溜板箱进出位置，使样棒能自由进入进给箱丝杠连接套孔。用指示表测定样棒对床身导轨的平行度，允许母线公差为0.02/100，只允许向溜板箱方向偏；侧母线公差为0.01/100，只允许向床身中部偏。同时检查进给箱上平面与床身导轨的平行度（进给箱上平面是进给箱轴孔的工艺基准）。

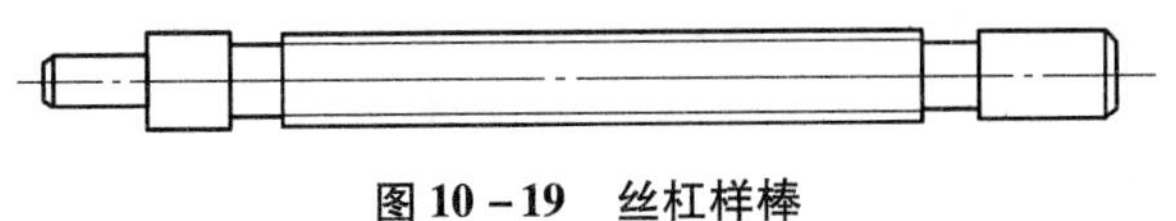

图10-19　丝杠样棒

（2）以进给箱丝杠定位孔中心与床身导轨的距离尺寸修刮后托架底面，以保证后托架丝杠定位孔中心与进给箱丝杠孔定位中心在水平方向与床身导轨的距离尺寸一致。与床身导轨的平行度可用样棒和百分表检测。其侧母线上平行度允差为0.01/100，只允许向床身方向偏。

（3）按溜板箱开合螺母中心调整后托架上、下位置，使其丝杠定位孔中心与开合螺母中心一致，精度要求为：上母线平行度允差为0.02/100，只允许靠溜板一头高。

（4）在达到要求后，可分别在床身、溜板箱上钻、攻进给箱、溜板箱、后托架的连接螺孔，并用螺钉固定，然后拆卸安装夹具。

（5）装入丝杠、光杠进行复测检验及精调，合格后即配钻、铰定位销孔，进行定位。

10.7.6 主轴箱安装

主轴箱是以底平面和凸块侧面与床身接触来保证其正确安装位置的。通过修刮主轴箱底面来达到主轴轴线与床身导轨在垂直方向的平行度，通过修刮凸块来达到主轴轴线与床身导轨在水平方向的平行度。这两项精度是同时测量且同时修整的，检测方法是在主轴锥孔中插入检验棒，用百分表检验其精度。为消除检验棒本身误差对测量的影响，必须使主轴旋转180°，进行两次测量，两次测量结果的代数平均值就是平行度误差。

10.7.7 尾座的安装

主要通过刮研尾座底板与床身导轨的接触底面，使其达到三方面的精度要求。

（1）尾座顶尖套筒伸出尾座体100mm锁紧后，测定其对床身导轨在垂直和水平两个方向的平行度。按精度要求进行修刮、调整。

（2）测定尾座锥孔中心对床身导轨在垂直和水平两个方向的平行度。将检验棒装入锥孔，用百分表检测，一次检测后，将检验棒退出转过180°。重新装入，再进行检测，同一位置两次测量结果的代数平均值就是平行度误差。

（3）尾座锥孔中心与主轴中心的等高度允差为0.04mm，只允许尾座高。此项目在装配修理时，可用两根直径相等的检验棒进行检验，但最后等高度精度的检验必须在两顶尖间装上长检验棒来进行。

10.7.8 安装刀架部件

方刀架装配在斜滑板上，斜滑板座安装在横滑板上，横滑板通过横向进给丝杠带动，使刀架在纵滑板上做横向运动。安装要求横滑板横向移动方向与主轴轴线垂直，要求在300mm直径上所车平面的平面度误差为0.02mm，只允许中凹。斜滑板移动时对主轴轴线平行度误差在300mm长度上为0.04mm。另外横、斜滑板在摇动丝杠手柄时无松旷现象、阻滞现象，摇动灵活，但无明显间隙。保证这点须做到进给丝杠中心与燕尾导轨平行、燕尾导轨自身两边要平行、滑板螺母中心线与进给丝杠座孔中心在同一直线上，纵滑板和斜滑板座上的燕尾导轨要求平行，才能保证运动精度和灵活性。方刀架定位正确无误，重复定位正确，以保证加工质量。

10.7.9　其他辅助件的装配

如挂轮箱等的装配，也要达到技术要求。

10.8　卧式车床的试车和验收

卧式车床和其他机床一样，在装配结束后都必须经过试车，验收合格后才能出厂。

10.8.1　试车准备

对机床各运动件、操纵机构、润滑系统等进行全面仔细的检查，为试车做准备。

10.8.2　空运转试验

注意启动时转速由最低逐级提高，各级运转时间不少于5min，在最高转速时持续运转时间不少于30min。同时，对机床的进给机构也要进行低、中、高进给量的空运转，并检查润滑油泵输油情况。车床空运转时应满足下列几点：

（1）车床各运转部分运转正常，无明显振动，操纵机构平稳可靠。

（2）润滑系统正常，畅通、可靠，无泄漏现象。

（3）安全防护装置和保险装置安全可靠。

（4）滑动轴承温度在60℃温升不超过30℃，滚动轴承温度70℃温升不超过40℃。

（5）运转噪声A声级不大于85dB。

10.8.3　机床的切削试验

在空运转试验达到要求后，将主轴变换到中速（最高转速的1/2或高于1/2的相邻一级转速）下继续运转，在中速热平衡条件下，进行以下各项目的试验。

1. 负荷试验

负荷试验的目的是考核车床主传动系统能否达到设计所规定的最大转矩和功率。

试验方法是将尺寸为ϕ100mm×250mm的中碳钢试件一端用卡盘夹紧，另一端用顶尖顶住，采用的切削用量为：$n=50$r/min（$v=18.5$m/min），$a_p=12$mm，$f=0.6$mm/r，强力切削外圆。此时机床各机构均要求工作正常、动作平稳、无振动和噪声出现。试验时，允许摩擦离合器调紧2~3孔，等切削结束后再将其松开，调整到正常。

2. 精车外圆试验

试验的目的是检验车床在正常工作温度下，主轴轴线与床鞍移动方向是否平行，主轴的旋转精度是否合格。

将尺寸为 ϕ80mm×250mm 的中碳钢试件用卡盘夹持，切削用量 n = 397r/min，a_p = 0.15mm，f=0.1mm/r，精车外圆。技术要求是圆度误差不大于 0.01mm，圆柱度误差不大于 0.01/100，表面粗糙度 Ra≤3.2μm。

3. 精车端面试验

精车端面试验应在精车外圆试验合格后进行。将尺寸为 ϕ250mm 的铸铁圆盘用卡盘夹持，用 YG8 硬质合金 45°右偏刀精车端面，切削用量为：n = 230r/min，a_p = 0.2mm，f = 0.15mm/r，精车端面。技术要求是平面度误差为 0.02mm，只允许中凹。

检验方法是将百分表固定在横滑板上，随着横滑板的移动在试件的后半径上进行测量，百分表读数的最大差值的一半就是平面度误差

4. 切槽试验

将尺寸为 ϕ80mm×150mm 的中碳钢试件用卡盘夹持，切削用量为：υ = （40～70） m/min，f= （0.1～0.2） mm/r，切刀宽度为 5mm，在距卡盘端 （1.5～2） d 处 （d 为工件直径） 切槽。技术要求是不应有明显振动和振痕。

5. 精车螺纹试验

将尺寸为 ϕ40mm×500mm 的中碳钢试件两端用顶尖顶住，切削用量为：n = 19r/min、a_p =0.02mm、f=0.025mm/r，精车螺纹，技术要求是螺距累计误差应小于 0.025/100，表面粗糙度值 Ra≤3.2μm，无振动波纹。

10.8.4 精度检验

在完成上述各项试验后，在车床热平衡状态下，按卧式车床精度标准 GB/T 4020—1997 的规定，逐项进行精度检验并做好记录。

习 题

一、填空题

1. 金属切削机床是用切削的方法，将金属________加工成机器零件的一种机器，是机械制造业中的主要加工设备。

2. 对不能直接进入总装的组件需要进行________，进入总装时需拆卸装入。

3. 装配顺序一般应由内向________、由下往________，以不影响下一步的装配工作为原则。

4. 在用操纵机构操作时，滑移齿轮的装配，应拨动________，轴向________准确、可靠。

5. 主轴的旋转精度、________和________性等对工件的加工精度和表面粗糙度都有直接影响。

二、判断题（对的画√，错的画×）

1. 卧式车床和其他机床一样，在装配结束后都必须经过试车，验收合格后才能出厂。（ ）

2. 进给箱、溜板箱及后托架装配中，必须保证丝杠定位中心及开合螺母中心在同一轴线上，并在垂直及水平两方向平行于床身导轨。（ ）

3. 装配前，应熟悉所装机床的结构特点、工作原理、主要性能以及应达到的精度标准和技术条件。（ ）

4. CA6140 型卧式车床车削普通螺纹 44 种，$P = 1 \sim 192$mm。（ ）

5. 负荷试验的目的是考核车床主传动系统能否达到设计所规定的最大转矩和功率。（ ）

6. 摩擦离合器的作用是实现主轴启动、停止、换向及过载保护。（ ）

三、选择题

1. CA6140 型卧式车床进给箱中有三个离合器（ ）。

A. M_3、M_4、M_5

B. M_7、M_4、M_5

C. M_2、M_3、M_4

2. 空运转试验，在最高转速时持续运转时间不少于（ ）min。

A. 30　　B. 40　　C. 50

3. CA6140 型卧式车床上，车削螺纹传动链由（ ）个机构组成。

A. 8　　B. 3　　C. 6

4. 车床空运转时，滑动轴承温度在60℃时温升不超过（ ）℃。

A. 20　　B. 30　　C. 90

5. 车床空运转时，滚动轴承温度在70℃时温升不超过（ ）℃。

A. 30　　B. 30　　C. 40

6. 车床空运转时，运转噪声 A 声级不大于（ ）dB。

A. 85　　B. 75　　C. 35

四、简述题

1. 卧式车床总装配工作的主要内容是什么？
2. 什么叫做传动系统？
3. 什么叫做传动系统图？
4. 确定溜板箱安装位置的主要依据是什么？
5. 主轴箱安装时应满足哪些要求？超差时如何修刮？
6. 车床空载试验如何进行？具体要求是什么？
7. 车床负荷试验的目的是什么？包括哪些内容？

第 11 章 钳工实训试题库

一、填空题

1. 目前切削刀具常用的硬质合金有________硬质合金、________硬质合金等。

2. 磨削所用的砂轮的特性包括磨料的________、________、________、________、________等。

3. 工艺系统的几何误差是指________、________、________以及________所具有的原始制造误差。

4. 理论误差是由于采用了________加工运动或________刀具轮廓而产生的。

5. 某液压千斤顶，其小活塞面积为 $1cm^2$，大活塞面积为 $100cm^2$。当城小活塞上加 10N 力时，如果不计摩擦阻力等，则大活塞可产生________N 的力。

6. 液压油的物理性质主要有________和________。

7. 对特大型工件划线，为减少翻转次数或不翻转，常采用________法进行。

8. 在切削过程中，工件上形成________、________、________三个表面。

9. 在切削过程中，刀具的辅助平面有________、________、________。

10. 刀具磨损到一定程度后需要刃磨或更新刀，因此对磨损程度规定一个合理的程度，即称刀具的________。

11. 磨钝标准有________磨钝标准和________磨钝标准。

12. 零件加工后，实际几何参数与理论几何的差别称________。

13. 工件材料越硬、导热性越低，切削的刀具磨损________。

14. 螺旋测微量具按用途可分为________、________、________，其中________应用最普遍。

15. 内径千分尺的测量范围很有限，为扩大范围可采用________的方法。

16. 水平仪的读数方法有________读数法和________读数法。

17. 新产品开发方面的专业技术管理主要包括________、________、________、________、________方面的工作。

18. 工艺基准按其作用可分为________基准、________基准、________基准、________基准。

19. ________、________、________、________，在加工时形成一个统一的整体，称为工艺系统。

20. 测量方法的总误差包括________误差和________误差。

21. 泵的种类很多，归纳起来可分为________、________、________三大类。

22. 压缩机按其原理可分为__________压缩机、__________压缩机、________压缩机、________压缩机四大类。

23. 车床装配后进行精车端面的平面度试验，其目的是检查溜板移动方向对主轴轴线的________精度及溜板移动时本身的________精度。

24. 装配的组织形式有________装配和________装配。

25. 装配方法有________法、________法、________法、________法四种。

26. 表示装配单元的划分及其装配先后顺序的图称为________图，这种图能简明直观地反映出产品的________。

27. 引起机床振动的振源有________振源和________振源。

28. 机外振源来自机床外部。它是通过________将振动传给机床的。

29. 手工锯条的前角是________。

30. 根据平面几何知识可知，圆弧与直线相切时，其切点就是由被连接圆弧的圆心向被连接直线所作的________。

31. 假想将机件的倾斜部分旋转到与某一选定的基本投影平面平行后，再向该投影面投影所得的视图称为________。

32. 刀具切削部分的材料应具备以下性能：高的硬度、较好的导热性、足够的________和________、高的________、高的________、良好的________。

33. 影响切削力的因素有________、________、________。

34. 刀具磨损的原因主要有________、________。

35. 滚动轴承实现预紧的方法有________预紧和轴向预紧两种。

36. 1 英寸等于________毫米。

37. 机械制图常见的三种剖视是________、________、________。

38. 划线作业可分两种，即________、________。

39. 锉刀的齿纹有________和________两种。

40. 锉刀分________、________、________三类。

41. 通过锉削，使一个零件能放入另一个零件的孔或槽内且松紧合乎要求，这项操作叫________。

42. 钻孔时，工件固定不动，钻头要同时完成________运动和________运动。

43. 麻花钻头主要由________、________、________构成。

44. 用丝锥加工内螺纹称为________；用板牙套制外螺纹称为________。

45. 螺纹要素有________、________、________、________、________和________。

46. 螺纹的主要尺寸有________、________、________、________。

47. 装配时按连接松紧程度的不同，可将连接分为________连接和________连接。

48. 装配采用的方法有________、________、________、________。

49. 平键在装配时，它与轴上键槽的两侧面必须____________，而键顶面和轮毂间必须________。

50. 滚动轴承通常由________、________、________、________组成。

51. 滚动轴承的装配主要是指________、________的配合。

52. 轴承与轴的配合按________，与轴承座的配合按________。

53. 蜗轮蜗杆用于传递空间________的运动，两轴线在空间的交角通常为________。

54. 加工零件中，允许尺寸变化的两个界限值称为________。

55. 铸铁通常可分为________、________、________及________。

56. 各种热处理工艺过程都是由________、________、________三个阶段组成的。

57. 将钢件加热到临界点以上，保温一定时间，然后在水、盐水或油中（个别材料在空气中）急速冷却的过程叫________。

58. 在已加工工件表面上用刮刀刮去一层很薄的金属，这种操作叫做________。

59. 要想使两个皮带轮的旋转方向相同，就采用________；要想使两个皮带轮的旋转方向相反，应采用________。

60. 定位销有________、________、________三种类型。

61. 冷却润滑液有四个方面的作用，即________作用、________作用、________作用、________作用。

62. 常用的起重设备有________、________、________。

63. 在零件图上总有一个或几个起始标注线用来确定其他点、线、面的位置，称为________。

64. 錾削使用的工具是________和________。

65. 凿子切削部分的材料应比工件的材料________，且切削部分必须呈________。

66. 千斤顶按其结构可分为________、________、________三大类。

67. 机械零部件的修理修复方法主要有________、________、________、__________和________。

68. 锯割硬材料、管子或薄板零件时，宜选用________锯条。

69. 钻孔时材料的强度、硬度高且钻头直径大时，宜用较________的切削速度，进给量应________。

70. 液压传动分________传动和________传动。

71. 丝锥分有________和________两类。

72. 在成套丝锥中，对每支丝锥的切削量分配有两种方式，即________和________。

73. 弯曲分为________和________两种。

74. 矩形花键的定心方法有________、________、________三种。

75. 装拆过盈连接的方法有________、________、________三种。

76. 游标卡尺的尺身每一格为 1mm，游标共有 50 格，当两量爪并拢时，游标的 50 格正好与尺身的 49 格对齐，则该游标卡尺的读数精度为________mm。

77. 在划线工序中，找正和________两个过程是有机结合在一起的。

78. 锯条的切削角度中，前角为________，后角为________。

79. 锉削精度可达________mm。

80. 机床分为若干种，其中 C 表示________，Z 表示________，X 表示________，M 表示________。

81. 群钻是利用______________________合理刃磨而成的生产率和加工精度较高、适应性强、寿命长的钻头。

82. 向心球轴承适用于承受________载荷。

83. 推力轴承适用于承受________载荷。

84. 311 轴承的类型是________。

85. 齿轮传动应满足________和________两项基本要求。

86. 表示泵的工作性能的主要参数有________、________、________。

87. 液压泵的流量分为________流量和________流量两种。

88. 台虎钳按其结构可分为________和________两种。

89. 刮刀分为________刮刀和________刮刀两类。

90. 平锉刀的规格一般用________部分的长度来表示。

91. 液压系统中单向阀的作用是________。

92. 钢按质量可分为________、________和________三类。

93. 在划好的线条上打冲眼，其冲眼的距离可根据线条的________、________来决定，而在线条的__________、__________等处必须冲眼。

94. 液压系统由________、________、________、________四部分组成。

95. 选择铰削余量时，应考虑孔的尺寸精度、________、________、________和铰刀的类型等。

96. 1 英尺等于________英寸。

97. 滚动轴承是标准件，其内圈与轴的配合应为________制，外圈与轴承孔的配合为________制。

98. 滑动轴承按摩擦状态可分为________轴承和________轴承。

99. 润滑脂的装填量过多，易引起________，影响轴承的正常工作。

100. 滑动轴承轴瓦的主要失效形式是________。

101. 刀具寿命是指刀具在两次重磨之间________的总和。

102. 刀具材料越硬，其耐磨性越________，韧性越________。

103. 刀具在切削脆性金属材料时，容易产生________磨损。

104. 根据生产方法的不同，铸造可分为________铸造和________铸造两大类。

105. 手工电弧焊的焊接工艺参数包括________、____________、____________。

106. 机械加工工艺过程是在各种________方法加工零件的________工艺过程。

107. 夹具中的夹紧装置用于夹紧工件，保证工件在夹具中的________位置在加工过程中________。

108. 夹具体用以________夹具各元件和装置，使其成为一个________基础件。

109. 立体划线时，工件的支持与安放方式决定于________和________。

110. 找正就是利用________使工件上有关的________处于合适的位置。

111. 装配划线的方法是用______直接配划的，也有用硬纸片________或其他________配划的。

112. 麻花钻顶角大小可根据________由钻头刃磨决定，标准麻花钻顶角为________，且两主切削刃呈________形。

113. 钻孔易产生的主要问题是________和________困难。

114. 零件加工时应限制的自由度取决于________；定位支承点的布置取决于________。

115. 在坐标镗床上用坐标法加工凹模孔系，是将孔间尺寸转化为________尺寸后进行加工的。

116. 圆板牙两端切削部分是经过铲磨而成的阿基米德________面。

117. 工件定位的基本原理是________定位原理。为了使定位稳定，对于任何工件和任何加工方式，实际限制的自由度数不得少于________个。

118. 丝杠的回转精度主要由丝杠________和________的大小表示。

119. 静平衡只能平衡旋转件________的不平衡，无法消除不平衡________。

120. 推力球轴承装配时，一定要使紧环靠在______零件的平面上，松环靠在________零件的平面上。

121. 许多滚动轴承都要在装配过程中控制和调整游隙，其方法是使轴承__________圈________向进行适当的位移。

122. 齿侧间隙过大，会造成齿轮________，容易产生________。

123. 在拆装笨重夹具或工件时，必须用________或________以上搬抬，并互相协调。

124. 粗车时，进给量受________因素限制；精车时，进给量受________因素限制。

125. 利用分度头可在工件上划出________、________、________和圆的________或不等分线。

126. 选择锉刀时，锉刀断面形状要和________相适应，锉刀号的选择取决于工件的________大小、加工________和________的要求以及工件材料的软硬等。

127. 攻螺纹时，因丝锥切削刃对材料产生挤压，故攻螺纹前________直径必须大于________的尺寸。

128. 套螺纹时，因材料受到板牙切削刃挤压而变形，故套螺纹前________直径应稍小于________的尺寸。

129. 研磨是微量切削，研磨余量不能太大，一般在________之间比较适宜。

130. 弯形直径在 12mm 以上的油管需用________弯，最小弯曲半径必须大于________的 4 倍。

二、选择题

1. 下列刀具材料中红硬性最好的是（　　）。

A. 碳素工具钢　　B. 高速钢　　C. 硬质合金

2. 当磨钝标准相同时，刀具耐用度愈大表示刀具磨损（　　）。

A. 愈快　　B. 愈慢　　C. 不变

3. 刀具表面涂层硬质合金，目的是为了（　　）。

A. 美观　　B. 防锈　　C. 提高耐用度

4. 磨削的工件硬度高时，应选择（　　）的砂轮。

A. 较软　　B. 较硬　　C. 任意硬度

5. 在夹具中，用来确定刀具对工件的相对位置和相对进给方向，以减少加工中位置误差的元件和机构统称（　　）。

A. 刀具导向装置　　B. 定心装置　　C. 对刀块

6. 夹具中布置六个支承点，限制了六个自由度，这种定位称（　　）。

A. 完全定位　　B. 过定位　　C. 欠定位

7. 在安装过盈量较大的中大型轴承时，宜用（　　）。

A. 热装　　B. 锤击　　C. 机械压装

8. 当空间平面平行投影面时，其投影与原平面形状大小（　　）。

A. 相等　　B. 不相等　　C. 相比不确定

9. 车削时，传递切削热量最多的是（　　）。

A. 刀具　　B. 工件　　C. 切屑

10. 测量误差对加工（　　）。

A. 有影响　　B. 无影响

11. 离心泵在单位时间所排出的液体量称（　　）。

A. 流量　　B. 体积　　C. 容量

12. 切削加工时，工件材料抵抗刀具切削所产生的阻力称为（　　）。

A. 切削力　　B. 作用力　　C. 切削抗力

13. 一个 ϕ200mm 的钢筒在镗床上膛后经研磨机磨成，我们称这个孔经过了（　　）。

A. 两个工身　　B. 两个工步　　C. 两次进给

14. 一个 ϕ30mm 的孔在同一个钻床中经钻削、扩削和铰削（　　）加工而成。

A. 三个工序　　B. 三个工步　　C. 三次进给

15. 制造各种结构复杂的刀具的常用材料是（　　）。

A. 碳素工具钢　　B. 高速钢　　C. 硬质合金

16. 单位时间内通过某断面的液压流体的体积称为（　　）。

A. 流量　　B. 排量　　C. 容量

17. 液压泵的输入功率与输出功率（　　）。

A. 相同　　B. 不同　　C. 不确定

18. 液体单位体积具有的（　　）称为液体的密度。

A. 质量　　B. 重量　　C. 流量

19. 在要求不高的液压系统可使用（　　）。

A. 普通润滑油　　B. 乳化油　　C. 柴油

D. 水、润滑油、柴油均可

20. 表示装配单元先后顺序的图称为（　　）。

A. 总装图　　B. 工艺流程卡　　C. 装配单元系统图

21. 在铝、铜等有色金属毛坯上划线，一般涂（　　）。

A. 白灰水　　B. 锌钡白　　C. 蓝油　　D. 无水涂料

22. 机床设备的电气装置发生故障应由（　　）来排除。

A. 操作者　　B. 钳工　　C. 电工

23. 钢板下料应采用（　　）。

A. 剪板机　　B. 带锯　　C. 弓锯

24. 装拆内角螺钉时，使用的工具是（　　）。

A. 套筒扳手　　B. 内六方扳手　　C. 锁紧扳手

25. 攻丝前的底孔直径应（　　）螺纹小径。

A. 略大于　　B. 略小于　　C. 等于

26. 切削铸铁一般不用加切削液，但精加工时为了提高表面粗糙度使表面光整，可采用（　　）作切削液。

A. 乳化液　　B. 煤油　　C. 机油

27. 车间内的各种起重机、电瓶车、平板车属于（　　）。

A. 生产设备　　B. 辅助设备　　C. 起重运输设备

28. 在尺寸链中被间接控制的，在其他尺寸确定后自然形成的尺寸称为（　　）。

A. 增环　　B. 减环　　C. 封闭环

29. ϕ60H7/f6 的孔轴配合是（　　）配合。

A. 间隙　　B. 过渡　　C. 过盈

30. 国家标准规定，机械图样中的尺寸以（　　）为单位。

A. 毫米　　B. 厘米　　C. 丝米　　D. 英寸

31. 加工一个孔 $\phi50^{+0.05}_{+0.01}$ 的孔，它的公差为（　　）mm。

A. $\phi50$　　B. 0.04　　C. 0.01

32. 轴 $\phi50^{+0.021}_{0}$ 与孔 $\phi50^{+0.046}_{+0.033}$ 的配合是（　　）。

A. 间隙配合　　B. 过渡配合　　C. 过盈配合

33. $\phi30^{+0.021}_{0}$ 的孔与 $\phi30^{-0.025}_{-0.041}$ 的轴之间的配合是（　）

A. 基轴制过渡配合　B. 基孔制过盈配合　C. 基孔制间隙配合

34. 平键与键槽的配合一般采用（　　）。

A. 间隙配合　　B. 过渡配合　　C. 过盈配合

35. 轴承 7518 型的内孔尺寸为（　　）mm。

A. 90　　B. 60　　C. 100　　D. 40

36. 位置公差中，平行度表示为（　　）。

A. ⊥　　B. //　　C. ∠　　D. ⊙

37. 位置公差中，“⊙”表示（　　）。

A. 圆柱度　　B. 同轴度　　C. 位置度

38. 形状公差中，“⌴”表示（　　）。

A. 平行度　　B. 平面度　　C. 直线度

39. 钳工常用的锯条长度是（　　）mm。

A. 500　　B. 400　　C. 300　　D. 200

40. 2 英寸等于（　　）mm。

A. 50.8　　B. 49　　C. 67.4

41. 两带轮的传动比 $i>1$，是（　　）传动。

A. 增速　　B. 减速　　C. 变速

42. 在大批量生产中应尽量采用高效的（　　）夹具。

A. 专用　　B. 通用　　C. 组合

43. 201 轴承的内径是（　　）mm。

A10　　B. 12　　C. 15　　D. 20

44. 某液压千斤顶，小活塞面积为 $1cm^2$，大活塞为 $100cm^2$，当要求大活塞顶起重 500N 的重物时，如果不计摩擦阻力等，需要在小活塞上施加（　　）N 的力。

A. 10　　B. 100　　C. 5　　D. 50

45. 有一直齿圆柱齿轮，$m=4$，$z=36$，它的分度圆直径为（　　）mm。

A. 152　　B. 134　　C. 144　　D. 140

46. 有一直圆柱齿轮，$m=4$，$z=36$，它的齿高为（　　）mm。

A. 4　　B. 9　　C. 5　　D. 10

47. 在铸铁工件上攻制 M10 的螺纹，底孔应选择钻头直径为（　　）mm。

A. $\phi10$　　B. $\phi9$　　C. $\phi8.4$

48. 錾削钢等硬材料，楔角取（　　）。

A. 30°~40°　　B. 60°~70°　　C. 50°~60°　　D. 40°~50°

49. 2 英寸等于（　　）英分。

A. 8　　B. 16　　C. 20

50. 锉刀主要工作面，指的是（　　）。

A. 两个侧面　　B. 锉齿的上下两面　　C. 全部表面

51. 经过划线确定加工时的最后尺寸，在加工过程中，应通过（　　）来保证尺寸准确度。

A. 测量　　B. 划线　　C. 加工

52. 7318 轴承的内径是（　　）mm。

A. 40　　B. 50　　C. 100　　D. 90

53. 分度头的手柄转 1 周时，装夹在主轴上的工件转（　　）。

A. 1 周　　B. 40 周　　C. 1/40 周

54. 一次安装在方箱上的工件，通过方箱翻转，可划出（　　）方向的尺寸线。

A. 二个　　B. 四个　　C. 三个　　D. 一个

55. 两带轮传动，其传动比 $i=0.5$，则其传动属于是（　　）传动。

A. 减速　　B. 增速　　C. 等速

56. 两带轮传动，其传动比 $i=0.2$，则传动属于（　　）传动。

A. 减速　　B. 增速　　C. 等速

57. 用定位销连接经常拆卸的地方宜选用（　　）。

A. 圆柱销　　B. 圆锥销　　C. 槽销

58. 用定位销连接承受振动和有变向载荷的地方宜选用（　　）。

A. 圆柱销　　B. 圆锥销　　C. 槽销

59. 在拆卸困难的场合宜用（　　）。

A. 螺尾圆锥销　　B. 圆柱销　　C. 开尾圆锥销

60. 在两轴轴线相交的情况下，可采用（　　）。

A. 带轮传动　　B. 链轮传动　　C. 圆锥齿轮传动

61. 滑动轴承一般用在转速（　　）的场合。

A. 较低　　B. 很高

62. 已知一圆锥体，$D=60\text{mm}$，$d=50\text{mm}$，$L=100\text{mm}$，它的锥度是（　　）。

A. 1∶5　　B. 1∶10　　C. 1∶20　　D. 1∶7

63. 轴承在高速旋转时宜用（　　）。

A. 脂润滑　　B. 油润滑

64. 丝杆和螺母之间的相对运动属于（　　）。

A. 螺旋传动　　B. 啮合传动　　C. 摩擦传动

65. 基准孔的下偏差为（　　）。

A. 负值　　B. 正值　　C. 零

66. 锯割薄板零件宜选用（　　）锯条。

A. 细齿　　B. 粗齿

67. 当材料强度、硬度低且钻头直径较小时，宜选用（　　）转速。

A. 较低　　B. 较高

68. 扩孔时的切削速度比钻孔时的切削速度（　　）。

A. 高　　B. 低

69. 当钻孔用直径很大的钻头时，转速宜较（　　）。

A. 低　　B. 高

70. 弯曲一块 S = 3mm 的铁板，宜选用（　　）。

A. 冷弯法　　B. 热弯法

71. 用 S = 14mm 的铁板卷成直径为 ϕ200 的水管，宜选用（　　）。

A. 冷弯法　　B. 热弯法

72. 锉削精度可达到（　　）mm。

A. 1　　B. 0. 01　　C. 0. 1

73. 发现精密量具有不正常现象时，应（　　）。

A. 报废　　B. 及时送交计量检修单位检修

C. 继续使用

74. 301 轴承的内径是（　　）mm。

A. 10　　B. 5　　C. 12　　D. 17

75. 对于传动效率较高，受力较大的机械上宜用（　　）。

A. 管螺纹　　B. 梯形螺纹　　C. 普通螺纹

76. 钻头直径为 10mm，以 960r/min 的转速钻孔时切削速度是（　　）m/min。

A. 100　　B. 20　　C. 50　　D. 30

77. 一直齿圆柱齿轮，它的分度圆直径是 60mm，齿数是 20，则它的模数是（　　）。

A. 2. 5　　B. 3. 5　　C. 3

78. 精刮削的表面要求在 25mm 方框内出现（　　）点。

A. 2 ~ 3　　B. 20 ~ 25　　C. 12 ~ 15

79. 细刮削的表面要求在 25mm 方框内出现（　　）点。

A. 2 ~ 3　　B. 12 ~ 15　　C. 20 ~ 25

80. 两轴的中心距较大时宜选用（　　）传动。

A. 齿轮　　B. 蜗轮蜗杆　　C. 带轮

81. 交叉式带传动的最大传动比不宜超过（　　）。

A. 3　　B. 10　　C. 6

82. 开口式带传动的最大传动比不宜超过（　　）。

A. 3　　B. 5　　C. 6　　D. 10

83. 开口式带传动的速度一般为（　　）m/s。

A. 5 ~ 25　　B. 3 ~ 5　　C. 50 ~ 100

84. C 型带轮的槽口宽为（　　）mm。

A. 22　　B. 17　　C. 14

85. B 型带轮的槽口宽为（　　）。

A. 22　　B. 17　　C. 14

86. 带轮槽的夹角一般在（　　）范围内。

A. 34° ~ 40°　　B. 50° ~ 100°　　C. 40° ~ 60°

87. 传递功率是 1 ~ 2.5kW，宜选用（　　）。

A. “C”型胶带　　B. “A”型胶带　　C. “B”型胶带

88. 两传动带轮的对应槽必须在同一平面内，其倾斜角不超过（　　）。

A. 10°　　B. 5°　　C. 1°　　D. 15°

89. 在重型机械中传递大功率一般选用（　　）传动。

A. 直齿圆柱齿轮　　B. 中齿轮　　C. 人字齿轮

90. 用镀铬的方法修复主轴，其镀层应保证具有（　　）mm 的磨削余量。

A. 0.01　　B. 1　　C. 0.03 ~ 0.1　　D. 10

91. 用堆焊方法修复主轴，其堆焊的厚度通常为（　　）mm。

A. 5 ~ 10　　B. 5 ~ 8　　C. 1.5 ~ 5

92. 有一铸造件，为了降低硬度以便于切削加工，应进行（　　）处理。

A. 淬火　　B. 退火　　C. 高温回火

93. 一齿轮轴的制作材料为中碳钢，为了提高耐用度，应进行（　　）处理。

A. 淬火　　B. 退火　　C. 调质

94. 制造轴承座、减速箱一般使用（　　）铸铁。

A. 灰口　　B. 可锻　　C. 球墨

95. 制造刀具和工具一般选用（　　）。

A. 普通碳素钢　　B. 碳素工具钢　　C. 结构钢

96. 制造农具、汽车零件宜选用（　　）。

A. 球墨铸铁　　B. 可锻铸铁　　C. 耐热铸铁

97. 制造各种弹簧宜选用（　　）。

A. 可锻铸铁　　B. 高速钢　　C. 弹簧钢

98. 在下列制图比例中缩小的比例是（　）。

A. 2∶1　　B. 5∶1　　C. 1∶3　　D. 1∶1

99. 两线间电压超过（　　）V 时称为高压。

A. 360　　B. 220　　C. 250　　D. 180

100. 机床上的照明设备和常移动的手持电器都采用（　　）V 以下的电压，即安全电压。

A. 18　　B. 220　　C. 36　　D. 12

101. 当加工的孔需要依次进行钻削、扩削、铰削多种加工时，应采用（　　）。

A. 固定钻套　　B. 可换钻套　　C. 快换钻套

102. 刀具刃磨后，开始切削时由于刀面微观不平等原因，其磨损（　　）。

A. 较慢　　B. 较快　　C. 正常

103. 在刀具的几何角度中，控制排屑方向的是（　　）。

A. 后角　　B. 刀尖角　　C. 刃倾角

104. 当工件材料的强度与硬度低而热导率大时，切削所产生的温度（　　）。

A. 高　　B. 低

105. 对切削温度影响最大的是（　　）。

A. 切削速度　　B. 进给量　　C. 切削深度

106. 成形车刀磨损后多数利用（　　）刃磨。

A. 人工　　B. 万能工具磨床　　C. 专用工装及磨具

107. 铰刀磨损主要发生在切削部位的（　　）。

A. 前刀面　　B. 后刀面　　C. 切削刃

108. 工艺系统没有调整到正确的位置而产生的误差称为（　　）。

A. 调整误差　　B. 装配误差　　C. 加工误差

109. 制造各种结构复杂的刀具的常用材料是（　　）。

A. 碳素工具钢　　B. 高速钢　　C. 硬质合金

110. 增大车刀的前角，则切屑（　　）。

A. 变形大　　B. 变形小　　C. 不改变

111. 表示装配单元先后顺序的图称为（　　）。

A. 总装图　　B. 工艺流程卡　　C. 装配单元系统图

112. 车削时，车刀的纵向移动或横向移动是（　　）。

A. 主运动　　B. 进给运动　　C. 切削运动

113. 车削中设想的三个辅助平面，即切削平面、基面、主截面是相互（　　）。

A. 垂直的　　B. 平行的　　C. 倾斜的

114. 工件材料的强度和硬度越高，切削力就（　　）。

A. 越大　　B. 越小　　C. 一般不变

115. 对切削抗力影响最大的是（　　）。

A. 工件材料　　B. 切削深度　　C. 刀具角度

116. 在切削加工中，主运动通常只有（　　）。

A. 一个　　B. 两个　　C. 三个

117. 对未经淬火且直径较小的孔的精加工应采用（　　），经淬火后则应采用（　　）。

A. 铰削　　B. 镗削　　C. 磨削

118. 轴尖零件用双中心孔定位能消除（　　）个自由度。

A. 三　　B. 四　　C. 五　　D. 六

119. 通过管内不同截面的液流速度与其横截面积的大小（　　）。

A. 成正比　　B. 成反比　　C. 无关

120. 在毛坯工件上，通过找正后划线，可使加工表面与不加工表面之间保持（　　）。

A. 尺寸均匀　　B. 形状均匀　　C. 大小均匀

121. 主切削刃与副切削刃在基面上的投影之间的夹角是（　　）。

A. 前角　　B. 后角　　C. 刀尖角

122. 衡量刀具材料切削性能的主要标志是（　　）。

A. 坚硬度　　B. 柔韧性　　C. 红硬性

123. 内、外螺纹公差带位置是由基本偏差确定的，其中 H，h 的基本偏差为（　　）。

A. 正值　　B. 负值　　C. 零

124. 能承受一定量的单向轴向载荷的键是（　　）。

A. 普通平键　　B. 楔键　　C. 半圆键

125. 拉延筒形制件时，拉延过程中产生的塑性变形只发生在（　　）上。

A. 筒底　　B. 筒壁　　C. 筒顶

126.（　　）夹紧装置夹紧动作快，适用于振动较小和夹紧力不大的场合。

A. 偏心　　B. 楔块　　C. 螺旋

127. 机床夹具采用手动夹紧装置时，夹紧机构必须具有（　　）性。

A. 自锁　　B. 导向　　C. 平衡

128. 工件以加工平面定位时，没有基准（　　）误差。

A. 不平整　　B. 位移　　C. 不符

129. V 带在带轮中安装好后，其外表面应（　　）。

A. 凸出槽面　　B. 落入槽底　　C. 与轮槽齐平

130. 当主轴轴承采用滚动轴承时，前轴承的精度等级应比后轴承的精度（　　）一级。

A. 低　　B. 高

131. 齿轮、带轮等必须在轴上固定可靠并传递转矩，广泛采用（　　）周向固定。

A. 过盈连接　　B. 销连接　　C. 键连接

132. 车床装配后进行切槽试验，其目的是考核车床主轴系统及刀架的（　　）性能。

A. 抗振　　B. 负荷　　C. 切削

133. 下班或中途停电时，必须将各种走刀手柄放在（　　）位置。

A. 正转　　B. 反转　　C. 空档

134. 刃磨刀具时，工作者应避免站在砂轮机的（　　）。

A. 正面　　B. 侧面　　C. 斜侧面

135. 车刀的主偏角为（　　）时，它的刀头强度和散热性能最佳。

A. 45°　　B. 75°　　C. 90°

136. 采用（　　）传动，可以使磨床运动平稳，并可实现较大范围内的无级变速。

A. 齿轮　　B. 带　　C. 液压

137. 1/50mm 游标卡尺，游标上 50 小格与尺身上（　　）mm 对齐。

A. 49　　B. 39　　C. 19

138. 錾削硬钢或铸铁等硬材料时，楔角取（　　）。

A. 50°～60°　　B. 60°～70°　　C. 30°～50°

139. 錾削用的锤子由碳素工具钢制成并淬火处理，其规格用（　　）表示。

A. 长度　　B. 质量　　C. 体积

140. 钻削同一规格螺纹底孔直径时，脆性材料底孔直径应（　　）韧性材料的底孔直径。

A. 稍大于　　B. 等于　　C. 稍小于

141. 在车床上研磨外圆柱面，当出现与轴线小于45°的交叉网纹时，说明研磨环的往复移动速度（　　）。

A. 太慢　　B. 太快　　C. 适中

142. 用半圆头铆钉铆接时，留出铆合头伸出部分的长度应为铆钉直径的（　　）倍。

A. 0. 8～1. 2 倍　　B. 1. 25～1. 5 倍　　C. 0. 8～1. 5 倍

143. 聚丙烯酸酯黏合剂固化（　　），不适用于大面积黏接。

A. 速度快　　B. 速度慢　　C. 速度适中

144. 在钻孔中，夹紧力的作用方向应与钻头轴线（　　）。

A. 垂直　　B. 平行　　C. 倾斜

145. 采用热胀配合法的装配，当孔、轴配合有一定过盈值时，应将（　　）加热，使之胀大。

A. 轴　　B. 孔　　C. 孔和轴

146. 采用冷缩配合法的装配，当孔、轴配合有一定过盈值时，应将（　　）进行低温冷却，使之缩小。

A. 轴　　B. 孔　　C. 孔和轴

147. 圆柱孔轴承的拆卸可使用（　　）。

A. 压力机或拉力器　B. 锤子　　C. 温差法

148. 角接触球轴承在装配和使用过程中，可通过调整内、外套圈的轴向位置来获得合适的（　　）。

A. 径向游隙　　B. 轴向游隙　　C. 径向和轴向游隙

149. 保证丝杠、螺母传动精度的主要因素是（　　）。

A. 螺纹精度　　B. 配合精度　　C. 配合间隙

150. 键连接、销连接和螺纹连接都属于（　　）。

A. 可拆连接　　B. 不可拆连接

三、判断题

1. 碳素工具钢最适合作高速切削刀具用。（　　）
2. 车刀在刀架上安装位置的高低对切削工作角度无影响。（　　）
3. 在车削过程中产生积屑瘤，易影响工件的加工精度。（　　）
4. 工件残余应力引起的误差和变形都很小，不会对机器构成影响。（　　）
5. 各种液压油性能都差不多，因此可任意混合使用。（　　）
6. 钻削精密孔的关键是钻床精度高且转速及进给量合适，而与钻头无关。（　　）
7. 提高切削速度是提高切削效率的最有效途径。（　　）
8. 提高切削速度是提高刀具寿命的最有效途径。（　　）
9. 零件的机械加工质量包括加工精度和表面质量两个部分。（　　）
10. 加工精度的高低主要取决于机床的好坏。（　　）
11. 容积泵是依靠工作室容积的间歇改变来输送液体的。（　　）
12. 离心泵流量的单位一般用 m^3。（　　）
13. 离心泵扬程的单位是 MPa。（　　）
14. 离心泵在启动前应灌满液体并将出口管路上的阀门关闭。（　　）
15. 离心泵一般属于高压泵。（　　）
16. 在工业企业中，设备管理是指对设备的物质运动形态的技术管理。（　　）
17. 生产技术准备周期是从生产技术工作开始到结束为止经历的总时间。（　　）
18. 一般刀具材料的高温硬度越高，耐磨性越好，刀具寿命也越长。（　　）
19. 用硬质合金刀具车削硬钢时，切削速度越慢，则刀具寿命越长。（　　）
20. 刀具刃磨后，刀面越平整，表面粗糙度值越小，刀具寿命越长。（　　）
21. 刀具刃磨后，刀刃的直线度和完整程度越好，加工出的工件表面质量越好。（　　）
22. 加工精度的高与低是通过加工误差的大和小来表示的。（　　）
23. 在长期的生产过程中，机床、夹具、刀具逐渐磨损，则工艺系统的几何误差进一步扩大，因此工件的表面精度也相应降低。（　　）
24. 测量误差主要是人的失误造成，和量具、环境无关。（　　）
25. 单件小批生产中应尽量多用专用夹具。（　　）
26. 单件小批生产由于数量少，因此对工人技术水平的要求比大批量生产方式要低。（　　）

27. 单件小批生产中应多用专用机床以提高效率。 ( )
28. 表面粗糙度代号应注在可见轮廓线、尺寸线、尺寸界线和它们的延长线上。( )
29. 机件上的每一尺寸一般只标注一次，并应标注在反映该结构最清晰的图形上。 ( )
30. 滚动轴承实现轴向预紧，就是要采取各种方法使其内外圈产生相对位移，以消除游隙。 ( )
31. 圆锥销定位用于经常拆卸的地方。 ( )
32. 圆柱销定位用于不常拆卸的地方。 ( )
33. 槽销定位用于承受振动和有变向载荷的地方。 ( )
34. 链传动是通过链条和链轮牙齿之间的啮合来传递力和运动的，因此属于啮合传动。 ( )
35. 当两轴轴线相交时，可采用蜗轮蜗杆传动。 ( )
36. 直齿圆柱齿轮传动比斜齿圆柱齿轮平稳。 ( )
37. 在两轴轴线相交的情况下，可采用圆锥齿轮传动。 ( )
38. 滑动轴承一般用在转速不太高的地方。 ( )
39. 在滚动轴承的精度等级中，C 级最低，G 级最高。 ( )
40. 加工铸铁时，一般不用冷却润滑液，这是因为铸铁内的石墨起一定的润滑作用。 ( )
41. 被加工零件的精度等级越低，数字越小。 ( )
42. 被加工零件的精度等级数字越大，精度越低，公差也越大。 ( )
43. 零件的公差等同于偏差。 ( )
44. 加工零件的偏差是极限尺寸与公称尺寸之差。 ( )
45. 锥度等同于斜度。 ( )
46. 轴承在低速旋转时一般采用脂润滑，高速旋转时宜用油润滑。 ( )
47. 尺寸链由封闭环和组成环组成，除 1 个封闭环外，其余均为组成环。 ( )
48. 液压传动容易获得很大的力、较低的速度和大的扭矩，并能自动控制扭矩输出。 ( )
49. 液压传动效率高，总效率可达 100%。 ( )
50. 螺纹的作用是连接，没有传动作用。 ( )
51. 丝杆和螺母之间的相对运动，是把旋转运动转换成直线运动。 ( )
52. 退火的目的是使钢件硬度变高。 ( )
53. $\phi50_{-0.031}^{-0.015}$ 的最大极限尺寸是 $\phi49.985$。 ( )
54. 上偏差的数值可以是正值，也可以是负值，或者为零。 ( )
55. 实际偏差若在极限偏差范围之内，则这个零件合格。 ( )
56. 实际偏差的数值一定为正值。 ( )

57. 基准孔的最小极限尺寸等于基本尺寸，故基准孔的上偏差为零。（ ）

58. 基准轴的最大极限尺寸等于基本尺寸，故基准轴的下偏差为零。（ ）

59. 尺寸精度越高，粗糙度越低。（ ）

60. 精密量具也可以用来测量粗糙的毛坯。（ ）

61. 20Cr 合金钢的含碳量为 0.2%。（ ）

62. 当两轴间距离过远时，适宜采用齿轮传动。（ ）

63. 齿轮齿条传动是把直线运动变为旋转运动。（ ）

64. 链传动适用于交错轴之间的传动。（ ）

65. 采用交叉皮带传动能使两带轮转向相同。（ ）

66. 液压千斤顶是依靠液体作为介质来传递能量的。（ ）

67. 液压传动系统不需另加润滑装置，零件使用寿命长。（ ）

68. 液压传动分为动力式液压传动和静力式液压传动。（ ）

69. 液压千斤顶属于静力式液压传动。（ ）

70. 锯割软材料或锯缝较长的工件时，宜选用细齿锯条。（ ）

71. 锯割硬材料、管子或薄板零件时，宜选用粗齿锯条。（ ）

72. 钻孔时，钻头是按照螺旋运动来钻孔的。（ ）

73. 钻孔时，材料的强度、硬度高且钻头直径大时，宜选用较高的切削速度，进给量也要大些。（ ）

74. 当材料的强度、硬度低或钻头直径小时，宜选用较高的转速，走刀量也可适当增加。（ ）

75. 当钻头直径小于 ϕ5mm 时，应选用很低的转速。（ ）

76. 扩孔时的切削速度一般为钻孔时的一半，进给量为钻孔时的 1.5 ~2 倍。（ ）

77. 攻丝前的底孔直径应大于螺纹标准中规定的螺纹内径。（ ）

78. 套丝过程中，圆杆直径应比螺纹外径大一些。（ ）

79. 一般材料厚度在 5mm 以下时，应采用热弯法。（ ）

80. 刮削是一种粗加工方法。（ ）

81. 平键连接对中性良好，但不能传递轴向力。（ ）

82. 花键连接的特点是轴上零件对中性好，能传递较大的转矩。（ ）

83. 矩形花键采用齿侧定心，其定心精度最高。（ ）

84. 内螺纹圆锥销多用于盲孔。（ ）

85. 锉削精度可达 0.01mm。（ ）

86. 1 英尺等于 10 英寸。（ ）

87. 1 英寸等于 8 英分。（ ）

88. 深度游标卡尺主要用来测量深度、台阶的高度等。（ ）

89. 高度游标卡尺常用来测量工件的高度尺寸。（ ）

90. 找正和借料这两项工作是各自分开进行的。　(　　)

91. 划线是机械加工的重要工序，广泛应用于批量生产中。　(　　)

92. 201 轴承的内径是 10mm。　(　　)

93. 7518 轴承既能承受轴向载荷也能承受径向载荷。　(　　)

94. 一圆锥体 $D=24$mm，$d=22$mm，$l=32$，则它的锥度是 1∶8。　(　　)

95. 两带轮传动，$n_1=1450$r/min，$n_2=725$r/min，$D_2=260$mm，则可求得 $D_1=520$mm。

(　　)

96. 两带轮传动，若要使两带轮获得相反的运动方向，则必须采用开口式皮带传动方式。　(　　)

97. 车削时传递切削热量最多的是工件。　(　　)

98. 专用丝锥为了控制排屑方向，常做成直槽。　(　　)

99. 磨钝标准相同的刀具，其耐用度愈大表示磨损愈快。　(　　)

100. 拆内六角螺钉时，使用套筒扳手。　(　　)

四、简答题。

1. 绘图时选择主视图的原则是什么？
2. 零件图上的技术要求包括哪些内容？
3. 简述切削液的种类及作用？
4. 刀具磨损的主要原因是什么？
5. 刀具磨损的形式有哪几种？
6. 什么叫加工精度？
7. 简述机床夹具的作用？
8. 车床装配调试完毕，进行满负荷强度试验的目的是什么？
9. 机床在工作时发生振动有何危害？
10. 技术管理的作用是什么？
11. 什么是机械加工工艺过程？
12. 什么是机械加工工艺规程？
13. 三相异步电动机怎样改变其旋转方向？
14. 简述选用液压油的方法？
15. 工业生产中广泛使用的是哪种电动机？这种电动机由哪些主要部件组成？
16. 常见的齿轮有哪些种类？
17. 零件工作图包括哪些内容？
18. 弹簧的种类有哪些？
19. 装配图包括哪些内容？
20. 常用的长度单位有哪些？
21. 水平仪的种类有哪些？

22. 水平仪有什么用途？

23. 简述厚薄规的用途？

24. 什么是金属材料的机械性能？

25. 金属材料有哪些基本机械性能？

26. 什么是强度？

27. 什么是塑性？

28. 什么是弹性变形？

29. 什么是金属材料的工艺性能？

30. 铸铁有哪些种类？

31. 金属材料退火的目的是什么？

32. 金属材料淬火的目的是什么？

33. 皮带传动有什么特点？

34. 皮带拉力与包角有什么关系？

35. 齿轮传动有什么优点？

36. 齿轮传动有什么缺点？

37. 简述蜗轮蜗杆传动的应用及特点？

38. 简述离合器的用途和种类。

39. 什么是基本尺寸、实际尺寸和极限尺寸？

40. 计算圆内接四边形边长。

41. 钻铸铁的群钻，其切削部分的形状和几何参数有何特点？

42. 简述钻薄板的群钻切削部分的形状和几何参数的特点。

43. 怎样正确使用千分尺？

44. 简述杠杆式百分表使用时的注意事项。

45. 经纬仪在机床精度检验中的作用是什么？

46. 车床装配调试后进行空运转，应达到哪些要求？

47. 良好的研磨液应该具备哪些条件？

48. 车床装配调试完毕，要精车零件并进行圆度和圆柱度检查，精车螺纹并进行螺距检查，其目的是什么？

49. 车床装配调试完毕后进行切槽试验的目的是什么？

50. 控制螺纹预紧力的方法有哪些？

51. 机械加工工艺规程在生产中起什么作用？

52. 车削工件时，当刀尖高于工件中心，其前角与后角有何变化？

53. 简述减小加工误差，从而提高加工精度的一般途径。

54. 简述箱体划线的要点。

55. 畸形工件划线时需注意什么？

56. 钻削直径3mm以下的小孔时，需掌握哪些要点？
57. 简述在斜面上钻孔的方法。
58. 如何钻相交孔？
59. 简述水平仪的用途及原理。
60. 离心泵为什么在工作时会产生轴向推力？用什么方法平衡？
61. 试述卧式车床总装配顺序的确定原则（不具体叙述刮削顺序的确定原则）。
62. 如何合理安排刮削顺序，以利于卧式车床的总装？
63. 影响主轴旋转精度的因素有哪些？提高主轴旋转精度的措施有哪些？
64. 在装配使用机床时怎样减小机床变形？
65. 试述提高机床装配时测量精度的方法。
66. 如何确定划线基准？
67. 标准麻花钻头的切削部分有哪些主要缺点？
68. 怎样修磨麻花钻？
69. 研磨内孔时，为什么要在研磨棒上开一条螺旋槽？
70. 齿轮传动机构的装配技术要求有哪些？

五、实训样题

【课题一】 单燕尾凸形镶配

（一）教学目的

掌握半封闭较高精度的锉配方法和技能。

（二）工、量、刃具清单

名称	规格/mm	精度/mm	数量	名称	规格/mm	精度/mm	数量
高度游标卡尺	0～300	0.02	1	锤子			1
游标卡尺	0～150	0.02	1	狭錾子			1
外径千分尺	0～25	0. 01	1	样冲			1
	25～50	0. 01	1	划针			1
游标万能角度尺	0°～320°	2′	1	钢直尺	150		1
90°角尺	100×63	0级	1	粗扁锉	250		1
刀口形直尺	100		1	中扁锉	200，150		各1
塞尺	0. 02～1		1	细扁锉	150		1
测量棒	$\phi10\times15$		1	粗三角锉	150		1
塞规	$\phi8$	H7	1	细三角锉	150		1
麻花钻	$\phi3$，$\phi5$		各1	粗方锉	200		1
	$\phi7.8$，$\phi12$			细方锉	200		1

续表

名称	规格/mm	精度/mm	数量	名称	规格/mm	精度/mm	数量
直铰刀	$\phi 8$	H7	1	整形锉			1套
铰杠			1	软钳口			1套
锯弓			1	锉刀刷			1
锯条			自定	毛刷		1	
备注							

（三）坯料图

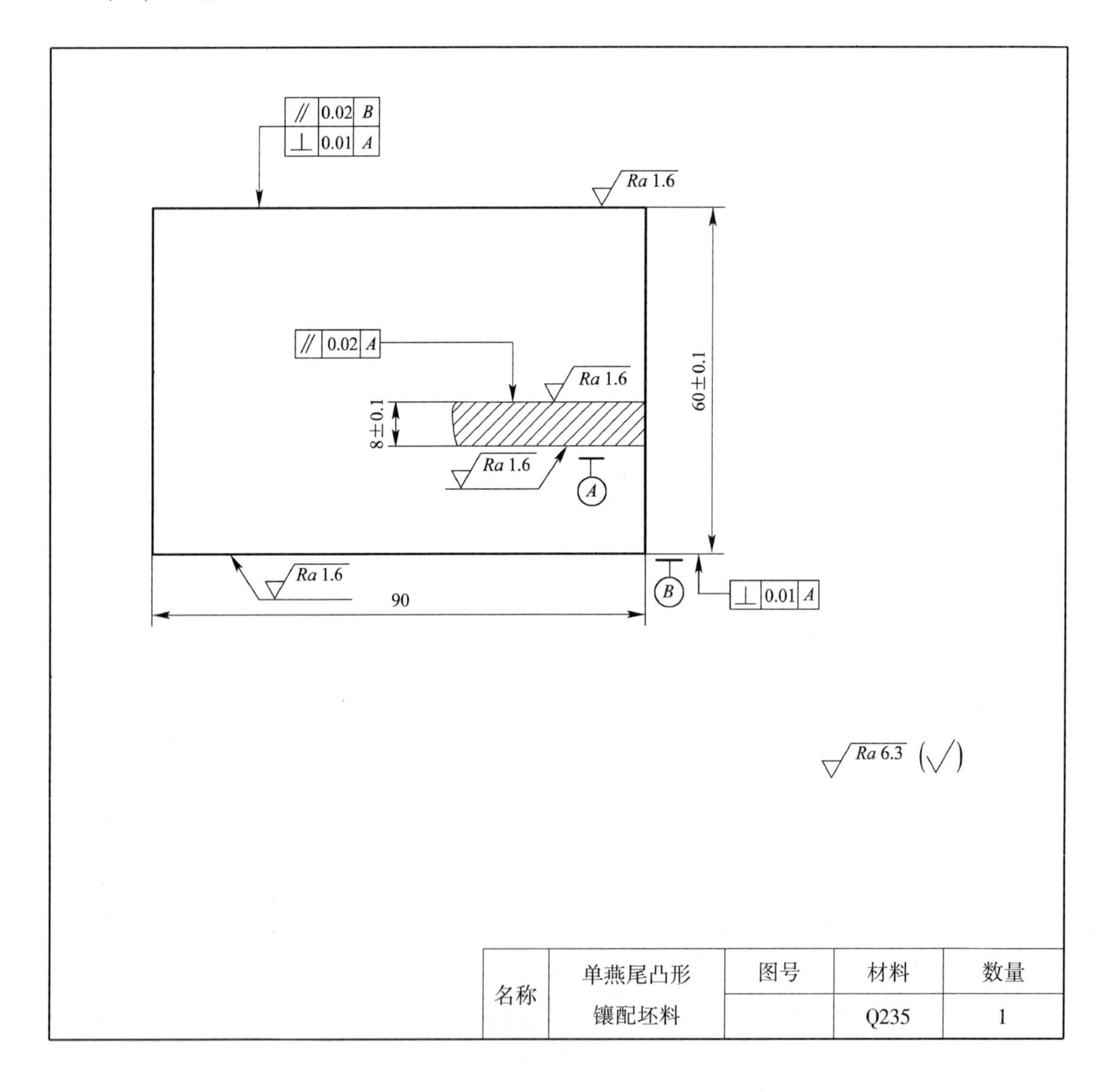

（四）试件图

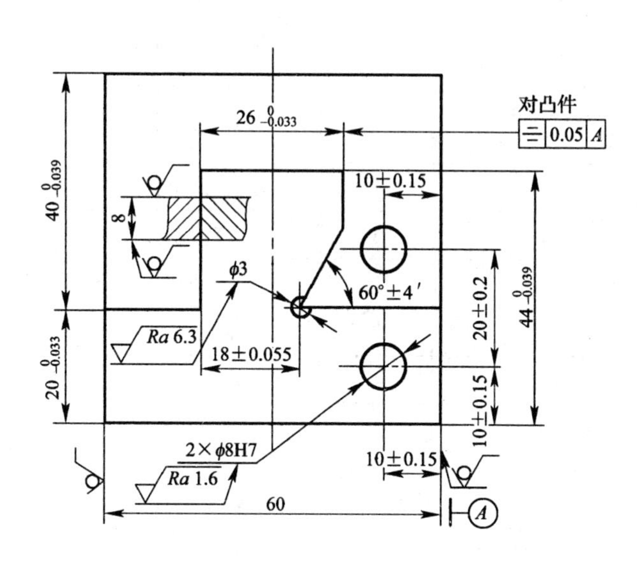

Ra 3.2 (√)

技术要求

以凸件（下）为基准，凹件（上）配作。配合间隙≤0.04mm，两侧错位量≤0.06mm。

名称	单燕尾凸形镶配	图号	材料	数量	加工时间
			Q235	1	300分钟

（五）检测评分表

项目	序号	考核要求	分值	评分标准	检测结果	得分
凸件	1	$26^{0}_{-0.033}$	8	超差全扣		
	2	$20^{0}_{-0.033}$	8	超差1处扣4分		
	3	$44^{0}_{-0.039}$	5	超差全扣		
	4	18 ±0.055	6	超差全扣		
	5	60° ±4′	4	超差全扣		
	6	⌯ 0.05 A	5	超差全扣		
	7	$Ra\leqslant3.2\mu m$	3.5	超差1处扣0.5分		
	8	ϕ8H7	2	超差全扣		
	9	10 ±0.15	4	超差1处扣2分		
	10	$Ra\leqslant1.6\mu m$	5	超差全扣		
凹件	11	$40^{0}_{-0.039}$	5	超差全扣		
	12	$Ra\leqslant3.2\mu m$	3.5	超差1处扣0.5分		
	13	ϕ8H7	2	超差全扣		
	14	10 ±0.15	2	超差全扣		
	15	$Ra\leqslant1.6\mu m$	2	超差全扣		
配合	16	间隙≤0.04mm	24	超差1处扣4分		
	17	错位量≤0.06	6	超差全扣		
	18	20 ±0.2	8	超差全扣		
其他	19	安全文明生产	违者酌情扣1～10分			
姓名		学号		班级		得分

（六）主要加工步骤

1. 检查坯料情况，作必要修整。

2. 按图样划出凹、凸件的外形加工线，锯割分料。

3. 加工凸件：

（1）钻 ϕ3 工艺孔。

（2）锯、锉左侧垂直角，按60mm实际尺寸和26mm尺寸控制其水平位置。

（3）加工右侧燕尾，达到图样要求。

（4）锉削外形尺寸44mm至尺寸要求。

（5）去毛刺，检查。

4. 加工凹件：

（1）钻排孔，锯割去除余料，粗锉接近尺寸线。

（2）锉削外形尺寸40mm至尺寸要求。

（3）以凸件为基准配锉凹件直角边和其余各边，达到配合互换要求。

5. 凹凸件配合后划出孔距尺寸线，钻、铰孔。

6. 去毛刺，全面复检。

（七）安全及注意事项

1. 加工凹件一定要保证左右对称。

2. 孔距尺寸线20mm一定要配合后划出。

【课题二】　凸形模板

（一）教学目的

1. 熟练掌握和巩固圆盘类零件的划线、加工技能。

2. 熟练掌握精密量具的使用方法。

（二）工、量、刃具清单

名称	规格/mm	精度/mm	数量	名称	规格/mm	精度/mm	数量
高度游标卡尺	0~300	0.02	1	铰杠			1
游标卡尺	0~150	0.02	1	锯弓			1
深度游标卡尺	0~150	0.02	1	锯条			自定
外径千分尺	0~25	0.01	1	锤子			1
	25~50	0.01	1	狭錾子			1
90°角尺	100×63	0级	1	样冲			1
刀口形直尺	100		1	划针			1
塞尺	0.02~1		1	钢直尺	150		1
杠杆百分表	0~0.8		1	粗扁锉	250		1
磁性表座			1	中扁锉	150，200		各1
塞规	ϕ10		1	细扁锉	150		1
V形铁		H7	1	细三角锉	150		1
麻花钻	ϕ4，ϕ6		各1	软钳口			1副
	ϕ9.8，ϕ12			锉刀刷			1
直铰刀	ϕ10	H7	1	毛刷			1
备注							

（三）坯料图

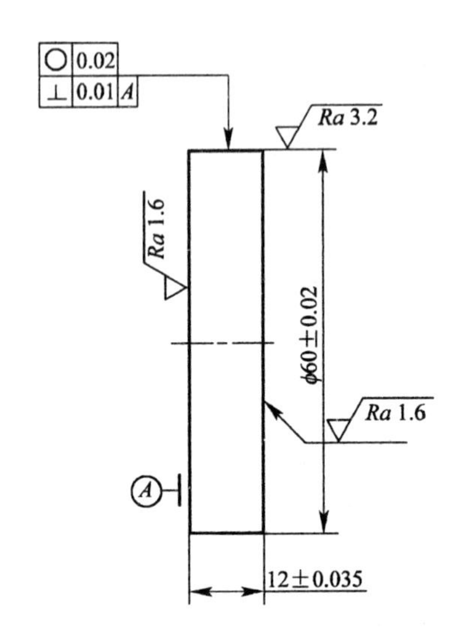

技术要求

两件坯料 $\phi60\pm0.02$mm 尺寸的一致性≤0.02mm；

12mm ±0.035mm 尺寸的一致性≤0.03mm。

名称	凸形模板坯料	图号	材料	数量
			45	2

（四）试件图

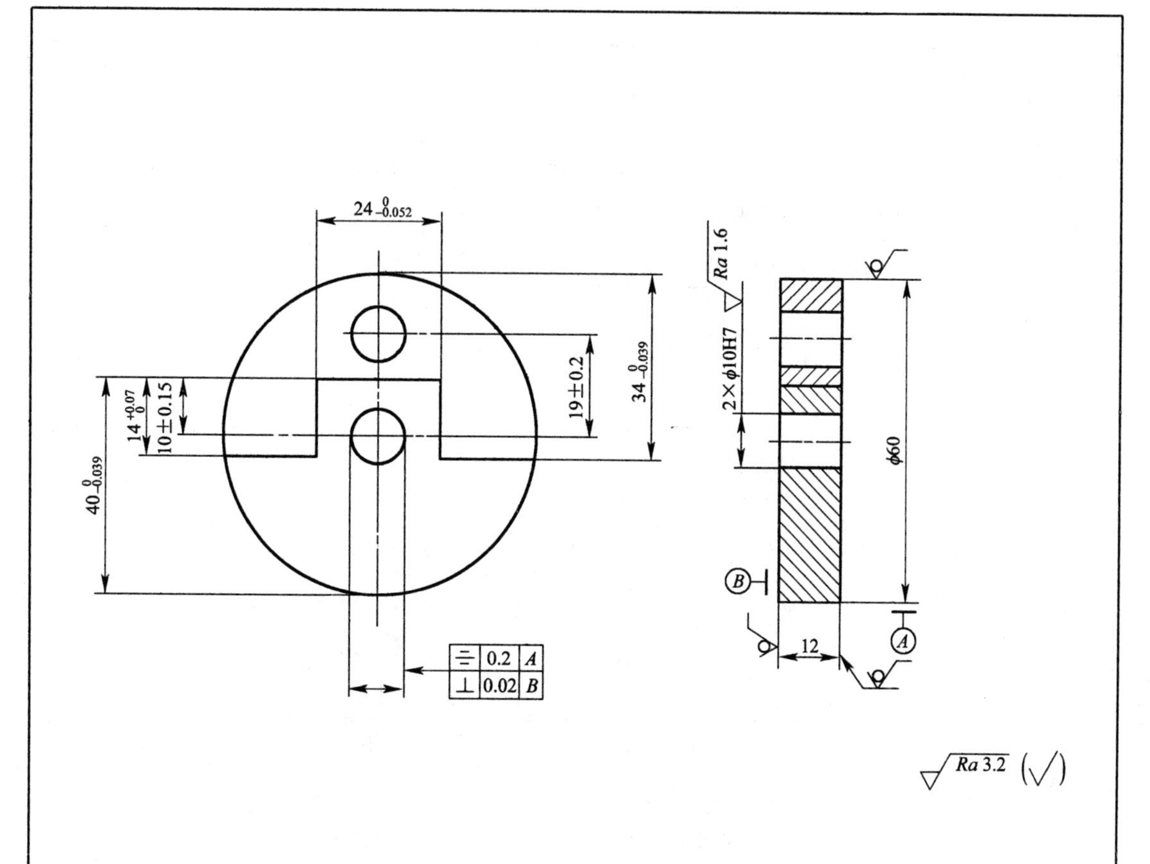

技术要求

1. 凹件（上）按凸件（下）配作。互换配合间隙≤0. 04mm。
2. 配合及互换后 ϕ60 外圆圆度误差≤0. 08mm。

名称	凸形	图号	材料	数量	加工时间
	模板		45	1	270 分钟

（五）检测评分表

	序号	考核要求	分值	评分标准	检测结果	得分
凸件	1	$24^{0}_{-0.052}$	8	超差全扣		
	2	$40^{0}_{-0.039}$	7	超差全扣		
	3	$14^{+0.07}_{0}$（两处）	8	超差 1 处扣 4 分		
	4	$Ra\leqslant3.2\mu m$（两处）	5	超差 1 处扣 1 分		
	5	ϕ10H7	2	超差全扣		
	6	10 ±0.15	3	超差全扣		
	7	⌯ 0.2 A	5	超差全扣		
	8	⊥ 0.02 B	3	超差全扣		
	9	$Ra\leqslant1.6\mu m$	2	超差全扣		
凹件	10	$34^{0}_{-0.039}$	7	超差全扣		
	11	ϕ10H7	2	超差全扣		
	12	$Ra\leqslant1.6\mu m$	2	超差全扣		
	13	$Ra\leqslant3.2\mu m$（五处）	5	超差 1 处扣 1 分		
配合	14	间隙≤0.04mm（十处）	25	超差 1 处扣 2.5 分		
	15	圆度误差≤0.08mm（两处）	10	超差 1 处扣 5 分		
	16	19 ±0.2（两处）	6	超差 1 处扣 3 分		
其他	17	安全文明生产	违者酌情扣 1～10 分			
姓名		学号		班级		得分

（六）主要加工步骤

1. 检查坯料情况，分别划出凸件 40mm 和凹件 34mm 的加工线。

2. 加工凸件：

（1）按划线加工尺寸 $40^{0}_{-0.039}$mm，达到尺寸公差。

（2）以已加工表面为基准，划出其余各表面的加工线。

（3）分别加工两侧直角，保证凸台对称和尺寸公差。

（4）划线，钻、铰孔。

（5）去毛刺，复检。

3. 加工凹件：

（1）锯、锉外形尺寸 $34^{0}_{-0.039}$ mm，达到尺寸公差。

（2）以已加工表面为基准，划出其余各表面的加工线。

（3）钻排孔，锯割去除余料，粗锉接近尺寸线。

（4）细锉两侧面，并用凸件试塞，达到能较紧塞入。

（5）以两侧为导向，以凸件为基准，配锉凹件，达到配合要求。

（6）划线，钻、铰孔。

4. 去毛刺，检查全部精度。

（七）安全及注意事项

1. 各表面间要保证相互垂直。

2. 钻孔时，工件要与钻床主轴垂直并夹紧。

【课题3】 变角板

（一）教学目的

掌握要求较高的转角锉配方法，提高锉配技能。

（二）工、量、刃具清单

名称	规格/mm	精度/mm	数量	名称	规格/mm	精度/mm	数量
高度游标卡尺	0～300	0.02		锯弓			1
游标卡尺	0～150	0.02		锯条			自定
外径千分尺	25～50	0.01		锤子			1
	50～75	0.01		狭錾子			1
游标万能角度尺	0°～320°	2′		样冲			1
90°角尺	100×63	0级		划针			1
刀口形直尺	100			钢直尺	150		1
塞尺	0.02～1			粗扁锉	250		1
塞规	$\phi8$	0～0.8		中扁锉	150，200		各1
测量棒	$\phi10\times15$			细扁锉	150		1
麻花钻	$\phi3$， $\phi7.8$，$\phi12$			细三角锉	150		1
				软钳口			1副
直铰刀	$\phi8$	H7		锉刀刷			1
铰杠				毛刷			1
备注							

（三）坯料图

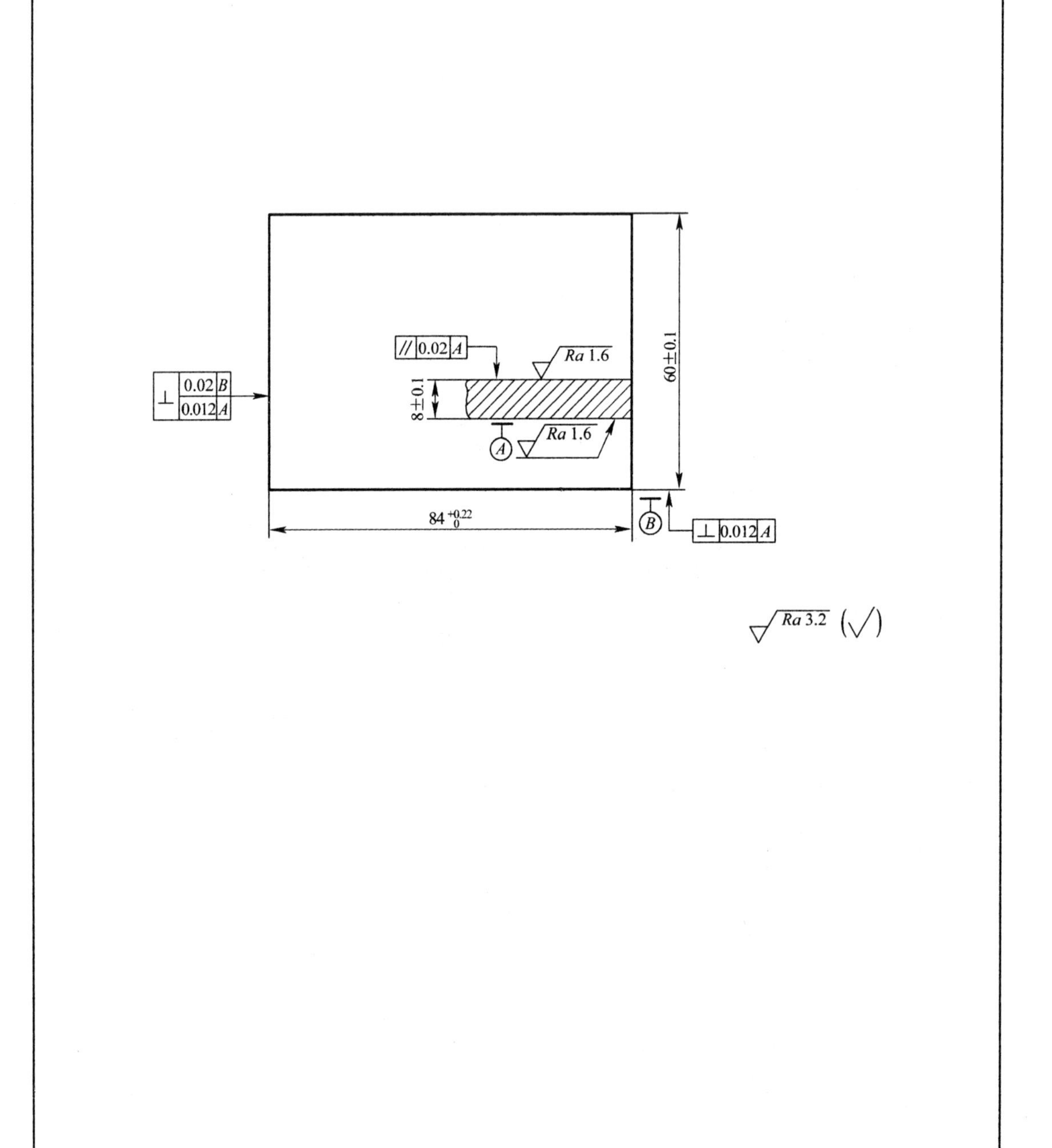

名称	变角板坯料	图号	材料	数量
			Q235	1

（四）试件图

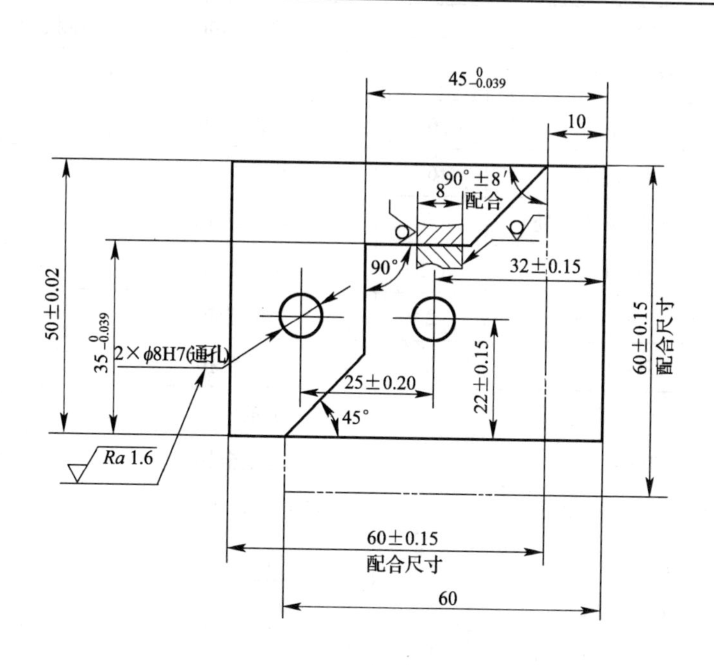

$\sqrt{Ra\ 3.2}$ (√)

技术要求

1. 以凸件（右）为基准，凹件（左）配作。

2. 在图示情况下配合两侧错位量≤0.06mm。配合间隙（包括凸件翻转 180°，图中细双点画线）检测两次，间隙≤0.04mm，换位前后孔距尺寸一致性误差≤0.15mm。

名称	变角板	图号	材料	数量	加工时间
			Q235	1	360 分钟

（五）检测评分表

项目	序号	考核要求	分值	评分标准	检测结果	得分
凸件	1	50 ±0.02	4	超差全扣		
	2	$45^{0}_{-0.039}$	6	超差全扣		
	3	$35^{0}_{-0.039}$	6	超差全扣		
	4	$Ra\leqslant3.2\mu m$（七处）	7	超差1处扣1分		
	5	$\phi8H7$	1.5	超差全扣		
	6	32 ±0.15	2	超差全扣		
	7	22 ±0.15	2	超差全扣		
	8	$Ra\leqslant3.2\mu m$	1.5	超差全扣		
凹件	9	50 ±0.02	4	超差全扣		
	10	$Ra\leqslant3.2\mu m$（六处）	6	超差1处扣1分		
	11	$\phi8H7$	1.5	超差全扣		
	12	$Ra\leqslant1.6\mu m$	1.5	超差全扣		
配合	13	间隙≤0.04（八处）	20	超差1处扣2.5分		
	14	位错量≤0.06	5	超差全扣		
	15	60 ±0.15（两处）	16	超差1处扣8分		
	16	90° ±8（两处）	6	超差1处扣3分		
	17	25 ±0.20	5	超差全扣		
	18	孔距尺寸一致性误差≤0.15	5	超差全扣		
其他	19	安全文明生产	违者酌情扣1~10分			
姓名		学号		班级		得分

（六）主要加工步骤

1. 检查坯料情况，作必要修整。
2. 划出凸、凹件加工线，锯割分料。
3. 按划线锯割、锉削加工凸件直角，达到图样要求。两45°斜边留修整余量。
4. 按划线锯割、锉削加工凹件。
5. 以凸件直角和凹件45°斜边为基准相互试配、修整，达到配合要求。
6. 划线，钻、铰孔。

7. 去毛刺，全面检查精度。

（七）安全及注意事项

1. 锉削凸件 45°斜边时，应留修整余量，以便在锉配时修整。
2. 外形基准的垂直度一定要保证，以便通过间接测量控制凸、凹件的 90°。
3. 划线时注意借料。

附录一 钳工实训试题库部分试题答案

一、填空题

1. 钨钴类；钨钴钛类
2. 粒度；结合剂；组织；形状；尺寸
3. 机床；夹具；刀具；工件本身
4. 近似的；近似的
5. 1000
6. 黏度；密度
7. 拉线与吊线
8. 待加工表面；加工表面；已加工表面
9. 基面；切削平面；主截面
10. 磨钝标准
11. 粗加工；精加工
12. 加工误差
13. 越快
14. 千分尺；内径千分尺；深度千分尺；千分尺
15. 加接长杆
16. 相对、绝对
17. 产品设计准备；工艺准备；物质准备；产品试制与鉴定；生产组织准备
18. 装配；测量；定位；工序
19. 机床；夹具；刀具；工件
20. 系统；随机
21. 容积泵；叶片泵；流体作用泵
22. 离心式；往复式；回转式；轴流式

23. 垂直度；直线度
24. 固定；移动
25. 互换装配；分组装配；修配；调整
26. 装配单元系统；单配顺序
27. 机内；机外
28. 地基
29. 0°
30. 垂线的垂足
31. 旋转视图
32. 强度；韧性；耐磨性；耐热性；工艺性
33. 工件材料；切削用量；刀具几何参数
34. 机械磨损、热效应磨损
35. 径向
36. 25.4
37. 全剖视；局部剖视；半剖视
38. 平面划线；立体划线
39. 单齿纹；双齿纹
40. 普通锉；特种锉；整形锉（什锦锉）
41. 锉配
42. 切削；进刀
43. 柄部；颈部；工作部分
44. 攻丝；套丝
45. 牙形；外径；螺距；头数；精度；旋转方向
46. 大径；小径；螺距；导程
47. 固定；活动
48. 完全互换法；速配法；修配法；调整法
49. 带有一定的过盈；留有一定的间隙
50. 外圈；内圈；滚动体；保持架
51. 滚动轴承内圈与轴；外圈与轴承座孔
52. 基孔制；基轴制
53. 两交叉轴；90°
54. 极限尺寸
55. 白口铸铁；灰铸铁；可锻铸铁；球墨铸铁
56. 加热；保温；冷却
57. 淬火

58. 刮削
59. 开口皮带；交叉皮带
60. 圆柱销；圆锥销；槽销
61. 冷却；润滑；清洗；防锈
62. 千斤顶；葫芦；吊车
63. 基准
64. 手锤；錾子
65. 硬；楔形
66. 螺旋千斤顶；齿条千斤顶；液压千斤顶
67. 机械修复法；电镀法；喷涂法；焊接法；粘接法
68. 细齿
69. 低；减小
70. 动力式液压；静力式液压
71. 粗牙；细牙
72. 锥形分配；柱形分配
73. 冷弯曲；热弯曲
74. 外径定心；内径定心；齿侧定心
75. 打入和打出；压入和压出；热装和冷装
76. 0.02
77. 借料
78. 0°；40°
79. 0.01
80. 车床；钻床；铣床；磨床
81. 标准麻花钻头
82. 径向
83. 轴向
84. 向心球轴承
85. 传动平稳；承载能力高
86. 流量；扬程；功率
87. 理论；实际
88. 固定式；旋转式
89. 平面；曲面
90. 锉身
91. 保证油液只能向一个方向流动
92. 普通钢；优质钢；高级优质钢

93. 长短、曲直；交叉、转折
94. 动力元件；执行元件；控制元件；辅助元件
95. 表面粗糙度；孔径大小；材料硬度
96. 12
97. 基孔；基轴
98. 动压润滑；静压润滑
99. 摩擦发热
100. 磨损
101. 纯切削时间
102. 好；差
103. 后刀面
104. 砂型；特种
105. 焊条直径；焊接电流；焊接速度
106. 机床上用切削；生产
107. 既定；不变
108. 连接；整体
109. 工件形状；大小
110. 划线工具；毛坯表面
111. 工件；压印；印迹
112. 加工条件；118°±2°；直线
113. 排屑；冷却
114. 加工要求；零件形状
115. 直角坐标
116. 螺旋
117. 六点；3 个
118. 径向圆跳动；轴向窜动
119. 重心；力矩
120. 转动；静止
121. 内外；轴
122. 换向空程大；冲击和振动
123. 吊车；两人
124. 切削力；表面粗糙度
125. 水平线；垂直线；倾斜线；等分线
126. 工件形状；加工余量；精度；表面粗糙度
127. 底孔；螺纹小径

128. 圆杆；螺纹大径

129. 0. 005 ~0. 03mm

130. 热；管子直径

二、选择题

1. C　2. B　3. C　4. A　5. A　6. A　7. C　8. A　9. C
10. A　11. A　12. A　13. A　14. B　15. B　16. A　17. B　18. A
19. A　20. C　21. C　22. C　23. A　24. B　25. A　26. B　27. C
28. C　29. A　30. A　31. C　32. C　33. C　34. A　35. A　36. B
37. B　38. B　39. C　40. A　41. B　42. A　43. B　44. C　45. C
46. B　47. C　48. B　49. B　50. B　51. A　52. D　53. C　54. C
55. B　56. B　57. B　58. C　59. A　60. C　61. A　62. B　63. B
64. A　65. C　66. A　67. B　68. B　69. A　70. A　71. B　72. B
73. B　74. C　75. B　76. D　77. C　78. B　79. B　80. C　81. C
82. B　83. A　84. A　85. B　86. A　87. B　88. C　89. C　90. C
91. C　92. B　93. C　94. A　95. B　96. B　97. C　98. C　99. C
100. C　101. C　102. B　103. C　104. B　105. A　106. B　107. B　108. A
109. B　110. B　111. C　112. B　113. A　114. A　115. B　116. A　117. A
118. C　119. B　120. A　121. C　122. C　123. C　124. B　125. B　126. A
127. A　128. B　129. C　130. B　131. C　132. A　133. C　134. A　135. A
136. C　137. A　138. B　139. B　140. C　141. B　142. B　143. A　144. B
145. B　146. A　147. A　148. B　149. C　150. A

三、判断题答案

1 ×　2 ×　3 ×　4 ×　5 ×　6 ×　7 ×　8 ×　9 ×
10 ×　11√　12 ×　13 ×　14√　15 ×　16 ×　17 ×　18√
19 ×　20√　21√　22√　23√　24 ×　25 ×　26 ×　27 ×
28√　29√　30√　31√　32√　33√　34√　35 ×　36 ×
7√　38√　39 ×　40√　41 ×　42√　43 ×　44√　45 ×
46√　47√　48√　49 ×　50 ×　51√　52 ×　53√　54√
55√　56 ×　57 ×　58 ×　59√　60 ×　61√　62 ×　63√
64 ×　65 ×　66√　67√　68√　69√　70 ×　71 ×　72√
73 ×　74√　75 ×　76√　77√　78 ×　79 ×　80 ×　81√
82√　83 ×　84√　85√　86 ×　87√　88√　89√　90 ×
91 ×　92 ×　93√　94 ×　95 ×　96 ×　97 ×　98 ×　99 ×
100 ×

四、简答题

1. 答：主视图是最主要的视图，通常以能比较全面表现零件形状特征及各组合体相对位置的一面作主视图，在选择主视图时还应注意在俯视图、左视图中尽量少出现虚线。

2. 答：包括表面粗糙度、尺寸公差、形状和位置公差、热处理、表面处理等方面的内容。

3. 答：切削液分水溶液、乳化液和油液三种。切削液主要作用有冷却、润滑、洗涤、排屑和防锈。

4. 答：机械磨损、热效应磨损。

5. 答：正常磨损主要有三种：后刀面磨损、前刀面磨损、前后刀面同时磨损。非正常磨损有两种：破损、卷刃。

6. 答：指零件加工后的几何参数与理论零件几何参数相符合的程度。相符合的程度愈高，误差愈小，加工精度就愈高。

7. 答：保证和稳定产品质量；提高劳动生产率；扩大机床工作范围，做到一机多用；在特殊工作中可起特殊作用；操作简单、方便、安全。

8. 答：是考核车床主传动系统能否承受设计所允许的最大转矩和功率。

9. 答：这是一种极有害的现象。它使被加工工件的表面质量恶化，表面粗糙度变差，刀具加速磨损，机床连接部件易松动，零件过早磨损。机床振动还可产生噪声。

10. 答：保证企业根本任务的实现；促使企业技术水平的提高；促使企业管理的现代化。

11. 答：采用各种机械加工方法，直接改变毛坯的形状、尺寸和表面质量，使之成为合格产品的过程，称为机械加工工艺过程。

12. 答：用比较合理的机械加工工艺过程的各项内容编写成工艺文件，就是机械加工工艺规程。

13. 答：只要将电子绕组与电源相线的三个接头中任意两根对调联结即可。

14. 答：选择液压油时，先应根据泵的种类、工作、温度、季节变化、系统压力等确定合适的黏度范围，再选择合适的液压油品种。

15. 答：工业生产中广泛使用的是三相异步电动机。它主要由定子和转子两大部分组成。定子由定子铁芯、定子绕组和外壳三部分组成，是电动机的固定部分。转子由转子铁芯、转子绕组、转轴和轴承组成，是电机的转动部分。

16. 答：常见的齿轮分为圆柱齿轮、圆锥齿轮和蜗轮蜗杆三类。

17. 答：（1）图形；（2）尺寸能够把零件几何形状的大小和相对位置确定下来的尺寸；（3）技术条件，包括表面光洁度、尺寸偏差、形状和位置偏差及材料和热处理等；（4）标题栏，包括零件名称、材料、数量、图样比例及编号等。

18. 答：弹簧的种类繁多，常见的有螺旋弹簧和涡卷弹簧。按照受力情况，螺旋弹簧又可分为压力弹簧、拉力弹簧、扭力弹簧三种。

19. 答：(1) 图形，能表达零件之间的装配关系、相互位置关系和工作原理的一组视图；(2) 尺寸，表达零件之间的配合和位置的尺寸及安装的必要尺寸等；(3) 技术条件，装配、调整、检验等有关技术要求；(4) 标题栏和明细表。

20. 答：常用的长度单位有公制和英制两种。我国采用公制长度单位。

21. 答：水平仪分为普通水平仪（有长方形和正方形的）和光学合像水平仪。

22. 答：水平仪用来检查平面的平直度，如检查机床导轨；还可用来检查平面对水平或垂直面的位置偏差等。

23. 答：厚薄规是用来检验两个相互接合面之间的间隙大小的一种量具，又称塞尺或间隙片。

24. 答：要使机械零件或工具不被破坏，就要求金属材料必须具有抵抗各种形式的外力的能力。这种能力称为金属材料的机械性能。

25. 答：金属材料的基本机械性能，一般包括弹性、强度、硬度、塑性、韧性和抗疲劳性等。

26. 答：在外力作用下，金属材料抵抗变形和破坏的能力称为强度。抵抗外力的能力越大，则强度越高。

27. 答：金属材料在外力作用下，产生塑性变形而不断裂的能力称为塑性。

28. 答：金属零件在外力作用下都会变形，当外力卸除之后，变形便会消失，金属零件就恢复到原始状态，这种现象称为弹性变形。

29. 答：金属材料的工艺性能通常指铸造性、可锻性、焊接性和切削加工性等。

30. 答：铸铁分为灰口铸铁、可锻铸铁、球墨铸铁和特种铸铁（如耐热铸铁、耐磨铸铁）。

31. 答：(1) 细化晶粒，均匀组织，改善机械性能；(2) 降低硬度，便于切削加工；(3) 消除内应力。

32. 答：(1) 提高钢件的强度和硬度；(2) 提高耐磨性和其他机械性能。

33. 答：(1) 结构简单，容易制造，维护简便；(2) 可以缓和传动的振动和冲击，传动平稳，无噪声；(3) 传动效率低，很少用来传递大功率；(4) 工作有滑动，不能保证固定的传动比，但是载荷过大时，皮带与轮之间产生滑动，就能保证机器不因过载而破坏；(5) 皮带的拉力，使轴和轴承受较大的载荷。

34. 答：皮带的拉力大小与小皮带轮的包角 α 有很大的关系。包角越小，则拉力就越小；包角越大，则拉力就越大，一般包角不得小于150℃。

35. 答：(1) 效率高；(2) 结构紧凑；(3) 传动比固定不变；(4) 工作可靠，寿命长。

36. 答：传动不平稳且有噪声，不能无级变速；对齿轮的制造和安装都有较高的工艺要求，当两轴间距离过远时不适宜采用齿轮传动。

37. 答：蜗轮蜗杆传动用于两轴轴线相交叉成90°，但彼此既不平行也不相交的情况下。特点：(1) 仅用两个相互啮合的元件就能传动很大的传动比；(2) 传动平稳，噪声小；(3) 传递的功率范围极大；(4) 结构紧凑，所占空间位置小。

38. 答：要使用同一轴线上的两根轴做暂时的连接和分开时（如开动、变向等），可采用离合器。常用离合器有齿式、摩擦式和超越式三种。

39. 答：设计给定的尺寸叫做基本尺寸。通过刚度、强度计算或结构等方面的考虑，按标准直径或标准长度圆整后，通过测量获得的尺寸叫实际尺寸。允许尺寸变化的两个界限值，叫做极限尺寸。

40. 答：设该圆半径为 r，它的内接四边边边长为 a，利用勾股定理可得

$$a^2 + a^2 = (2r)^2$$

$$2a^2 = 4r^2$$

$$a = \sqrt{2}r$$

41. 答：(1) 后角比钻钢件的群钻大 3°～5°，以减小后刀面与工件的摩擦，磨出 45°的第二重后角可增大容屑空间。(2) 较大钻头磨有三重顶角，可减小轴向抗力，又可提高钻头耐用度。(3) 修磨后的横刃比标准群钻的横刃更短，内刃更锋利。

42. 答：钻薄板的群钻又称“三尖钻”。两切削刃外缘磨成锋利的刀尖，加上钻头中心的一个刀尖，故称为“三尖”。外缘刀尖只比中心刀尖低 0.5～1mm，中心刀尖起定心作用，外缘刀尖切外圆，即可从薄板上很整齐的切下一个圆。

43. 答：千分尺在使用中应注意以下几点。

(1) 防止千分尺受到撞击或脏物侵入到测微螺杆内。若千分尺转动不灵活，则不可强行转动，也不可自行拆卸。

(2) 千分尺使用时应轻拿轻放、正确操作，以防损坏或使螺杆过快磨损。

(3) 不准在千分尺的微分筒和固定套管之间加酒精、柴油和普通机油。

(4) 千分尺使用完毕应擦干净并涂防锈油，装入盒内并放在干燥的地方保管。

(5) 按规定定期检查鉴定。

(6) 不准测量运动中的工件，不准测量毛坯。

(7) 不准与工件和其他工具混放。

(8) 不准放在温度较高的地方，以防受热变形。

44. 答：(1) 测量前应检查是否灵敏，有无异常。(2) 测量时悬臂伸出长度应尽量短。(3) 如需调整表的位置，应先松开夹紧螺钉再转动表，不得强行转动。(4) 不得测量毛坯和坚硬粗糙的表面。(5) 杠杆百分表测量范围小、测量力小，使用时应仔细操作以防损坏。

45. 答：经纬仪是检验机床精度时使用的一种高精度的测量仪器，主要用于坐标镗床的水平转台和万能铣床、精密滚齿机和齿轮磨床分度精度的测量和检验，常和平行光管配合使用。

46. 答：(1) 在所有转速下，机床的抗振机构工作正常，无显著振动，各操纵机构工作平稳可靠。(2) 润滑系统工作正常、可靠，无泄漏现象。(3) 安全防护装置和保险装置安全可靠。(4) 在主轴轴承达到稳定温度时，轴承的温度和温升均不得过高。

47. 答：① 有一定的黏度和稀释能力。磨料通过研磨液的调和均匀分布在研具表面，并有一定的黏附性，才能使磨料对工件产生切削作用。

② 有良好的润滑、冷却作用。

③ 对操作者健康无害，对工件无腐蚀作用，且易于洗净。。

48. 答：精车零件外圆后进行圆度和圆柱度试验的目的是检验机床在正常温度下，主轴轴线对溜板移动方向的平行度及主轴的旋转精度。精车螺纹后检验螺距的目的是检验加工螺纹传动系统的准确性。

49. 答：切槽试验的目的是考核车床主轴系统及刀架系统的抗振性能。对已定型车床来讲，主要是从工艺角度来考核主轴组件的装配连接刚度、主轴的旋转精度、溜板刀架系统刮研配合面的接触质量及配合间隙是否合理。

50. 答：①控制转矩法　即用测力扳手来指示拧紧力矩，使预紧力达到规定值。

②控制螺栓伸长法　即通过螺栓伸长量来控制预紧力的方法。

③控制螺母扭角法　即通过控制螺母拧紧时应转过的拧紧角度，来控制预紧力的方法。

51. 答：机械加工工艺规程是工厂进行技术准备及组织生产的依据，也是指导生产的重要文件。

52. 答：车外圆时，刀尖高于工作中心，一般是前角增大，后角减小。车内孔时，刀尖高于中心，一般是前角减小，后角增大。

53. 答：直接减少或消除误差法；补偿或抵消误差法；分组调整和均分误差法；误差转移和变形转移法；“就地加工”达到最终精度法；误差平均法。

54. 答：箱体划线除按照一般划线时确定划线基准和进行找正、借料外，还应注意以下几点。

① 正确的确定第一划线位置。

② 箱体划线一般都要划出十字校正线一般常以基准孔的轴线作为十字校正线。在毛坯上划的十字校正线，经过加工后再次划线时，必须以已加工表面作为基准面，原十字校正线必须重划。

③ 应尽量减少划线时工件的翻转次数。

④ 某些箱体内壁不需加工，而且装配齿轮等零件的空间又较小，在划线时要特别注意找正箱体内壁，以保证加工后顺利装配。

55. 答：畸形工件在划线时，除应特别注意划线方法、工具的正确运用外，还应注意以下两点：

(1) 由于畸形工件形状奇特，如果基准选择不当，后面划线将很难进行。在一般情况下，应找出设计中心或主要表面作为划线基准。

(2) 畸形工件一般无法直接支持或安放在平台上，此时可利用一些辅助工具（如 V 形架、方箱、三爪自定心卡盘、心轴等）来解决。对批量大的畸形工件也可用专用划线支架、固定架来支持或固定进行划线。

56. 答：

（1）选用较高精度的钻床。

（2）采用较高转速。

（3）开始钻削时进给量要小，加在钻头上的压力大小应合适。

（4）钻削过程中，应及时提起钻头进行排屑。

（5）注意冷却和润滑。

（6）钻头应引导钻入，防止钻偏。

（7）钻头的刃磨应利于分屑、排屑。

57. 答：钻头在斜面上钻孔，因受力不好极易使中心偏移或折断钻头，因此应采用以下方法进行钻孔：

（1）在钻孔的部位先铣出一个小平面，再进行钻孔。

（2）用錾子在斜面上錾出一个小平面再打上冲眼，或者用中心钻钻一个浅孔后再钻孔。

58. 答：为保证互成角度的孔正确相交，应注意以下几点：

（1）对基准精确划线。

（2）一般应先钻大孔，再钻小孔。

（3）一般分 2 ~3 次钻、扩而成。

（4）孔将钻穿时应减小进给量，以防折断钻头或造成孔歪斜。

59. 答：水平仪是以自然水平面为基准确定微小角度倾斜的一种小角度测量仪器。其主要用途是校准机床和仪器对水平面的水平位置，还可用节距法测量导轨的直线度误差和大平面的平面度误差。水平仪的主要元件是水准器。水准器是带有大圆弧、上凸的玻璃管，内装浓度较小的酒精或乙醚，但不装满，留有一定的气泡。由于重力的作用，气泡始终处于玻璃管内的最高点。如果水平仪处于水平位置，气泡就处于凸形玻璃管的正中央位置。若水平仪倾斜一个角度，气泡就向左或向右移动。移动的距离越大，说明水平仪倾斜的角度越大。

60. 答：离心泵在工作时，叶轮的两侧液体压力是不同的，进口压力低，出口压力高，因此产生了轴向推力。为了减轻轴承的轴向推力负荷，可采用开平衡孔和装平衡盘的方法平衡。多级离心泵也可采用叶轮对称排列的方法获得平衡。

61. 答：确定原则如下：

（1）首先应确定正确的装配基面，一般是床身的导轨面。

（2）在解决没有相互影响的装配精度时，其装配先后顺序以简单方便为原则。

（3）在解决有相互影响的装配精度时，应先确定好一个公共的装配基准，然后再按要求达到各有关精度。

（4）对于需要通过刮削来达到装配精度的导轨部件，应合理安排刮削顺序，以保证精度和提高效率。

62. 答：合理安排刮削步骤不仅能提高质量。还能明显提高效率。一般应遵循以下原则：

（1）合理选择基准导轨。通常是选较长的、刮削量最大的导轨中最重要和精度要求最高的、较难刮削的支撑导轨作为基准导轨，如床身的溜板用V形导轨。

（2）刮削一组相配的导轨时，先刮削基准导轨，经精度检验后再配刮另一导轨。

（3）组合导轨上各个表面的刮削次序：先刮大表面，后刮小表面；先刮难刮的表面，后刮容易刮的表面；先刮刚性好的导轨，以保证刮削精度和稳定性，再刮刚性差的导轨。

（4）应以工件上已加工表面或孔为基准来刮削导轨面，这样可保证位置精度。

（5）刮削导轨时，一般应将工件放在调整垫铁上，以便调整和测量方便。

63. 答：影响主轴旋转精度的因素有轴承的精度及其装配调整，以及箱体、轴的精度等。采用高精度轴承及保证各零件的制造精度，是保证主轴旋转精度的前提条件。从装配的角度考虑可采取以下措施：

（1）采用选配法提高轴承与轴及支座的配合精度。

（2）采用预加载荷，以消除轴承间隙。

（3）对轴承与轴采用定向装配，以减小径向圆跳动，提高旋转精度。

（4）为了消除因调整螺母等压紧而产生的端面垂直度超差而影响主轴的旋转精度，可采用十字垫圈结构。

64. 答：减小机床变形的方法有以下几种：

（1）在机床安装、调整水平时，应特别注意支承的稳定，支承负荷应分布均匀。

（2）在零部件连接的配合面，必须要有一定的接触面积和接触精度。

（3）改善润滑条件以降低发热量，使热变形量减小。注意尽量减小机床各部之间的温度差。精密机床可安放在恒温室内。切削加工前机床应进行空运转，使机床达到稳定温度后再工作。

（4）对于薄弱零件，其配合面必须平直，间隙要调整得较小。

65. 答：应尽量减小量仪的系统误差。使用前用精密仪器进行检测校正，使用中注意校准量仪的零位。绘制相应的修正表和修正曲线，在使用时加以修正。

用反向测量法测量，可以提高测量精度，即在测量过程中，在两个相反状态下进行两次测量，并取两次读数的平均值作为测量结果。

正确选择测量方法的原则如下。

（1）根据被测物体的特点选择测量的形式与仪器。

（2）正确选择测量基准面，应尽量遵守“基准统一”原则。

（3）正确选择测量力与接触形式。

（4）遵守量仪的单向趋近操作原则。

（5）减小环境温度的影响。

66. 答：在零件加工中，划线时的基准应和设计基准尽量一致，所以划线基准的确定实质上是确定设计基准在工件上的位置。

67. 答：主要缺点如下：

（1）主切削刃上各点的前角大小不一样，使各点切削性能不同，最外缘处前角大，切削刃单薄，加上此处切削速度最高，容易磨损；接近钻心处前角变小、变负、切削条件差、处于挤刮状态。

（2）横刃太长，横刃前角为负值，挤刮现象严重，轴向力很大，切削热增高，消耗能量最多，同时定心不良，易使钻头抖动。

（3）主刀刃长，切削的宽度大，切屑卷曲困难，排屑不良，冷却液难以流入切削区。

（4）副后角为零，棱边与孔壁发生摩擦，加上此处切削速度较高，产生热量较多，使钻头磨损快。

68. 答：修磨方法如下：

（1）修磨主切削刃，磨出两个顶角。

（2）修磨横刃，把横刃磨短，使钻心处前角增大。

（3）修磨出分屑槽，使切屑顺利排出。

（4）修磨棱边，磨出60°～80°副后角。

（5）修磨前刀面，减小此处的前角。

69. 答：为避免在离心力的作用下，磨料聚积在研磨棒最大直径的一端或者将研磨剂从两端挤出，在研磨棒上开一条宽约1～2mm的螺旋槽。

70. 答：齿轮传动机构的装配技术要求如下：

（1）齿轮孔与轴的配合要恰当，能满足使用要求，空套齿轮在轴上不得有晃动现象，滑移齿轮不应有咬死或阻滞现象，固定齿轮不得有偏心、歪斜。

（2）保证齿轮有准确的安装中心距和适当的齿侧间隙。

（3）保证齿面有一定的接触面积和接触位置。

附录二　中级钳工职业技能鉴定规范（考核大纲）

鉴定要求

一、适用对象

使用钳工工具、钻床，按技术要求对工件进行加工、修整、装配的人员。

二、申报条件

1. 文化程度：初中毕业

2. 现有技术等级证书（或资格证书）的级别：初级工等级证书

3. 本工种工作年限：五年

4. 身体状况：健康

三、考生与考评员比例

1. 知识：20∶1。

2. 技能：5∶1。

四、鉴定方式

1. 知识：笔试。

2. 技能：实际操作。

五、考试要求

1. 知识要求：60～120 分钟；满分 100 分，60 分为及格。

2. 技能要求：按实际需要确定时间；满分 100 分，60 分为及格。根据考试要求自备工具。

知识要求

项目	鉴定范围	鉴定内容	鉴定比重	备注
基本知识	1. 机械制图知识	（1）几何作图和投影作图的方法 （2）机件形状的表达方法 （3）常用零件的规定画法 （4）零件图的尺寸、形位公差、表面粗糙度和技术要求的标注方法 （5）绘制一般零件图的方法	5	
	2. 金属切削原理与刀具知识	（1）刀具材料的基本要求及常用刀具材料的种类、代号（牌号）和用途 （2）刀具工作部分的几何形状，刀具角度和工作角度 （3）金属切削过程 （4）刀具的磨钝标准 （5）影响刀具寿命的因素及提高刀具寿命的方法 （6）刀具刃磨的基本要求及一般的刃磨方法 （7）磨削的基本原理及砂轮的选择知识	5	
	3. 机械制造工艺基础与夹具知识	（1）机械加工精度的概念 （2）工艺尺寸链的基本概念及简单尺寸链的计算方法 （3）产生加工误差的原因及减少误差的方法 （4）机床夹具的作用、分类及组成 （5）工件六点定位原理及合理的定位方法 （6）夹具的常用定位元件及夹紧元件的作用 （7）机床典型夹具的结构特点 （8）组合夹具的一般知识	5	
	4. 液压传动基础知识	（1）液压传动的工作原理 （2）液压传动系统的组成、特点及其功能 （3）液压油的性质及选用 （4）液体压力、流量、功率的计算方法	5	

续表

项目	鉴定范围	鉴定内容	鉴定比重	备注
专业知识	1. 复杂工件的划线与钻孔知识	（1）箱体工件的划线方法 （2）大型和畸形工件划线的操作要点；凸轮的划线方法 （3）各种群钻的构造特点、性能及应用 （4）各种特殊孔（小孔、斜孔、深孔、多孔、相交孔和精密孔的钻削要点	20	
	2. 常用设备、工、夹、量具及量仪的结构、原理和使用方法	（1）通用机械设备（泵、冷冻机及典型机床）的工作原理和结构 （2）千分尺、内径千分尺、内径百分表、杠杆表、水平仪的结构原理和使用维护知识 （3）自准直仪、经纬仪的结构、原理及使用调整方法 （4）复杂的工、夹具（包括组合夹具）的构造、使用、调整和维护 （5）测量误差的种类及产生原因	20	
	3. 装配工艺规程和操作知识	（1）装配工艺规程的基本知识 （2）提高主轴旋转精度，保证机床导轨精度的装配要点 （3）提高机床工作精度的措施 （4）提高装配时测量精度的方法 （5）卧式车床总装配工艺	30	
相关知识	1. 相关工种工序知识	（1）电气传动基本知识 （2）起重安全知识 （3）机械加工知识	5	
	2. 生产技术管理知识	（1）车间生产管理的基本内容 （2）专业技术管理的基本内容知识	5	

技能要求

项目	鉴定范围	鉴定内容	鉴定比重	备注
操作技能	中级操作技能	(1) 在100mm×50mm范围内锉削加工平面、曲面，尺寸公差0.03mm，表面粗糙度 $Ra1.6\mu m$ (2) 锯削 ϕ50mm圆钢，尺寸公差0.6mm (3) 錾削50mm×50mm的各种型面，尺寸公差0.6mm (4) 根据工件材料和孔的要求刃磨钻头，在台钻、立钻、摇臂钻上加工各类孔，达到图样要求 (5) 在同一平面钻铰3～5个孔，公差等级IT7，表面粗糙度 $Ra0.8\mu m$。位置度公差 ϕ0.1mm (6) 刮研1500mm×1000mm平板或边长为350mm方箱，精度达到1级 (7) 复杂零件或箱体类零件划线 (8) 研磨100mm×100mm平面，尺寸公差0.004mm，表面粗糙度 $Ra0.05\mu m$ (9) 装配高精度滚动轴承 (10) 装配M1432万能外圆磨床的内孔磨具，符合技术要求 (11) M7150平面磨床主轴箱的装配、调整，符合技术要求 (12) CA6140卧式车床主轴箱的装配，符合技术要求 (13) 按照《卧式车床　精度标准》(GB/T4020—1997)，对卧式车床进行系统的检查 (14) 装配导轨磨床，符合技术要求 (15) 装配7.25kW柴油机，符合技术要求	80	根据考试要求确定完成的时间和有关条件，确定具体的鉴定内容，能按技术要求按时完成者可得满分
工具、设备的使用与维护	1. 工具的使用与维护	高精度工具、检具的使用、保管与维护保养	5	
	2. 设备的使用与维护	正确使用，经常维护保养各类设备	5	
安全及其他	安全文明生产	1. 正确执行安全技术操作规程 2. 按企业有关文明生产的规定，做到工作地整洁，工件、工具摆放整齐	10	

参 考 文 献

[1] 易幸育．机修钳工工艺学［M］．北京：中国劳动社会保障出版社，2005.

[2] 高钟秀．钳工［M］．北京．金盾出版社，2003.

[3] 机械工业职业技能鉴定中心．钳工常识［M］．北京：机械工业出版社，1999.

[4] 汪仁声，赵源康．简明钳工手册［M］．上海：上海科学技术出版社，1999.

[5] 李文林，丘言龙，陈德全．钳工实用技术问答［M］．北京：机械工业出版社，2004.

[6] 黄志远．钳工［M］．北京：化学工业出版社，2005.

[7] 机械电子工业部技术工人教育研究中心．钳工考工试题库［M］．北京：机械工业出版社，1996.

[8] 王伟麟，赵宏平．钳工［M］．北京：化学工业出版社，2005.

[9] 刘汉蓉，等．钳工生产实习［M］．北京：中国劳动出版社，1997.

[10] 陈宏钧．钳工实用技术［M］．北京：机械工业出版社，2005.

[11] 王维新．钳工［M］．北京：化学工业出版社，2005.

[12] 上官家桂．钳工职业技能鉴定指南［M］．北京：机械工业出版社，2001.

[13] 机械工业部统编．中级钳工工艺学［M］．北京：机械工业出版社，2002.

[14] 机械工业部统编．高级钳工工艺学［M］．北京：机械工业出版社，2002.

[15] 黄涛勋．高级钳工技术［M］．北京：机械工业出版社，2004.

[16] 陈宏钧，马素敏．钳工操作技能手册［M］．北京：机械工业出版社，1998.

[17] 肖益民，颜坤燕．钳工（初级、中级、高级）［M］．北京：中国劳动出版社，2004.

[18] 张文斌．钳工应知应会［M］．北京：航空工业出版社，1996.

[19] 陈宏钧．钳工实用手册［M］．北京：机械工业出版社，2009.

[20] 王恩海，付师星．钳工技术［M］．大连：大连理工大学出版社，2008.

[21] 机械工业部统编．钳工操作技能与考核［M］．北京：机械工业出版社，1996.